U0198091

油气地质勘探前沿技术发展态势与战略选择

蔚远江◎等著

石油工业出版社

内容提要

本书基于多年的研究积累和最新成果资料，在对油气地质勘探前沿技术跟踪与分析方法总结的基础上，全面跟踪 18 项常规油气、13 项非常规油气地质勘探前沿技术，深入分析了技术原理与用途、技术内涵与特征、技术发展现状与趋势、技术应用范围与前景，根据油气地质勘探前沿技术测评和优选方法，对优选出的前沿技术进行了测评排序及合理性分析，结合技术未来需求分析、德尔菲法分析、SWOT 方法分析、技术未来潜力与发展趋势预测分析、技术实现方式与获取策略分析、技术发展内外部环境分析等先进方法，分析制定了油气地质勘探前沿技术发展总体思路、发展战略、获取策略与技术发展路线图，提出了发展建议。

本书可供国家和地方有关管理部门和相关科研院所、石油公司从事常规与非常规油气科技规划计划与技术发展战略研究、技术研发与科技咨询的科研、生产、管理人员使用，也可供相关高等院校、相关专业师生阅读参考。

图书在版编目（CIP）数据

油气地质勘探前沿技术发展态势与战略选择 / 蔚远江等著 . -- 北京：石油工业出版社，2024.3

ISBN 978-7-5183-7063-4

Ⅰ . P618.13

中国国家版本馆 CIP 数据核字第 2024BD0796 号

出版发行：石油工业出版社

（北京安定门外安华里 2 区 1 号　100011）

网　址：www.petropub.com

编辑部：（010）64253017　　图书营销中心：（010）64523633

经　销：全国新华书店

印　刷：北京中石油彩色印刷有限责任公司

2024 年 3 月第 1 版　2024 年 3 月第 1 次印刷

787×1092 毫米　开本：1/16　印张：21.75

字数：550 千字

定价：230.00 元

（如出现印装质量问题，我社图书营销中心负责调换）

《油气地质勘探前沿技术发展态势与战略选择》

———— · 撰 写 人 员 · ————

蔚远江　芮宇润　蔚镕檍　张　洪　黎　民

王社教　李晓波

　　科学技术是生产力发展的重要动力，已成为一个国家经济实力的象征，在促进经济增长和生产力发展中发挥着越来越重要的作用。当今世界是知识经济和全球经济一体化、知识更新和技术迭代发展不断加快的时代，前沿技术的不断涌现正在改变国家科技力量对比，对全球油气产业发展也带来深刻影响。石油石化行业是典型的高技术密集产业，油气科技创新、前沿技术发展是油气行业实现降本增效、保持储量产量增长并获得商业价值和公司竞争力的最主要手段和关键因素。因此，油气前沿技术研究意义重大，旨在为国家和大型油公司五年期和中长期油气科技规划、国际合作与交流规划、科技发展战略研究提供技术支持和参考依据；筛选并储备适合中国发展的油气前沿技术，有助于提升技术竞争力；对可能带来巨大勘探效益的国际前沿技术和理论，及时引进或合作研发，有助于推动油气勘探增储上产。

　　蔚远江博士等本书笔者团队正是基于前期十余年的相关课题成果积累、最新文献和资料研究认识，总结集成、撰写而成《油气地质勘探前沿技术发展态势与战略选择》一书。针对目前油气地质评价和勘探前沿技术、战略分析的专著和专题论述尚较缺乏的现状，是较好的补充和丰富。

　　本书主要特色是融基础资料、分析方法、综合论述于一体，集最新跟踪、领域分析、成果总结之大成，专论油气地质勘探前沿理论和技术的跟踪分析、技术优选和技术战略研究方法，运用多种较为成熟和先进的综合评价手段，地质、沉积、储层、地球物理等多学科结合，开展了常规油气与非常规油气地质勘探前沿技术态势分析、技术测评、技术优选与发展战略的多层次研究。紧密跟踪国外油气地质勘探前沿技术最新进展和发展水平，采取由国外现状与趋势到中国进展与展望的渐进层次写作，力争既有全球视野，又有中外差异对比和中国特色分析总结。创建了常规—非常规油气地质勘探前沿技术测评优选方法体系，提出重大领域关键前沿技术发展总体思路、发展战略、获取策略、技术发展路线图与发展建议，相关成果对国家层面、中国石油企业科技规划部署和发展战略决策具有重要参考价值。

　　作为本书笔者之一蔚远江的博士后导师，目睹他长期扎根科研一线，敬业勤奋，踏实认真，潜心钻研，不断积累和成长，科研成果比较丰硕，深感欣慰。《油气地质勘探前沿技术发展态势与战略选择》一书是他最新一部专著，推荐给石油石化行业的勘探技术研发、规划部署和发展战略研究、科技管理人员以及石油高校师生和研究机构相关人员，会有很好的参考和借鉴作用。

中国科学院资深院士　　李德生

前 言

近年来，随着我国油气勘探开发不断向"低（渗透）、深（层／水）、隐（蔽性强）、难（度大）、非（常规资源）、外（海外）"发展，面临的勘探对象和勘探领域日益复杂，勘探成本越来越大，对勘探技术的要求也相应地越来越高。而科学技术是实现降低成本、保持油气增长并获得商业价值和公司竞争力的最主要手段和关键因素。因此，世界各大石油公司和技术服务公司竞相集中一流人才，注入大量资金，发展核心技术，跟踪研发关键前沿技术，攻克油气技术难关。

开展油气前沿技术跟踪调研，把握前沿技术发展动态，优选关键前沿技术并确定其研究方向和重点，是油气科研项目攻关和服务于生产发展、科技规划计划和战略研究的一项重要内容，也是面对国内油气勘探开发现状和国际石油市场激烈竞争，中国石油行业保持先进的技术和管理水平、实现发展目标的必然要求。

中国石油天然气集团有限公司（简称中国石油）十分重视油气前沿技术的跟踪、分析和研发。近年来，科技管理部在"十二五"至"十四五"科技发展规划编制、国际科技合作规划编制、油气技术发展战略研究等项目中均组织开展了相关研究和多轮研讨。有感于目前油气地质评价和勘探前沿技术、战略分析的专著和专题论述尚较缺乏，笔者基于前期多年的成果积累、最新文献和资料研究认识，总结集成，撰写而成《油气地质勘探前沿技术发展态势与战略选择》一书，以便供国家和地方有关管理部门和相关科研院所、石油公司从事常规与非常规油气科技规划计划与技术发展战略研究、技术研发与科技咨询的科研、生产、管理人员使用，也可供相关高等院校、相关专业师生阅读参考，做进阶读物、专业工具和储备资料之用。

本书在对油气地质勘探前沿技术跟踪与分析方法总结的基础上，全面跟踪研究 18 项常规油气、13 项非常规油气地质勘探前沿技术，深入分析了技术原理与用途、技术内涵与特征、技术发展现状与趋势、技术应用范围与前景，根据油气地质勘探前沿技术测评和优选方法，对初期遴选的前沿技术进行测评优选及优选质量要素分析，构建了油气地质勘探前沿技术结构模板并分析了测评优选前沿技术的合理性。结合技术未来需求分析、德尔菲法分析、SWOT 方法分析、技术未来潜力与发展趋势预测分析、技术实现方式与获取策略分析、技术发展内外部环境分析等先进方法，分析制定了油气地质勘探前沿技术发展总体思路、发展战略、获取策略与技术发展路线图。相信对常规与非常规油气科技规划计划与技术发展战略研究、前沿技术研发与科技咨询等具有非常重要的参考价值，对带动我国油气地质勘探前沿技术的跟踪、研发与发展战略选择的研究，促进常规与非常规油气地质勘探技术的升级换代，推动我国油气前沿地质理论发展与前沿技术创新也有积极意义。

本书融合基础资料、分析方法、综合论述于一身，集最新跟踪、领域分析、成果总结之大成，专论油气地质勘探前沿理论和技术的跟踪分析、技术优选和技术战略研究方法，运用多种较为成熟和先进的综合评价手段，地质、沉积、储层、地球化学等多学科结合，开展了常规油气与非常规油气地质勘探前沿技术态势分析、技术测评、技术优选与发展战略的多层次研究。同时，立足全球视野，紧密跟踪国外油气地质勘探前沿技术最新进展和发展水平，采取由国外现状与趋势到中国进展与展望的渐进层次写作，力争既有洋为中用，又有中外差异的对比分析和总结。

本书由蔚远江负责全书构思和主持撰写工作。全书共分五章，其中"前言"由蔚远江执笔，第一章"油气前沿技术跟踪与分析方法"由蔚远江执笔，第二章"常规油气地质勘探前沿技术"由蔚远江、蔚镕檍、张洪执笔，第三章"非常规油气地质勘探前沿技术"由蔚远江、芮宇润、蔚镕檍、张洪、黎民、王社教、李晓波执笔，第四章"油气地质勘探前沿技术测评优选与示例"、第五章"中国油气地质勘探前沿技术发展战略"由蔚远江、芮宇润、蔚镕檍、张洪、王社教、黎民执笔。全书最后由蔚远江全面撰写统编、修改定稿。

专程感谢中国石油天然气集团有限公司科技评估中心傅诚德教授、牛立全主任和中国石油天然气集团有限公司科技管理部孙宴增副总工、刁顺副总工、王雪松处长等在长期工作中的指导、帮助和支持，感谢李德生院士、赵文智院士、邹才能院士、吕鸣岗教授、宋建国教授、顾家裕教授、胡素云教授、王红岩教授、赵喆教授，感谢中国石油勘探开发研究院张宇院长助理以及非常规研究所熊伟所长、赵群书记、陈艳鹏副所长、张晓伟副所长等在多次检查汇报、结题验收、交流和工作中的指导和帮助。

在前期项目研究、成果集成和书稿撰写过程中，得到了中国石油总部、中国石油勘探开发研究院科研管理处、非常规研究所、油气资源规划研究所、石油天然气地质研究所及中国石油大学（北京）、中国石油经济技术研究院等机构和技术调研的友邻院所、油田企业等单位有关领导、同事、友人的大力支持、协作和帮助。出版过程中，得到了石油工业出版社庞奇伟副总经理和总编辑多方协调和帮助，孙宇主任等编务人员的美工设计、精心编辑和审校。

油气资源规划研究所闫家泓高工、李登华高工、黄金亮高工参与了书稿提纲讨论，提出了很好的参考意见。实习研究生长江大学陶金雨硕士、中国地质大学（北京）郑红梅硕士，以及中国石油大学（北京）研究生杜希瑶、周娜、胡旭辉等同学协助开展了部分文献调研、资料整理方面的初期工作。赵利涛协助清绘了图件，章节编写中参考了前期成果、部分相关资料，未能一一列出研究者和单位。

特别要提及百岁恩师李德生院士，始终关注着我等弟子，跟随先生多年，时时感受鼓舞，处处受到激励！正是在先生102岁高寿之年仍笔耕不辍的榜样鞭策和面见先生的期许鼓励下，也是夫人几乎承揽了全部家务琐事和鼎力支持下，才得以付梓出版。在此谨向大家一并表示诚挚的谢意！

油气地质勘探前沿技术涉及面广，跨领域、跨学科，分析方法性和信息时效性很强，而且处在不断完善与深化之中，发展很快，跟踪和研究难度较大。本书是在繁重的日常科研工作之余，加班加点撰写而成；中间经历了部分人员流动和二级单位变动，也为了保持前沿技术的时效性以及成果资料的前沿性，撰写过程中两度组织协调、实时更新，极为耗时费力。由于时间紧迫和笔者水平有限，虽尽最大努力，但书中不妥、不足之处在所难免，敬请专家与学者批评指正。

目 录

第一章　油气前沿技术跟踪与分析方法 ……………………………………………… 1

　　第一节　油气前沿技术界定与分类 ……………………………………………… 1

　　第二节　油气前沿技术作用与地位 ……………………………………………… 2

　　第三节　油气前沿技术跟踪与分析方法 ………………………………………… 4

　　第四节　油气前沿技术识别表征及评估方法 …………………………………… 23

　　参考文献 …………………………………………………………………………… 27

第二章　常规油气地质勘探前沿技术 ……………………………………………… 29

　　第一节　复杂油气成藏分子地球化学示踪技术 ………………………………… 29

　　第二节　油气微生物地球化学勘探技术 ………………………………………… 34

　　第三节　地震沉积学分析技术 …………………………………………………… 38

　　第四节　定量地震地貌学分析技术 ……………………………………………… 43

　　第五节　碎屑岩储层物性定量表征及预测技术 ………………………………… 48

　　第六节　碳酸盐岩礁滩与缝洞储层评价及预测技术 …………………………… 56

　　第七节　复杂构造地质建模与圈闭定量评价技术 ……………………………… 63

　　第八节　海域深水沉积体系识别描述及有利储层预测技术 …………………… 68

　　第九节　海洋深水油气勘探风险评价技术 ……………………………………… 72

　　第十节　天然气藏地质综合定量评价技术 ……………………………………… 77

　　第十一节　天然气气质检测技术 ………………………………………………… 83

　　第十二节　深部储层定量评价及油气藏识别预测技术 ………………………… 89

　　第十三节　岩性扫描高分辨能谱分析技术 ……………………………………… 95

　　第十四节　油气资源与勘探目标一体化评价技术 ……………………………… 100

　　第十五节　多尺度数字岩石分析与三维可视化表征技术 ……………………… 104

　　第十六节　数字露头与近地表地质结构建模技术 ……………………………… 112

　　第十七节　纳米机器人油气探测与评价技术 …………………………………… 117

第十八节　原子介电共振扫描技术 ·· 122

参考文献 ··· 126

第三章　非常规油气地质勘探前沿技术 ·································· 139

第一节　非常规油气资源评价技术 ·· 139

第二节　致密储层成岩相定量分析与成岩圈闭识别评价技术 ·············· 146

第三节　连续型油气藏地质评价技术 ·· 152

第四节　非常规优质储层识别与评价技术 ···································· 157

第五节　致密层系叠前储层预测技术 ·· 162

第六节　非常规油气"甜点"区评价预测技术 ································ 167

第七节　致密储层微纳米级实验分析技术 ···································· 172

第八节　油页岩综合利用技术 ·· 180

第九节　中低熟页岩油原位转化技术 ·· 187

第十节　低煤阶煤层气地质综合评价技术 ···································· 194

第十一节　煤层气高渗富集区精细预测技术 ·································· 200

第十二节　天然气水合物开采模拟技术 ······································ 207

第十三节　非常规油气地质工程一体化技术 ·································· 214

参考文献 ··· 219

第四章　油气地质勘探前沿技术测评优选与示例 ······················ 229

第一节　油气地质勘探前沿技术（未来）需求分析 ·························· 229

第二节　油气地质勘探前沿技术筛选与测评方法 ···························· 239

第三节　油气地质勘探前沿技术结构模板构建与示例 ························ 261

第四节　油气地质勘探前沿技术测评细则与示例 ···························· 267

第五节　油气地质勘探前沿技术合理性分析与示例 ·························· 271

参考文献 ··· 275

第五章　中国油气地质勘探前沿技术发展战略 ························ 276

第一节　油气地质勘探前沿技术发展战略研究方法 ·························· 276

第二节　制约油气地质勘探前沿技术发展的内外部环境分析 ·············· 308

第三节　油气地质勘探前沿技术发展战略 ···································· 314

第四节　油气地质勘探前沿技术发展建议 ···································· 329

参考文献 ··· 330

第一章 油气前沿技术跟踪与分析方法

第一节 油气前沿技术界定与分类

"前沿技术"尚无统一的概念或经典定义，存在多解。根据《国家中长期科学和技术发展规划纲要（2006—2020年）》的定义，前沿技术是指高技术领域中具有前瞻性、先导性和探索性的重大技术，是未来高技术更新换代和新兴产业发展的重要基础，是国家高技术创新能力的综合体现（中国政府网，2006）。

从企业或区域角度看，前沿技术是企业或区域创新能力的集中体现、新产业革命的重要技术基础以及国际科技经济竞争的制高点，是建立在综合性科研基础上，处于当代高技术前沿，对发展生产力、促进社会发展、提升企业或区域国际竞争力起重大先导和推动作用的技术群体。

前沿技术代表全球高新技术的发展方向，是能推动产业技术更新换代的重大技术，对新兴产业的形成和发展具有引领作用。前沿技术是一个国家高技术创新能力的集中体现，是国家产业升级和快速发展的重要基础（李金华，2019），通常具有先进性、关键性、全局带动性、不可替代性和可持续发展性，以及知识、人才和资金密集等特点。前沿技术的核心特征就是"前沿性"，突出特点就在于"前瞻性""新兴性"（王兴旺等，2018）以及探索性、先导性。通常来说，"前沿技术"多数是不太成熟、处于研发初期但具有发展前景的技术。

在油气行业，尤其在石油企业科技规划中，经过多轮次研讨与综合研究，定义"油气前沿技术"是指在油气领域中具有前瞻性、先导性、理论性和探索性的重大技术，是未来油气高技术更新换代和油气新兴领域或产业发展的重要基础，是对增储上产、发展油气生产力、促进能源供应和社会发展、提升区域国际竞争力起重大先导和推动作用的油气技术（群）。

将油气前沿技术的内涵、范畴界定如下：

（1）目前国内外尚处在概念阶段或实验室研究阶段，未来10～15年或中长期有望投入商业应用，并对石油工业或本专业领域有重大影响的技术。

（2）国外尚在研发中，预计今后若干年可商业应用，对石油工业或本企业新兴业务（如天然气水合物、生物质能源）、本专业领域有重大影响的技术。

（3）国外已经工业化应用，对石油工业、本企业业务或专业领域有重大影响，本企业乃至中国石油工业领域尚属空白也尚未开展攻关的技术，或者本企业主营业务领域与国内外技术差距大的技术。

针对中国实际，按照某项技术目前所处研发阶段（里程碑）、技术本身完善程度和技术应用广泛程度，可将前沿技术划分为室内在研（实验室）阶段、现场试验（中试试验）阶段、生产应用（工业化应用）阶段三类。

室内在研（实验室）阶段前沿技术：也称在研前沿技术，是指在本行业中处于室内研发或试验（基础研究和实验室研发）阶段的雏形技术或原型技术。该技术目前在国内外均尚未投入商业应用，但具有潜在商业应用价值；或者在国外处于商业应用初期，而国内尚未研发、试验，或正在研发、试验或引进试验性应用。该技术未来可能使企业竞争能力发生重大改变，或可能给生产领域带来重大技术变革，或带来显著应用价值。

现场试验（中试试验）阶段前沿技术：也称试验前沿技术，是指在本行业中处于现场试验（中试试验）和工业试用，但尚未正式投产的技术。该技术目前在国内外处于商业应用前期，刚刚投产试用、行业内使用有限，仍具有较大改进发展空间或主要性能参数和技术经济指标具有升级余地；或者国外已有一定程度商业应用，而市场上只能有条件地交易或引进、国内企业正在研发或引进试用。该技术未来可能使企业获得重大效益，或可能给生产领域带来重大技术变革。

生产应用（工业化应用）阶段前沿技术：也称应用前沿技术，是指已形成标准规范、投入工业化应用的技术。该技术目前在国内外广泛商业化应用，主要性能参数和技术经济指标基本稳定成熟，只需维护完善或局部升级；或者目前在国外已商业化推广应用，而国内企业尚未完全掌握又无法全部购买，仍需要自主研发或引进再研发。

第二节　油气前沿技术作用与地位

根据前述定义与内涵界定，油气前沿技术的巨大作用和重要性，是不言而喻的。

第一，由上述内涵可知，油气前沿技术具有前瞻性和先导性，油气前沿问题的解决有可能形成新的学科生长点，促进学科发展，并对国民经济和社会发展有重要意义；油气前沿问题的解决也可将学科发展导入一个新的层面，甚至是新的发展阶段。油气前沿技术具有理论性，它关系到学科发展中的重大理论问题，需要注入科学新概念、新思想、新方法、新理论，它的解决将导致学科理论的重大突破。油气前沿技术具有探索性，油气前沿的核心或主体是从前人研究中总结出来而别人还没有做的、具有开拓性的新研究方向，要经过艰苦研究才能有所突破。

第二，油气前沿技术研究，主要开展油气领域的前沿技术跟踪分析和预见工作。国际公认的技术预见定义来自英国技术预见专家、苏塞克斯（Sussex）大学科学政策研究中心（SPRU）的本·马丁（Ben Martin）教授，他提出技术预见是对未来较长时期内的科学、技术、经济和社会发展进行系统研究，以确定具有战略性的研究领域，以及选择那些可能出现的对经济和社会利益具有最大化贡献的通用技术（Martin，1995）。本书认为油气前沿技术预见是"针对油气领域密切相关的科学、技术、经济、环境和社会的远期未来进行有步骤的探索过程，其目的是选定可能产生最大经济与社会效益的油气相关战略研究领域和专用新技术"。

世界许多国家和地区的技术预见研究，实际上可以说就是支撑和服务中长期科技规划及政策制定的，并带来了中长期科技规划的创新和发展。油气中长期科技规划作为国家和大型油公司实施宏观科技管理的行动纲领，其目的是从增储上产、国民经济、社会发展和国家安全的重大问题入手，选定油气科技发展的战略重点、优先领域和关键技术，在科技体制、机制上有所突破，从而实现自身的中长期战略目标和定位。这就要求油气科技规划研究制定的过程必须是对未来油气科技发展战略形成共识的过程。

油气前沿技术预见作为一种新的"战略分析与集成的工具"，创造了一种更加有利于制定油气中长期科技规划的新机制。油气前沿技术预见的主要目的是提出油气相关一系列战略研究领域优选技术清单，聚焦发展中的油气重大项目，它通过油气前沿技术预见这个过程创造了一个政府部门、油公司或企业、研究机构乃至油气行业科研骨干或社会公众对油气科技与社会发展供给与需求之间进行深入了解和沟通交流的网络平台。因此油气前沿技术预见的过程机制为油气科技规划的制定提供了沟通协调和公众参与的机制。

因此，一旦将油气前沿技术预见结果与油气中长期科技规划制定有机地结合在一起，就可以更好地支撑和服务油气中长期科技规划研究及政策制定，将油气前沿技术预见应用于油气战略规划，充分重视油气前沿技术预见的协调作用，有望带来油气中长期科技规划的创新和发展。

第三，根据油气前沿技术研究结果，在厘定油气相关一系列战略研究领域优选技术清单与油气重大项目之后，开展技术攻关和技术获取实践将产生相应的技术转移，随之产生对油气技术效率、技术进步和生产效率的重要影响。这有利于大力推进油气技术革命，不断提升技术竞争力和保障能力，为实现中国油气发展战略和国家宏伟目标多做贡献。

研究结果表明：国外油气前沿技术引进、国际油公司直接投资和自主研发显著促进了油气前沿技术效率提升，但不同油气前沿技术获取方式将对油气技术效率、技术进步和生产率影响产生不同的差异。有效的油气前沿技术转移首先要求石油企业构建相应的转移情境；注重全员参与的油气前沿技术研发或改进；在增加研发投入的同时，借助与高校和科研院所的研发合作来提高油气前沿技术水平和吸收能力。

第四，不同研发阶段和发展历程的前沿技术，其作用与地位显示度不同。实验室阶段前沿技术，在所处技术链条中总是处在最基础的研发阶段，其技术薄弱、成熟度低，其作用暂未直接显示出来，但它代表着未来发展的方向、发展潜力大、具有潜在商业应用价值，值得关注和持续研发投入。中试试验（现场试验）阶段前沿技术，其在现场试验（中试试验）和工业试用中初步显露商业化苗头或潜力，未来可能使企业获得重大效益，容易引起关注和带来研发投入。工业化应用阶段前沿技术，其已投入工业化应用，只需维护完善或局部升级，显示出商业价值，容易引起高度关注和蜂拥的研发投入。

加强油气前沿技术的研究是大型油公司乃至国家层面制定中长期科技发展规划的重要内容之一，对促进和保持油气业务发展、保障国家能源供应有着重要意义。通过研究国际油气前沿科学领域的发展趋势和动向，可以为中长期油气科技规划编制和调整做前期准备，为制定大型油公司油气前沿科学领域发展目标、方向和对策提供依据。

由于前沿技术具有发展成为核心竞争力的潜力，在科技规划中应把前沿技术纳入重点研发的对象，并在重大项目设置中优选安排。

油气前沿技术研究意义重大，旨在为国家和大型油公司五年期油气科技规划、中长期科技发展战略研究提供技术支持，为五年期和中长期油气科技国际合作与交流规划提供决策信息和参考依据；筛选并储备适合中国石油发展的油气前沿技术，有助于提升技术竞争力；对可能带来巨大勘探效益的国际前沿技术和理论，及时引进或合作研发，有助于推动油气勘探增储上产。

第三节　油气前沿技术跟踪与分析方法

一、油气前沿技术跟踪与分析思路

油气前沿技术分析思路设计是油气科技规划的一项重要内容，是开展前沿技术分析预见的重要基础和前提条件。其主要作用有三个：一是跟踪、识别前沿技术及其发展方向，形成"备选技术清单"，进而通过前沿技术筛选，形成"备评技术清单"；二是梳理、表征和评估（备评）前沿技术在当前阶段的技术（性能和经济）指标水平和技术成熟度，并将国家和企业技术与前沿技术进行对比，分析优劣势，以明确技术发展方向和目标；三是支撑测评优选拟发展前沿技术，形成"备研技术清单"，预见其规划期间或未来若干年可能的技术（性能和经济）指标水平和技术成熟度，以便纳入国家和企业科技规划、制定发展战略。

油气前沿技术跟踪分析的总体思路是：面向国民经济社会、油气行业和石油企业发展的重大需求，坚持需求导向、政府和企业主导，在技术相关信息多途径、多方法广泛收集的基础上，基于"识（Identity）—研（Research）—决（Decision）"理念和流程，采取人机紧密结合、定性与定量分析结合、模型分析与综合分析结合等适用方法识别和分析、评价和筛选前沿技术，研判未来某个时间点技术的发展、应用状态以及对经济社会和企业发展影响程度，进行技术发展现状分析和表征、动向跟踪和趋势拟合，为油气相关领域前沿技术测评优选、明确主攻方向、突出重点领域、确立有限目标、制定备/拟研发前沿技术的发展战略和技术路线图奠定基础，为管理部门开展科技战略决策提供参考和借鉴。

需要特别指出的是，前沿技术跟踪分析包括了跟踪监测、识别发现、研判表征、分析预见等多项内容，同时前沿技术发展受到政治、经济、社会和机构、人员、基础能力等诸多要素综合影响，还受到技术发展的不规律性和突变性等因素作用（李晓松等，2020）。前沿技术跟踪分析也是一个动态变化、长期持续的过程，因为前沿技术要素在不规则动态变化、研发状态和内容也在动态变化，分析关注的技术领域和方向随着决策不断变化，随着任务和目标的不同其分析预测的时间尺度也动态调整（未来5年，还是10年，等等）。

在前沿技术调研与分析优选过程中，要高度重视前沿技术指标资料的收集整理和研究，要评估和表征前沿技术在当前阶段的技术（性能和经济）指标水平和技术成熟度，以便为提出拟发展前沿技术在规划期间或未来若干年应达到的阶段技术（性能和经济指标）水平与技术成熟度确定基础。要充分调动一线科研骨干配合完成前沿技术优选工作，充分吸纳研究人员在文献调研、参加国内外学术会议收集的技术信息。摸清油气前沿技术现状，尤其是目前技术性能和技术经济指标、制约生产的技术瓶颈，这将大大助力于前沿技术的分析和优选，提高科技规划的时效性和适用性。

二、油气前沿技术信息源挖掘与资料获取方法

油气前沿技术信息源是指能够承载、表达与传递对某一油气技术领域未来发展产生重大影响与引领的新方向、新热点或新布局的信息。从外延看，它往往是油气行业或领域世界强国、国际油公司正在部署或执行中的科技战略规划、技术路线、资助机构资助的各类计划或项目信息及其已经完成或尚未完成的成果信息，以及领先机构或个人发布的权威技术信息。

油气前沿技术信息源具有以下特点：

一是信息生产者的尖端性，即参与油气前沿领域技术创新活动及信息活动、引领所在领域发展的尖端性群体或领先主体，发布的政府机构、产业界、科技界和著名智库报告，一线专家与科研骨干基于各种跟踪途径得到的前沿技术或研究新方向、新设想。

二是信息传播的权威性，即信息组织者或传播者具有较强的专业性（是油气专业机构／公司或学者、业界著名或知名的油气专业单位、学／协会或技术人员），具有较强的权威性与可信度，如国家层面、大型油公司的科技规划部门和课题组，专业研究院所、知名大学或学者基于各种跟踪途径产生的前沿技术或认识。

三是信息内容的先导性，即信息内容是当前的技术前沿热点，或面向未来的战略需求领域且包含时间维度，如国家、石油企业的 5 年期和中长期规划确定的超前技术重点研究方向；现有重大项目的前沿领域相关新技术、新方法；重大项目最新资助的战略技术重点领域、战略路线图及刚刚部署启动或即将部署规划的信息等。

四是信息来源渠道的多样性，即跟踪与分析通常需要采用文献与网络交互的信息查询方法来实现，既需要查询专业文献数据库，也需要关注油气科技强国、国际油公司资助的重大计划或项目信息、具有较高影响力科学奖项信息及重要国际会议信息等一次信息，同时还需要一些知识服务机构或智库型机构发布的研究报告、战略文件或某一科技主题发展预测报告等二次或多次加工信息。这些多源、异构信息的有效获取，是科技前沿跟踪的关键之匙。

（一）油气前沿技术信息源目标体系构建

油气前沿技术跟踪信息源目标的确定，应建立在对油气关键技术或产业成熟度大致把握的基础之上。信息源目标体系可分为领先创新主体、国家和大型油公司及高校战略规划与管理机构、权威科技媒体与知识服务机构、重要国际组织与科研团体四大类（李荣等，2017）。领先创新主体包括油气领域国内外处于领先地位的研究机构、团队及首

席科学家；国家和大型油公司及高校战略规划与管理机构包括科技创新管理部门、科研资助机构、研究机构（科研机构、大学、企业等）、科技信息机构等；权威科技媒体与知识服务机构是指油气领域的权威会议发布平台、国内外油气组织的大型会议、顶级期刊、科技主流媒体及全球具有较高影响力智库机构；重要国际组织与科研团体主要涉及国际科技组织、国际科研机构、国际信息机构、国际事务性组织、学/协会与基金会等非政府组织。根据技术或产业发展现状差异，个同油气领域在确定其前沿技术跟踪信息源目标时可有所侧重。

前沿技术跟踪信息源体系的构建大致涉及信息源获取、信息源筛选与信息源优化三个环节（李荣等，2017）。例如信息源获取，主要是通过搜集和研究世界油气科技强国或者油气领域相关技术优势公司的油气战略规划、路线图、战略目标、愿景、国际大型研究计划、权威机构或部门发布的油气领域重要研究报告（如《美国能源的未来——技术与变革》《BP世界能源展望》等）、重点资助机构最新部署的项目、项目申请书中的相关前沿研究内容、重要的油气国际组织、油气方面的重要学会或协会、重要的油气科研团体撰写的有关油气科技发展前沿的研究报告或战略文件等，信息源是油气科技强国政府或跨国石油公司网站、美国能源部和欧洲科学基金会等重要资助机构网站、OPEC和国际能源署等重要国际组织网站、美国兰德公司和美国地调局等国际著名机构网站、AAPG和SPE等重要学会或协会网站、BP公司和日本能源经济研究所等重要科研团体网站、麦肯锡公司和中国能源研究会等从事研究团体的网站等。

（二）油气前沿技术信息源挖掘与分析方法

在把握油气前沿技术信息特征并建立油气前沿技术跟踪信息源目标体系的基础上，要进一步挖掘具体的信息源需采取不同的途径和方法，做到相互补充和验证，从而使挖掘结果全面且准确。通过梳理现有信息源挖掘的途径和方法，特别是网络信息源，可将其划分为定量挖掘与定性挖掘两大类（图1-1）。

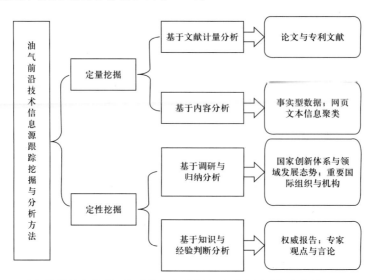

图1-1 油气前沿技术信息源跟踪挖掘与分析方法示意图（据李荣等，2017；修改）

1. 油气前沿技术信息源定量挖掘与分析方法

油气前沿技术信息源定量挖掘可分别基于文献计量与内容两种分析方法。

（1）文献计量分析主要利用网络数据库进行论文和专利统计分析来实现，主要适用于国别的确定及研究机构、资助机构及期刊等信息源的挖掘，通过对论文与专利文献的统计分析找到油气领域包括研究机构、团队、著名科学家在内的领先创新主体。

相关网络数据库，国外的包括汤森路透（Thomson Reuters）公司"Web of Science"的科学引文索引扩展版（Science Citation Index Expanded，SCI-E）、基本科学指标数据库（Essential Science Indicators，ESI）、《自然》（*Nature*）周刊、《科学》（*Science*）周刊、*Nature Materials* 电子刊、中国科学院文献情报中心期刊分区、数字化博硕论文文摘数据库（PQDT）、国家科技图书文献中心（NSTL）、石油特色全文数据库［GeoScienceWorld（GSW）、Petroleum Abstracts（PA）、OnePetro（SPE）、美国地球物理学会（AGU）、欧洲地质学家与工程师学会出版的在线地球科学数据库（EarthDoc）、American Chemical Society（ACS）、CPA、美国电气电子工程师协会计算机学会（IEEE Computer Society，IEEE CS）、EBSCO、ScienceDirect OnSite《Elsevier 电子期刊全文》、Wiley Online Library、SAGE Journals Online、国道外文专题数据库（SpecialSci）、Elsevier、爱学术（Iresearch）、Wiley、Springer Link、EI Village、ACM Portal、ABI/INFORM（ProQuest）、SAGE 商业案例数据库等］、石油特色文摘数据库（GeoRef、PA、FPA 等）、Taylor & Francis 科技期刊数据库、Nature Energy 电子刊、《美国科学院院报》（PNAS）、AFDS 外文特种文献集成系统（会议及报告）、其他文献数据库或相关网站。

国外油气相关的主流英文数据库部分网址列举如下：

http：//www.geoscienceworld.org；

http：//www.datastarweb.com/petroleum；

http：//www.onepetro.org/mslib（包括 9 个子数据库的综合数据库）；

https：//www.ebsco.com［有中文版，包括 15 个子库，主要数据库为 Academic Source Premier（ASP）和 Business Source Premier（BSP）］；

https：//www.sciencedirect.com/science/journals；

https：//onlinelibrary.wiley.com；

https：//journals.sagepub.com；

http：//www.nature.com/nature/index；

http：//www.SpecialSci.cn（外文图书）；

https：//link.springer.com（外文图书）；

https：//www.elsevier.com/books-and-journals/elsevie（外文图书）；

http：//www.iresearchbook.cn（外文图书）；

https：//www.onlinelibrary.wiley.com（外文图书）；

https：//dl.acm.org（外文期刊、会议论文）；

https：//search.proquest.com；

https：//www.blyun.com；

http：//sk.sagepub.com/cases（外文信息资讯）。

国内的油气相关数据库包括中国知网（CNKI）、万方数据知识服务平台、维普网、石油工业出版社、中国石油文献全文数据库（CPA）、国外石油文献数据库（FPA）、百链数据库——北京高科联盟、畅想之星电子图书服务平台、超星发现、超星数字图书馆、读秀、中国国家标准全文数据库、国家科技图书文献中心、博看网、全国石油专家学者学术资源数据库、中国引文数据库、知领·特色数据库、汉斯出版社（Hans Publishers）、全国图书馆参考咨询联盟、百度学术、掌桥科研、石油 Link、海卓能源信息服务平台（HYDROSS）、其他文献数据库或相关网站。

国内油气相关的主流数据库部分网址列举如下：

https：//www.cnki.net（包括中国学术期刊网络出版总库、中国博士学位论文全文数据库、中国优秀硕士学位论文全文数据库、国际会议论文全文数据库、中国重要会议论文全文数据库、中国国家标准全文数据库、CSCD 中国科学引文数据库、中国科技项目创新成果鉴定意见数据库知网版等 21 个数据库）；

https：//www.wanfangdata.com.cn/index.html（万方数据）；

http：//www.cqvip.com/（维普网）；

http：//zwsywx.cup.edu.cn/TPWeb/MasterPage.htm；

http：//tsg.yooso.com.cn（石油工业出版社电子图书）；

http：//www.duxiu.com（期刊论文、电子图书）；

http：//wfstandard.cup.edu.cn/；

https：//www.nstl.gov.cn/（国家科技数字图书馆）；

http：//www.inoteexpress.com/support/cgi−bin/download_sch.cgi？ code=ZGSYDXBJ；

http：//zq.bookan.com.cn/？ t=index&id=22991；

http：//syrw.cup.edu.cn/cup_rw/cup/index.tom；

http：//www.sslibrary.com/（超星数字图书馆）；

http：//oar.nstl.gov.cn/（NSTL 开放学术资源系统网）；

gsp.ckcest.cn（知领·全球科研项目库）；

policy.ckcest.cn（知领·政策库）；

view.ckcest.cn（知领智库观点）；

live.ckcest.cn（知领直播，线上学术交流平台）；

http：//www.hanspub.org；

http：//www.ucdrs.superlib.net/（全国图书馆参考咨询联盟）；

http：//www.xueshu.baidu.com/（百度学术）；

https：//www.zhangqiaokeyan.com/？（掌桥科研）。

利用专利分析挖掘信息源的基本思路与论文分析基本一样，也有两条途径互为补充和印证。一是在确定油气细分领域的研发重点和热点的情况下，以汤森路透公司的德温特专利创新索引数据库（Derwent Innovation Index，DII）、中国知网的中国专利全文数据库或其他权威专利数据库为数据源，主要利用主题词并辅以国际专利分类号（IPC）或德温特分类代码（Derwent Class Codes，DC）等进行检索，之后对检索到的数据集进行专利权人分析；二是选择与油气细分领域目标学科相对应的专利分类大组或小组，直接以分类号进行检索，并对检索到的结果进行学科精炼，然后进行专利权人分析，根据专利申请数量等指标发掘出一些该领域科技实力较强的研究机构。

（2）内容分析则以网络事实型数据为挖掘对象，其中，通过科研项目、奖励、会议等相关信息，可锁定重要的油气相关科研机构、国内外大型或专题会议、科学奖项；借助计算机辅助技术，对网页文本信息进行聚类分析，可实现对异构文本信息中机构、人员关键实体的识别与抽取，辅助实现对互联网信息源快速发现。

2. 油气前沿技术信息源定性挖掘与分析方法

油气前沿技术信息源定性挖掘可分别基于调查与归纳分析、知识与经验判断分析两种分析方法。

（1）调查与归纳分析重点是通过对油气领域相关技术全球发展态势及相关国家的油气科技创新体系进行调研，从而找到关键的科技管理机构、科研资助机构与其具体信息源；同样也可以对重要国际组织、学会或基金会进行定性调研。其中，美国、德国和日本等多元分散型科技管理体制，主要是由行政、立法、司法三个系统不同程度地参与国家科技政策的制定和科技工作的管理，要从调研负责主管目标学科领域的政府机构或部门着手，才能有针对性挖掘到相关油气科技创新体系的信息；中国、俄罗斯和印度等集中协调型国家通常会设立专门的机构负责全国科学技术活动的组织、协调与规划，要从该负责机构入手开展调研会获得更多权威信息源。

（2）知识与经验判断分析往往是借助智库机构及专家的智慧与经验，通过调研相关文献（包括文章、新闻报道等）和分析报告（战略咨询报告或情报研究报告），特别是跟踪一些油气相关著名智库机构、咨询公司发布的科技创新报告、科技竞争力报告、研发投资报告、市场分析报告、专题研究报告等（袁建霞等，2013；李荣等，2017），或者是油气领域相关专家的言论、已知重要网站的"友情链接"，获得一些重要研究机构、企业、主流媒体等相关信息源。这是多样化、长期性的研究分析，需要在工作中不断积累信息源、不断摸索和总结。

总之，油气前沿技术信息源挖掘与分析应建立一种开放、融合、灵活、智能的方法体系。

3. 油气前沿技术信息源挖掘与分析主要流程

针对油气领域前沿技术，挖掘、分析、构建跟踪信息源体系，总体包括六步流程：

（1）目标技术（群）演进路径分析：基于现有和收集的资料，进行目标技术（群）总体特征、热点方向、演进路径的梳理，为信息源挖掘和获取奠定基础。

（2）科研机构信息源挖掘：可采用网络调查法，从中抽取出技术强国或国际油公司同时参与目标技术（群）研究活动的机构，并借助领域专家经验，确定其中若干家机构，作为某一油气细分领域重点前沿技术跟踪信息源中的领先机构。

（3）重要推进组织信息源挖掘：主要油气技术领先国家通常都会成立各自的推进组织，对内承担现阶段及未来油气领域目标技术发展计划的组织、实施与协调，对外开展协同实验研发。为此，将这些推进组织纳入信息源体系十分必要。主要采用网络主题词搜索结合专家咨询的定性调查方法，确定相关推进组织。

（4）重要会议信息源挖掘：全球一体化和交流沟通日益广泛背景下，关注油气（细分）领域重大会议、互联网报道信息显得至关重要。可利用专用网页信息采集工具，通过强相关性主题词/关键词检索，对近三年中外文主流网络媒体发布法人相关信息进行抓取。软件能够实现对所抓取网页文本信息中包括会议名称在内命名实体的自动识别与出现频次统计，结合定性判断，最终选定若干会议活动作为跟踪信息源。进入信息源跟踪体系的重要会议应具备以下三大特征：① 在油气技术领域全球影响力大；② 权威发布或披露油气技术前沿动态；③ 建有专门的油气技术信息发布平台。

（5）重大战略计划信息源挖掘：油气（细分）领域前沿技术的主要参与国家通常会根据自己的战略目标出台本国的推动计划，往往由政府部委组织实施的油气科技规划、战略、路线图刚刚启动部署或者即将部署，尚未有研究成果；以及由各类石油公司、基金会等资助机构通过各类油气计划、项目最新资助的油气战略投资重点领域，已经部署、正在进行之中，但尚未完成并产生了一定的研究成果。油气（细分）领域重大前沿技术主要国家关键发展战略的快速扫描，可以确定信息源体系构建中应重点关注的一些重大战略计划。通过跟踪这些计划，可以掌握各国最新的实验进展、研发投入、阶段性成果等前沿动态。

（6）权威发布信息源挖掘：主要国家在油气（细分）领域重大技术最新的实验方案、测试进展、技术架构等重要前沿信息，通常会以公告、白皮书或专题报告等形式，并通过本国权威机构组织定期发布。通过中心源扩散策略、挖掘中心信息源与外部相关信息源间关联关系，建立不同的链接路径，进而最终锁定若干权威机构发布的信息源。

综合上述对油气（细分）领域前沿技术跟踪信息源的挖掘结果，可以绘制出信息源体系图表，明确相关领先国家、研究机构、推进组织及重要活动，并细化到具体名称。结合人工或自动化手段直接跟踪获取信息的具体信息源，还可根据具体主题进一步深入挖掘和完善。

（三）油气前沿技术信息源获取策略

李荣等（2017）研究提出了特定领域科技前沿跟踪信息源获取的中心扩散、人机结合、权威发布三大策略，基本可推广应用于油气（细分）领域前沿技术跟踪信息源的获取。

1. 油气前沿技术信息源的中心扩散获取策略

中心扩散策略是根据油气（细分）领域前沿技术跟踪信息源目标的个体特征及重要性，通过信息源间的某种关系，找到前沿技术跟踪信息源间的链接路径，实现信息源的拓展。中心扩散策略的核心思想是确定某一具有"枢纽"特征的中心信息源，逐级追踪到末端直接获取的信息源。

该策略存在两个适用前提：第一，适用于技术演进阶段较为明确，且研发活动趋同性较为明显的油气（细分）领域，如全球行业公认已处于技术测试与评估阶段的纳米机器人油气探测与评价技术、天然气水合物开采模拟技术。第二，中心信息源必须在该领域具有很高的权威性与强大的"联系能力"。该策略应用有两个要点：一是中心信息源的确定，可采用定性分析与定量分析相结合的方法，来确保信息源选取的准确度与可信度；二是信息源联系路径的建立。通过对中心信息源的挖掘，找到其与外部潜在信息源间的关联关系，逐级扩展。

2. 油气前沿技术信息源的人机结合获取策略

在海量网络信息环境下油气（细分）领域前沿技术信息来源与传递通道不断拓展，而前沿技术本身的发展，也使得动态跟踪对象不断更迭。因此，油气前沿技术跟踪信息源的发现与获取，既需要借助信息化工具的辅助，更依赖于人脑的分析判断。人机结合策略主要针对信息源的挖掘与甄别，提出智能化情报辅助工具与领域专家在信息源体系构建不同环节的介入。该策略的应用要求信息源挖掘的对象要十分明确，且工具与专家的选取要科学有效。针对不同类型、不同特点信息源主体及其关系的抽取，选取不同类型的工具。油气重要会议信息挖掘中所使用的网页文本信息采集分析工具，能够实现对人物、会议名称等命名实体的识别与抽取。在专家智力干预方面，应把握不同专家在不同环节介入的时间节点。信息源挖掘对象与工具的选取，由油气（细分）领域的一线／权威专家主导；工具挖掘初步获取的信息源经研究分析者初步判断筛选，引入相应所属领域权威专家，由他们完成信息源的最终甄别与选取。人机结合策略的本质是智能采集、辅助分析与人脑判断的相互协同，该策略的应用应根据油气（细分）领域前沿技术发展趋势与信息源构建具体需求的变化不断完善与调整。

3. 油气前沿技术信息源的权威发布获取策略

油气（细分）领域的前沿技术及其要素是随着时间推移不断发生进化、转化与演变，因此，基于对论文、专利等文献数据定量分析下的信息源挖掘，具有一定的局限性。由于油气前沿技术具有很强的前瞻性，通常会成为相关权威智库机构关注与研究的重点。智库和研究机构凭借独有的信息获取渠道，能够面向油气相关技术的热点和前沿发展，研究发布重大战略咨询报告、趋势分析报告、论文或专利统计报告等满足不同决策需求的成果产品。而这些产品通常会涵盖油气领域全球顶级研究机构、热点方向、学术带头人、学科与研发布局等前沿信息，并可通过公开渠道获得。这些信息具有较高权威性与可信度，可直接作为跟踪信息源获取对象。此外，一些油气相关国际知名研究或出版机构发布的技术热点排名、油气年报等专题研究报告，通常对具体技术领域的创新活动及领先机构进行评价，也可作为信息源的直接获取渠道。可借以根据油气（细分）领域的技术前沿发展现状，参考其他策略获取结果进一步综合分析和甄别。

总之，油气前沿技术动态跟踪信息源的挖掘与构建是一项复杂、系统且需要积累的工作，需要在实践中不断发掘、积累、调整和完善。从信息源获取策略的角度，不存在一套普适性的方法体系，既需要对现有方法的融合与改进，也需要不断引入新的思路、技术或工具。

实际研究工作中，在挖掘油气前沿技术信息、获取资料的过程中和获取资料之后，需要开展油气前沿技术的识别研判、分析表征与评价，通常可划分为定性分析法、定量分析法、模型分析法、组合/综合分析法四大类方法。

三、油气前沿技术定性分析方法

定性分析方法主要包括企业多途径调研分析法、文献调研法、网络查询法、会议跟踪法、专家会议评估/咨询法、德尔菲法、内容分析法、头脑风暴法、比较分析法、社会调查法、科技政策分析法等，多数是单一性方法，有时需要综合采用几种方法。定性分析方法主要是以专家经验为基础进行的，正日趋丰富和完善之中。部分常用的重点方法简述如下，其他可自行查阅。

（一）企业多途径调研分析法

基于油气前沿技术定义，紧密结合企业油气业务发展战略目标和主营业务需求，从国际技术发展趋势出发，通过多种来源和途径的信息分析，优选确定需详细调研的油气前沿技术。

跟踪调研前沿技术应注重连续性，常年进行，保持相对稳定的专业队伍。由于从事技术调研人员多，技术类型多样化，描述技术调研成果时应采用统一格式，以确保对技术信息高效汇总。

油气前沿技术调研的信息来源主要包括以下五个：（1）近五年或中长期油气科技规划确定的超前技术重点研究方向；（2）现有油气重大项目的前沿领域相关新技术、新方法；（3）一线专家和科研骨干基于各种跟踪途径/手段提出的前沿技术或研究新方向、新设想；（4）基础研究和调研课题组基于各种跟踪途径/手段产生的前沿技术或认识；（5）当前国内外高度关注、具有极高学术和应用价值，或者中国独具优势的油气前沿科学技术。

主要工作流程包括：编制国际前沿技术现状调研的统一表格和内容模板（表1-1）→科研院所、重大项目组、课题组三个层面书面调研→搜集整理和初步汇总→研讨会优化和集成→完成前沿技术调研报告。

需要指出，技术持有者多数为研发团队，团队分析包括团队组成、实验条件、体制机制、发展趋势等。分析已实现工业化的最新技术（特别是企业未来发展的需求技术）的国内市场占有率及未来5～10年预期变化，并提出对应设想（保持领先、追随、合作、超越以及如何保持领先、如何追随、如何合作、如何超越等）。国外、国内、企业技术现状与发展趋势的研究，必须要用对比的方法表示出本次研究和前人研究所增加的新内容、新观点。

多途径调研中，要充分获得上级主管部门和各有关单位的大力、积极支持，注意把握油气前沿技术的准确性，做好以下"四个突出"工作：

（1）突出前瞻性和新颖性。基于长期科研积累和对前沿地质理论技术的深刻理解，结合对理论技术现状的深刻认识和对国家和公司中长期发展目标的深刻思考，注重新领域、新理论、新技术、新方法，立足现状、面向未来，力求对国家和公司油气长远发展产生指导意义。

表 1-1　油气领域 × × 专业前沿技术调研档案表

业务领域			
技术名称		技术编号	
技术内涵与功能			
技术指标 / 水平			
应用范围			
发展状况			
技术持有者		领军人物	
知识产权			
资料来源			
未来发展状况预测（★）			
对本企业的影响（★）			
填表人		填表日期	

填表说明：

（1）技术内涵与功能：指该技术的基本含义、内容简介、原理、主要功能或用途，<150 字为宜；

（2）技术指标 / 水平：指技术本身已达到或预期可达到的主要性能指标、技术经济指标，适用条件指标，以及技术水平（国际领先、国际先进、国内领先、国内先进、国内一般）等；

（3）应用范围：指技术适宜应用的范围或规模；

（4）发展状况：指该技术当前的成熟度、技术发展阶段（新理念 / 新设想 / 科学假设 / 实验室、× × 规模中试 / 现场试验、× × 工业化应用）、技术已解决或预期可解决的生产问题等；

（5）技术持有者：指持有该技术的机构（国内外油公司 / 院校、最具实力的主要研发团队），若为两家以上，技术指标及成熟度等有差异，在相应"科目"中应予以标出持有者；

（6）资料来源：指获取该信息的途径与来源；

（7）"未来发展状况预测""对本企业的影响"两项为重点关注（★号）内容，需经过分析后确定。由于技术信息描述差异度较大，有些"科目"内容也可用图形、表格等方式表述。

（2）突出重要性。填写过程中要结合相关专业学科的发展现状及趋势，力求梳理、筛选出对国家和公司未来油气发展可能产生较大和重大影响、对相关专业学科发展有重要意义的前沿技术。

（3）突出层次性。力求站位高、层次高，即站在国家和公司层面思考和研究，而非仅仅局限于本专业学科、本所单位层面上。

（4）突出理论与生产结合性。注重应用基础研究、理论技术应用性研究的结合，能源学科之间（盆地构造 / 沉积学等）、能源学科与其他自然科学之间相互交流与融合而产生的交叉学科前沿理论与技术问题，力求推动国家和公司未来产生创新性成果，形成新的增长点。

（二）文献调研法

文献调研法的资料信息来源：一是 AAPG Bulletin、SPE、Elsevier、Science、Nature 等国外期刊的外文在线库、外文镜像库，用目标领域的关键词群组在 ISI Web of Science—Science Citation Index Expanden（SCI-E）上下载论文文献数据，精读油气（细分）目标领域权威性期刊近年发表的综述性论文或者未来 10 年乃至几十年展望性论文；二是中国知网（CNKI）数据库、中文科技期刊数据库（维普网）等中文学术期刊文献，主要调研国内油气领域核心期刊近年发表的综述性论文或者未来 10 年乃至几十年展望性论文；三是中国知网、万方数据中国学位论文全文数据库，主要调研近年硕士、博士论文的创新点和文献综述部分；四是针对油气（细分）领域技术强国或者油气相关国际著名机构的研究现状，在美国科学信息研究所（ISI）的德温特专利创新索引数据库（DII）中下载专利文献数据；五是最新出版的国内外油气方面专著、研究报告，如以美国科学信息研究所出版的《科学观察》（Science Watch）提供的科学引文统计数据为基础，解读当年国际上最受人们关注和最新出现的前沿热门课题等。

在上述和前述相关网站论文、专利文献调研中的重点有：第一要了解油气领域内的重要期刊，关注期刊分类级别（核心、CSCD、EI、SCI 等）、期刊主办单位、编委团队、期刊收录情况和影响因子（IF 值），尽量选择高等级综合类、油气领域权威机构和重点高校主办、由院士和知名专家学者所领衔编委团队、被收录级别较高、影响因子较高的重点期刊，其专业度和质量层次都更优。第二要关注"Recent/Latest Articles 或者 OnlineFirst"栏目和浏览最新文献，容易跟踪到技术的最新进展和重要 / 大突破。第三可以跟进重要专家学者，包括研究领域内权威的专家学者、具有类似研究方向的专家学者，以及曾引用文献的作者等；关注其个人网页、学术主页、社交网站、相关会议发言、常刊登作品的学术杂志；了解其基金课题、谷歌学术推送信息、最新研究成果信息。第四可以关注油气领域相关研究团队，主要包括（重点）实验室、科研项目组和科研机构等，了解研究团队的整体信息、学术成果、研究方向、综述文章，尽量选择那些由知名学者领衔的、影响力大的、权威性强的研究团队进行跟踪。第五要挖掘油气（细分）领域目标技术最新专著、论文、综述性文章及其参考文献，以锁定那些与所关注研究方向相近的文献并进行发散性追踪。第六要注意查找和追踪油气领域相关重要学术会议，选择覆盖所关注油气（细分）领域、涵盖国内外学术会议、及时更新或收录信息的合适学术会议检索平台开展跟踪和分析。

通过上述方法，初步筛选并建立前沿技术基础资料库，填写单项技术的主要内容，如技术内涵、应用及国内外研究现状、发展趋势等，作为下一步技术优选和测评的主要依据。

（三）网络查询法

网络查询法的资料信息来源：一是上述油气科技强国的政府能源管理部门网站、重要油气公司网站、重要的油气科研团体网站、开展油气方面研究的团体网站等；二是重要油气国际组织网站、国际著名机构网站、重要的学会 / 协会网站，例如美国国家能源信息署（EIA）、美国石油地质学家协会（AAPG）、美国兰德公司，以及美国国家科学院下属的学术出版机构 The National Academies Press（NAP）每年发布的油气能源、能源与能源保护、地球科学学科领域报告，如《技术与变革：美国能源的未来》等；三是油气相关国际重点资助机构网站，如美国国家科学基金会（NSF）、美国能源部、美国地质调查局、欧洲科学基金会（ESF）等，这些资助机构的油气计划/项目数据库是获取重要资助项目信息的重要信息源。

调研各权威网站公布的油气方面年度研究十大进展，以及国际著名研究机构的愿景、战略目标、正在承担的重大计划项目是把握前沿技术最好的途径。针对目标领域油气科技强国或者目标领域国际著名油气机构的研究现状，遴选出油气技术水平前列国家或者国际著名研究机构，开展油气前沿技术的识别和跟踪分析。要注重平时的积累，即对这些著名机构要有充分的了解，可以直接上其网站进行调研，或者是通过网络资源和纸质资源收集这些机构的资料。

（四）会议跟踪法

国际会议信息通常比期刊论文能更快地反映科学共同体和决策层的所想所为，能更快地交流科研人员的研究成果，反映国际关注的研究前沿。

会议跟踪法的信息源，一是直接参加油气相关国内外大型学术会议，了解国际会议信息；二是中国知网、万方数据的国内会议论文数据库；三是国外油气国际组织和机构网站的会议论文资料。

常用的油气相关学术会议检索平台部分网址列举如下：

http：//www.allconferences.com（英文学术会议检索平台）；

https：//www.aconf.org（国际学术会议英文检索平台，可按国家地区或时间检索）；

https：//conferencealerts.com（国际学术会议他方网络链接、检索平台，可查找、订阅）；

http：//www.techexpo.com/（Calender of Upcoming Technical Conferences，世界范围内的专业技术会议报道，可按照时间、会议名称、主题、主办单位、国家等进行检索）；

http：//www.scholarly-societies.org/（Meeting/Conference Annoucement List，按学科分类）；

https：//blog.engineeringvillage.com（Ei Village Upcoming Conference，按学科分类、链接）；

http：//www.conferencecalendar.com/（Internet Conference Calendar，可多方式检索）；

https：//conferences.nature.com/（Nature conferences，可多方式检索）；

http：//conf.cnki.net/（中国学术会议网，收录最全最新的国际国内各类学术会议）；

http：//www.meeting.edu.cn/meeting/（中国学术会议在线，国内学术会议大集合）；

http：//econf.hust.edu.cn/（中国教育系统学术会议云平台）；

http：//www.allconfs.org/index.asp（学术会议在线——学术会议云）；

http：//meeting.sciencenet.cn/（科学网——会议）；

http：//www.cas.cn/xs/（中国科学院——学术会议）；

https：//www.ais.cn（艾思科蓝油气、能源与环境学术会议网站）；

http：//www.searchconf.net/（中文和英文学术会议搜索，有手机版和电脑版）；

https：//www.aconf.cn/index.html（艾会网——学术活动一站式解决方案）。

（五）专家会议评估／咨询法

该方法主要是依靠专家为索取信息的对象，先组织、邀请一批油气（细分）领域专家，运用其专业知识和丰富经验，对拟发展技术的性质、社会环境和背景、实现的可能性、预计的开发时间、各种影响因素等发表意见，综合分析反馈的信息之后，由专家会议主持人把集成、综合的意见交给专家会议进行公开讨论，对发展远景做出判断，最终达成一致意见。

其主要分析流程：一是在前述文献调研初选、会议跟踪初选、多来源分析筛选基础上，组织油气行业、相关（细分）领域院士、知名专家、一线项目长或课题长、资深科研骨干研讨和咨询，进一步集中意见、达成共识，形成比较认可的前沿技术清单，为科研管理、投资部门决策提供重要依据。二是在此基础上，研究提出前沿技术筛选指标，采用专家调查问卷、发送电子邮件、召开专家咨询会议等方式或者采用德尔菲法，考虑油气（细分）领域战略专家和技术专家的意见，分析中国油气相关前沿领域的优势、劣势、现有的机构、人员情况等，组织上述专家进行测评、统计和优选，确定符合中国国情的油气领域前沿技术，给出前沿技术的优选排序。

通过上述方法，可以给中国石油行业、企业和国家层面前沿技术研究计划、超前储备及应用基础研究筛选提供有效的参考依据和建议方案。

实践表明，在数据缺乏（如数据不足、数据不能反映真实情况、数据采集时间过长或代价过高等）、新技术评估（多数没有或缺乏数据）、非技术因素（生态环境、公众舆论以及政治、政策）起主要作用情况下，利用专家知识和经验是有效的，也是可选的最佳方法。专家会议评估／咨询法的最大优点，是在缺乏足够统计数据和原始资料情况下，可以对文献上还未反映的信息做出定量评估。特别是预测对象的发展在很大程度上取决于政策和自身的努力，而不取决于现实基础，采用专家评估法往往能得到比较正确的结果（刘振武等，2003）。

专家会议评估／咨询没有一成不变的固定方法，主要采用专家个人判断、专家会议、头脑风暴法、德尔菲法和交叉影响等方式，大致可以分为专家个人调查法和专家小组讨论法两种。

专家个人调查法是由专家个人进行调查、分析和判断，这类专家主要是来自大型石油公司、专业科研机构的规划战略研究人员、相关咨询公司及信息研究机构或高等院校的受委托研究人员。其优点是可以充分利用专家个人知识和经验，最大限度地发挥专家个人的创造能力；不受外界影响，没有心理压力；组织工作简单，调研费用很少，简便易行。其缺点是容易受到专家个人知识面、知识深度、工作经验、占有信息有限、个人兴趣偏好而直观性判断等不利因素影响。

专家小组讨论法多是组织、邀请油气细分或专门领域、相关学科的多名专家，参加小组讨论会、专题研讨会，充分讨论各种不同观点和认识，最终达成一致意见。其优点是各种代表性学术观点的集中对比、研讨和集体智慧，可防止专家个人的不足和片面性；对讨论对象可能受到的各种影响因素，考虑得更为全面；专家会议集体判断相对更有参考价值。其缺点是可能受到多数压服少数、权威影响集体、论据数量比质量占有优势、利害关系的干扰、低质量的折中、掺杂专家不准确甚至错误信息干扰等不利因素影响。

针对专家会议评估/咨询法的缺点，学者们创建了德尔菲法。经验表明，德尔菲法能有效地避免专家小组讨论法由于心理因素造成的不利影响。

四、油气前沿技术定量分析方法

油气前沿技术定量分析方法是指以（半）定量分析为基础，依赖数量特征、数量关系与数量变化进行分析的方法，主要包括文献计量分析法、专利分析法、基于多种类型信息的计量分析法、基于科学大数据的前沿技术预测分析法、线性回归预测法等，有时需要综合采用几种方法。总体来看，油气（细分）领域技术定量分析的报道尚不多见，仅做一部分简介。

（一）文献计量分析法

文献计量分析法是最常见的以定量分析为基础的技术预见方法，以数学、统计学为基础，以油气技术（细分）领域各种文献外部特征为研究对象开展统计和分析。其需要依靠大量的文献数据为支撑，具有客观性、直观性和量化性，也是一种适用于对技术成果进行评估的方法（高卉杰等，2018）。其最重要的应用表现为"引文分析"，通过采用各种数学和统计学方法及比较、归纳、抽象、概括等逻辑方法，对油气期刊、论文、著者、关键词、出版时间等各种分析对象的引用与被引用现象进行分析，揭示其数量特征和内在规律，评估文献的学术价值、发展趋势和影响力，预测、评价相关技术的发展趋势。

其基本流程包括定义目的范围、文献检索、统计分析和价值挖掘等步骤，计量对象主要是文献量（各种出版物，尤以期刊论文和引文居多）、作者数（个人集体或团体）、词汇数（各种文献标识，其中以叙词居多）等。其主要优点在于提供了量化的信息内容，能够快速了解油气（细分）领域跟踪技术的发展脉络以及前沿热点。其缺点是只能评估文献的表面特征和学术价值，无法深入探究文献的实质内容和学术思想；容易受到数据质量和统计方法的影响，需要谨慎选择和分析数据。

因此需要注意选择合适的数据库和检索策略，以确保全面检索到相关文献；对文献进行筛选和预处理，以确保分析结果的准确性和可靠性；选择合适的指标和方法进行数据分析，以便全面评估文献的学术价值和影响力。

近年来，一些学者总结提出了基于文献计量的综合分析方法。一是文献计量探测分析法，包括基于引文分析（共被引、耦合、直接引用三种类型）的技术前沿探测、基于网络分析（知识图谱、科学网络的网络密度、直径、相对大小）的技术前沿探测、基于文本内容分析（词频分析、共词分析和文本挖掘）的技术前沿自动探测、多种分析方法组合的技术前沿探测（王兴旺等，2018）。二是文献计量内容分析法，将文献计量分析法（以文献信息为研究对象的文献计量学统计分析）与内容分析法（对文献内容客观、系统和量化描述与分析）结合起来，取长补短（邱均平等，2010）。

（二）专利分析法

专利分析法是指利用统计方法或技术手段，对来自油气技术（细分）领域专利说明书和专利公报中的专利信息进行加工及组合，通过这些信息对特定领域进行全局纵览及预测发展趋势，辅助识别和筛选油气前沿技术、描述技术特质及其演进趋势。

专利授权需要审查其新颖性、创造性和实用性，故油气专利技术往往代表了某个油气（细分）领域最前沿、最尖端的技术。将专利分析应用在前沿技术跟踪上，重点在于高价值专利分析。通过检索得到与某个主题相关的专利信息的集合后，根据高价值专利的特定属性，选择专利的影响力、策略布局和保护范围等角度，选择若干核心关键指标，可建立一套能够综合反映专利价值的评价指标体系［如单件专利被引次数、《专利合作条约》（PCT）专利施引数、施引专利的国家（地区）数、专利权利要求数、专利家族规模等］；对该评价体系的指标赋予权重，进而对相关技术领域的专利文献进行评价（刘毅等，2018）。

基于专利进行前沿技术预测大致分为四种类型：一是基于专利的量化指标［专利公布量或申请量、授权量、平均滞后期、专利发明人、申请人、专利类型、国际专利分类（International Patent Classification，IPC）技术领域］及量化趋势，建立基于专利授权率的算法和基于专利平均滞后期的算法等，结合专利地图，来进行前沿技术预见。二是基于专利关系（专利引文关系、专利引证时间，专利相关性、共现性及交互影响、专利合作网络等）的前沿技术预测方法。三是通过文本挖掘对专利题目、摘要、权利要求项等字段进行知识抽取、语义识别、模式聚类分析等预见前沿技术。四是基于专利分类（如国际专利分类、联合专利分类等）进行前沿技术预见，如翟东升等（2016）利用专利间的引用关系，构建IPC引用网络表征知识间的流动，综合线性回归的链接边权预测模型和基于SVM的未来链接预测模型进行前沿技术预见。

专利分析经常使用的方法包括基于专利引文分析法、基于词共现分析法、基于专利SAO语义分析法、基于机器学习分析法、专利地图法、多维尺度分析法、K-means聚类算法、文本挖掘法和孔多塞投票法等。高楠等（2020）提出了基于专利的前沿技术预测模型和研究流程框架（图1-2），笔者认为同样适用于油气技术（细分）领域前沿技术分析和预测。

在图1-2中：

专利技术影响力＝某类技术的专利前向引用次数总和／该类技术的专利总数；

专利技术范围＝某类技术专利的IPC号总数／该类技术的专利总数；

专利技术保护＝该类技术的专利权利要求总数／该类技术的专利总数；

专利扩散指数＝某类技术被引专利的IPC号总数／该技术被引专利总数；

专利家族规模＝某类技术的专利家族中成员数量总和／该类技术的专利家族总数。

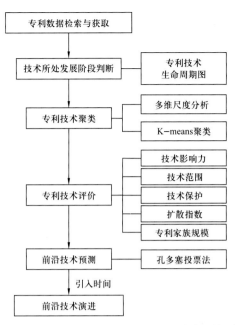

图 1-2　基于专利的前沿技术预测模型和研究流程框架（据高楠等，2020）

由上述框架（图 1-2）可知，研究包括技术所处发展阶段判断、专利技术聚类、专利技术评价、前沿技术预测与前沿技术演进分析四步流程。采用技术生命周期曲线判断技术发展阶段，通过多维尺度分析法结合 K-means 聚类算法，以专利 IPC 号为基础，结合 Pearson 相关系数，对专利差异性矩阵进行专利技术聚类；对技术集群从技术影响力、技术范围、技术保护、扩散指数、专利家族规模五个维度进行技术评价；综合孔多塞投票法和文本挖掘技术，进行前沿技术集群的命名与比较；引入时间维度，最终得到前沿技术演进图。受篇幅限制，详细方法不做叙述，请参阅相关文献资料。

（三）基于多种类型信息的计量分析法

王兴旺等（2018）提出了基于多种类型信息的计量分析法，探索将科技论文、专利和科技舆情这三种不同类型的信息结合起来综合分析预测前沿技术，目前尚处于初步探索阶段。

其主要分析流程：一是针对科技论文进行技术基础研究情况分析，分析目标是基础研究前沿，分析方法主要是文献计量学方法，包括词频分析、词频检测、共词分析、共引分析和聚类分析等。二是针对专利进行技术应用开发情况分析，分析目标是技术研发前沿，分析方法主要是文献计量学和专利地图分析法，包括词频分析、词频检测、专利类别分析和聚类分析等。三是针对科技舆情进行补充计量分析，分析目标是具有较高舆情关注度的科技热点，分析方法主要是替代计量学和文献计量学方法等。四是对照科技论文、专利和科技舆情分析的结果，综合比较和分析前沿技术方向，得出最终的前沿技术预测结论。

为使得分析结果更加合理，需要对不同类型信息计量分析的结果设定不同的权重值，通过计算权重值来测算预测结果的准确性、可靠性，计算公式如式（1-1）所示。

$$F=af(x)+bf(y)+cf(z) \tag{1-1}$$

其中，F 为前沿技术预测结果；$f(x)$、$f(y)$、$f(z)$ 分别为科技论文计量分析的基础研究前沿结果、专利计量分析的技术研发前沿结果、科技舆情计量分析的高关注度科技热点结果；a、b、c 分别为基础研究前沿、技术研发前沿、科技舆情热点对技术预测结果的影响权重值，不同的技术领域影响权重值会有所不同，这与技术领域自身的特点有关，a、b、c 之和为 1，可以通过专家咨询法等确定 a、b、c 的值。

（四）基于科学大数据的前沿技术预测分析法

随着近年来大数据分析、人工智能新兴技术的快速发展，开始融合大科学数据基础，借助人工智能领域的先进技术手段，建立客观、系统的动态技术预测方法。一是为提高技术预测的准确性和科学性，逐渐重视多源融合科学大数据的处理与数据开发库建设。二是构建系统规范的技术预测分析流程，针对多源异构融合大数据，提出了基于生命周期和链路预测两种不同的前沿技术预测方法，并验证链路预测、深度学习、信息可视化等技术方法在技术预测分析中的有效性。三是全视角比较分析，以技术知识单元游离、扩散、重组理论和技术创新与转化理论为基础，探索预测局部地区或领域技术的前沿趋势。

对特定领域的前沿技术进行预测主要包括三个步骤：（1）技术演化阶段定位；（2）技术前沿主题辨识；（3）技术未来趋势预测。

今后更加客观有效的技术预测模型将不断改进。在涵盖完整的技术生命周期数据下，提出的模型还有待进一步研究。未来，整合包括专利与论文在内（还有诸如图书、标准、行业报告等）的多源异构数据，对技术前沿进行预测的方法会逐渐取代单一数据源方法，成为技术预测定量分析的主流。此外，使用一种方法进行预测有时难免会陷入绝对主义。结合机器学习对大规模文本的高效处理能力，将有更多的算法被开发出来。将文献计量、专利分析、链路预测以及机器学习等多种方法综合起来，通过对比效果衡量最佳标准，将成为前沿技术预测的未来方向。

五、油气前沿技术模型分析方法

该方法一般是先通过统计等方式收集足够多的信息或数据，并在此基础上构建油气技术分析相关模型，从而对前沿技术的发展趋势进行预见和判断，因此本质上也属于定量分析。主要包括层次分析法、时间序列分析法、因果关系分析法、生长曲线法、趋势分析法、交互影响分析法、关联树法、趋势预测模型法、系统动力学模型法和模糊综合评价法等。其中，层次分析法、时间序列分析法、因果关系分析法是最常用的分析方法，简单介绍如下。

（一）层次分析法

层次分析法（Analytic Hierarchy Process，AHP）是一种定性分析和定量分析相结合的决策分析方法，指在油气（细分）领域技术分析预见的过程中将复杂的问题分解为多个组成因素，将其按支配关系分组形成有序的若干层次结构模型，通过两两比较方式确定各层次中诸因素的相对重要性（每个层次的权重），将不同层次的权重相加得出最终权重并排序分析，权重最大的可以确定为最重要或最核心的前沿技术。层次分析法适用于解决多目标决策、公共决策问题，有专门的 AHP 软件帮助实现。

层次分析法的优点是实用（如技术预测、资源分配、冲突分析、方案评比、系统分析和规划等多项决策问题）、简洁（既可用计算机，也可用计算器完成）、有效（决策者选择与判断输入信息、参与决策全过程）、系统（把复杂问题看成一个系统、做递阶层次方式的思维决策）。其缺点是一般只能从已知方案中选优，需要事先对决策的各种方案有比较明确的规定而不能生成方案；AHP 主要是方案排序，对于定量要求较高的决策问题，不适合单纯运用 AHP；AHP 在建立层次结构、构造判断矩阵中，分析者主观判断、选择和偏好对结果影响极大，判断失误即可能造成决策失误。

层次分析法的关键环节有三个：一是层次划分。递阶层次思想占据核心地位，最重要的是按照自上而下的逐层支配关系建立有效的递阶层次结构。根据层次划分原理，通常可以划分出目标层、准则层、方案层三个层级进行分析。当然，整个结构中层次数不受限制，层次数大小取决于决策分析的需要，最高层次的元素一般只有 1 个，其他层次的元素一般不超过 9 个。二是评价指标体系。可以结合国家、石油公司科技发展目标，考虑影响油气前沿技术的因素，综合相关专家意见，确定层次分析法技术评价指标体系。指标体系一般是准则层的内容，包括技术对生产活动的影响、技术对核心竞争力的影响、技术对成本控制和提高经济效益的影响、技术成熟度、技术发展的相关支撑条件等。三是专家评分标准。AHP 测度过程中存在着规定性标度、导出性标度两种标度。规定性标度用于某一准则下两个元素相对重要性的测度，属于比例标度，标度值为 1~9 之间的整数及其倒数，测量方法是两两比较判断，其结果表示为正的互反矩阵。导出性标度用于被比较元素相对重要性的测度，标度值为区间 [0，1] 上的实数，利用两两比较判断矩阵通过一定的数学方法（特征向量法）导出测度结果。采用 1~9 标度方法（表 1-2）对相关因素进行比较判断，相关标度结果进一步组成判断矩阵。

表 1-2　层次分析法的 1~9 标度及其含义（据刘振武等，2003）

标度	含义
1	表示两个因素相比，具有同样重要性
3	表示两个因素相比，一个因素比另一个因素稍微重要
5	表示两个因素相比，一个因素比另一个因素明显重要
7	表示两个因素相比，一个因素比另一个因素特别重要
9	表示两个因素相比，一个因素比另一个因素极端重要
2、4、6、8	上述两相邻判断的中值
倒数	因素 i 与 j 比较的判断 b_{ij}，则因素 j 与 i 比较的判断 $b_{ji}=1/b_{ij}$

研究结果表明上述方法能够表述人在同时比较两个因素某种属性差异的判断。但应该注意：

（1）用1～9标度方法对事物进行两两比较判断时，被比较的对象在它们所从属的性质上应该比较接近，否则定性分析没有太大意义。例如，没有必要对太阳和原子的大小进行比较。

（2）当一个因素比为一个因素的强度判断用某个数字表达后，后一个因素与前一个因素相比，其判断应当用这个数字的倒数来表达。

（3）由于客观世界的复杂性和人们认识的多样性，利用AHP的比例标度进行判断赋值时允许出现对因素判断的不一致。

但即使在对被比较元素进行标度出现判断不一致或者相互矛盾的情况下，由此求得的导出标度（元素相对重要性的排序权值）仍是对某种属性的一个合理的测度（刘振武等，2003）。

（二）时间序列分析法

时间序列分析法是以事物的时间序列数据为基础，运用一定的数学方法，建立数学模型，据此描述其变化规律，以其向外延伸来预测事物未来发展变化趋势及可能水平。这类方法应用是以假设事物过去和现在的发展变化规律会照样延续到未来为前提，它撇开对事物发展变化过程因果关系的具体分析，直接从时间序列统计数据中寻找事物发展的演变规律，建立数学模型，据此预测未来趋势。

时间序列分析法涉及的数学知识比较简单，方法较直观，在实际中经常被采用。常用的方法有平均数法、移动平均法、指数平滑法、季节系数法和趋势延伸法等。

（三）因果关系分析法

因果关系分析法是从事物变化的因果关系出发，寻找事物发展变化的原因，分析原因与结果之间的联系结构，建立数学模型，据以预测事物未来发展的变化趋势和可能水平。因果关系分析法需要的数据资料比较完整和系统，建立模型要求一定的数理统计知识，在理论上和计算上都比时间序列分析法复杂，其预测精度一般比时间序列分析法要高。因果分析法最常用的有回归分析预测法和经济计量分析法。

六、油气前沿技术组合/综合分析方法

单一的分析方法往往有自身的局限性，国内外学者逐渐开始采用不同的组合方法进行前沿技术分析和技术预见。通过对现有文献分析，技术预见组合方法主要分以下三个类别：

一是两种方法进行组合，如专家咨询法—技术功效矩阵法、德尔菲法—技术路线图法、德尔菲法—IPC分类分析法、德尔菲法—社会网络分析法等；

二是三种方法进行组合，如德尔菲法—交叉影响分析法—头脑风暴法、德尔菲法—文献计量法—情景分析法、德尔菲法—数据挖掘—聚类分析法、德尔菲法—情景分析法—专利引证分析法、文献计量法—专家咨询—竞争力分析、德尔菲法—专利技术生命周期图—专家咨询等；

三是多种方法组合，如德尔菲法—技术路线图—K-means 聚类分析法—层次分析法、文献分析法—数据挖掘—情景分析法—问卷调查法等。

第四节　油气前沿技术识别表征及评估方法

如何快速、准确地从不断涌现的大量技术中识别出油气前沿技术，实现油气前沿技术的商业化和产业化，是提高国家与石油企业核心竞争能力的重要环节。

油气前沿技术评估是油气科技战略管理的重要内容之一，是通过事先对油气前沿技术的开发、试验、应用等一系列过程可能产生的影响进行预测，引导油气前沿技术朝着对人类、自然、社会和技术发展有利的方向发展，其目的是为油气前沿技术选择提供决策依据。油气前沿技术评估的内容由技术本身的性质和前沿技术、经济、社会之间的关系及发展目标决定。

一般认为，技术管理由五个通用过程组成，即技术辨识、技术选择、技术获取、技术开发和保护。在总结国内外相关理论和成功实践经验的基础上，我们将基于供需分析实施油气前沿技术识别、评估和筛选的基本流程划分为确定主体、技术评估、评估结果、筛选依据、技术筛选五个阶段，具体如图 1-3 所示。

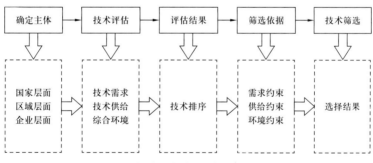

图 1-3　油气前沿技术识别—筛选流程框图

一、油气前沿技术识别原则与方法

油气前沿技术的识别主要依据其定义、内涵界定和相关显著特征，需遵循如下一些主要原则：

（1）前沿创新性，代表世界和中国油气高技术前沿的发展方向，对国家未来油气新兴领域 / 相关新兴产业的形成和发展具有引领或带动作用。

（2）战略重要性，对国家经济发展、国家能源安全有重大战略意义，符合中国油气技术主体的中长期宏观战略规划，得到国家战略性新兴技术 / 产业相关政策的支持。

（3）高技术增值性，未来可能带来油气生产领域重大技术变革、应用价值显著，有利于油气产业技术的更新换代，实现跨越发展。

（4）高技术渗透性，它往往是产业中的一些综合性、交叉性的技术领域，表现出与多学科的融合性，可以快速渗透并带动相关产业和技术的发展。

（5）技术非成熟性，在现阶段内，其产业的技术成熟度不高、价值链条不完整、市场需求或效益仍不显著，本行业尚未工业化应用或本公司技术能力和水平与外部差距大，但未来具有极大发展潜力和创新价值。

（6）技术可行性，具备较好的人才队伍和研究开发基础，实施攻关可行，投入回报可期。

根据以上原则，运用合适的识别方法，就可以初步识别、遴选出一批油气前沿技术，供后续表征、测评和优选备用。

孙永福等（2018）根据国外油气科技强国政府机构、产业界、科技界和著名智库等典型机构发布的技术创新研究报告，总结了颠覆性技术识别方法，包括文献分析法、技术定义法、问卷调查法、场景模拟法、技术路线图法五类（表1-3），总体可用于油气前沿技术识别。

表1-3　可用于油气前沿技术的国外典型颠覆性技术识别典型方法（据孙永福等，2018）

方法	定性/定量	输入	输出	适用性	技术工具
文献分析法（专利分析、文献计量）	定量	技术搜索项和参考文献、专利数据库	经数据抽取、分析和专家筛选后的关键技术领域	用于定量、可视化的反映技术发展的热点领域和趋势	知识图谱与聚类分析
技术定义法	定性、定量结合	技术选择标准	经筛选后的关键技术领域	用于识别具有确定标准的技术	专家咨询与评估
问卷调查法	定性	专家调查表与专家意见	专家集体判断结果	用于具有指向性的技术，更加全面、灵活	网络问卷与专家访谈
场景模拟法	定性	未来场景	技术实现相对障碍、途径	适用于需求牵引技术的识别	专家咨询与评估
技术路线图法	定性	对未来社会、经济和技术发展的系统研究	某领域技术发展优先顺序、实现时间、发展路径	适用于某个领域的技术	专家咨询与评估

上述代表机构与研究报告分别是：汤森路透知识产权与科技事业部《开放的未来：2015全球创新报告》、美国国防部（DOD）"技术监视/地平线扫描（TW/HS）"项目、兰德公司（RAND）2013年《未来国防技术远景——国防领域的思考、分析与启示》（文献分析法）；美国麻省理工学院（MIT）《麻省理工科技评论》、麦肯锡《颠覆性技术：将改变人们生产生活方式和全球经济的进步》、高盛对九大颠覆性技术的总结（技术定义法）；毕马威《2014年技术创新调查》（问卷调查法）；新美国安全中心（CNAS）的《游戏规则改变者：颠覆性技术与美国国防战略》（场景模拟法）；美国国家航空航天局（NASA）的《美国航空航天局航天技术路线图与优先发展技术》（技术路线图法）。

前沿技术的其他分析识别方法还有基于定量分析的神经网络模型方法、知识地图方法、基于 ESI（Essential Science Indicators）方法、替代计量学方法等（刘琦岩等，2020）。

罗建等（2019）分析认为，现有基于专利的前沿、新兴技术识别方法有各自的优势和不足，例如基于专利引文分析法优势在于简单可操作性强，不足是时间滞后、动机干扰；基于专利词共现网络法直接易行，但不能反映技术主题之间的关系；基于专利 SAO 语义分析法优势在于挖掘语义信息，局限是技术表达准确性不高、无法识别潜在技术主题；基于机器学习分析法优点是准确性高，不足是技术难度大。

综合来看，每一种方法都各有利弊。因此，在具体应用中还需根据实际研究目标和需求，综合应用不同研究方法进行优势互补，尽可能给出更为有效的识别方法和识别成果。

二、油气前沿技术表征分析方法

通过多途径跟踪和信息采集，对识别确定的每一项油气前沿技术资料，主要按照以下几项内容和要素分析，进行逐条描述、表征，文字汇总形成油气前沿技术文字档案。

（一）油气前沿技术原理与用途分析

油气前沿技术原理与用途分析主要指明该技术的名词概念或术语解释理论依据、基本原理或机理、主要功能或用途，重点说明与同类技术相比是否具有原理的改进、解决的主要问题，技术功能的完善或技术用途的扩展，等等。

（二）油气前沿技术内涵与特征界定

油气前沿技术内涵与特征界定是指对某项技术的内涵与特征辨析，主要阐明技术的核心要点、本质特征、要素组成等。如该技术的基本含义、内容简介、复杂性、难易度、技术先进性，定性和定量的技术性能和技术经济指标，该技术的工艺、软硬件的诀窍、关键、难点等解决本技术领域关键问题的能力，该技术的主要特点、优劣势等。

（三）油气前沿技术发展现状与趋势分析

油气前沿技术发展现状与趋势分析主要阐述技术的国外、国内现状，包括研发时间、发展历程及各阶段主要认识进展（标志性事件、技术性能指标、技术经济指标、重点装备）；最新进展、技术水平和技术经济性（标志性特征、技术性能指标、技术经济指标）；该技术目前所处发展阶段（技术生命周期中的位置，工业化应用、现场试验或示范、实验室研究或概念设计阶段等）和技术成熟度（4 个层次 9 级成熟度级别中的位置）、国内外主要差距；预测该技术未来对相应范畴生产、科研、社会的重要性或作用，未来的发展前景、发展方向和趋势，预计达到工业化应用的时间节点。

（四）油气前沿技术应用范围与前景分析

油气前沿技术应用范围与前景分析主要表述某项技术的适用范畴与技术适应性，该技术可应用的主要领域、行业和相应条件、未来的作用 / 重要性、应用潜力或发展前景等。

（五）油气前沿技术其他方面分析

（1）研发团队与领军人物：指该技术被公认和关注的研发团队及主要研发人员、领军人物（领军企业单位、首席科学家）。

（2）知识产权：包括拥有该技术专利（名称、专利号、所有人、授权时间、市场占有率），软件（名称、版权号、所有人、年份），著作权（专著作者、名称、出版社、年份）等知识产权情况。

（3）研究单位与现状：在该技术领域的主要研发机构，本企业的研究单位、拥有情况与状况，并对比分析。

（4）资料来源：该技术摘自的（某个/某些最重要的、权威的）报告资料名称、文献刊物名称和日期，若有多篇可选择最重要的、权威的文献资料。明确说明来自××报告/会议、××文献查阅、××资料考证/推演、××技术类比、××技术查新、××专利检索，等等。

上述五项内容在研究中通常会全面涉及和描述。由于本书重点在突出技术本身及其作用，第五项较多涉及个人、团队或单位，资料信息较为具体化，出于突出重点性、资料敏感性、出版审慎性等综合考虑，在后面第二章和第三章中只讨论前面第一项至第四项内容，后面第五项内容不予涉及。

三、油气前沿技术评估方法

孙永福等（2018）梳理七个国外典型机构开展的技术评估及预测研究成果，总结了技术成熟度曲线法、技术成熟度评价法、质量功能展开法、情景分析法、社会趋势聚焦法（表1-4）五类颠覆性技术评价及预测方法，总体也可应用于油气前沿技术评估及预测。

表1-4　可用于油气前沿技术的国外颠覆性技术评估及预测典型方法（据孙永福等，2018）

方法	定性/定量	输入	输出	适用性	技术工具
技术成熟度曲线法	定量	媒体报道、技术性能的成熟水平	对技术发展现状的评估	主要用于评价技术的可见度和发展成熟度	专家咨询与评估
技术成熟度评价法	定量	技术成熟度评价准则、技术性能成熟水平	已确定技术的发展程度	用于评价确定的关键技术本身成熟的程度	专家咨询与评估
质量功能展开法	定性、定量结合	由技术目标和技术选项组成的矩阵、评价标准及权重	不同技术选项的优先级次	主要用于建立和评估技术与需求之间的映射关系，并对满足重要需求的技术赋予较高的权重	质量屋、专家打分
情景分析法	定性	未来场景涉及的关键影响因素	未来场景的详细阐述	对具有多种发展可能的情景进行评估预测	专家咨询与评估
社会趋势聚焦法	定性		机遇挑战与技术领域	中长期的技术预测	专家咨询与评估

代表机构与取得的研究成果分别是：高德纳公司的"2017 版 3D 打印技术成熟度曲线"与"2017 年度新兴技术成熟度曲线"（技术成熟度曲线法）；美国审计署将运用技术成熟度评价法评价国防项目，美国国防部将技术成熟度评价法作为武器装备采办过程的重要评价工具和控制手段（技术成熟度评价法）；美国国家研究委员会运用"质量功能展开法"对 NASA 14 个技术领域路线图的评估与优先级排序（质量功能展开法）；日本运用"情景分析法"开展第十次技术预见，韩国运用"情景分析法"预测 2016 年解决本国社会问题的十项新兴技术（情景分析法）；德国联邦教育及研究部运用"社会趋势聚焦法"开展第二次技术预见（社会趋势聚焦法）。

此外，根据研究视角的不同，国外颠覆性技术研究大致可划分为识别技术领域 / 社会趋势（常用的方法有技术定义、问卷调查、文献计量、情景分析等）、聚焦技术方向 / 技术挑战（常用的方法有调研、访谈、标准筛选、定量分析等）、研讨某项具体技术（常用的方法有专家研讨、技术补充、定量评估、路线图、场景模拟等）三个方面，可视具体研究目的和范围，优选或组合应用于油气前沿技术评估及预测。

参 考 文 献

高卉杰，王达，李正风，2018.技术预见理论、方法与实践研究综述［J］.中国管理信息化，21（17）：78-82.

高楠，彭鼎原，傅俊英，等，2020.基于专利 IPC 分类与文本信息的前沿技术演进分析——以人工智能领域为例［J］.情报理论与实践，43（4）：123-129.

李金华，2019.中国建设制造强国进程中前沿技术的发展现实与路径［J］.吉林大学社会科学学报，59（2）：5-19.

李荣，李辉，赵芳，等，2017.特定领域科技前沿跟踪信息源挖掘与获取策略研究——以第五代移动通信技术（5G）为例［J］.现代情报，37（8）：122-128.

李晓松，雷帅，刘天，2020.基于 IRD 的前沿技术预测总体思路研究［J］.情报理论与实践，43（1）：56-60. DOI：10.16353/j.cnki.1000-7490.2020.01.009.

廖小刚，2015.美国航空航天局公布 2015 年版《NASA 技术路线图》［J］.国际太空（10）：42-46.

刘琦岩，曾文，车尧，2020.面向重点领域科技前沿识别的情报体系构建研究［J］.情报学报，39（4）：345-356.

刘毅，林世爵，2018.基于高价值专利分析的移动互联网产业前沿技术跟踪研究［J］.知识产权管理，2（6）：32-37.

刘振武，2003.21 世纪初中国油气关键技术展望［M］.北京：石油工业出版社：38-40.

罗建，蔡丽君，史敏，2019.新兴技术识别方法研究进展［J］.科技情报研究，1（1）：95-103.

邱均平，王曰芬，等，2010.文献计量内容分析法［M］.北京：国家图书馆出版社.

孙永福，王礼恒，陆春华，等，2018.国内外颠覆性技术研究进展跟踪与研究方法总结［J］.中国工程科学，20（6）：14-23.

唐绍锋，吴晗玲，万舒晨，2022.《美国航空航天局航天技术路线图与优先发展技术》分析——以材料、结构、机械系统与制造领域为例［J］.中国航天（5）：40-46.

王兴旺，董珏，余婷婷，等，2018.基于多种类型信息计量分析的前沿技术预测方法研究［J］.情报杂志，37（10）：70-75.

袁建霞，董瑜，邢颖，等，2013.学科情报动态监测信息源的挖掘及体系构建［J］.图书情报工作，57（11）：80-85.

翟东升，刘鹤，张杰，等，2016.一种基于链路预测的技术机会挖掘方法［J］.情报学报，35（10）：1090-1100.

中国政府网，2006.中华人民共和国国务院公报2006年第9号：国家中长期科学和技术发展规划纲要（2006—2020年）［EB/OL］.https：//www.gov.cn/gongbao/content/2006/content_240244.htm.

Martin B R，1995. Foresight in science and technology［J］.Technology Analysis & Strategic Management，7（2）：139-168.

第二章　常规油气地质勘探前沿技术

常规油气是相对非常规油气而言的，是指现有技术能获得自然工业产量的圈闭型油气资源，其储层物性好，源储分离，圈闭界限与水动力效应明显，具有统一油、气、水界面，一般位于正向构造单元，呈单体型或集群型分布，通常采用直井、地震等传统技术方法勘探和开采，主要类型有构造、岩性、地层、复合油气藏。常规油气是以圈闭和油气藏为研究对象，圈闭是核心，学科基础是圈闭成藏理论。对于常规油气勘探，传统石油地质研究强调从烃源岩到圈闭的油气运移，如何有效识别地下圈闭、寻找和评价有效聚油气圈闭、发现油气藏是勘探工作的核心（邹才能等，2014）。

本章基于大量报告、专著资料、国内外文献调研、跟踪、梳理和分析研究，优选出涉及生（烃）、储（集）、盖（层）、运（聚）、圈（闭）、保（存）等方面的地质预测、勘探评价前沿技术 18 项，包括复杂油气成藏分子地球化学示踪技术、油气微生物地球化学勘探技术、纳米机器人（Nanobot）油气探测与评价技术等，重点介绍这些地质勘探前沿技术的技术原理与用途、技术内涵与关键参数和指标等特征、国内外发展现状与未来趋势、应用范围与前景四个方面内容，以期为常规油气地质勘探技术攻关研发提供基础资料，为技术优选和勘探决策提供分析依据。

第一节　复杂油气成藏分子地球化学示踪技术

一、复杂油气成藏分子地球化学示踪技术原理与用途

复杂油气成藏分子地球化学示踪技术利用二苯并呋喃、饱和烃及芳香烃等分子示踪标志物和生物标志化合物，稳定同位素和稀有气体同位素地球化学分析，结合储层含烃流体包裹体成分、自生矿物定年、成藏条件与油气特征，对油气的形成、来源、充注期次、流体充注时序关系等进行示踪，研究多期次、多阶段、构造背景复杂的油气系统成藏演化；结合烃源岩生烃史和成藏史，示踪不同形式烃源转化成烃、生排运聚全过程，恢复烃类充注—散失过程，最终建立起对储层成藏有指导意义的地球化学示踪模型。

石油与天然气的示踪既有联系又有区别，石油组成复杂，倾向于使用生物标志化合物系列；天然气组成相对简单，一般使用轻烃化合物和同位素系列（刘文汇等，2013；表 2-1）。

（一）天然气示踪原理

有机热成因天然气中气态烃的碳同位素组成主要取决于四个方面的因素，即成气母

质类型、同位素继承效应、烃源岩中有机质热演化程度、热动力学分馏天然气生成后的聚集过程，与生物成因天然气碳同位素有着显著差异，因此可以通过测试碳同位素构成研究气体成因。

表 2-1　油气分子地球化学示踪体系框架（据刘文汇等，2013，修改）

项目	天然气			石油
	轻烃化合物系列	稳定同位素系列	稀有气体同位素系列	生物标志化合物及同位素系列
烃源岩类型	正庚烷—甲基环己烷—二甲基环戊烷等	$\delta^{13}C_{2+}$、轻烃碳同位素	氦（$^3He/^4He$）、氩（$^{40}Ar/^{36}Ar$）烃源岩年代积累效应	稳定碳同位素
母质沉积环境	己烷、庚烷同位素组成等	烃类系列氢同位素	K-Ar 同位素与母岩类型	正构烷烃、不饱和烷烃及芳香烃标志化合物组合（甾烷系列等）
有机质演化程度	（苯＋甲苯）/ 环烷烃等	甲烷、乙烷碳同位素组成	$^3He/^4He$ 值与大地热流	正构烷烃主峰碳数
成烃成藏过程	苯 / 甲苯、苯 / 正己烷、甲苯 / 正庚烷、甲基环己烷 / 环己烷、甲基环己烷 / 正庚烷、（2- 甲基己烷 +3- 甲基己烷）/ 正己烷等	聚气方式的碳同位素组成及同位素	$^{38}Ar/^{36}Ar$ 值与运聚方式	咔唑类含氮化合物为主的示踪标志物，二苯并噻吩类含硫多环芳香烃和二苯并呋喃类含氧多环芳香烃化合物
混源成藏判识		系列碳、氢同位素	氦、氩同位素组成与幔源混入	

烃源岩和其生成的天然气有着相似的碳氧同位素组成，因此可以通过研究二者稳定同位素构成进行气源对比。热演化程度越高，天然气甲烷的氢同位素组成越重，因而可以通过研究氢同位素构成确定热演化程度。

天然气中 ^{38}Ar 的丰富程度与气藏中气运移通道的断裂规模及其深度相关，气藏中 ^4He 的累积量与地质时间（储盖层和圈闭形成时间）存在明显的相关性，这些规律就为研究 ^{38}Ar、^4He 等稀有气体同位素测定成藏过程和定年提供了理论依据。

在油气并存情况下，由于储层的吸附、水洗、热蒸发分馏作用，随油气运移轻芳香烃含量减少，进而可以用（苯＋甲苯)/（环己烷＋甲基环己烷）轻芳香烃指标示踪天然气。

（二）石油示踪原理

原油中正构烷烃的分布受成烃母质和成熟度双重控制。一般来说，藻类等低等水生生物中低碳数正构脂肪醇类等比较丰富，而高等植物中高碳数正构脂肪醇类等比较丰富。另外，烃源岩成熟度高，生成的产物中低碳数正构烷烃的含量就相应较高，高碳数正构烷烃的含量相对较低；成熟度较低时则相反，这就为研究成烃母质类型及成熟度提供了方法。

原油中都富含伽马蜡烷，高丰度伽马蜡烷、高含量植烷伴随正构烷烃偶碳优势，借此可以推测烃源岩沉积时有相当强的还原环境，则根据原油中正构烷烃构成可以判断沉积环境。

综上所述，利用复杂油气藏成藏条件，通过烃类提取的有机分子示踪标志物和常规地球化学参数分析，开展多元母质成烃机理、判别标志、混合比例识别与示踪研究，可建立油气成藏示踪的指标体系，重塑烃类来源、成因及沉积环境、运聚及改造过程，有助于明确油气分布规律和资源前景，提供有利勘探目标的预测。

二、复杂油气成藏分子地球化学示踪技术内涵与特征

该技术内涵是为了揭示沉积盆地中油气成因、来源、运移成藏与后期次生变化，在常规油气地球化学分析基础上，开发了以含氮化合物分离制备、气相色谱—质谱—质谱分析、分子同位素分析、生物标志物单体烃分离与同位素分析、金刚烷单体烃分离与同位素分析为核心的油气成藏地球化学示踪分析技术（图2-1）。

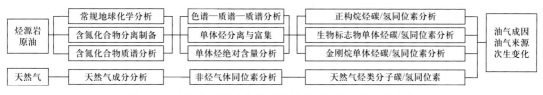

图 2-1　油气分子地球化学示踪技术分析流程与要素框架

该技术构成的核心是天然气三元预测体系，即稳定同位素的母质继承效应、同位素热力学分馏效应、稀有气体氩同位素的年代积累效应、轻烃化合物的有机分子继承效应及形成过程的热动力分馏效应。

稳定同位素的母质继承效应：是指烃源母岩与天然气在稳定同位素组成上（如 $\delta^{13}C$），具有相似或相同的取值范围，从而可进行气源对比，为有效确定目标天然气的烃源岩提供依据。

同位素热力学分馏效应：是指甲烷及其同系物碳同位素组成受 C—C 键断裂过程的动力学分馏（质量分馏与溶解分馏）效应控制。在有机质成烃演化过程中，^{12}C—^{12}C 键较 ^{12}C—^{13}C 键、^{13}C—^{13}C 键更容易断裂，最终结果，一是甲烷的形成随热成熟度增高碳同位素值变重；二是导致有机成因同源天然气具有 $\delta^{13}C_1 < \delta^{13}C_2 < \delta^{13}C_3 < \delta^{13}C_4$ 的分布规律，重烃也有相似趋势，但变化幅度相对较小。

流动的地下水对游离气的溶解作用及游离气与吸附气的交换作用是煤层甲烷碳同位素分馏的机理，煤系中的水对煤中游离态甲烷的溶解作用更容易把 $^{13}CH_4$ 带走，留下更多的 $^{12}CH_4$，使游离气中 $^{12}CH_4$ 相对富集。游离气中 $^{12}CH_4$ 再与煤中的吸附气发生交换，部分 $^{12}CH_4$ 变成吸附气，把吸附气中部分 $^{13}CH_4$ 交换出来变成游离气，交换出来的 $^{13}CH_4$ 再被水优先溶解带走，这种过程是不停地在发生，通过累积效应，引起煤层气 $^{12}CH_4$ 大量富集，煤层甲烷碳同位素变轻，这种效应即同位素热力学分馏效应。

稀有气体氩同位素的年代积累效应：是指天然气氢氩同位素组成与烃源岩年龄具有很好的相关性，反映它们之间明显的内在联系，相关公式表明 $^{40}Ar/^{36}Ar$ 比值随烃源岩年

龄增大而增大，$^3He/^4He$ 比值则变小，这个现象被称为放射性同位素年代积累效应。

轻烃化合物的有机分子继承效应（母质示踪效应）：是指正庚烷 nC_7、甲基环己烷（MCH）、二甲基环戊烷等 C_7 轻烃化合物组成中 nC_7 相对含量和 MCH 相对含量受影响因素少，能较好地反映天然气的成因类型。nC_7 相对含量大于 30%、MCH 相对含量小于 70% 者，为油型气。

上述研究可以归纳为三个地球化学系列，即（1）丰度很低、分子水平的轻烃化合物系列，其示踪的理论基础在于有机分子的继承效应及其形成过程的热动力学分馏效应，此系列也经常被用到原油示踪上；（2）烃类气体碳、氢稳定同位素系列，其示踪理论基础是成气母质的同位素继承效应和热演化过程的同位素分馏效应以及成烃、成藏过程的同位素动力学分馏；（3）天然气中丰度甚微且与烃类气体无直接生成关系的稀有气体同位素系列，其示踪的理论基础基于放射性成因同位素年代积累效应和某些稀有气体同位素值特定成因的指示效应。三者构成了稳定同位素、稀有气体同位素和轻烃化合物综合应用的天然气成烃、成藏三元地球化学示踪体系（刘文汇等，2009），从不同层面揭示了天然气的成气、成藏过程，从而可以为高效气藏形成和分布规律的研究提供重要的科学信息。

三、复杂油气成藏分子地球化学示踪技术发展现状与趋势

近十年来，天然气示踪地球化学基础理论研究在轻烃化合物母质示踪与运移分馏作用、天然气氢同位素组成影响因素及其示踪、稀有气体 ^{38}Ar 的形成条件及指示意义、天然气藏 ^4He 累积模式及定年、有机质"接力生气"、下古生界海相层系成烃成藏过程的有机—无机地球化学示踪体系建立等方面进展显著；技术方法研究在生烃模拟实验、同位素在线分析、微量气体同位素分析、硫化氢硫同位素的 GC-IRMS 直接测定方法、稀有气体分析新方法、烃源岩真空解析气分析新方法等方面成果丰富（刘文汇等，2019）。

目前，不同形式烃源转化成烃过程的示踪指标体系框架，以稳定同位素组成为基础，以组分、生物标志化合物、轻烃、非烃气体和稀有气体同位素、微量元素为重要手段（刘文汇等，2015），特别在固—固（液）和气—源对比方面发展较为迅速。张玉红等（2018）提出了常用的天然气运移路径示踪碳同位素参数（$\delta^{13}C_1$、$\delta^{13}C_2—\delta^{13}C_1$、$\delta^{13}CO_2$ 及储层中自生方解石的碳同位素）。叶素娟等（2017）提出了 C_1/C_2 值、N_2 含量、芳香烃/烷烃值、甲烷碳同位素组成、地层水矿化度及水化学特征参数、储层中自生方解石碳氧同位素组成、含烃盐水包裹体均一温度及盐度等有效判识天然气运移相态、方向和路径的有机—无机地球化学示踪指标。

石油示踪有机地球化学研究多基于发生趋势变化的示踪指标的系统总结和分析，生物标志化合物指标包括饱和烃、芳香烃、含氮化合物、含氧杂环芳香烃化合物等（郭佳等，2016）。饱和烃和芳香烃化合物可提供原油的热演化信息、成熟度参数，含氮化合物具有显著的油气运移分流效应；在非烃含量极低的轻质油和凝析油藏中，二苯并呋喃类化物的示踪油藏充注效果优于含氮化合物。李威等（2021）研究指出 C_{30} 重排藿烷（$C_{30}DH$）和 C_{30} 藿烷（$C_{30}H$）是示踪油藏充注途径的分子标志物，$C_{30}DH/C_{30}H$ 参数是良

好的石油热成熟度、石油充注途径示踪指标。

据不完全统计，目前已形成萜烷和甾烷单体分子及其同位素示源、含氮化合物示踪、单体包裹体成分定年以及金刚烷示成藏次生变化4项技术系列，获得"一种油气充注成藏途径的示踪方法及装置""通过地下生物强化和增加量来评估生成甲烷效率的示踪方法""识别高产页岩气地层的系统与方法"等10多项国家发明专利。

上述研究建立的示踪参数和指标体系与分析技术，有效解决了中国高过成熟阶段干酪根降解、原油及残留沥青裂解成气和复杂油气运聚成藏期次等成藏要素判识、油气性质预测及油气分布规律认识难题，为准确定量评价多源生烃成藏潜力、动态示踪油气"生、运、聚"及成藏次生变化过程与有效预测主要勘探层系及其烃类流体性质奠定了基础。在海相岩溶礁滩储层多期供烃成藏及晚期调整改造定型，库车深层晚期大规模生气、供气和聚气机制，页岩气和致密油气等非常规油气资源丰度、近源充注及持续成藏等地质理论研究，以及深层超深层、古老碳酸盐岩和非常规油气三大勘探领域的油气发现中发挥了重要作用，有力推动了中国地质实验技术的快速发展，使中国的分子地球化学研究水平步入世界前列。

未来研究将着重向复杂构造与深层油气地球化学示踪，以及致密油气、页岩油气和煤层气等非常规油气地球化学示踪方向发展，示踪技术将会在如下方面有所突破和进展：

（1）目前分子地球化学定量化研究程度较低，还主要局限在烃类充注—散失过程定量反演和原油生物标志化合物定量分析中。结合地质条件分析、物理模拟与数理模型建立，地球化学示踪技术将向指标定量化发展。

（2）利用分子示踪标志物分析储层成藏过程的软件系统、单体油气包裹体有机成分分析等先进技术，有待进一步研发。

（3）对复杂油气储层，例如盐下储层、砂泥薄互层储层、碳酸盐岩储层的分子地球化学成藏示踪研究，要根据不同储层类型选用不同示踪标志物，使成藏分析的结果更加精确。

（4）除烷烃、稀有气体、二苯并呋喃和饱和烃及芳香烃等分子外，将借助傅里叶变换离子回旋共振质谱仪（FT-ICR-MS）等先进仪器开拓更多有机分子示踪标志物种类，发现新的示踪标志物。

（5）随着分子地球化学分析仪器精度的提高，油气成藏示踪的结果将更加准确。

（6）运移相态识别、碳同位素失真分析是应用碳同位素示踪天然气运移路径的基础，非烃碳同位素、多参数对比是碳同位素示踪天然气运移路径研究的未来趋势（张玉红等，2018）。

四、复杂油气成藏分子地球化学示踪技术应用范围与前景

该技术主要应用于复杂油气成烃、成藏的地球化学示踪，可以追溯烃类活动的信息，反演其生成、运聚和保存的动态过程；通过烃源对比，恢复烃类充注—散失过程、油气二次运移等成藏演化规律；实现地球化学从族群参数到单体分子指标的精细化判识、从静态检测到动态示踪的量化判识的转变。现已成功运用在天然气多源充注示踪和深层油气领域，但是对蚀变碳酸盐岩该方法的作用相对有限。

复杂油气成藏分子地球化学示踪技术在油气母质类型、成因的判识及成烃、成藏过程示踪、非常规气富集程度等方面起到至关重要的作用。如近期研究发现，北美页岩气及中国四川焦石坝高产页岩气井烷烃气碳同位素普遍发生倒转，且与页岩气井的产量有一定的正相关性，页岩气碳同位素倒转可以在指示页岩含气性和保存条件方面有较好的应用前景（刘文汇等，2015）。该技术可预测短距离运移的非常规天然气母质来源、运移方向及成藏过程，预计"十四五"期间可以达到工业化应用。随着有机—无机地球化学理论的深化和技术方法的完善，复杂油气成藏分子地球化学示踪技术在油气勘探开发领域将有着更加广阔的前景。

第二节　油气微生物地球化学勘探技术

一、油气微生物地球化学勘探技术原理与用途

微生物地球化学勘探（Microbial Geochemical Exploration，MGCE）技术是一种基于油气藏轻烃微渗漏原理的烃类检测技术，采用地质微生物学和地球化学方法检测研究区表层的微生物异常和吸附烃异常，其核心功能是预测下伏地层中油气的富集区及其油气（藏）性质。

该技术的原理是：油气藏上方的轻烃微渗漏过程具有普遍性、垂直性与动态性三大基本特征（梅博文等，2011）。根据轻烃微渗漏的垂向运移理论，轻烃气体（C_1—C_5）向上方做垂直运移的机理包括：（1）圈闭中烃类气体达到饱和；（2）圈闭中随烃类气体不断增加及构造运动等原因产生异常压力；（3）在异常压力及浮力作用下轻烃组分向上部运移和扩散；（4）存在断层、微裂缝等运移通道。满足上述条件下，油气藏中的轻烃气体在浮力、异常压力作用下，以微泡上浮形式或连续气相流形式沿断层及微裂缝向上部表层沉积物中作垂直扩散和运移，并发生一些相应的生物化学与物理化学变化。在此过程中一部分轻烃成为表层沉积物中专性烃氧化菌的唯一碳源（食物）而使烃氧化菌异常发育，另一部分被黏土矿物吸附和次生碳酸盐胶结物包裹。因此，土壤中的专性微生物以轻烃气作为其唯一能量来源，导致烃氧化菌的数量大大增加，在油气藏正上方表层沉积物中形成了与下伏油气藏正相关的微生物异常和吸附烃异常（赵忠泉等，2020）。

该技术的主要功能是：通过不同工区微生物异常的对比，可以开展油气地球化学前景分级评价、油气成藏主控因素分析等工作；将微生物地球化学勘探的结果与已完钻井含油气性比对，真正实现直接有效、多解性小的准确预测和评价下伏油气藏的存在和性质；可以将微生物异常实测值与沉积相分析等地质研究成果对比，确定微生物异常的主控因素，并为研究区油气来源研究提供佐证。完成以下任务：

（1）可以检测出地表土壤或沉积物样品中烃氧化菌分布的异常，这种异常可反映来源于正下方深部封存的油藏或气藏高丰度烃的连续供给。

（2）能够探测出陆上和海上的油藏和气藏（与油气藏的岩性无关），并能肯定地区分出烃前景的级别和无烃指示的区域（背景值）。

（3）能分别鉴定甲烷氧化菌和烃氧化菌，进而区分出油藏和气藏以及带气顶的油藏。

（4）不仅能适用于500～3500m的浅层—中深层油藏的勘探，而且关于适于5000～7000m的深部油藏的勘探也有报道。

该技术评价成果所反映的是油气藏平面分布规律，最终目的是通过对研究工区内的微生物异常区进行分级排队，进而指明最有利的含油气前景区，为勘探提供决策依据。

二、油气微生物地球化学勘探技术内涵与特征

MGCE技术结合了微生物学和油气地球化学两大学科知识，核心组成为微生物石油调查技术（Microbial Oil Survey Technology，MOST）和土壤吸附烃技术（Sorbed Soil Gas，SSG）。微生物石油调查技术为主可用来研究油气藏存在与否及平面分布特征，土壤吸附烃技术为辅可预测下伏油气性质（成熟度），两者互相补充，合为一体。该技术检测的对象是以丁烷为唯一碳源的丁烷氧化菌，由于地表基本上不存在丁烷，只能来源于深部热成因油气藏，因此微生物和深部热成因油气构成了一对一的联系，降低了微生物结果解释的难度。

MOST检测结果以轻烃微生物值（Microbial Value，MV）指标评价体系表示。MV值是将微生物进行选择性培养后，由显微计数结果（菌落数）和生长性等综合分析得出的一个无量纲值，其数值大小反映样品中专性微生物发育的相对浓度，并非绝对的微生物数量。油气勘探常用的指标菌群包括甲烷氧化菌、丁烷氧化菌、专性烃氧化菌、硫酸盐还原菌、厌氧纤维素分解菌（汤玉平等，2012），甲烷本身来源的多样性会造成甲烷氧化菌异常的多解性，目前多用专属代谢丁烷的丁烷氧化菌作为检测对象。MV异常值划分及MV异常值分布特征是MOST技术的关键。

基于下伏油气藏的地球化学性质与近地表土壤或海洋沉积物中吸附烃的组分之间存在密切联系，SSG通过分析地表土壤或海洋沉积物中的轻烃组分特征可以可靠地预测地下深层油气藏性质（如油、气、凝析油）。根据全球数据库已有勘探认识划分烃源岩、原油、凝析油气、干气、生物成因气、深层混合气、蚀变油气的分布区，采用近地表土壤或海洋沉积物的酸解物分析 C_1—C_{5+} 气体，通过分析各烃组分之间的比值及其在经验模式图版（图2-2）上的投落区对潜在油气藏性质进行鉴定（何丽娟等，2015）。

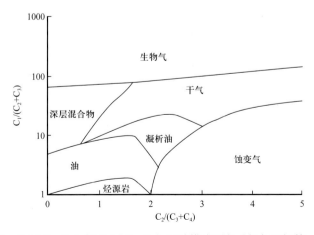

图2-2　$C_1/（C_2+C_3）$与$C_2/（C_3+C_4）$经验模式图版（据何丽娟等，2015）

汤玉平等（2012）检测、绘制了山东油田、气田区不同微生物的指标剖面（图2-3），发现气田上方微生物的多项指标均高于背景区，其中甲烷氧化菌、丁烷氧化菌、硫酸盐还原菌等表现出较明显的顶端异常特征；油田上方甲烷氧化菌变化不大，与背景区差异不明显，专性烃氧化菌、丁烷氧化菌在油田上方表现出较为明显的顶端异常特征。即根据地表甲烷氧化菌、丁烷氧化菌和硫酸盐还原菌等微生物指标的异常高值，可识别下方有气藏存在；利用地表专性烃氧化菌、丁烷氧化菌和硫酸盐还原菌的顶端异常特征，可识别下方有油藏存在。

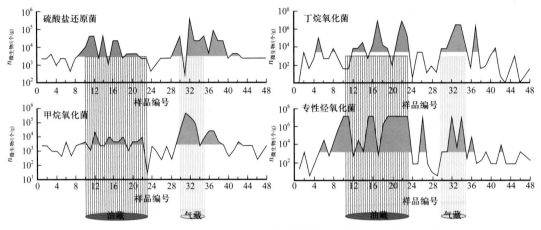

图2-3　山东某油、气田主要微生物指标剖面图（据汤玉平，2012）

MGCE技术的主要流程包括：（1）样品采集方案设计，依据微生物地球化学样品采集规范、研究区基本情况和目标圈闭分布范围，制定相应的采样方式和采样密度。（2）样品采集，用重力取样器或其他合适工具、合适深度采样，装入专用样品袋中；如有条件密封分类存储于 −10℃或以下的冰柜中，急速冷冻保存。（3）实验分析，用最大可能数法进行微生物和酸解吸附烃检测。（4）数据分析与地质解释。

总体来讲，该技术具有直接检测、准确性高、多解性小、简便快速、成本低廉等特点。

三、油气微生物地球化学勘探技术发展现状与趋势

微生物地球化学勘探技术最早起源于原苏联，经美国、原苏联、德国、波兰大量研究而得到推广。20世纪80—90年代国外发展达到鼎盛，发表了一批学术论文和专著，2001年美国地质学会（GSA）成立生物地质学和地质微生物学分部（Geobiology & Geomicrobiology Division）。如今该项技术已趋于成熟，在印度德干盆地、孟加拉盆地及欧洲西北部等区域的油气勘探均得到广泛运用。

中国早在20世纪50年代末就开始研究，并在油田中实践应用，后来由于缺乏理论和方法的支持而中断（苏新等，2010）。21世纪以来，得到迅速发展。2000年，德国的微生物油气勘查技术引入中国，并进行了陆上区块的勘探研究（梅博文等，2011）。2007年，益亿泰地质微生物技术（北京）有限公司引进和发展美国的微生物石油调查技术，

形成了微生物地球化学勘探技术（MGCE）。近年开创了中国有规模的微生物地球化学勘探工业实践，取得了较好的应用效果（郝纯等，2015；何丽娟等，2015；丁力等，2018；赵忠泉等，2020）。

目前，该技术已初步应用于中国陆上部分老油田深化勘探和新油田增储上产、新领域勘探工作中（表2-2），涉及构造油气藏、岩性油气藏、深水油气藏和非常规油气（页岩气和天然气水合物）。海域油气微生物勘探实践中，主要采用美国的微生物石油调查技术，对渤海、南海、南黄海等海域部分区块进行了研究（袁志华等，2011a，2011b，2011c，2014；颜承志等，2014；郝纯等，2015；赵忠泉等，2020）。

表2-2 近10年微生物地球化学勘探技术应用进展概略统计表

类别	油气田及油气富集区	油气藏类型	资料来源
老油田勘探	松辽盆地大庆升平油田	断层—岩性油气藏	袁志华等，2011a
	松辽盆地泰康隆起东翼杜井区	受砂体控制的岩性油气藏	袁志华等，2014
	鄂尔多斯盆地南缘新庄油田	岩性油气藏	孙宏亮等，2014
新油田勘探	中扬子地区松滋油田，鄂尔多斯盆地长庆桥区块、西峰董志源区块、呼和坳陷区块、松辽盆地大庆卫星油田、滨北地区、齐家北油田、徐家围子，环渤海湾大港油田港西构造、乌马营地区，胖利油田惠民凹陷、八面河地区12个油气田	隐蔽油气藏，非构造油气藏	袁志华等，2011b，2011c
	南海东沙海域冷泉沉积物、太平洋东海岸秘鲁和喀斯喀特外海	天然气水合物	苏新等，2010
	南海珠江口盆地白云凹陷深水区	凝析油气藏等复杂地质条件、多种类型的圈闭和油气藏	颜承志等，2014
	海洋油气田附近天然水合物产区和海洋冷泉渗漏区		陈立雷等，2013
	青海木里永久冻土带天然气水合物赋存区	天然气水合物	梅博文等，2011

经过近50年的发展和完善，轻烃微渗漏理论的可靠性得到充分论证，显著提高了微生物检测技术和解释模型的准确性，该技术正在成为提高油气钻探成功率、降低勘探风险的新型油气预测技术。

展望未来，微生物地球化学勘探技术将会在以下方面有所突破和进展：

（1）发挥交叉学科的优势，充分利用分子生物学技术检测微生物和分析微生物群落，将其与油气勘探相结合，建立油气微生物勘探理论与相应的标准体系。

（2）寻找更多油气指示微生物的功能基因，不仅限于甲烷、丙烷氧化菌作为指示微生物。未来需要确定更多种类的油气指示微生物，并形成模式化的油气微生物勘探体系，将微生物的种类与不同的油（气）藏地质因素——对应起来，构建油气资源特征的微生物群落数据库。

（3）明确常规油气勘探与非常规油气勘探原理与应用范围的异同，并在工艺上进行相应的改进；在考虑现有非常规油气勘探难度大、成本高的情况下，充分发挥本技术优势，预测非常规及复杂的、深部油气聚集区。

（4）综合地质学、地球物理学、地球化学和地质微生物学等多学科的研究方法和信息，对勘探目标进行"4G"（Geology、Geophysics、Geochemistry、Geomicrobiology）综合研究，以达到对钻探目标全面准确研究评价、大幅度降低勘探风险、提高钻探成功率的目的。

四、油气微生物地球化学勘探技术应用范围与前景

该技术适用范围较广，包括陆上、海域、常规和非常规油气勘探。特别适用于那些易于垂向烃类泄漏的油气藏，包括烃源岩持续生烃、具有异常压力且储层上方微裂缝及断层发育的油气藏，对不具备垂向渗漏特点的油气藏则不敏感。MOST 技术适用于油气扫描调查，预测地下是否有油气藏；而 SSG 技术则是用于判别地下油气藏的属性，即是油藏还是气藏。

MGCE 技术与地表化探的主要差别在于前者预测专一性强，成功率高；后者多解性强，成功率低。该技术只能确定有无油气藏，并对油气藏、油水边界定性判别，不能预测油气藏深度、厚度和大小（梅博文等，2011）。只是在平面上对轻烃微渗漏响应进行研究，无法提供有关微渗漏来源的深度、层位等信息。

未来仍有应用前景，将聚焦于降低初期油气勘探指示及预期有利勘探区的勘探风险，在成熟开发区也可以再利用，筛查隐蔽油气藏，指出油气水位置，从而为后期开发服务。

第三节　地震沉积学分析技术

一、地震沉积学分析技术原理与用途

地震沉积学是在地震地层学和层序地层学基础上发展起来的沉积地质学与地球物理学相互交叉的新兴学科（朱筱敏等，2020）。地震沉积学分析技术是以地震沉积学为理论基础，利用三维地震资料及地质资料，通过层序地层学、地震地貌学、地震岩性学和现代沉积学综合研究，来确定地层岩性、沉积成因、沉积体系和盆地充填历史的前沿技术。

该技术基于两个基本原理：大多数沉积体系（90% 以上）具有宽度远远大于厚度的特征（Galloway et al.，1983）；在地震垂向分辨率与横向分辨率相当的情况下，可利用横向分辨率（如地层切片）将利用地震垂向分辨率难以识别的薄层砂体识别出来（Sheriff，2002）。

地震沉积学研究的主体思想是将三维地震的地球物理解释技术与沉积学研究相结合，利用三维地震资料的空间连续性及高精度的成像品质，通过三维地震属性切片技术产生等时地震属性模式图像。这些图像可与地貌学特征及沉积相模式进行相关对比，从而达到对沉积体系平面展布及其演化过程进行精细刻画的目的，在地质时间面上显示地震属性是地震沉积学的基本研究方法（李祥权等，2013）。

地震沉积学分析技术以地震数据层面属性为基础，通过 90°相位调整、大量层面属性

研究，优选出振幅、方位角、相似性和方差等多种与沉积体系层面几何形态有关的地震属性。结合层面三维可视化技术、RGB 融合技术和地质历史时期构造形态恢复等技术，融入源—汇系统新概念，展现不同地质历史时期的沉积体系形态特征，依据沉积砂体形态和沉积模式对地震平面属性资料（地层切片）进行沉积地貌分析。当地貌分析与地震平面属性分析结合后，可以得到重要的沉积地质信息。最后，通过岩心、钻测井和实验数据的综合研究和刻度（地震岩性学），可识别厚 3～5m 的薄层砂体，阐明沉积体系的发育演化等地质特征，确定三维空间沉积相分布和演化模式，进而建立岩性分布模式和储层预测模式。

二、地震沉积学分析技术内涵与特征

目前，地震沉积学分析技术已基本形成了较为规范的工业化研究流程：（1）利用层序地层学原理，综合多种地质和地球物理资料建立高精度等时地层格架；（2）进行子波相位频率调整（常常是 90° 相位调整），以建立薄层砂体与地震反射同相轴之间的对应关系，即测井岩性数据体；（3）根据地层产状，优选地震数据的切片方法，通常从时间切片、沿层切片（顺层切片）和地层切片中选用地层切片方法，来研究非水平、非等厚地层的平面地震属性特征；（4）根据地震调谐厚度与地震频率之间的关系，开展分频地震参数处理和统计，优选能够反映薄层砂体的最佳频率；（5）利用岩心资料，通过地震岩性学研究（地震属性与岩性关系、地震模型和地震反演等），赋予地震属性的岩性和沉积体系含义，进而开展井震对比以及多井对比检验，建立地震属性平面特征与关键井岩性之间的良好对应关系；（6）综合利用地震属性的平面地貌学特征，基于岩心刻度，开展其与沉积体系关系研究，确定沉积体系类型和砂体形态；（7）多层段高精度地震沉积学研究，建立基于源—汇系统的沉积体系和沉积砂体演化模式，恢复沉积体系和沉积砂体演化历史；（8）开展储层质量、成藏要素、油气富集程度与沉积体系、砂体类型之间关系研究，结合烃类检测等方法，分析岩性圈闭勘探有利地区，为油气勘探开发提供精细的沉积砂体分布演化格架（曾洪流等，2012；朱筱敏等，2017，2020）。

其研究内容主要包括地震岩石学分析和地震地貌学分析两部分。地震岩性学主要研究地震资料与测井岩性的对应关系，关键技术包括 90° 相位转换、地震资料反演、地震属性提取和分析；地震地貌学则对地震切片中的岩性和沉积相分布模式进行研究，关键技术包括地震切片及沉积体系解释技术。该技术的要素构成主要包括以下四个方面。

（一）90° 相位转换 / 调整技术

常规地震处理的最终成果是零相位地震数据。零相位地震数据用作解释的优点包括子波对称、中心瓣（最大振幅）与反射界面一致且具有较高分辨率。但只有当地震反射是来自单一界面（如海底、主要不整合面、厚层块状砂岩的顶面等）时，零相位地震数据的上述优点才是真实的。若地震反射来自薄层砂体，则砂体与地震同相轴间没有直接的对应关系，因此标准的零相位地震数据不适合做薄层砂体的岩性解释。采用 90° 相位子波处理的地震数据可克服零相位子波数据的不足，即将地震响应的主瓣（最大振幅）移动使之与薄层砂岩中心相对应，使地震响应对应于砂岩层，而不是对应于薄层的顶、底界面，从而使得主要的地震同相轴与地质上限定的砂岩层一致，解释工作（特别是地层切片解释）就变得更加准确和相对容易。显然，经90°相位调整后的地震数据使地震道近似于波阻抗剖面，从而提高了剖面的可解释性。对地震剖面进行90°相位调整之后，所有的砂岩层几乎都对应于地震波谷，地震道近似于波阻抗剖面，砂层与反射同相轴具有更好的对应关系（图2-4；王军等，2011），即地震解释追踪的反射同相轴就是追踪的砂体，赋予了地震反射同相轴更强的地质意义。

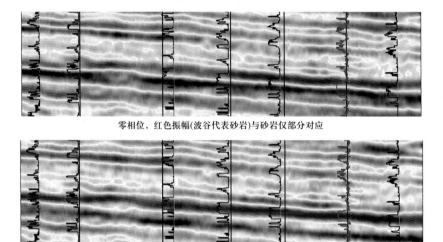

零相位，红色振幅(波谷代表砂岩)与砂岩仅部分对应

90°相位，红色振幅(波谷代表砂岩)与砂岩完全对应

图2-4　90°相位转换优势（据王军等，2011）

（二）地层切片技术

由钻测井资料和地质综合分析找到等时沉积界面（地质年代界面），在界面内进行等比例内插获得地震剖面切片，以它所提取的地震振幅能表示整个地震探区中某沉积体系的总体延伸，这种地震界面显示被称为"地层切片"。

地层切片地震沉积学的关键技术，是从地质年代界面（等时沉积界面）上提取的地震属性（经常是振幅属性）。该方法不仅追踪了等时地质界面，而且能够有效地反映地震探区中常见沉积体系的地貌特征。地层切片能很容易地拾取振幅型或结构异常型沉积体系，如现代海底峡谷和盆地扇、嵌入厚层页岩的河道、天然堤体系、硅质碎屑岩系内的薄石灰岩层，这些部位的等时地震异常容易识别和追踪。

目前常用的反映沉积体平面地震属性的切片手段包括时间切片、沿层切片和地层切片或按比例切片。时间切片是沿某一固定地震旅行时对地震数据体进行切片显示，切片方向垂直于时间轴方向，切过的不是一个具有地质意义的层面；沿层切片是沿着或平行于地震层位进行切片，它更倾向于体现地球物理意义，也容易丢掉沉积信息；地层切片则采用等比例内插的方式，其切片位置与反射波同向轴更加吻合，更接近于等时界面，可以最大限度地去除构造影响而保留尽量多的沉积信息。地层切片使沉积相成图工作变得简单，并极大地减缓了穿时问题，特别适合于楔形沉积层序的分析。假如地层既不是席状的也不呈平卧状（特别是不等厚），具有平缓褶皱、厚度横向变化剧烈的特征，则必须选用地层切片。

（三）分频处理与频谱分解技术

地震资料的频率成分控制了地震反射同相轴的倾角和内部反射结构，其连续的频率变化本身蕴含了丰富的地质信息，不同级别的地质层序体对应着地震剖面上的不同频率特征。因此，可采用分频解释方法充分获得不同沉积厚度的地质体信息。

频谱分解技术的理论基础是基于薄层反射系统可以产生谐振反射，来自薄层的反射在频率域具有指示时间地层厚度的唯一特征；时间域的最大反射振幅值，对应着频率域的最大振幅能量值。由薄层调谐反射得到的振幅谱构成能够有效地识别薄层单元地质体以及刻画复杂地质体内部反射特征，更加客观地反映储层的横向变化。

频谱分解技术是一种新的叠后地震数据处理和解释技术，它是利用小波变换或离散傅里叶变换（DFT）又或最大熵谱方法（MEM），将地震数据由时间域变换到频率域，在频率域内通过调谐振幅的对应关系来研究储层横向变化规律，使地震解释可得到高于常规地震主频率对应1/4波长的时间分辨率结果。然后，沿层或固定时窗把地震反射波中的各频率成分对应的调谐能量识别出来而形成对应频率的能量异常图，进而有效检测不同沉积厚度的地质体。

（四）RGB地震属性融合技术

对于从地震数据中提取的多个地震属性来说，采用单个属性逐一彩色显示方法不能明显地反映整体趋势及某些隐蔽的地质特征。为了提高对局部地下地质异常体的识别能力并且更加直观地分析地震属性图，在地震属性融合中引入基于色彩模型的多属性融合技术（RGB）。

地震多属性颜色融合，指利用不同的数字色彩模型来强化地质特征，从而有效地实施地质目标的定性解释。多属性融合的关键就是充分利用多个待融合属性进行信息互补，形成一个新的信息集合。将多个地震属性通过主成分分析（PCA）技术进行降维，并将主分量按特征值由大到小排序，取前3个（或4个）主分量利用RGBA（Red-Green-Blue-Alpha）颜色融合原理获得一张融合图；再结合实际地质资料，在融合图像上依据颜色的区域性和突变异常等视觉特征，进行地质目标和沉积厚度解释。目前，RGB地震属性融合技术多用于河道检测（张驰等，2013）、小断层识别、地质体异常识别和储层预测等方面（成荣红等，2013）。

三、地震沉积学分析技术发展现状与趋势

地震沉积学，是1998年由美国得克萨斯州大学Austin分校曾洪流、Backus和Henry教授等在《Geophysics》上发文首次提出而发展起来的。20余年来，经历了1998—2009年技术建立到成熟并初步应用、2009年至今深化研究与广泛应用两个阶段的发展。目前，地震沉积学涉及的地震地貌学和地震岩性学等理论、方法和技术在国际上得到广泛

应用和不断发展，已经掀起了地震沉积学的研究热潮，国外已有许多学者在北美、西非和南亚等含油气盆地开展了一系列的（定量）地震沉积学研究，并在油气勘探和开发方面取得了显著的效果。随着大量研究成果面世，极大地推动了地震沉积学核心技术、研究流程、工业化应用等方面的深化发展（Hernan et al.，2011；Janocko et al.，2013；Zeng，2018；朱筱敏等，2020）。

2000 年前后，由曾洪流通过讲学、发表文章等将先进的地震沉积学理论方法引入中国，国内学者陆续开展了陆相盆地沉积体系、薄层沉积砂体和海相碳酸盐岩的地震沉积学研究，在松辽、渤海湾等陆相盆地沉积体系研究和薄层砂体预测、塔里木盆地和四川盆地古生界、新元古界碳酸盐岩储层研究以及油气精细勘探与开发方面发挥了特有的作用。尤其最近十多年来，地震沉积学研究受到人们的高度重视，在地震沉积学理论、陆相碎屑沉积砂体、海相沉积砂体、碳酸盐岩和混积岩刻画、地震成岩相预测、砂体精细表征和开发地质应用、地球物理新方法新技术、RGB（Red-Green-Blue）地震属性融合技术、储层预测技术以及三维可视化技术雕刻地质体等 10 个方面取得了长足进展（朱筱敏等，2020）。发表了数百篇论文和多部专著，研发了包括五大技术系列 20 余个核心功能模块的 GeoSed 地震沉积分析软件系统，在高精度层序格架建立、等时性分析、非线性切片、古地貌分析、多信息动态沉积分析等核心技术方面取得多项创新成果（奖励），获得国家发明专利 10 余项。目前，GeoSed 软件已推广至国内 18 家油气田公司和科研院所，在 11 家油气田和 3 个国外探区的 31 个区块取得良好应用效果，推动了一批探井井位部署，获得数十口探井工业油流的重要发现。

地震沉积学分析技术目前处于发展提高阶段，尚有一些理论和技术问题处于探索之中。预期未来的发展，将主要表现在以下几个方面：

（1）向深部发展，目前由于三维地震资料的频率和解释精度所限，研究仅限于浅层（小于 2000m），随着地震处理、解释和反演技术的进步，将会向深层发展。

（2）对复杂储层的研究，例如砂泥比低的储层、砂泥薄互层的储层、碳酸盐岩和火山岩储层的地震沉积学研究，拓宽其研究领域，使其具有更加广泛的适用性。

（3）完善相关分支技术，主要是提高地震解释的纵横向分辨率，使之能够更加有效地研究中国陆相地层的复杂储层，包括火山岩储层、低砂泥比储层、薄砂泥互层储层、缝洞型碳酸盐岩储层等。

（4）关注地震地貌学理论模型、地震岩性学新方法、勘探地震沉积学、开发地震沉积学、地球物理反演新方法和人工智能技术等方面的研究，不断完善地震沉积学理论方法，拓展地震沉积学在油气勘探开发等领域的应用，助力油气勘探开发提高经济效益（朱筱敏等，2020）。

四、地震沉积学分析技术应用范围与前景

地震沉积学分析技术的地震资料 90°相位化及地层切片是地震沉积学经济实用的两项关键技术，可用于大多数三维地震资料，因此应用范围十分广泛。它既可以用于沉积体系演变过程及沉积相的三维体积重建，又可以完成储层预测；既可以用于常规砂岩储

层预测，也可以完成对很多特殊储层（复杂碳酸盐岩储层、火山岩储层、砂泥互层储层、超薄层储层）的预测。

展望未来，地震沉积学分析技术将会在以下方面进一步应用，有所突破和进展：

（1）利用地震沉积学研究思路进行成岩相和成岩作用的研究。通过地震沉积学研究，实现成岩作用定量化研究，划分米级、厘米级等不同级别的成岩相带。

（2）实现技术初步应用到规模化和工业化应用的转变，使之成为中国陆相地层普遍存在的岩性、地层和隐蔽油气藏研究的有效手段。通过三维数据体平面高分辨率处理解释，预测圈闭高度小于10m的岩性、地层、低幅度圈闭等隐蔽目标。

（3）提高对薄砂层的识别率和识别精度，有效识别2～5m厚度的三角洲、滨海砂体，挖掘其中的剩余油潜力。

（4）随着页岩油气、深层—超深层碎屑岩／碳酸盐岩勘探开发的深入，地震沉积学将在页岩油气"甜点"预测、深层致密砂岩／碳酸盐岩储层分析、混积岩储层预测方面找到突破口，推进地震沉积相或地震数据（地层切片）三维可视化静态和动态表征，充分结合地震储层反演和油气地质学研究成果，不断提高油气勘探成功率和油田开发效益（朱筱敏等，2020）。

第四节　定量地震地貌学分析技术

一、定量地震地貌学分析技术原理与用途

定量地震地貌学（Quantitative Seismic Geomorphology，QSG）由地震地貌学分支发展而来，是利用高精度三维地震成像资料和地貌形态的定量分析来重建盆地历史、过程、沉积填充架构的学科（Wood，2003）。定量地震地貌学分析技术是以现代沉积和地貌理论为指导，利用高精度三维地震数据结合测井、录井、岩心和区域地质资料，通过地貌形态定量数据的测量及系统研究储层纵横向变化来了解盆地历史、沉积过程和填充构架，定量分析、综合表征沉积体系与储层形态特征及时空结构变化的一项前沿技术。

该技术旨在深化复杂沉积体系中储层分布和几何形态的地质认识，获取河流—三角洲体系的地貌数据以精细表征沉积体系的侧向变化（谈明轩，2019），包括地震分析、三维可视化技术、图像数据成图技术及统计分析技术等。通过从空间上描述沉积体系的地貌形态，从时间上分析沉积体系的演化规律，还原储层沉积充填过程中的一些重要参数，来反映储层特征和沉积架构、重建盆地的历史与过程，可为油气田开发规划、地质灾害研究、储层建模、油气勘探不确定性研究及储量评估等方面提供重要数据。

定量地震地貌学分析技术源于地震沉积学研究过程，与地震沉积学相似之处在于利用高精度三维地震资料，其独特之处是对三维地震资料定量处理，获取沉积体的量化参数，达到地貌特征定量分析目的。其主要研究流程与技术路线如图2-5所示（冯明友等，2013）。

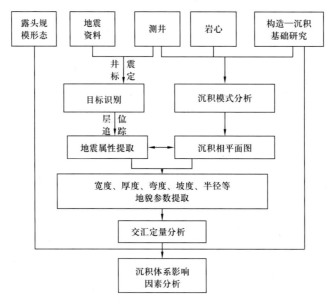

图 2-5 定量地震地貌学研究流程示意图（据冯明友等，2013）

该技术通过测量过程获得河道相关参数，例如河道弯度、河带宽度、曲流波长、河道宽度、河道深度等（Schumm et al.，2000；Brice，1984），可估算河道主要沉积物粒度大小，即通过对地层切片中河道参数测量获得的弯度，初步推断河道沉积物的粒度粗细，再与测录井资料对比验证，来估计河道的粒度大小，从而对古河流体系进行分类和测量。

（一）估算河道主要沉积物粒度大小

研究表明，不同弯度河流其沉积负载粒度是不同的，当弯度小于1.4时，以粗粒河床底负载为主；当弯度在1.4～1.7之间时，以底负载和悬浮物混合负载为主；当弯度在大于1.7时，以悬浮负载为主（图2-6；Schumm，1968）。

河道类型		河床底负载		混合负载		悬浮负载
地貌形态	单一河道	河道形状				
		宽深比	60	25		8
		河道类型				
		弯曲度	1.0 / 1.1	1.4 / 1.7		2.5
	多河道	河道类型				
			冲积扇	冲积平原		网状河

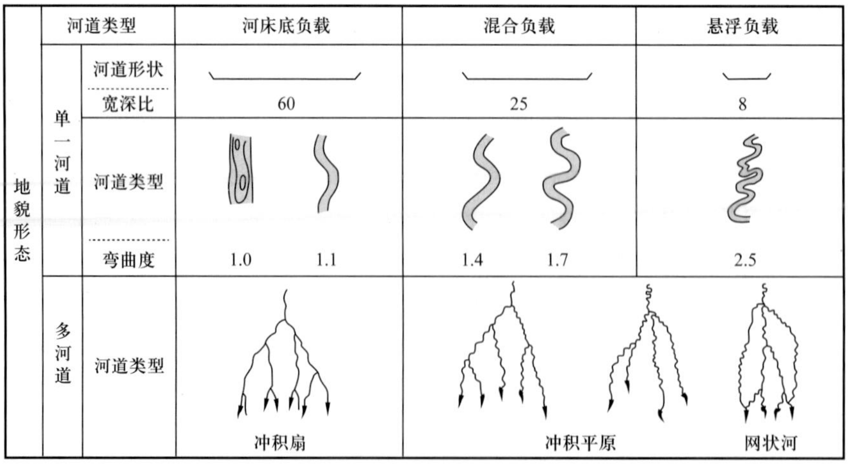

图 2-6 不同类型河道弯曲度与沉积负载的关系（据 Schumm，1968）

据此原理，通过地层切片中对河道参数测量获得的弯度，即可初步推断出河道沉积物的粒度粗细，再与测录井资料对比验证，可以估计河道的粒度大小。

（二）对古河流体系进行分类

通过对研究区等比例地震切片（例如每隔 4m），提取切片中振幅特点，研究由下到上不同切片中河流沉积体系河道测量参数的变化情况，可将古河流分成三个类型：

A 型河流为巨型加积河流体系，其特点是曲流带、宽度和曲流弧高度巨大，高弯度，形成大面积的洪泛平原和废弃的牛轭湖沉积。弯度通常大于 2，以悬浮细负载为主。

B 型河流为下切型河流（通常所说的下切谷），其特点是河道弯度低，较小的曲流弧高度，河道边缘清晰，主要充填砂体，下切作用强，通常位于层序的低位体系域。弯度在 1～1.4 之间，以粗的底负载为主。

C 型河流是河流—三角洲沉积体系或是海岸平原沉积体系的组成部分，例如分流河道或是潮道，其特点是高弯度，窄曲流带，迁移性大，下切作用弱，有时会形成网状河，主要分布在三角洲及海岸平原地区，通常位于层序的高位体系域中。弯度在 1.4～2 之间，以混合负载为主（三角洲的砂泥互层）。

在定量描述河道或水道形态时，容易从地震数据体切片上测量出的几何学参数主要有：河道宽度、蛇曲宽度（或称蛇曲振幅）、蛇曲波长、蛇曲高度（近似等于平均弯曲半径）和弯曲度等（图 2-7；Wood，2007）。

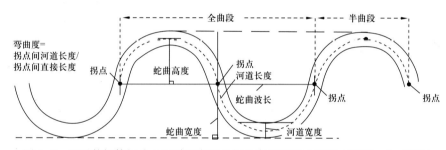

图 2-7　地震数据体切片上河道形态的几何学参数测度示意图（据 Wood，2007）

（三）深海扇河道测量

通过深海三维地震切片研究，可以测量深海扇中河道弯曲度，根据测量结果可以将深海河道分成两个类型（表 2-3）。

二、定量地震地貌学分析技术内涵与特征

定量地震地貌学（QSG）分析技术的要素组成主要包括系统地质研究与地貌特征定量分析技术、关键地震属性分析技术、沉积单元交会和沉积体系影响因素分析技术、多数据融合及沉积单元形态数据定量分析技术等方面，核心前沿是关键地震属性分析技术、多数据融合及沉积单元形态数据定量分析技术（冯明友等，2013）。尤需指出，关键地震属性技术是适合于平面沉积地貌形态刻画和物性表征的地震属性及其相关解释技术的总和，主要包括属性提取算法、多属性优化流程、模糊自组织属性聚类、属性主分量降维、非线性网络模式识别、岩石物性交汇、多属性颜色融合、地貌形态追踪、几何学参数测量和地貌规律分析共十大类技术。其中，属性提取算法、多属性优化流程、非线性网络模式识别、多属性颜色融合及关键技术的软件集成，是研究的重点。

表 2-3　深海扇河道测量分类

深水扇河道类型	地震切片显示图		主要特征
A 型河道	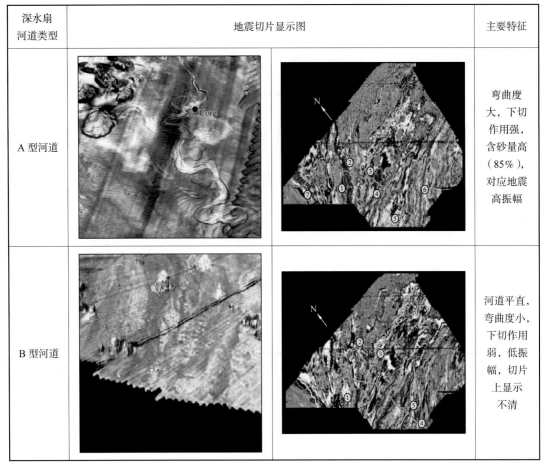		弯曲度大，下切作用强，含砂量高（85%），对应地震高振幅
B 型河道			河道平直，弯曲度小，下切作用弱，低振幅，切片上显示不清

资料来源：表中 4 张小图据 Wood et al.（2010）。

切片中①、②、③对应 A 型河道，④、⑤对应 B 型河道。

用定量地震地貌学解释不同地貌时，属性技术体系中具体算法流程可能是组合变化的，但其关键的五个核心点不变：一是适合地貌形态刻画的属性集；二是适合沉积体系储层物性表征的属性集；三是恰当的属性优化方法；四是可靠的储层模式识别方法；五是适合人眼视觉的地貌形态呈现方法（王治国等，2014）。

三、定量地震地貌学分析技术发展现状与趋势

定量地震地貌学概念最早由美国得克萨斯大学奥斯汀分校经济地质调查局的 Wood 教授（2003）提出。以其为代表的团队率先将定量地震地貌学分析技术应用于火星埃伯斯沃德盆地三角洲、美国墨西哥湾北部 Vermillion 岛和 South Marsh 岛上新世河流体系、印度尼西亚新近纪西纳土纳盆地、委内瑞拉和特立尼达更新世浊积水道、泰国湾古近系—新近系河流沉积等不同沉积体系的地貌表征，分析了不同填充类型河流储层的差异性及深水沉积中弯度和坡度的关系，预测出深海页岩底辟地层结构与碎屑流运移距离的关系，并在大型下切谷和较小的分支水道中进行精细油藏单元描述（冯明友等，2013；Wood，

2006，2007；Wood et al.，2009）。国外早期主要研究深海平原内较为稳定的浊流水道，而后逐渐延伸至河流—三角洲、冲积扇、碳酸盐岩台地—斜坡等不同沉积体系研究中。目前已经进入普遍推广的阶段，尤其是曲流河道和浊流水道等典型地貌形态研究已经比较深入，并在陆相河流—三角洲沉积、海洋深水浊流沉积、碳酸盐岩沉积等全球主要含油气盆地的沉积环境中都有定量地震地貌学分析和成功解释案例（朱筱敏等，2020）。

相比国外，中国对地震地貌学概念与技术方法的传播相对更早、更多，定量地震地貌学研究总体起步较晚，普及度较低。2013年，冯明友等介绍了定量地震地貌学的概念，并对四川陆相湖盆侏罗系沙溪庙组定量统计和分析了沉积河道的几何学参数及其水动力特征。2016年，朱筱敏、曾洪流、Wood及董艳蕾在国际知名石油地质学期刊《Marine and Petroleum Geology》上出版了"陆相湖盆地震地貌学"专辑，介绍了国内中新生代陆相湖盆沉积体系和薄层砂体识别的研究成果，部分涉及定量地震地貌学分析，标志着该技术工业化实践应用进入新阶段。针对受复杂构造影响的研究区，定量地震地貌学的研究面临诸如地层剥蚀、断裂错动、晚期构造反转、多物源、多套薄层砂体叠置等问题。如何将定量地震地貌学研究的广适性扩展，仍在不断尝试。目前依据重力流不同类型的沉积地貌特征，容易解释地层切片地震地貌响应特征。浊积扇/近岸水下扇主要响应于具有水道的朵叶状地震地貌特征，可分布于断陷湖盆深洼和陡坡带，向盆地中央延伸数千米；砂质碎屑流常呈规模较小、面积几平方千米的舌状体，多位于三角洲前方；异重流响应于数十千米的弯曲水道和规模较小的朵叶体，也常位于三角洲的前方（朱筱敏等，2020；潘树新等，2017）。

定量地震地貌学分析技术目前处于发展和提高阶段，预期未来将会呈现以下发展趋势：

（1）研究手段多样化：除三维地震资料进行切片外，还与钻井资料、地质建模及三维可视化资料结合，利用计算机数值模拟和水槽实验的优势，开展不同沉积体系动态模拟研究、确定实验数据参数和实际地貌参数，加强露头统计数据的模型约束与有效参数选取、限定定量地震地貌特征。

（2）研究对象与测量储层类型多样化：不仅包括常规河道、冲积扇、浊积扇辫状河道等，还包括火山岩、盐体、碳酸盐岩等。

（3）研究范围不断扩展：利用三维地震资料定量研究河道、三角洲分流河道、水下扇、浊积扇水道的三维空间分布，确定河道类型，准确预测砂体分布、储层微观非均质性、流体和油气储量。

（4）向地震、沉积、地质统计等多学科融合与单学科深入发展：露头沉积学、现代沉积学与地震地貌学进一步结合，建立现代沉积地质单元与不同类型古代沉积的地貌参数数据库，分析古地貌与现今地貌的关系并建立定量地貌参数指标（Sullivan et al.，2004；曲寿利等，2012）。

（5）开展复杂沉积层序（河流、三角洲、重力流、滨浅海陆棚、碳酸盐沉积等）定量地震地貌学理论模型研究（朱筱敏等，2020），加强高分辨率地震资料成像研究，建立不同沉积盆地中多类型沉积体系的地震地貌模型库，通过三维数值模拟阐明地貌形态演变和组合规律，运用层序地层学和地震沉积学原理对碎屑岩和碳酸盐岩进行精细地貌动态演化分析。

四、定量地震地貌学分析技术应用范围与前景

定量地震地貌学分析技术应用范围并不局限于河流地貌研究，同样也可延伸至碳酸盐岩岩溶规模、生物礁厚度、三角洲展布面积及地貌坡降的定量统计等方面（谈明轩，2019），覆盖了河流—三角洲沉积、浊流沉积、碳酸盐岩沉积等全球主要含油气盆地的沉积环境。

目前定量地震地貌学的研究主要针对碎屑岩和碳酸盐岩，由于火成岩区域地震采集、处理等技术限制，其成像及分辨率明显不足，多不能满足定量地震地貌学的精度（冯明友等，2013）。国外该技术在冲积河道、三角洲、浊积水道、水下扇储层特征及结构研究方面已取得较大突破，在地层沉积定量研究、储集体规模预测方面具有较大优势和前景。国内定量地震地貌学分析技术正在发展，应用于勘探实践并向深度和广度拓展的前景良好。展望未来，地震地貌学不仅会在油气勘探开发中发挥越来越重要的作用，也将会延伸到地学的古海洋、古气候、古环境等更宽广的应用领域。

第五节　碎屑岩储层物性定量表征及预测技术

一、碎屑岩储层物性定量表征及预测技术原理与用途

碎屑岩储层物性定量表征及预测技术是利用地质、地震、测井分析方法，结合数理统计、数学建模、相关软件综合开展碎屑岩储层物性定量表征和预测的一项前沿技术。

该技术主要基于四个方面基本原理：地质方面主要依据石油地质和成岩作用理论，利用岩心样品测试、化验分析和模拟实验资料，由碎屑岩储层已知物性参数统计、主控因素分析表征建立起孔渗物性预测模型，进而定量预测和推断未知区碎屑岩储层物性演化规律与特征；地震方面主要依据碎屑岩地层地震反射波的特定波形、接收时间、振幅和相位等属性反演得到地层的声阻抗和弹性阻抗，来表征和推测储层物性参数（Barclay et al.，2008），包括简单的叠后反演技术和更精细的叠前反演技术；测井方面主要依据电法、声波和放射性等特征进行人工或数字处理、综合解释来表征和推测储层物性，其中的神经网络解释技术是应用（基于岩控的）多层前馈神经网络（BP 网络）方法和人工神经网络模型，采用误差反向传播训练算法（BP 算法）建立储层物性与测井曲线响应之间的非线性关系，实现储层参数的精细解释；综合方面主要基于人工智能算法、模型和软件工具，对收集或积累的海量地质测试分析物性数据、物探反演和测井解释物性资料、其他相关信息进行物性特征统计与主控因素分析、物性与各类参数关系表征及预测模型构建，通过已知物性数据机器学习和训练等，最终实现无取心段井、少井区碎屑岩储层物性定量表征及预测。

该技术将成岩作用与物性主控因素分析、地质统计建模、测井解释模型与地震资料

解释结合起来，得出经验公式或简化地质条件构建模型，并利用地质宏微观观察测量、测井解释的纵向高精度和地震解释的横向高覆盖率计算储层参数，实现全面客观的快速定量评价。其计算速度快，稳定性高，可循环验证和优化，有助于解决未取心段、少钻井区碎屑岩储层孔隙度、渗透率的分析预测问题，力争有效地对储层物性参数进行定量预测，为不同孔隙类型深埋、有效、优质储层的空间评价及预测提供依据。

二、碎屑岩储层物性定量表征及预测技术内涵与特征

碎屑岩储层物性定量表征及预测技术的要素构成主要包括地质、地震、测井、综合分析四大方法九项技术系列，其中部分是三者综合运用的技术。地质分析技术系列包括碎屑岩储层孔隙度数学模型法物性预测、孔隙度反演回剥法物性预测、成岩作用拉平处理法物性预测、物理模拟法物性预测、单因素比较分析法物性预测 5 项技术；地震分析技术系列主要包括阻抗反演、储层物性间接反演、储层物性波动方程反演、地质统计反演、机理性岩石物理分析、统计岩石物理分析 6 项储层物性地震预测方法技术（韩宏伟等，2021）；测井分析技术系列包括模糊综合评价、广义回归神经网络模型、线性回归统计方法、基于岩控的人工神经网络渗透率预测 4 项技术；综合分析技术以人工智能综合预测为代表。其中，核心技术的内涵、流程与特征简述如下。

（一）碎屑岩储层物性地质分析预测技术

1. 碎屑岩储层孔隙度数学模型法物性预测技术

碎屑岩储层孔隙度数学模型法物性预测技术从盆地构造演化、古应力、沉积体系、成岩作用分析入手，依据大量岩心、测井、化验分析及薄片鉴定资料，地质学、数学及统计学方法等相结合，利用已知的、含单个或多个自变量的数学模型，构建沉积—成岩—构造一体化的孔隙度预测模型，对实测数据进行选择性回归、拟合，预测碎屑岩区（尤其是低密度钻井区）残余原生孔隙型储层孔隙度随沉积环境、成岩演化及构造挤压变化而变化的规律（张荣虎等，2011）。

其技术要素构成，主要为单项地质因素与储层孔隙度关系模型、沉积—成岩—构造一体化孔隙度预测模型的构建。一是原始沉积体组构与储层孔隙度关系模型，通过多元线性回归方法建立特定（埋深、胶结、构造挤压）条件下砂岩孔隙度与其间的关系模型。二是埋藏压实作用与储层孔隙度关系模型，根据碎屑岩岩心孔隙度与深度关系的统计与模拟实验结果，建立特定（埋藏方式、分选性、泥质含量、胶结、溶蚀量、构造挤压力）条件下不同（粒度、刚性颗粒含量）砂岩埋深与储层孔隙度的关系模型，基于储层实测孔隙度数据统计和孔隙度演化模型，对数据源进行多元线性回归，即可有效定量预测地下储层孔隙度（王国亭等，2012；表 2-4）。三是构造挤压作用与储层孔隙度关系模型，即由模拟实验模拟构造应力对储层的减孔作用及其受控地质因素（应力作用年代、应力大小及砂岩矿物成分等），在分选性好、胶结物含量不大于 4%、刚性颗粒含量 65%～75%、地热梯度 2.0～2.5℃/100m 条件下构建模型。四是沉积—成岩—构造一体化孔隙度预测模型，即利用已知数学模型，对未知区域（层位）选择性定量预测并用实测

数据校正，从沉积、成岩、构造三个方面综合考虑，定量预测未知区域（层段）砂岩储层的孔隙度（张荣虎等，2011）。

表2-4　巴喀气田 J_1b 储层孔隙演化模型及各阶段末期孔隙度、地质时间和埋深（据王国亭等，2012）

阶段	孔隙度演化函数	始末边界条件		
		ϕ（%）	T（Ma）	H（m）
C1	$\phi=0.250e^{-0.0005647H}$	25.0	0	0
		19.4	22.8	450
C2	$\phi=0.237e^{-0.0004444H}$	19.4	22.8	450
		11.67	43	1600
CC1	$\phi=0.225e^{(-0.0001460T-0.0003890H-0.000000423TH)}$	11.67	43	1600
		7.18	59	2750
CC2	$\phi=0.210e^{(-0.0001390T-0.0003568H-0.000000569TH)}$	7.18	59	2750
		6.25	71.7	3000
S	$\phi=[-2\times0.03(T-71.7)^3/73.8^3+3\times0.03(T-71.7)^2/73.8^2]$ $+[0.210e^{(-0.0001390T-0.0003568H-0.000000569TH)}]$	6.25	71.7	3000
		7.27	145.5	3575
CC3	$\phi=0.210e^{(-0.0001390T-0.0003568H-0.000000569TH)}$	7.27	145.5	3575
		6.72	163	3650
CC4	$\phi=0.2997e^{(-0.0001790T-0.0002950H-0.000000634TH)}$	6.72	163	3650
		4.52	200	4400

注：ϕ—孔隙度；T—埋藏持续时间；H—埋深；S阶段的 $\Delta\phi$ 取3%。

2. 孔隙度反演回剥法物性预测技术

孔隙度反演回剥法物性预测技术是以碎屑岩储层现今铸体薄片反映的实际孔隙面貌为基础，通过建立流体—成岩演化序列，明确各期次发生的成岩作用类型，并定量分析其对储层孔隙度的影响（增加或减小）程度及时间，然后结合现今孔隙度，以流体—成岩演化序列为约束，从最后一期成岩作用开始反演回剥，对储层孔隙度完成压实校正，逐步定量恢复地质历史时期各成岩期次的孔隙度及其演化过程（陆江等，2018）。

该技术的关键流程是：结合计算机图像分析和人工绘制方法，定量分析各成岩期除压实作用外的成岩作用（石英加大、自生高岭石沉淀、碳酸盐胶结及溶解、长石溶解等）增加或减少的储层面孔率，并根据实测孔隙度和对应实测面孔率数据建立面孔率—孔隙度转化图版，将铸体薄片中的面孔率转化为对应孔隙度，恢复各成岩作用开始（结束）时的反演回剥孔隙度。之后，建立碎屑岩储层在不同粒度、不同分选、不同胶结物体积分数（小于5%、5%～10%及大于10%）、不同现今埋深下的储层地质历史时期孔隙度演化量化预测图，预测储层在地质历史时期的孔隙度演化过程及孔隙度值。进而根据控制储层物性的微观参数对储层进行宏观分类，建立不同类型储层地质历史时期孔隙度演化宏观应用模型，实现在地质历史时期储层有效性的动态评价（陆江等，2018）。

3. 其他碎屑岩储层物性地质分析预测技术

其他技术主要包括成岩作用拉平处理法物性预测技术、物理模拟法物性预测技术与单因素比较分析法物性预测技术。限于篇幅，仅做简述如下。

成岩作用拉平处理法物性预测技术：是通过岩心物性、粒度分析、岩石薄片和矿物成分等分析化验数据研究，将物性数据校正至相同成岩作用水平，通过这种拉平处理的思路，开展沉积作用对储层物性控制的定量化分析。成岩作用拉平处理强调消除差异成岩作用影响、把成岩作用拉平至相同水平，但不是完全消除成岩作用。其技术内涵主要包括成岩作用拉平处理和沉积作用对储层物性的控制分析两个方面。其中，成岩作用拉平处理又包括局部异常成岩和区域差异成岩作用的识别与校正两个步骤（王家豪等，2019）。前者通过分析孔隙度、渗透率交会图及其随埋深的变化规律，识别出异常热演化、浅层钙质胶结和深部次生溶蚀等局部异常成岩作用，剔除受影响的样品数据；后者通过拟合地温、埋深与物性的相关性，校正了区域差异成岩的影响。此外，还有成岩效应模拟技术，也能有效地对储层物性参数进行定量预测。

物理模拟法物性预测技术：是设计各种地质条件下碎屑岩样品的实验参数，采用物理模拟实验对地质历史时期压实作用条件下不同粒度、分选、沉积相类型及不同地层流体性质，或者不同地温条件和不同埋藏方式等单因素条件下砂岩储层孔隙度和渗透率的变化规律进行定量化表征（纪友亮等，2017；侯高峰等，2017）。

单因素比较分析法物性预测技术：是对影响碎屑岩储层孔隙度、渗透率的各种沉积和成岩因素统计，计算出各个因素对储层质量定量贡献率，进而比较分析诸因素的贡献率确定主控因素。该技术利用特定地区的特定地质参数信息，研究碎屑岩储层单因素地质条件下的物性变化，并最终达到预测碎屑岩储层物性演化规律，为定量分析储层质量主控因素开辟了一条新途径。其中，沉积因素的综合贡献率为各沉积单因素的贡献率之和，成岩因素的综合贡献率为各成岩单因素的贡献率之和（金振奎等，2018）。

（二）碎屑岩储层物性地震分析预测技术

前已述及的六种储层物性地震预测技术（韩宏伟等，2021）中，阻抗反演是目前应用最广泛的一种地震间接反演预测技术，主要利用 Knott-Zoeppritz 方程和多种简化形式的简明理论关系式或经验关系式，将阻抗与储层物性参数建立起联系，通过间接反演方式进一步计算出储层物性参数。其特点是简单易操作，参数反映直接，实现了从阻抗到储层物性参数的转换，包括岩性识别参数、孔隙度、油气饱和度、渗透率、杨氏模量和脆性指数等弹性力学参数等。

储层物性波动方程反演则是应用较广的地震直接反演预测技术，其从波动理论出发，建立复杂的数学物理模型，利用专业的数学算法求解波动方程，通过地震速度、振幅和衰减等信息直接反演储层固体及所含流体的物理性质，得到各项储层物性参数。

地质统计反演是应用较广的随机反演预测技术，其利用 Cokriging 方法以及改进形式的 kriging 方法等综合考虑多种信息进行插值，确定反演储层物性；或者基于随机地质统计方法使用地质、测井和岩心统计的岩石物理参数统计分布图和三维变差场，在参数的统计分布范围内通过随机采样，随机性反演储层物性。地质统计方法主要用于预测储层物性的空间展布特征。

岩石物理分析技术用于导出地震响应与各个储层物性参数之间的关系式，而数学算法用于求解这个关系式，可细分成机理性岩石物理分析和统计岩石物理分析技术。机理性岩石物理分析尝试固定其他储层物性参数而只研究一种或几种参数变化时的地震响应变化，集中体现在地震速度、振幅和衰减的变化上，利用地震数据预测石油工程参数。统计岩石物理分析利用已知的测井信息、岩心测试信息、地质信息和岩石物理理论作为训练集，将地震数据与储层物性联系起来，据此反演出储层物性参数、量化反演结果的可信度。

此外，地震相约束的多属性分析方法、蒙特卡洛仿真模拟技术，不但对储层物性提供多种精细参数，而且可对预测结果的误差进行定量评价；通过地震地貌学迭代研究，采用地震相约束的多属性分析方法，能够定量预测储层物性分布（王治国等，2013）。

（三）碎屑岩储层物性测井分析预测技术

碎屑岩储层物性测井分析预测技术主要针对测井曲线建立物性参数模型，关键技术包括模糊综合评价技术、广义回归神经网络解释技术、线性回归统计方法等。

模糊综合评价技术采用模糊数学理论，是一种受多种因素影响又难以量化的对复杂评价对象进行综合评价的方法。基于地质、测井和岩心统计的岩石物理参数、测井"四性"关系，利用岩心刻度测井方法和一定的数学方法，建立储层物性解释模型与测井数据的经验关系，就可通过测井解释数据量化预测渗透率和孔隙度。如利用模糊综合评价法建立 AC、DEN、GR、R_t 等四条测井曲线与孔隙度和渗透率之间的非线性映射关系，在一定条件下运用该模型可对研究区未知样本的物性参数进行预测（罗少成等，2014）。

神经网络解释技术包括反向传播（BP）神经网络、自组织神经网络两种网络模型。反向传播神经网络由神经元及神经元之间的连接权组成，解释技术关键是合理地选取学习样本，样本要具有真实性、代表性、泛化性。反向传播神经网络模型训练方法主要流程包括：建立待学习的样品集；构建神经网络；计算网络各层输出向量和网络误差；计算每一个样本的实际输出与期望输出之间平方误差；输入层与输出层间的连接权值和输出层单元的阈值调整；修正连接权值；转到第2步继续计算，当小于给定误差时，网络学习结束。学习完成后，连接权值不变，便确定了网络所描述的这个系统模型，并可用于对未知参数的预测。运用广义回归神经网络模型可对致密砂岩储层孔隙度进行预测（刘畅等，2013）。

（四）碎屑岩储层物性人工智能综合预测技术

生产与研究工作中，地质测试分析方法、关键测井属性反演方法经常与储层物性地震预测技术结合、组合使用。如利用微观薄片及扫描电镜等资料，结合地球物理参数信息建立测井曲线与物性参数的非线性映射关系，优选出相关度较高的地震属性去量化表达孔渗参数，推断碎屑岩储层物性演化的规律，最终预测碎屑岩的物性参数；用伽马反演和波阻抗反演，以测井响应为桥梁获取储层物性在空间上的展布（王长城等，2008）等。

近年兴起的碎屑岩储层物性综合预测技术热点和前沿，以储层物性人工智能综合预测技术为典型代表。该技术主要利用人工智能算法、模型和软件工具、模式识别方法，通过学习大量的数据信息总结储层物性参数和数据特征之间的关系，这种数据驱动的预测方法提供了一种信息融合的途径，可以同时利用地质、地震、测井、岩心和其他一切有用信息。

该技术通过地质（分析测试统计物性）、物探（井震标定的反演物性）、测井（岩心测试标定的解释物性）数据分析提取得到多类型属性以及其他隐含信息描述储层，主要用于预测储层物性的空间展布特征。为了预测储层物性的空间展布特征，运用计算机通过学习、训练海量数据总结储层物性特征参数和数据特征之间的关系。具体方法包括使用人工神经网络、支持向量机、决策树以及贝叶斯对预测模型进行训练，并对模型进行交叉验证，从而在统计样本较少的情况下获得良好的统计规律（任义丽等，2019）。该技术特点是只需要少量的背景知识，便可获得一种新的信息融合结果。

三、碎屑岩储层物性定量预测技术发展现状与趋势

（一）碎屑岩储层物性地质分析预测技术的发展

学者们建立了碎屑岩孔隙度、渗透率参数的单因素法定量预测模型，并总结出一组经验公式，为储层预测和物性反演提供了参照。从不同单一地质因素出发，利用压实模拟实验、物理模拟实验定量研究了压实作用下不同粒度、分选、沉积相类型、矿物成分及不同埋藏方式、地层温压条件、地层流体性质下不同碎屑岩储层的孔隙度、渗透率变化规律和演化特征（Chuhan et al.，2002，2003；刘国勇等，2006；王伟，2007；Bjørlykke，2014；吴松涛等，2014；纪友亮等，2017；侯高峰等，2017）。总体上，碎屑岩储层的孔隙度同埋深基本呈对数关系，渗透率与埋深呈指数关系；在浅层影响储层物性的因素主要为压实作用，而中深层的储层物性影响因素较多。

金振奎等（2018）应用单因素比较分析法物性预测技术对渤中凹陷古近系东营组砂岩研究表明，沉积因素的综合贡献率为各沉积单因素的贡献率之和，为82.7%；成岩因素的综合贡献率为各成岩单因素的贡献率之和，为18.4%（其中溶孔的影响与其他因素相反，在此定为负值，即 −1.5%），认为沉积因素是导致储层质量差异的主要因素。

张荣虎等（2011）利用数学模型法碎屑岩孔隙度预测技术对库车前陆盆地白垩系巴什基奇克组砂岩孔隙度进行了预测，结果与测井解释孔隙度吻合较好。

陆江等（2018）应用孔隙度反演回剥法预测技术建立预测图版，在珠江口盆地文昌凹陷9区、10区中取得了较好应用效果，正确率高达77.8%。

王家豪等（2019）利用成岩作用拉平处理法物性预测技术形成了完整的控制分析流程，已在珠江口盆地白云凹陷应用，并对其他地区的类似研究具有一定借鉴意义。

史超群等（2020）以库车坳陷依奇克里克构造带侏罗系阿合组为例，探讨构造挤压

对碎屑岩储层破坏程度的定量表征，提出了一种既考虑岩石表观体积变化又考虑杂基体积变化的压实减孔率计算模型来定量分析压实作用对储层的破坏程度。结合埋藏史分析和平衡剖面恢复，用深时指数和伸缩率参数开展回归分析，区分出横向挤压和垂向压实对储层的破坏程度，比较了构造挤压作用对储层孔隙空间的贡献率。

总体看，未来碎屑岩储层物性地质分析预测技术将朝着模拟实验与数学模型结合、单因素与综合分析结合、定量模型及预测图版结合的方向发展。

（二）碎屑岩储层物性地震分析预测技术的发展

近十余年来看，国内外学者将计算机图像处理、灰度共生矩阵理论、地震纹理属性分析引入地震振幅数据体中，进行储层定量预测等方面的研究（薄华等，2006；冯建辉等，2007；高程程等，2010；高士忠，2008；Jones et al.，1997；Strebelle et al.，2000，2001）。运用砂岩储层地震学方法与技术估算储层物性参数（韩文功等，2014），利用机理性岩石物理分析技术经由储层物性和阻抗间关系进行储层物性间接反演或是基于波动方程进行直接反演，已成为储层物性表征的有效途径。综合了岩石物理理论、随机模拟和 Bayes 估计的统计岩石物理分析储层物性预测技术正在迅速发展之中。每种预测技术各有优点、适用性和局限性，需在工作中结合任务特点优选使用（韩宏伟等，2021）。目前，碎屑岩储层物性地震分析预测技术往往涉及较多数学成分，接受和推广起来仍面临挑战，未来该技术将朝着模型简约性、跨学科结合性、生产实用性的方向发展。

（三）碎屑岩储层物性测井分析预测技术的发展

周金应等（2010）基于 BP 神经网络模型改进建立了储层参数与自然伽马、三孔隙度（中子、密度、声波时差）和深侧向电阻率等测井响应及岩性之间的非线性模型，对北部湾盆地涠西南凹陷涠洲某油田流一段的渗透率进行预测，取得了较好效果。

董兴朋（2011）基于遗传算法与 BP 神经网络，引入并定义了相似度在测井中的计算公式，提出了相似度与遗传神经网络相结合的方法。根据取心井段储层物性与测井信息的关系，选取相应的测井曲线，运用 MATLAB 中神经网络工具箱建立神经网络模型并训练，表明预测准确性较高，且可以有效地控制预测精度。

该技术已在碎屑岩储层的非取心段、低渗致密砂岩储层物性定量预测中得到广泛运用，并取得成效。通过测井曲线、完善的地震资料处理和成岩阶段分析，砂体预测孔隙度与岩心分析测量孔隙度符合率较高，绝对误差为 ±2%，且 90% 以上孔隙度的绝对误差在 −1%～1% 之间（罗少成等，2014），预测渗透率与岩心渗透率误差最小为 0.15mD（图 2-8）。

该技术目前的研究主要集中于测井、地震资料齐全的地区，对测井信息和地震属性反演模型的依赖程度较高（胡华锋等，2012）。

（四）碎屑岩储层物性人工智能综合预测技术的发展

碎屑岩储层物性人工智能综合预测技术近年刚刚提出和开展研究，尚在快速发展之中。业界专家主要从各自熟悉的地质、物探、测井等专业方向出发，研究人工智能技术

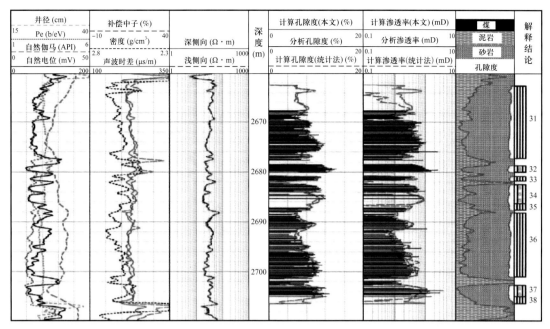

图2-8 测得的岩心分析参数与计算得到的预测参数对比曲线（据罗少成等，2014）

在地质测试统计物性、物探反演物性、测井解释物性预测研究方向的结合与应用。人工智能综合预测是一种数据驱动的预测方法，通过机器学习大量的数据信息总结储层物性参数和数据特征之间的关系。其最大优点是提供了一种信息融合的途径，可以同时利用地质、地震、测井、岩心和其他一切有用的信息（韩宏伟等，2021）。人工智能方法在储层物性的空间展布预测方面正发挥着独特的作用。

综观碎屑岩储层物性定量预测技术，未来将会取得三个方面突破和进展：一是研发碎屑岩储层物性定量预测软件系统，使其适用于不同类型的碎屑岩储层研究中。二是提高物性定量预测精度，随着测井解释、地震处理和反演技术进步，逐步完善地球物理模型，并向除物探参数以外的其他参数发展，用更多因素定量约束和预测储层物性，为油气区块储层评价和靶区优选提供指导。三是（超）深层碎屑岩储层和非常规致密砂岩油气、油砂水合物储层物性表征预测成为热点，由宏观、微观观测与定性描述为主向定量表征及预测发展。

四、碎屑岩储层物性定量预测技术应用范围与前景

碎屑岩储层孔隙度数学模型法预测技术的一体化综合孔隙度预测模型，适用于以残余原生孔隙为主的孔隙型及裂缝—孔隙型储层、弱构造挤压（或构造样式保护）的储层、最大古构造挤压应力可量化的储层、遭受弱溶蚀作用的储层。当有构造挤压、沉积微相、岩相、埋藏方式及埋深、区域岩矿变化资料时，可用于钻前储层物性预测；当有粒度分析、岩屑薄片鉴定、储层埋深、构造挤压资料时，可用于无取心井段储层物性预测；各类地质资料较齐全情况下，可针对取心段反求其他相关储层参数（构造挤压减孔、溶蚀

增孔等）。

模糊综合评价方法、地震相约束多属性分析以及人工智能综合预测技术，可用于解决常规碎屑岩储层以及非均质性强、物性参数极大、传统方法解释精度不够的非常规致密砂岩储层物性定量预测问题。

总之，该技术广泛应用于碎屑岩储层的非取心段物性定量预测，在测井解释程序或地震资料齐全时计算结果精度高，与岩心分析测量值有很好一致性，尤其在碎屑岩储层精细描述及综合评价中具有很好的应用前景。未来将开发与现有测井、地震解释评价软件相结合的机器学习软件，在提高物性定量预测精度、完善有利约束条件方向上发展前景可期。

第六节　碳酸盐岩礁滩与缝洞储层评价及预测技术

一、碳酸盐岩礁滩及缝洞储层评价及预测技术原理与用途

碳酸盐岩礁滩及缝洞储层评价及预测技术是利用储层地质、高分辨率地震解释资料和钻井、测井勘探成果数据，结合数理统计、储层建模、相关软件综合开展碳酸盐岩礁滩及缝洞储层地质、地震、测井评价及预测的一项前沿技术。

该技术主要基于三个方面基本原理：地质方面主要依据沉积、构造分析等基础地质理论，利用岩心描述和样品测试、储层地球化学实验、孔隙形成与分布模拟实验、储层物性和地质建模资料，开展碳酸盐岩礁滩及缝洞储层岩石学（岩石组分与结构）与地球化学分析、沉积学与沉积（微）相分析、储层特征与分类评价、有利相带（/亚相—微相）与有利储层分布预测（胡安平等，2020）；地震方面主要基于碳酸盐岩岩石物理分析资料，利用各种地震反射波的特定波形、接收时间、振幅和相位等属性特征、各种地球物理处理与解释分析技术（林煜等，2021）进行各类孔隙和溶蚀孔洞缝组合发育的礁滩储集体储层识别和分类、储层特征分析与评价、礁滩发育与迁移模式分析、缝洞储层岩石物理模型构建与缝洞体系划分，发现隐蔽缝洞储层及特征，检测储层含流体性质，开展储层空间分布综合预测和评价；测井方面主要依据多口井岩心归位和电成像测井标定资料、孔隙度分布谱分析和远探测声反射波成像等方法（李宁等，2014），建立不同沉积相带与电成像测井图像特征的准确对应关系和标准图版，开展礁滩和岩溶风化壳储层识别、储层参数精细解释和评价。根据储层的定量约束条件，集成地质—地球物理综合定量分析技术，最终建立复杂碳酸盐岩预测与评价体系。

技术关键与解决问题：利用地质分析、测井解释、地震数据正演/反演相结合、叠后/叠前多方法联合使用，提取储层地震几何属性、成像，描述碳酸盐岩礁滩及缝洞储层特征、发育规律、时空展布，实现礁滩体及缝洞体系半定量划分；开展储层类型、特征和成因分析，各类储层和裂缝分布预测，礁滩体和缝洞储层物性关系及分类综合评价，建立相关的碳酸盐岩储层模型，指导油气的合理钻探和开发。

二、碳酸盐岩礁滩及缝洞储层评价及预测技术内涵与特征

碳酸盐岩礁滩及缝洞储层评价及预测技术的要素构成主要包括礁滩及缝洞储层地质、地震、测井、综合评价及预测分析四大方面，后者往往是前三者综合运用的技术。四个方面技术综合应用，有效地圈定礁滩体分布范围，识别碳酸盐岩优质高产储层。技术的主要分析流程是：地质综合、岩石物理与测井资料分析；通过复杂地表、构造叠前深度或时间偏移、绕射波成像等，获得准确成像和储层信息；储层建模，获得储层地震响应特征；开展储层地震属性分析，基于高品质地震资料，进行储层综合评价及预测（何治亮等，2011）。其中，代表性技术的内涵与特征简述如下。

（一）碳酸盐岩礁滩及缝洞储层地质评价及预测技术

地质评价及预测技术系列包括礁滩及缝洞储层评价实验分析、礁滩及缝洞储层沉积学与沉积（微）相分析、礁滩及缝洞储层特征表征与分类评价、礁滩及缝洞储层地质综合评价及有利储层分布预测四项技术。

礁滩及缝洞储层评价实验分析技术可细分为岩石组分与结构分析、储层地球化学实验分析、孔隙形成与分布模拟实验、储层地质建模等单项技术，为碳酸盐岩沉积储层研究提供了一站式解决方案。其中，岩石组分与结构分析技术通过偏光显微镜、激光共聚焦显微镜、扫描电镜、阴极发光显微镜、电子探针仪、X射线荧光光谱仪、X射线衍射仪等设备和手段，从不同角度对碳酸盐岩开展岩石结构、矿物成分和元素分析；储层地球化学实验分析技术通过激光剥蚀电感耦合等离子体质谱仪、多接收电感耦合等离子体质谱仪、热电离同位素比质谱仪、稳定同位素比质谱仪、拉曼谱仪＋显微冷热台等设备联用与分析手段，开展激光原位U-Pb同位素定年、碳酸盐矿物团簇同位素测温、成岩流体属性的判识、碳酸盐矿物激光原位碳氧稳定同位素在线取样测定和成岩事件中成岩流体类型识别、碳酸盐矿物微量—稀土元素激光面扫描成像、溶液法和激光法微量及稀土元素测定、成岩环境和成岩介质属性分析、微区Sr同位素和Mg同位素测定、流体包裹体的均一温度、成分和盐度测定等分析，进而支撑储层成因和演化研究。

其他三项地质评价及预测技术，往往通过野外剖面观测、岩心观察描述、储层岩石学和地球化学分析、储层物性和地质特征分析，结合应用常规测井响应特征和成像测井等处理成果，给出储集空间类型划分标准，划分和识别碳酸盐岩储层类型。如礁滩储层可划分和识别出四类：裂缝型礁滩储层，裂缝发育，孔洞不发育，裂缝孔隙度（ϕ_f）大于0.04%，孔洞孔隙度（ϕ_{kd}）小于1.8%；孔洞型礁滩储层，孔洞发育，裂缝不发育，孔洞孔隙度（ϕ_{kd}）大于1.8%，裂缝孔隙度（ϕ_f）小于0.04%；裂缝—孔洞型礁滩储层，裂缝发育，孔洞也发育，孔洞孔隙度（ϕ_{kd}）大于1.8%，且裂缝孔隙度（ϕ_f）大于0.04%；洞穴型礁滩储层，发育大型溶洞，孔洞孔隙度（ϕ_{kd}）大于12%。缝洞储层主体划分为四类：潜山岩溶储层（/不整合面岩溶），与上覆不同年代地层不整合特征清楚，风化面凹凸不平，溶蚀不均匀，岩溶垂向分布带清楚，具有大洞、大缝，沿潜山面大面积分布特点；层间岩溶储层，存在地层缺失，与上覆地层呈平行或低角度不整合接触，溶蚀规模相对小，储层沿着不整合面大量发育，分布于古隆起围斜部位，空间上与潜山岩溶伴生（吕

冬梅，2019），以小型岩溶缝洞及溶蚀孔洞为主，与内幕层间岩溶面密切相关（沈安江等，2019）；顺层岩溶储层，分布于碳酸盐岩潜山周缘具斜坡背景的内幕区，环潜山带周缘斜坡区呈环带状，与不整合面无关，顺层岩溶作用时间与上倾方向潜山区的潜山岩溶作用时间一致，岩溶强度向下倾方向逐渐减弱；断溶体储层，以岩溶缝洞和溶蚀孔洞为主，与不整合面没有必然联系，与纵横交错的复杂断裂系统有关（沈安江等，2019）；此外，还有内幕岩溶、顺层（承压）深浅流岩溶、垂向（承压）深潜流岩溶、热流体岩溶（吕冬梅，2019）等类型的划分。在此基础上，进而细化分析各类储层沉积（微）相、表征储层特征与分类评价、有利相带和储层分布预测。

（二）碳酸盐岩礁滩及缝洞储层地震评价及预测技术

地震评价及预测技术系列利用高分辨率叠前、叠后地震资料，结合最新成像测井解释方法，提取受不整合面（或层序界面）、断裂、礁滩相带等因素控制的储层相关地震信息，研究不同类型碳酸盐岩礁滩和缝洞体地震层序识别、地震岩石物理分析、全方位纵波地震资料分析和不同类型碳酸盐岩台地纵横向地震沉积结构描述，刻画礁滩体和缝洞体外形及内部结构发育特征，进行优质储层识别、隐蔽储层识别、储层厚度、空间分布范围、发育与迁移模式等综合预测与评价。

国内基于储层地质模型约束、测井储层识别和评价图版标定，总结了台地类型及岩相特征地震识别技术、层序界面地震识别技术、岩溶储层地震识别及预测技术、断溶体储层地震识别及预测技术、礁滩体储层地震识别及预测技术五大类技术的关键技术内涵（表2-5；常少英等，2020；徐丽萍，2010；林煜等，2021）。

表2-5　基于储层地质模型的碳酸盐岩礁滩及缝洞储层地震预测技术内涵

技术类别	地质目标	关键技术内涵
台地类型及岩相特征地震识别技术	台地类型控制的礁滩储层	量化地震识别标准，构建地震沉积结构类型及识别参数知识库；基于露头资料约束的碳酸盐岩台地地震分频层序地层划分技术；碳酸盐岩缓坡低幅度古地貌恢复技术；基于岩石结构数计算的碳酸盐岩多参数岩相识别技术
层序界面地震识别技术	层序界面（不整合面、岩溶界面）控制的岩溶储层	高级别层序界面"三步法"识别方案；层序界面控制下储层弱振幅提取技术；去除薄层地震反射调谐效应的分频融合技术；层序地层解释技术
岩溶储层地震识别及预测技术	岩溶储层/深层缝洞型储层	"两宽一高"（宽频带、宽方位和高密度）三维地震采集技术；宽方位数据OVT域深度偏移处理技术；"三步骤"分层解释评价技术；地震波趋势异常储层预测技术；相干加权能量变化属性和多子波分解与重构技术；基于多地震属性线性和非线性融合/组合的岩溶缝洞储层预测新方法
断溶体储层地震识别及预测技术	不同尺度断裂及断溶体储层边界	主成分分析属性融合技术、最大似然法断裂系统预测技术、OVT域数据五维地震裂缝预测技术；自适应AVO叠前各向异性检测技术；各向异性高斯滤波器的梯度结构张量分析技术；碳酸盐岩断溶体油藏描述技术
礁滩体储层地震识别及预测技术	礁滩储层	全流程井控高保真宽频处理技术；相控波阻抗反演技术；台地边缘礁滩体沉积构型地震描述技术；台内泛滩储层地震弹性参数贝叶斯分类预测技术；台内相带分异地震多属性分析技术；弹性系数烃类检测技术

（三）碳酸盐岩礁滩及缝洞储层测井评价及预测技术

测井评价及预测技术系列包括标准电成像图像识别、孔隙度分布谱分析和远探测声反射波成像三项关键技术，重点攻关识别礁滩和岩溶风化壳优质高产储层、判断酸化压裂后的有效工业储层以及发现井壁外隐蔽缝洞储层。

标准电成像测井图像识别技术主要依据礁滩储层礁丘、灰泥丘、粒屑滩和滩间海各亚相之间测井图像响应的明显不同，基于多口井岩心—电成像图像的归位、描述，系统建立礁滩相储层沉积模式与电成像测井图像特征对应关系，基于岩石结构特征的图像动态增强对比方法建立标准电成像测井图版（图2-9；李宁等，2014）和图片库，进而依据成像测井特征对比确定礁滩和岩溶风化壳有效储层，并确定是否为工业油气产层。

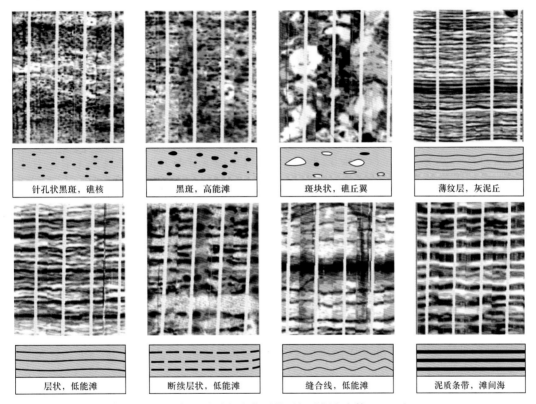

图2-9　标准礁滩相成像测井图版（据李宁等，2014）

电成像测井资料分辨率高、可定量解释，能够反映不同岩性中的次生构造，如裂缝、溶缝、溶孔、溶洞等。利用电成像测井孔隙度谱、均值和方差的计算方法，建立孔隙度分布谱有效储层识别图版，识别判断酸化压裂后能形成工业产能的低孔隙度致密储层，有效提高了测井解释符合率，增加了酸化压裂后的有效工业储层发现率。

远探测声反射波成像技术基于远探测声波测井仪，采用了超长源距设计和相控换能器，加大了发射功率，形成分辨率高可以探测来自井壁以外较远距离反射波信息的这一特性，在针对性改进地震和测井观测系统转换、尺度转换和偏移速度模型重构三项关键技术基础上，采取四个步骤实现对井外裂缝、孔洞及其他地质界面的声反射成像：（1）从原始的远探测声波测井资料中精确提取纵波时差；（2）从原始的远探测声波测井资料中分离出反射纵波波形；（3）用反射纵波时差建立地层层速度模型；（4）井下叠前逆时偏移成像，用以识别井壁外的隐蔽缝洞储层。通过多口井远探测声波反射波测井处理成果图像分析，并与常规及微电阻率成像进行精细储层响应特征对比，编制缝洞性碳酸盐岩储层远探测反射波成像测井的典型响应特征图版，可以有效识别过井裂缝、井旁裂缝、溶蚀孔洞、洞穴，并结合地质、地震资料综合评价储层。

对岩溶缝洞储层，通常采用测井多井储层评价技术，在单井精细解释对比分析基础上预测储层及含油气性平面分布规律。其内容包括单井解释和建立在对比与预测基础上的多井解释。主要关键技术包括测井资料标准化技术、测井解释模型建立、测井资料对比技术、测井参数平面预测技术等。主要技术流程包括五个方面：（1）数据准备和预处理，包括单井原始数据的环境校正、深度校正和标准化等工作；（2）关键井研究，对重点井进行各种地质现象研究，包括岩心标定成像测井、岩溶发育特征分析、划分标准层，获取测井资料刻度特征等；（3）建立符合不同层段不同储层类型的处理解释模型、岩溶发育各分带的标准成像图版，利用交会图及直方图分析各分带的常规测井响应特征；（4）按照目标要求绘制各种连井图件；（5）形成电成像测井刻度常规测井识别岩溶发育带，预测井间沉积相、储层物性参数、含油气性参数等（冯庆付等，2019）。

超深层碳酸盐岩储层类型主要为洞穴型、孔洞型、裂缝型。洞穴型储层在电成像测井图像上可明显看到大面积的暗色斑块，在偶极声波成像测井的变密度图上可以看到在洞顶底界面上存在反射条纹，反射强度与充填程度相关；在洞穴发育井段，偶极声波斯通利波波形能量衰减严重，常规测井曲线中电阻率值大幅度降低，伽马值增高，且伴随扩径。孔洞型储层在电阻率成像测井上可明显看到大面积暗色的斑点或斑块，在常规测井曲线中表现为低电阻率，深、浅侧向值差异较小或不明显，密度值明显降低。裂缝型储层在电阻率成像测井可看到未充填或泥质充填缝呈暗色正弦线状形态，在常规测井曲线上表现为较低伽马值，双侧向电阻率较低（朱光有等，2020）。再根据已钻井地震反射特征分析，对缝洞型碳酸盐岩储层进行评价及预测。

（四）碳酸盐岩礁滩及缝洞储层综合评价及预测技术

碳酸盐岩礁滩及缝洞储层综合评价及预测技术核心要素主要有礁滩及缝洞储层综合识别技术、综合评价及预测技术。其中，礁滩及缝洞储层综合识别技术包括储层沉积模式识别、沉积古地貌识别、储层属性识别、储层特殊岩性与矿物识别等多种方法和缝洞连通性分析技术。储层缝洞连通性及发育规律，主要是采用 LandMark、Petrel、Geoscope、Harmony、PEoffice 等多种软件手段、预测和评价技术的结合，重点研究溶洞雕刻、连通关系、填充物等特征及其对产能的影响因素（吕冬梅，2019）。

碳酸盐岩储层综合评价及预测技术的关键是有效建立地质（缝洞型储层）与地球物理（地震响应特征）之间的关系（准确的地质模型）。主要内涵与流程是：在研究区地质、精细构造解释成果基础上，结合地震、钻井、测井等综合资料，建立礁滩及缝洞储层地质模型；研究储层模型参数变化引起的地震反射波运动学及动力学特征差异，通过井震标定建立储层参数与地震反射特征之间的关系，总结礁滩及缝洞储层的地震响应特征及地震识别模式；优选对储层参数变化敏感的地震属性、明确地质含义，结合测井解释资料，针对性开展储层预测研究（马灵伟，2014）。关键技术是礁滩及缝洞储层定量雕刻与表征技术，核心要素是基于宽方位＋较高密度地震采集技术、各向异性叠前深度偏移处理技术，通过断裂增强的构造倾角滤波处理技术、储层地震相识别预测技术、地震测井联合波阻抗反演技术、相干加强（AFE）裂缝预测技术实现对储层发育特征的整体预测；对储层内部形态刻画，主要通过对地震敏感属性体、地震测井联合波阻抗反演体以及地震相约束下的储层建模方法进行体积量化雕刻攻关（礁滩及缝洞体三维几何形态雕刻、储层有效空间雕刻），计算出不同储层类型的有效储集空间（朱光有等，2020）。

三、碳酸盐岩礁滩及缝洞储层评价及预测技术发展现状与趋势

国外研究比较早，曾划分出缝洞—孔隙型、裂缝—溶洞型、裂缝—孔隙型、裂缝型、孔隙型等储层和油藏类型，Clossman（1975）建立了第一个溶洞裂缝孔隙型三重介质达西渗流模型，出版了 Wilson（1975）的 *Carbonate Facies in Geologic History*、Monty 等（1995）的 *Carbonate Mudmounds：Their Origin and Evolution* 等专著。目前技术发展的前沿主要集中于地震储层预测精度，地震、测井、地质和工程等多信息融合、多方法综合；运用多种数学软件工具进行可视化描述；开展了复杂储层的数学模型模拟和物理模型实验（何治亮等，2011）；裂缝—溶洞系统的储层预测技术趋于成熟。

中国碳酸盐岩礁滩及缝洞储层研究自 1970 年至今发展迅猛，文献众多。高分辨率层序地层格架下的储层预测技术全面发展，达到规模化应用。建立起以层序地层学分析为基础的储层评价方法流程、地震属性分析专利技术及软件，对 30～50m 碳酸盐岩储层的预测技术已经成熟，流体预测准确率达到 50%；引入卷积神经网络算法学习测井曲线与储层发育等级之间的非线性关系定性评价缝洞型储层，利用中子、声波时差测井曲线及中子—声波时差交会法计算储层孔隙度定量解释缝洞型储层（吴正阳，2020）；运用新一代测井解释平台 CIFLog 识别碳酸盐岩礁滩体优质高产储层，产层解释符合率提高了 28%；建立了横波远探测成像测井技术、以形态分类法为主线的电成像测井相分析技术，以高分辨率 FMI/EMI 成像测井为核心的缝洞体与流体识别技术，可以精准识别深层碳酸盐岩井旁缝洞体与流体，并对井旁 30m 处的隐蔽缝洞体进行准确定位，解释结果符合率达到 87%（杨海军等，2020）。构造解释结果误差由 5‰ 降低到 2‰ 以下（杨海军等，2020；何海清等，2021）。利用波形分类等方法预测缝洞型碳酸盐岩储层，钻探符合率达到 50% 以上。

碳酸盐岩礁滩及缝洞储层地震评价及预测技术取得长足进步。一是攻关形成了以宽频、宽方位、高密度（即"两宽一高"）为核心的三维地震采集技术系列；覆盖次数由常规的 80 次左右提高到 500 次左右，炮道密度由常规的 10 万道 /km^2 提高到近 200 万道 /km^2，使资料信噪比提高了 5 倍以上（图 2-10）；观测方位横纵比由常规的 0.4 左右提高到 0.8～1.0，为高精度成像奠定了基础（杨海军等，2020）。二是台地类型及岩相特征地震识别技术，量化地震识别标准，构建了镶边台地台缘带、台内裂陷、碳酸盐岩缓坡地震沉积结构类型及识别参数知识库；建立了基于露头资料约束的碳酸盐岩台地地

震分频层序地层划分技术，实现了地震层序级别、数目、样式及层序演化与控制因素的表征；建立碳酸盐岩缓坡低幅度古地貌恢复技术，为碳酸盐岩台地沉积微相划分提供了依据；形成了基于岩石结构数计算的碳酸盐岩沉积多参数岩相识别技术，发挥了地质认识与井震资料结合的优势，克服了常规单一地震属性分析遇到的多解性难题。三是礁滩及缝洞储层层序界面地震识别技术，建立了"三步法"层序界面识别技术、层序界面控制下的储层弱振幅提取技术、去除薄层地震反射调谐效应的分频融合技术，可以提高薄储层预测准确率。四是岩溶储层地震识别技术，基于相干加权能量变化属性和多子波分解与重构技术，精细标定不同类型岩溶储层的地震反射特征；形成了基于地震属性组合（断裂—裂缝系统识别组合、孔洞储层识别地震属性组合）的岩溶储层预测新方法、"三步骤"岩溶储层分层解释技术、杂乱弱振幅反射特征储层预测技术，不但能识别"串珠"状地震反射所代表的储层，还可有效识别杂乱状弱振幅地震反射所代表的储层。五是断溶体储层地震识别技术，建立了断溶体储层边界识别、逆冲走滑断裂形成的断溶体识别、断溶体微裂缝系统（特别是溶蚀缝）识别技术。六是礁滩体地震识别技术，形成礁滩地质模型构建、台地边缘礁滩体沉积构型地震描述、台内泛滩储层地震预测、台内相带分异地震多属性分析技术。该技术在塔北奥陶系岩溶储层和内幕断溶体储层、四川盆地震旦系—寒武系礁滩储层预测中应用实效良好，储层预测吻合率提高 20% 以上，钻井成功率由 65% 提高到 82%（常少英等，2020）。

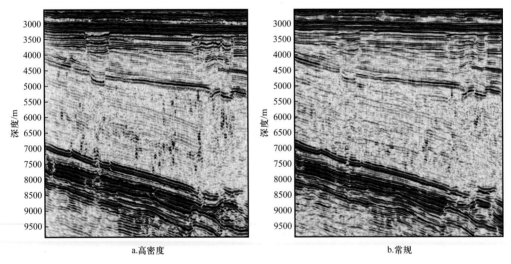

图 2-10　基于高密度、常规地震采集技术的地震剖面图（据杨海军等，2020）

未来呈现"深度融合、精细化和智能化"发展趋势，将在以下方面有所突破和进展：

（1）将强化基于孔隙形态非均质性、裂缝诱导各向异性、具有频散和衰减的裂缝—孔隙介质的岩石物理建模方法等基础理论研究，重点发展小型缝洞储层有效识别、基于双相介质频率、频散与衰减等波动力学特征的储层敏感属性精细化地震预测、基于数字岩心岩石物理分析的储层孔隙结构地震预测、人工智能碳酸盐岩储层定量预测及流体检测等技术（潘建国等，2020）。

（2）当前本技术分析结果主要以定性、半定量评价为主，将向定量化预测与评价发展，由简单描述转变为储渗单元精细刻画（林煜等，2021），以弥补储层预测及建模过程中随机模拟结果的不确定性。

（3）海相碳酸盐岩缝洞识别及储层预测精度仍有很大的提升空间。预期将重点针对现有各种碳酸盐岩储层预测方法及其局限性的完善和深入研究、加强利用正演模型的研究、多种方法综合利用、进一步开拓应用新方法。

四、碳酸盐岩礁滩及缝洞储层评价及预测技术应用范围与前景

碳酸盐岩礁滩及缝洞储层评价及预测技术现已广泛运用于塔里木盆地、鄂尔多斯盆地及四川盆地的碳酸盐岩礁滩体分类、识别与缝洞体系半定量划分，圈定礁滩体分布范围与缝洞发育带，发现隐蔽缝洞储层，综合评价储集体含流体性、有利储层发育区，预测储层内油气分布规律。

目前本技术只能针对溶蚀孔洞及大型溶洞进行定性识别；小型缝洞储层必须依靠BorTex及孔隙谱技术，方可定量评价其延伸情况、发育程度及孔洞连通性。未来在提高地震资料品质的同时，海相碳酸盐岩储层量化评价和精细预测方向具有较良好的应用前景，预计流体预测准确率、产层解释符合率、钻探符合率等关键指标未来五年有望增加10%～20%。

第七节　复杂构造地质建模与圈闭定量评价技术

一、复杂构造地质建模与圈闭定量评价技术原理与用途

"复杂构造"通常是指前陆冲断带多类型、多排、多段、高陡构造发育，叠加或复合形成的具有复杂样式、复杂组合与配置的一类特殊构造。复杂构造地质建模与圈闭定量评价技术的原理主要是综合地表和地下构造、浅部和深部构造、地震和非地震（重、磁、电）、钻井数据等资料，在反映褶皱形态、断层形态和断层位移之间定量关系的断层相关褶皱理论和构造地质学理论指导下，建立具有内部约束机制的等时三维构造网格模型、复杂构造运动学模型和力学模型（何登发等，2005），确定断层位移量与构造生长方式等特征，以解释复杂构造、描述其几何形态与运动学特征；针对复杂构造圈闭类型，选择适用的地震储层预测技术，定量描述圈闭形态、储盖层厚度、孔渗物性和圈闭资源量等关键参数（侯连华等，2021），最终实现对复杂构造圈闭的精细地质综合评价。

复杂构造地质建模技术主要解决构造变形复杂区、速度剧烈变化区的复杂构造解释模型多解性问题，通过高效地建立精细构造模型，探寻复杂构造模型内部的约束机制（管树巍等，2011），确定复杂构造的变形机制、变形时间、变形过程和变形量（管树巍等，2006；何登发等，2005），相关参数集中反映在一个构造解释剖面中，可通过相关的分析方法提取出来。重点包括两个方面关键应用：一是复杂构造叠前深度偏移成像技术，用来识别各类褶皱、小断块等圈闭构造及薄皮构造、反转构造及盐体等；二是复杂构造

三维立体模型建立技术，用于在构造成像基础上，建立三维地质模型（图2-11），完善复杂构造和圈闭立体成像模式，实现对圈闭定量刻画和评价，并为数值模拟提供基础模型，用于油藏的整体评价，为圈闭定量评价奠定良好基础。

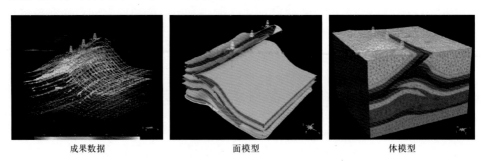

| 成果数据 | 面模型 | 体模型 |

图2-11　复杂构造三维立体模型建立技术

通过多种技术的集成，揭示复杂山地高陡构造地震波传播规律以及形成机理。地震观测系统研究指导野外地震观测系统的设计与优化，地震处理技术研究有助地震成像处理技术的研发和相关软件的检测，地震解释反演技术研究有助地震解释反演技术的研发和相关软件的检测。通过"三位一体"的构造建模，厘定盆地构造结构特征、典型构造发育模式及圈闭分布规律，包括前陆盆地范围内三维构造建模、构造变形特征、机理及控制因素；二级构造带、区带范围内构造特征研究；典型构造建模、构造样式差异性及圈闭分布规律研究；复杂构造三维物理模拟实验，分析构造变形的几何学、运动学、动力学过程；在构造成像和建模基础上，获取圈闭面积及高度，计算圈闭充满油气的程度，确定圈闭含油气资源量和潜力，实现对圈闭定量刻画和评价。

二、复杂构造地质建模与圈闭定量评价技术内涵与特征

复杂构造地质建模与圈闭定量评价技术集成了复杂构造叠前深度偏移成像和应变恢复建模技术、地表大视角构造观测描述与轴面分析、复杂构造三维立体模型与综合建模技术、圈闭构造特征类比分析技术、断层封堵定量分析技术、构造圈闭识别与综合定量评价技术等多个技术系列，构建地震资料的构造地质解释模型，定量、直观地刻画一维—二维—三维构造特征及其对应构造恢复和运动学过程，指导地震解释和构造成图工作，开展圈闭定量评价。

该技术操作主要包括六步流程：（1）地表构造调查，初步确定断裂模式。通过地表地质调查建立地表构造地质剖面，关键技术是轴面分析。（2）层位标定，建立合理的解释模式。关键技术是地震剖面时间—深度转换、轴面分析、划分等倾角区、变速成图。（3）几何学和运动学分析，关键技术是生长地层分析、轴面平面图制作与构造趋势分析和拟三维技术。（4）模型检验与完善，验证构造解释成果的合理性，最终形成解释模型。关键技术是刚性体复原、弯滑复原、单剪复原、面积复原和地震模拟（何登发等，2005；张菊梅等，2011）。（5）复杂构造圈闭分类识别，评价参数体系构建。（6）复杂构造圈闭关键参数量化赋值，综合评价排队。

近年从信息缺失和数据不准确导致的不确定性构造解析（管树巍等，2011；Bond，

2015）出发，有学者建立了复杂地质构造智能建模技术（鲁才等，2020），构造模型是构造解析的一种表达方式，主要包括地质曲面特征、构造拓扑和构造形成过程三个方面内涵。关键技术包括：（1）地质构造解析的形式化表征；（2）构造知识库的构建；（3）基于构造知识库的人机协同构造解析；（4）构造解析引导下的构造建模方法研究。

从高效建立复杂构造框架模型的主要技术瓶颈出发，攻关建立了三维复杂构造地质建模通用算法库（于海生等，2021）。将地质概念模型、数学物理模型及几何拓扑模型紧密结合，融合多种地质信息以统一方式构建地层数学模型，并基于地层数学模型建立构造框架模型及其内部层序结构模型进行地质建模的思路，成功研制出可适应各种复杂构造类型的建模核心技术及通用建模算法组件库。建模核心技术包括实时更新的拓扑一致断面交切框架建模技术、三维复杂地质层面的统一自动建模技术及三维几何地层块体的自动提取技术。算法自动化程度和算法效率很高，对后期的内部层序结构建模具有良好的支撑性，这是整个地质构造框架建模最核心的部分。图2-12是一个包含断裂褶皱的层面建模效果。

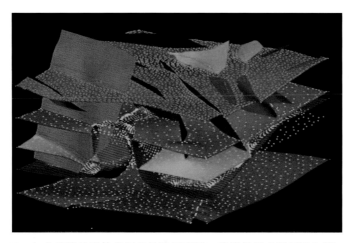

图2-12　包含多值地质体的复杂构造层面统一建模效果（据于海生等，2021）

构造圈闭识别与综合定量评价中，主要的前沿和焦点是对复杂构造圈闭的研究。复杂构造圈闭包括与断层有关的背斜型圈闭、断块型圈闭及断层相关岩性型圈闭等（张凤奇等，2009）。针对复杂构造圈闭有效性涉及的哪种圈闭形态更有利于成藏、有利圈闭的潜在资源量为多少（陈奎等，2018；夏庆龙等，2016；赵贤正等，2017）的问题，从圈闭构造特征类比分析及断层封堵性分析出发，形成了复杂构造圈闭有效性定量评价技术（陈奎等，2018；崔世凌等，2002；王珂等，2012；付广等，2012）。具体包括以下两点：

（1）圈闭构造特征类比分析技术，主要包括断层性质分析及圈闭形态分析。其中，断层性质分析包括主控断层性质分析及断层组合特征分析，主要对单一断层及断层组合的几何形态进行分析；圈闭形态分析主要通过主控断层性质、圈闭属性特征来反映。通过对已成藏圈闭的断层性质及圈闭形态进行分析，得到区域统计规律，指导后续潜力目标圈闭构造特征分析。

（2）断层封堵性定量分析技术，该技术将断层侧向封堵性与垂向封堵性相结合，垂向封堵性定量图版对断层封堵性好坏进行综合定性分析。针对断层封堵性好的圈闭利用原油分子力学平衡原理，定量预测断层遮挡最大油柱高度，并可为后续潜在资源量预测中充满度求取提供依据。

复杂构造圈闭定量评价技术的特征表现为：系统工程理论指导下的以先进计算机和系列软件技术为依托，综合地质研究为基础的整体评价、滚动评价、多属性评价及预测决策过程。

三、复杂构造地质建模与圈闭定量评价技术发展现状与趋势

国外复杂构造地质建模理论和技术发展较早。在研究阿巴拉契亚山低角度逆掩断裂作用时，首次提出了断层转折褶皱的几何学（Rich，1934），半个世纪后建立了断层形态与褶皱形态之间的几何学关系，以及断层滑动与褶皱发育的运动学模型（Suppe，1983），成为前陆褶皱—冲断带构造解释的重要基础。后期逐渐建立与完善了断层传播褶皱理论、三角剪切断层传播褶皱理论、断层滑脱褶皱理论以及它们一系列叠加构造（如构造楔、双重构造、叠瓦构造与干涉构造等）的理论及其模型（何登发等，2005），成为解释前陆盆地复杂构造的重要技术手段。目前，复杂构造地质建模技术已较成熟，并形成了系列解释与建模软件。

20 世纪 90 年代以来，从最初的简单构造建模，发展到今天复杂构造建模、复杂三维模型网格生成、以 GOCAD（Geologic Computer Aided Design）等为代表的先进地质建模软件大大地提高了地质建模的效率和精度，满足了复杂地质区域的建模基本要求。

中国近年针对复杂构造的"真"地表 TTI 叠前深度偏移速度建模及成像技术已取得进展，形成了以起伏地表整体速度建模为核心的复杂构造深度域地震成像技术体系，包括"宽线＋大组合"采集、多次覆盖叠加理论、组合检波压噪理论、叠前深度偏移及复杂构造深度域地震成像等技术（蔚远江等，2019），地震资料信噪比和成像质量均有提高，高陡倾角位置更准确，目的层断层及构造形态得到真实的反映，消除了"假断层"现象，为认识和解决深层构造提供了新的地震处理方法。应用后，使得天山南翼库车坳陷内探井和开发井深度误差逐年降低，分别为小于 1.0% 和小于 0.5%（黄丽娟等，2020）。针对中国中西部前陆冲断带多样式、多类型的复杂构造，形成了以三维构造模拟与重构为核心的复杂构造三维精细建模技术，包括剖面构造解析与地质建模、构造物理模拟实验以及三维构造成像等三大技术系列八项特色技术（蔚远江等，2019），创建复杂地质构造智能建模技术、基于算法库的快速建模技术、基于非结构化网格的复杂构造建模技术（鲁才等，2020；于海生等，2021；兰雪梅等，2021），复杂地质构造模型构建能力、构造建模方法稳定性和实用性不断提高，有效支撑了不确定性建模、不确定性正演和不确定性反演等方法的稳定性和可靠性。近年提出三维地质建模中的空间数据模型、基于多点地质统计学的结构—属性一体化集成建模方法，以及基于三维地质模型的地质大数据集成与管理的框架与模式（陈麒玉等，2020），尝试应用于复杂构造建模与圈闭定量分析。用于复杂构造成像的微机集群技术也有进步，基于三维复杂构造地质建模通用算法库组件成功研制了 GeoEast 新一代共享地质建模软件子系统，突出了各种复杂构造建模的适应能

力、高度自动化以及增量式实时高效更新特色，可以处理包括正逆断层数量众多、复杂多值盐体及褶皱、地层不整合等各种构造类型（于海生等，2021）。

近年提出了基于评价参数网格化的圈闭无量纲定量评价方法（侯连华等，2021）。通过对圈闭评价参数进行无量纲归一化和网格化定量处理，计算被评价圈闭的有效性评价参数，结合资源量可以确定圈闭的有效性，实现圈闭有效性的定量评价，并在库车前陆冲断带应用。

综合看来，复杂构造建模技术揭示了构造带、储集体等在三维空间的形态及其与其他地质体的空间关系，目前已相对成熟，但平面古构造恢复的精度仍有待提高（何登发等，2017）。前陆盆地复杂构造研究已从二维向三维过渡，从形态特征的定性描述向几何学、运动学定量研究发展，从宏观的构造样式向微观的构造应变机理方向延伸。

未来复杂构造地质建模技术将会在以下方面有所突破和进展：

（1）针对复杂构造成像的技术，提高反演精度，浅层低信噪比区浅层速度更新迭代，和中深层速度建模等方面将会进一步深化研究。

（2）复杂构造建模与圈闭定量分析与模拟研究趋向多学科交叉渗透、四维动态模拟的发展态势，将中国地质条件与西方研究思路相结合，有望形成一套系统的适用于中国复杂构造的地质建模方法，建立中国特色的复杂构造建模与圈闭定量分析理论技术体系。

（3）三维地质建模对复杂地质体的研究将进一步突出真实准确反映复杂空间变化情况的方法，前陆盆地深层构造变形流变学渐成研究新方向，发展趋势包括：高温高压实验仪器装置及实验技术；先进的观测手段，如透射电镜、同位素探针、加速器质谱等；岩石宏观构造变形与微观机制分析相结合；物理模拟实验结果与计算机定量模拟实验结果相结合；实验成果与地球深部物质科学相结合（何登发等，2017；蔚远江等，2019）。

（4）目前已形成的复杂构造建模与圈闭定量分析关键技术尚需丰富完善，向定量化、系统化发展，并推进对圈闭进行更加全面的评价，将增加圈闭的定量参数。

（5）发展新型的面向地质结构—属性耦合表达的统一空间数据模型，以及知识驱动与数据驱动协同的三维地质结构—属性一体化集成建模技术体系，着力构建出地质大数据的聚合、集成、管理、挖掘和分析的可视化环境与操作平台，是未来三维地质建模领域的研究热点和前沿方向（陈麒玉等，2020）。

四、复杂构造地质建模与圈闭定量评价技术应用范围与前景

复杂构造地质建模与圈闭定量评价技术广泛适用于各类复杂山地高陡构造地区的三维模型构建及圈闭定量评价，以及沉积地层在挤压、伸展和走滑构造作用下的构造几何学、运动学和动力学的研究。已在中国中西部前陆盆地、塔里木库车前陆冲断带、塔西南前陆冲断带、准噶尔南缘前陆冲断带、川西前陆冲断带双鱼石等地区应用（王俊等，2019；兰雪梅等，2021）并得以验证，显著提高了圈闭落实精度、钻井层位预测精度和钻探成功率。其为国际上规模最大、实体尺寸最大、复杂程度最高的三维物理模型，并获得国际上数据量最大的、具有国际影响力的、能代表中国西部陆上典型复杂构造的宽方位三维物理模型数据体，有力推动了地震观测系统和地震成像处理新技术的研发和应

用，对于前陆冲断带的油气勘探具有重要的生产应用价值，并在前陆冲断带发现了一大批油气田。

其中，GeoEast 新一代共享地质建模软件在东西部典型复杂构造区投入应用。在高阳西工区用时 22min 即可完成整个模型建立，其中主要时间花在断面交切关系 QC 和层面QC 部分，用时 20min，所有层面建模计算总用时 31s，地层体生成 15s。塔里木库车工区初期整个建模用时 15min 完成，断面建模采用空间自动检测与计算技术后几分钟就可完成；由于面积大，所有层面一次性全自动建立用时不到 1.5min。结果表明，新研制的算法库可以支撑东西部的复杂构造区域建模。

第八节　海域深水沉积体系识别描述及有利储层预测技术

一、海域深水沉积体系识别描述及有利储层预测技术原理与用途

海域深水沉积一般位于远离陆架、300～3000m 水深的陆架斜坡至深海平原区，包括海底重力流（浊流、等深流）、砂质碎屑流以及块体搬运沉积、半远洋和远洋沉积等类型，可以形成有效烃源岩、质量不等的规模储层和性能多变的盖层（Normark et al.，2002；Henry et al.，2019）。海域深水沉积体系识别描述及有利储层预测技术是以海域深水沉积学和深水油气地质理论为指导，开展海域深水沉积体系类型识别、沉积单元结构分析和特征描述，建立沉积模式，预测有利储层分布的一项前沿技术。

该技术主要基于两个方面基本原理：一是综合识别描述及预测方面，主要依据海域深水沉积典型露头、地震、钻井与测井资料地质—地球物理综合分析方法和多种技术手段，分析深水沉积作用过程、沉积环境和沉积产物，针对砂质碎屑流、深水块体搬运沉积、海底重力流（浊流、等深流）等沉积体特征，识别沉积类型、划分结构单元、描述沉积体系特征、建立深水沉积体系储层的地质模型和预测有利储层，为评价与优选深水勘探目标提供地质依据。二是快速识别描述及预测方面，主要从深水沉积和地震勘探原理角度，结合不同深水沉积类型具有不同地震反射地震特征，如深水区含大量砂岩的重力流沉积体层速度（一般大于 2000m/s）与其周围深海泥沉积体层速度（大约为 1600m/s）差异大而形成强烈的波阻抗差，深水重力流沉积体在地震剖面上反射特征十分明显，就可通过地震资料直接识别并刻画深水沉积体，再结合钻井和测井资料达到直接、快速定性预测深水储层的目的（韩文明，2013）。

海域深水沉积往往沉积粒度、储层质量变化大，具有砂体内部储层横向变化快、纵向多期叠置切割、非均质性强等特点，古代海域深水露头和钻井研究大部分基于小尺度描述，缺乏对深水水道沉积体系空间分布的描述（孙立春等，2014），现代海域钻井资料相对较少，难以靠近观测、描述和研究沉积体系（尹继全等，2013）。因此该技术利用地震"甜点"/梯度融合属性定性识别沉积体，高精度频谱成像精细雕刻沉积体内幕，多相约束随机地质建模开展储层精细描述，实现了储层定性分析向半定量评价转变，解决了海域深水沉积体识别与储层精细评价难题，积极推进海域深水沉积体系的勘探（曹向阳等，2019）。

二、海域深水沉积体系识别描述及有利储层预测技术内涵与特征

海域深水沉积体系识别描述及有利储层预测技术的要素构成主要包括现场调查与沉积地质学和地震沉积学分析技术、室内模型物理实验（主要为斜坡水槽实验）及数值模拟技术（余和雨等，2019）、多项技术组合下高分辨率三维地震处理解释为核心的深水沉积体系综合描述及储层预测技术（尹继全等，2013；曹向阳等，2019）、深水储层直接快速预测技术（韩文明，2013）等，代表性技术为后两者。

技术核心为海域深水沉积体系识别与描述、海域深水有利储层分布与预测两部分。沉积体系识别与描述的研究包括利用电磁、遥感等手段建立露头地质—地震模型，结合三维可视化、分频技术和相干体技术，分析深水层序地层构成特征、深水沉积结构单元类型和特征、深水沉积体系分布和演化，建立深水沉积模式。有利储层分布与预测的研究包括建立深水有利沉积储层地球物理响应模型，建立叠前、叠后地震多属性融合图版，定量预测有效储层分布。

（一）海域深水沉积体系综合识别描述及储层预测技术

海域深水沉积体系综合识别描述及储层预测技术主要流程是：（1）等时地层格架下的高精度层序地层划分、深水重力流沉积体构型分析，展布特征及时空演化、主控因素与充填模式研究，结合沉积相、测井相和地震相分析实现对深水沉积体的早期判断。（2）地震"甜点"/梯度融合技术、基于保幅拓频处理资料及物理小波变换的地震频谱成像等多技术应用，测井岩石物理、沉积体地震响应、井震资料等多信息融合分析，在重点层序框架内搜索沉积体并精细刻画浊积水道内幕，识别水道体边界及演化规律。（3）沉积相控制、反演含砂概率约束及虚拟井控制三个方面约束下储层随机地质建模与精细解释，实现对储层物性参数平面展布及空间分布的半定量预测。（4）砂体连通性分析及有利储层分布预测，为复杂构造—岩性圈闭落实提供重要地质依据（曹向阳等，2019）。

海域深水沉积体系综合识别描述及储层预测技术包括三项构成要素：

一是基于地震"甜点"/梯度属性融合的沉积体定性识别技术。地震"甜点"属性定义为反射强度与瞬时频率平方根的比值，能突出显示强振幅、低频率的水道砂体分布特征（刘曾勤等，2010）。地震梯度属性作为一种几何属性，主要被用来检测地震资料中的不连续性边缘特征，可重点用于刻画沉积体边界。因此，三维透视背景下的地震"甜点"/梯度属性融合能突出显示沉积体在地震相中振幅、频率及几何外形等多方面的综合地震相特征，可明显降低浊积目标识别的多解性，为深水沉积体的初步识别、有利勘探目标搜索提供重要依据。

二是基于高精度频谱成像的沉积体内幕雕刻技术。频谱成像技术利用薄层的调谐体离散频率特征，分析复杂岩层内部的频率变化和局部相位特征的不稳定性，从而识别地质异常体的分布特征（张金森等，2013；曹向阳等，2012；朱振宇等，2009；高静怀等，2006）。物理小波变换频谱成像技术具有较强的分辨特殊地质体，尤其是薄层横向变化的能力，在刻画水道内幕及边界方面具备较大优势。在高精度地震分频基础上，利用三元

色 RGB 属性融合技术进行分频信号整合，结合地层切片技术，可实现对深水沉积体演化规律的精细刻画与分析。

三是基于多相约束随机地质建模的储层精细描述技术。多相约束地质建模技术，通过"虚拟井"点、沉积微相平面及三维含砂概率反演体三个方面共同约束，大大降低了井间储层预测的不确定性，提高了地质模型精度，为后续井位建议等提供了有效支撑（图 2-13）。

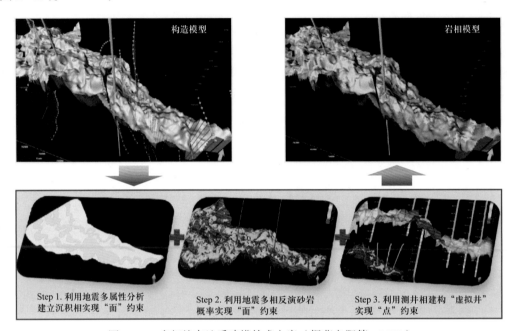

图 2-13　多相约束地质建模技术方案（据曹向阳等，2019）

（二）海域深水沉积体系快速识别描述及直接储层预测技术

海域深水沉积体系快速识别描述及直接储层预测技术的要素构成主要包括深水沉积体识别指标与分类技术、深水沉积体识别技术、深水储层定性预测技术三项。

深水沉积体识别指标与分类技术确定了常规地震剖面上的两个识别指标，即地震反射强度和反射几何外形指标，可以非常准确地在地震剖面上识别出四类深水沉积体；有些深水沉积体无反射强度异常，隐蔽性较强，通常仅依据地震剖面很难快速识别，必须通过特定的地震属性展开空间搜索后，才能确定其在地震剖面上的位置。

深水沉积体识别技术先做等时或者地层界面解释，然后采用沿层地震属性刻画深水沉积体，以消除地形的影响，相对准确地刻画出某一地质时期的深水沉积特征；再基于不同识别指标对深水沉积体分类，针对不同类型深水沉积体选择不同常规地震属性刻画其平面分布范围（韩文明，2013）。

深水储层定性预测技术，按照四类深水沉积体形态分类原则和识别特征，在平面上Ⅰ类唇形强振幅反射沉积体一般为宽直水道，Ⅱ类平行强振幅反射沉积体一般为朵叶体或水道复合体，Ⅲ类强振幅反射沉积体一般为高弯曲水道，只具备反射外形的Ⅳ类沉积体一般为细小平直水道。进而直接预测储层的范围，并定性判断储层的品质。

三、海域深水沉积体系识别描述及有利储层预测技术发展现状与趋势

国外的海域深水沉积研究持续引领着该领域的技术进步。以浊流沉积理论为核心的研究在过去几十年内广泛展开，20世纪90年代碎屑流研究从高密度浊流研究中真正剥离出来，成为独立的研究热点持续至今（Shanmugam，1996；鲜本忠等，2014；余和雨等，2019）。Shanmugam（1996，2000）整合沉积物重力流分类体系，将其划分为泥质碎屑流、砂质碎屑流、颗粒流和浊流四类，将深水沉积研究引入全新阶段。目前相关概念及分类问题，尤其对砂质碎屑流的争议颇大，尚无定论（余和雨等，2019）。

近些年来，深水块体搬运沉积理论兴起，出版了论文集 *Mass-transport Deposits in Deepwater Setting*（Shipp et al.，2009；COSTA Canada Project，2016）。块体搬运沉积体系（Mass-transport Deposits，MTDs）是指除浊流外的水下重力流沉积物组合，结构上可分为头部、体部和趾部，可根据搬运过程和沉积物成因划分为附属型、非附属型两大类以及附属陆架型 MTDs、附属陆坡型 MTDs、泥火山或单侧盐岩隆起、盐岩形成的微型盆地边缘和水道—天然堤边缘等亚类。深水重力流岩相类型划分，主要有特征描述划分法、基于沉积物成因划分法、根据沉积特征英文首字母缩写进行编码划分法以及相的级次和特征描述结合划分法等四种方法。根据沉积特征、沉积物变形类型及其程度等要素将深水 MTDs 岩相划分为六大类和12个亚类，根据深水 MTDs 不同位置可能的搬运机制和流体过程，将其岩相组合划分为六大类和13个亚类（Tripsanas et al.，2008）。一般通过地震、岩心和测井等资料，通过不同类型资料在几何形态、变形构造、接触关系、沉积组合、粒度等方面的地质特征响应可以识别不同尺度规模的深水 MTDs 整体或局部（秦雁群等，2018）。

近年来，相关深水沉积体系识别描述及有利储层预测、深海盐下碳酸盐岩勘探技术稳步发展。通过层控相控构造变速成图技术有效提高成图精度、采用"强振幅 + 低频率 + 高阻抗"方法定量识别基性侵入岩，应用"地震相 + 高亮体 + 叠前弹性反演"碳酸盐岩储层综合预测技术，建立了深水沉积体系模式，产生了缅甸深水沉积体系和巴西里贝拉盐下湖相碳酸盐岩领域等两项 2018 年全球深水油气勘探的重要发现。

中国深水沉积体系识别描述及有利储层预测研究起步较晚，但进展迅速。研究涵盖了重力流、等深流沉积体系，并将深水沉积与层序联系起来（朱筱敏等，1999）。通过三维地震勘探、侧向扫描声呐、多波束深海测量，深海钻井取心和海流检测计等可了解精细的海底地貌地形、组成和构造、深海沉积，沉积物组分、古环境学和地层学以及流体的方向、速度、密度、温度、盐度等物理海洋学参数信息。采用深水沉积储层地震精细描述技术、"甜点"属性的地层切片技术、深水储层直接预测技术等，研究了西非刚果扇盆地、孟加拉湾盆地、中东伊拉克地区、尼日尔三角洲海域深水沉积体系、水下扇体和水道复合体、缓坡型深水碳酸盐岩沉积体系等，效果良好（刘新颖等，2012；尹继全等，2013；韩文明，2013；张杰等，2022）。

展望未来，深水沉积体系的发展趋势表现在以下四个方面：

（1）研究趋于系统化：深水沉积物组成、重力流成因及搬运过程一体化研究，将深水沉积体纳入"源—汇系统"之中，对其物质来源、运移过程和最终沉积结果形成一个

"完整的宏观把握"（苏明等，2013），将成为深水沉积体系研究的主流方向。

（2）描述趋于精细化：深化对深水沉积体定性识别、内幕雕刻及半定量描述等关键技术攻关（曹向阳等，2019），从宏观向微观聚焦、定性向定量发展，包括将野外观测描述与实验室模拟技术相结合、三维地震技术对深水沉积体的精细刻画等，高精度资料、多手段方法结合精细分析多尺度海域深水储层特征。

（3）控制因素趋于复杂化：将更多关注沉积物供给能力、构造活动、海平面下降、地貌条件、气候变化以及深水沉积作用等多因素条件控制下的综合表征，关注深水沉积体系的"分段性"沉积体形态和充填特征差异，及其揭示的主控因素变化。

（4）技术发展综合化：包括重视综合研究，增加实例分析；完善鉴别标志，推广研究成果；多方法、多尺度、多条件、多维度综合探讨交互作用沉积过程及主控因素；加强油气勘探潜力、古环境演化及地质灾害预防等方面的研究（李华等，2022）。

四、海域深水沉积体系识别描述及有利储层预测技术应用范围与前景

海域深水沉积体系识别描述及有利储层预测技术广泛应用于海域斜坡、深水盆地的各类型沉积体系识别描述及深水有利储层分布预测，取得了良好的效果。在北美洲墨西哥湾、南美洲、欧洲北海、中亚滨里海、西非大西洋沿岸、中东、巴伦支海、喀拉海以及东南亚、澳大利亚西北大陆架、孟加拉湾深海扇等海域应用，相继发现了多个大型油气田，其勘探领域也扩展到了水深达 3000m 的深海区。在中国南海、渤海、东海等各新生代盆地、海拉尔和珠江口等古代海域深水盆地应用，涵盖了重力流沉积体系（海底扇体系、陆架边缘三角洲体系、重力流滑塌体系等）、等深流沉积体系（海山相关等深流体系、席状等深流体系）、块体搬运沉积体系等。

未来技术前景较好，应着手建立海域深水沉积油气储层预测的标准化体系，推向规模化运用。随着技术发展，有望推动海域深水沉积体系与有利储层的研究，实现中国深水油气勘探的突破，有助于海外权益区块勘探开发和开辟新领域。

第九节　海洋深水油气勘探风险评价技术

一、海洋深水油气勘探风险评价技术原理与用途

海洋深水油气勘探风险评价技术是对海洋深水油气勘探过程中各环节、各阶段可能存在/潜在的各种风险因素进行分类辨识、系统分析、全面评价，集成、建立以各类风险识别分析、现金流分析、实物期权分析技术为核心的海洋深水勘探地质风险、工程风险、经济风险综合分析评价系统的一项前沿技术。

其主要原理是以概率统计、模糊评判、金融期权分析以及信息融合的模糊测度、粗糙集理论、多属性效用理论等为指导，依据风险理论和分析方法，针对海洋深水油气开展地质调查、地球物理勘探、钻探以及其他相关勘探生产活动中的各类风险，主要包括地质风险（海洋深水油气成藏富集地质条件、深水海床不稳定的地质因素、浅层地质灾

害、海底低温影响等）、钻井工程风险（钻井装置能力、隔水管、深水井控问题等）、经济风险、环境风险和政治风险等（王菲菲，2012；周锋，2013），把各类风险发生的概率、损失程度、控制因素等进行综合考虑，有效识别评估各类风险，得出发生风险的程度及可能性（王菲菲，2012），建立风险评价的标准和规范，为高效快速评价优选海洋油气勘探目标提供决策依据。

该技术旨在找出影响因子最大的风险事件进而控制其对海洋深水油气勘探产生的负面影响，减低随时发生的可能性，减弱风险发生的强度，达到风险管理的目的，这对引导和推动海洋深水油气勘探的发展具有重大意义。

二、海洋深水油气勘探风险评价技术内涵与特征

海洋深水油气勘探风险评价技术的主要内涵是以各类风险识别分析、现金流分析、实物期权分析为核心的海洋深水勘探地质风险、钻井工程风险、经济风险、环境风险和政治风险综合分析评价技术系列，核心要素包括海洋深水勘探地质风险、钻井工程风险、经济风险识别分析与评价技术三类。简述如下：

（一）海洋深水勘探地质风险识别分析及评价技术

海洋深水勘探地质风险，主要包括天然气水合物分解诱发地质风险、浅层气（藏/囊）相关地质风险、高压细砂层浅水流地质风险等。海底天然气水合物分解诱发海底滑坡（图 2-14）和海水密度降低有可能会使石油平台或钻探船倾覆以致沉没，水合物分解所产生的气体和水合物稳定带底界下赋存的饱和气体逸出有可能导致火灾或者钻井失败。浅层气通常在海床底下 1000m 之内聚集，以含气沉积物（浅层气藏）状态、超常压状态（浅层气囊）出现，或直接向海底喷逸，尚未形成矿床，具有高压性质，会引起火灾甚至导致整个平台烧毁，地层含气还会降低沉积物的剪切强度，影响钻井工程。浅水流通常发生在海底较浅（泥线下 250～1200m）的超压、未固结砂层中（Lu，2003），足以产生大量的砂水流且沉积速率大于1mm/a的地质环境，砂土液化可使砂土层丧失承载能力，底床面下沉，导致海底构筑物倒塌。

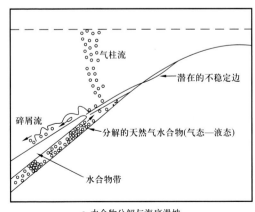
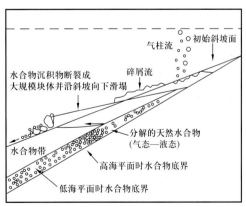

a. 水合物分解与海底滑坡　　　　b. 海平面变化引起的水合物分解诱发的巨大海底滑坡

图 2-14　海底天然气水合物分解诱发海底滑坡示意图（据吴时国等，2007）

海洋深水勘探地质风险识别分析及评价技术的主要流程和关键技术包括：（1）查明形成各种灾害的地质作用过程、灾害规模和形成机理。（2）建立完善的海底灾害观测系统，实时监测关键海域（如深水油气勘探开发区域）的海洋地质灾害情况。（3）天然气水合物识别与快速评价地球物理技术，依据水合物在水平和垂直地震剖面上、测井曲线上、钻井取心以及旁侧声呐上的反应特征加以识别（吴时国等，2007）。识别特征，包括在地震水平剖面上 BSR 一般呈现出高振幅、负极性、平行于海底并与海底沉积层相交，代表天然气水合物稳定带基底；在地震剖面上形成弱振幅——振幅空白带；天然气水合物层速度明显大于上覆和下伏地层层速度，层速度变化趋势呈典型三段式，即上、下速度都小、中间速度大的异常速度带等。（4）浅层气的识别与快速评价地球物理技术，包括利用旁侧声呐图像、浅层剖面仪图像、高分辨率浅层模拟地震（如声脉冲发射器、轰鸣器系统）剖面技术、多道数字地震剖面技术等（叶银灿等，2003；顾兆峰等，2009）。（5）浅水流地球物理初步评价技术，对易液化砂体存在性评估的方法包括测井、地质模型、反射地震、反演等地球物理技术，快速沉积（大于 1mm/a）环境、特有岩石物理性质（极高泊松比）及其形成特征等可作为易液化砂体形成的评估依据（Mallick et al.，2002；Dutta，2002；Mukerji et al.，2002）。

地质风险综合评价的主要方法有风险概率评分法、模糊综合评判法、神经网络法和灰色系统法等。风险概率评分法应用最多，对各项评价条件中的不同要素进行赋值，利用加权求和方法得出各项条件的评价值；再利用求取条件评价值乘积的方法得到圈闭地质风险系数。

（二）海洋深水勘探钻井工程风险识别分析及评价技术

海洋深水勘探钻井工程风险识别分析及评价技术的首要任务是客观认识和有效预防深水钻井工程风险，包括深水钻井工具与配套装备风险、海洋环境危害、海洋气象灾害及深水操作特殊性等（周锋，2013）。

深水钻井工具与配套装备风险，可能包括但不限于钻井装置能力、隔水管、深水井控、油井干扰、长期油监控等。相关风险分析及评价技术流程，包括锚泊系统钻井装置的起抛锚、防喷器和隔水管的连接、生产系统和海底管道的水下安装及回接；测试、试压和联合调试；井下复杂情况处理、修井、水下生产系统和海底管道维护；设备设施失效后的生产影响分析；设备损坏风险分析等。

海洋环境对深水钻井的危害主要表现为波浪作用和海床不稳定，影响关键因素主要包括海面波浪（表面波）、洋流、内波、海底滑坡和海底地震。海面波浪对钻井平台产生横向和纵向的摇动，使平台稳定性变差，对锚泊系统和动力定位系统造成不利影响，甚至会倾覆钻井平台。洋流作用于深水钻井平台的隔水管、进口防喷器、水中管线等水下设备使其震动而增加深水钻井水下作业的难度，特别是水下机器人操作的难度，现今对于深水钻井区洋流的预防，普遍采用历史洋流监测数据，以此来设计钻井工程相关参数，避免危害。"海洋内波"能轻易扭曲海中的管柱、影响钻井平台的稳定性、波的振幅过大会导致钻井平台的安危，现今对内波的预测主要是基于历史资料的研究，实地观测则至少需一年以上的锚系观测（长锚系和底锚系）和浮标监测；针对海上钻井，为降低内波对钻井设备的影响，通常安装预警系统，使钻井设备有充足的时间准备应对。海底滑坡主要见于坡度低于2°的斜坡、天然气水合物的分解诱发，对井口及防喷器的稳定性和安全性产生不利影响，技术上要求井口装置的安放要避开易滑坡的区域，并且离滑坡区域保持一定的安全距离。浅源海底大地震易产生海啸及海面波浪，对深水钻井平台会有影响；在钻井过程中发生强烈的海底地震，将会带来巨大的灾难，造成海底钻井设备的损坏和不稳定。虽然海底地震目前难以预测，但可通过措施对震后产生的风险进行有效预防，以减小危害。

影响海洋深水钻井的气象灾害主要有强风、雷暴和雾，往往会使钻井周期延长、成本急剧增加、错误的气象预报或预防措施也会导致巨大危害。这是所有海洋钻井中最易预防的，只要有准确的气象预报，并做好充分的有效防范措施，对钻井的危害不会太大。

深水操作特殊性主要表现为深水钻井始终面临低温环境和地层压力窗口狭窄两个方面。低温条件下的深水钻井需要一定的措施来保证钻井的顺利进行。地层压力窗口狭窄可能引起钻井液的漏失、井涌、卡钻、井眼垮塌、需要下多层套管等问题，通常采取控制当量循环密度、钻井液的性能（如合成基钻井液）等技术手段，不超过地层的破裂压力梯度，形成高效的携砂效率，从而减少井漏等井下复杂情况。

（三）海洋深水勘探经济风险识别分析及评价技术

海洋深水勘探经济风险识别分析及评价技术针对地质风险高、资源规模不确定性大的特点，结合地质要素风险打分法、蒙特卡洛概率资源量计算法和折现现金流法，建立基于风险量化的综合经济评价技术（闫青华等，2022）。其主要分析流程为：（1）以风险打分法求取地质成功率，量化地质风险；（2）以蒙特卡洛法计算技术可采资源量的概率分布，量化资源量的不确定性；（3）建立以技术可采储量和与其对应的资源量丰度为双变量的最小经济规模函数，求取商业化成功率，量化商业性风险，并截断技术可采储量的概率分布，得到经济可采储量，即截断后的风险前技术可采储量（Un-risked Resource）的概率分布；（4）选取代表性的经济可采储量，进行开发概念方案设计和风险前经济指标估算，并结合斯旺森（Swanson）法则，求取代表性经济可采储量的实现概率；（5）以事件分支为节点，形成五个经济评价决策树分支，以量化的事件概率为系数，将各分支的风险前经济指标（Un-risked Values）整合为风险后经济指标（Risked Values）；（6）以量化的事件概率为系数建立风险后经济评价决策树模型，最终形成基于风险量化的（海外）勘探项目综合经济评价技术（图2-15）。

其中较为关键的是（折现）现金流分析技术，其根据油气项目经济评价标准规范，结合海洋深水油气勘探区块的要求，分析油气勘探项目的净现值、内部收益率等经济指标，对项目本身经济价值进行评估，为油气勘探风险评估奠定基础。

也有学者提出实物期权法分析技术，根据金融期权的研究成果，将市场变化、投资规模、投资的时机与目标纳入风险评价的考虑范畴，提供规避风险更加进取的经济评价结果。它是现金流法的重要补充，特别是在油气勘探阶段，具有重要的决策参考价值。

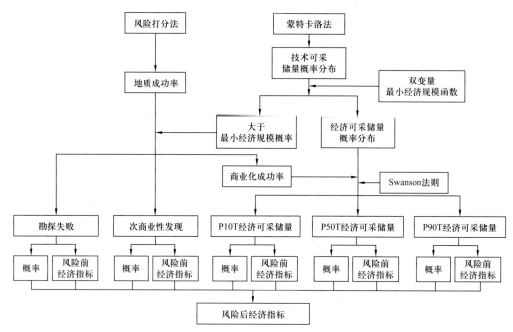

图 2-15　基于风险量化的（海外）勘探项目经济评价流程（据闫青华等，2022）

（四）海洋深水勘探风险综合判识及多信息融合评价技术

海洋深水勘探风险综合判识及多信息融合评价技术利用信息融合的模糊测度、粗糙集理论、多属性效用理论等，选择更好的风险计量工具以有效度量地质、工程、环境、政治等海洋深水油气勘探风险，建立风险评价的指标体系、相关标准和规范，有效识别评估各类风险。

例如，根据评价指标体系建立的原则，结合风险因素分析，建立起自然性（地质条件）风险、技术性风险、管理性风险、经济性风险、政策性风险 5 个一级指标、16 个二级指标的风险评价指标体系（王菲菲，2012）。针对海上油气勘探项目，采用专家调查法确定风险评价指标体系、熵值法确定指标权重，采用层次模糊综合评价法评价勘探风险。

三、海洋深水油气勘探风险评价技术发展现状与趋势

国外相关研究起步较早，引领着效用理论法、概率统计法、实物期权法、市场均衡模型法风险分析方向的发展（Von Neumann et al.，1953；Allais，1956；Paddock et al.，1998；Laughton，1998；Chorn et al.，1998）。目前，在全球普遍使用且最具代表性的油气勘探风险评价系统包括美国地质调查所研制的 FASPU（石油快速评价系统）、挪威 Geoknowledge 公司研制开发的 GeoX（资源—经济分析系统）、美国 Decisioneering 公司研制的 Crystal Ball、美国 Landmark 公司研制开发的 TERAS（经济与风险分析系统）（李军等，2014），以通用型评价系统为主，并非专门针对海洋深水。深水油气勘探开发中主要使用钻井装置、多功能支持船、三用工作船等水面设施，以及水下机器人、海底管道内的智能通球、井筒内的钢丝或连续油管干预等的风险管控作业，所使用的风险检查技术包括所有水下硬件的可视化调查、指定测试点的阴极电位调查、阀门状况观察、查

找化学药剂与生产流体和控制液泄漏的观察、能通球清管和监控水下控制模块电元件整洁等（刘伟安等，2015）。

中国引进和发展了风险概率叠加模型、蒙特卡洛模拟等方法，逐步形成了基于地质风险分析和资源量预测的油气勘探风险评价、PROBASES超级盆地模拟系统、事故危害预测方法、成藏条件来评价勘探风险、实物期权法、期权复合计算模型、油气勘探风险评价模型、偏最小二乘—最大熵风险分析模型、层次分析法、打分法和模糊综合评价法等成果。由早期的以静态评价、地质风险评价为主，发展到近期统筹考虑地质、经济、技术、环境和生态风险的综合评价、动态评价，开展了南海和海外权益区块等的深水地质—工程风险评价和勘探风险经济评价，中国石油研发出海洋油气勘探风险评价软件（OPRES），并取得了软件著作权。基于风险量化的综合经济评价技术不仅可评估项目风险后的经济性，还可为不同资源量、不同地质风险的多个项目提供更科学的经济性对比数据（闫青华等，2022）。

未来的技术发展趋势，预期将进一步建立深海油气评价基础数据库、评价标准体系和规范，向多数据定量化、多因素综合化、多专业协同化、多模块智能化发展。

四、海洋深水油气勘探风险评价技术应用范围与前景

海洋深水油气勘探风险评价技术已广泛应用于南海和海外勘探区块各类海洋油气勘探目标（深水沉积体、深海生物礁、盐下构造）及不同水深领域，为海洋深水勘探风险评价、目标优选与部署、工程计划安排、工作量测算等提供了依据。

展望该技术未来发展前景，将重点攻关深海勘探风险可视化评价，加强结合实际生产井的模拟研究，强化风险评价应用研究和验证完善，加强石油公司、互联网公司、科研机构和高校间的多学科、多领域、多层面的结合，大大提高工作效率，大幅减少勘探风险。

第十节　天然气藏地质综合定量评价技术

一、天然气藏地质综合定量评价技术原理与用途

天然气藏地质综合定量评价技术主要原理是结合天然气藏生产动态资料，充分利用地质、地震、测井、综合录井、测试及各项化验分析资料，在气源层、储气层、盖层、圈闭、运聚和保存条件单项评价基础上，对多个气藏要素相互配置关系、多个成藏影响因素建立地质综合评价指标体系，进行定量评价与综合分析，确定天然气主要生成期、运移期和聚集成藏期，厘定成藏主控因素、成藏模式、保存条件、圈闭特征和有利目标（区），以此指导气藏勘探和开发。

总体可以分为天然气单项成藏要素定量评价（气源层定量评价、储气层定量评价、气藏定量评价、盖层定量评价和圈闭定量评价）技术、天然气藏地质综合定量评价（成藏要素配置综合定量评价、全油气系统内功能要素组合控藏分布门限与定量评价）技术两类。

该技术可用来分析天然气成藏主控地质因素，建立评价成藏过程有效性的综合评价指标（源储剩余压力差、输导体系的输导系数、盖层厚度或排替压力等）；通过地质建模结合断裂带填充物粒度、倾角和泥质含量，求取天然气沿断裂带运移速度，依据其是大于零还是小于零而评价断层垂向封闭性；评价薄层状储气层、致密砂岩气藏、煤成气、天然气水合物、天然气储量与资源等。其重点关注成藏要素及其配置关系、圈闭和构造（如断层）成藏过程的有效性及潜力，可解决天然气运聚动平衡、封盖机理和成藏动力学分析以及气源岩、储层、含流体性质分析预测问题，通过成藏过程主控因素分析，助力有利区带和目标优选。

二、天然气藏地质综合定量评价技术内涵与特征

（一）天然气单项成藏要素定量评价技术

天然气单项成藏要素定量评价技术融合了气源岩定量评价和多参数气层综合判识技术、储气层定量评价技术、孔隙流体性质评价和气藏定量评价技术、盖层定量评价技术、圈闭定量评价技术，针对复杂天然气藏不同特征，综合利用常规测井、特殊测井等系列获取和建立地质综合评价指标，开展多参数气层综合判识、储层孔隙结构评价、储层物性精细评价、流体性质评价、生储盖组合评价、圈闭和有利区带评价。

气源岩定量评价和多参数气层综合判识技术的核心是基于地质和测试分析、测井、地震等手段尽可能精准和全面获取气源岩的生烃指标参数、地质特征参数。通过地球化学测试分析和现有资料搜集，可以得到有机质丰度（残余有机碳 /TOC、生烃潜量 /S_1+S_2、总烃 /HC、氯仿沥青 "A"）、有机质类型（Ⅰ 型 / 腐泥型、Ⅱ$_1$ 型 / 腐殖—腐泥型、Ⅱ$_2$ 型 / 腐泥—腐殖型、Ⅲ 型 / 腐殖型）、有机质成熟度（镜质组反射率 /R_o、干酪根指标、沥青及烃类指标、生物标志化合物指标）等取样点生烃指标参数，井点 / 剖面 / 层位测量和分析可得到气源岩厚度、面积、生排烃量等地质特征参数。

烃源岩总有机碳含量（TOC）、热解生烃潜量（S_1+S_2）和成熟度（R_o）三个参数垂向的连续数据，可由测井定量评价方法获取。利用单因素分析法、多元回归法、ΔlgR 法、神经网络法、改进 ΔlgR 法及主成分回归法等建立总有机碳的定量计算模型，运用 TOC 相关法、多元回归法、神经网络法与主成分回归法可建立热解生烃潜量的定量计算模型，采用镜质组反射率、剩碳率法可建立成熟度的定量计算模型，结合研究区地质条件分析、样品分析化验实测数据对比和修正完善模型，即可实现井段烃源岩的快速高效定量评价（杨涛涛等，2018；宋延杰等，2021）。基于地震资料速度谱可解释泥岩厚度、预测镜质组反射率；通过 Passey 经验公式法拟合获取单井有机碳含量数据，通过交会分析研究建立有机碳含量—纵波阻抗拟合公式和数学模型，在地震反演数据基础上得到有机碳含量数据体，再参考烃源岩等级划分标准，提取目的层段优质烃源岩的分布面积和地层厚度，最后估算出研究区总生烃量，实现基于地震反演的烃源岩定量描述和评价（刘志斌等，2016）。在古环境重建基础上，建立烃源岩地球生物学"正演"的生境型、原始生产力、沉积有机质和埋藏有机质等参数及其标准，可实现湖相烃源岩地球生物学半定量评

价；融合地球化学、地球物理"反演"和地球生物学"正演"技术，可开展气源岩综合评价（赵牛斌，2022）。

储气层定量评价技术的关键在于合理的选择评价参数、评价方法、评价参数的合适权系数。评价参数包括储层厚度、孔隙度、渗透率、孔隙结构、层内非均质性、储层有效厚度、有效孔隙度、砂体钻遇率、泥质含量、黏土矿物类型、隔（夹）层分布参数等。

储气层综合定量评价方法的一般公式为

$$R = \sum_{i=1}^{n} a_i X_i$$

式中　R——储层综合评价指标；

a_i——储层评价参数的权系数；

X_i——储层评价参数；

n——储层评价参数的数量。

储层评价参数是已知的，常用多元统计分析方法确定权系数，如灰色关联分析法、层次分析法、主成分分析法、油气分布门限控藏法、SBM-DEA 模型法、模糊综合评判方法、多元回归方法、层次聚类分析、因子分析法、叠合概率法等。基于选用的方法和综合评价指标，综合分析储层的多个影响因素，确定其权重系数，对储层进行分类评价。

上述部分方法建立的天然气藏储层综合定量评价标准见表 2-6。

以灰色关联分析法为例，首先根据代表性、综合性、目标性原则筛选出主要评价参数（孔隙度、渗透率、有效厚度、含气饱和度和泥质含量等），然后利用灰色关联分析法分析各个地质评价参数的主要关系，找出影响各个评价参数的重要因素，进而能够快速地确定储层评价参数的权系数，计算储层综合评价指标。其分析流程主要包括确定母序列和子序列、构建原始数据矩阵、将各序列进行无量纲化处理和确定标准化后的数据、计算关联系数、计算权系数五个具体步骤（徐艳梅等，2018）。还有学者探索基于数据包络分析（Data Envelopment Analysis，DEA）的 Slack Based Measure 模型（SBM-DEA 模型）构建新的储层评价方法流程，指导实现快速、客观的储层综合量化评价（朱兆群等，2021）。

表 2-6　天然气藏储层综合定量评价标准

分类标准	灰色关联分析法	层次分析法	主成分分析法	油气分布门限控藏法
Ⅰ类储层	＞0.70	＞0.60	＞0.25	＞0.53
Ⅱ类储层	0.55～0.70	0.45～0.60	−0.05～0.25	0.22～0.53
Ⅲ类储层	0.40～0.55	0.30～0.45	−0.4～−0.05	＜0.22
Ⅳ类储层	＜0.40	＜0.30	＜−0.4	

盖层定量评价上，气藏盖层封闭性和分类定量评价技术、盖层的多因素综合定量评价法于近年建立（魏国齐等，2012）。盖层评价相关指标包括盖层有效厚度、排替压力、气藏压力系数及断层等参数，可定量评价不同类型气藏盖层。其定量计算的方法可用下

式表示，即

$$CSI=P_{\text{dmin}}H_{\text{有效}}/k$$

式中　CSI——气藏盖层封气能力综合定量评价指标；

　　　P_{dmin}——盖层段最小排替压力，MPa，当盖层部位不发育断层时，$P_{\text{dmin}}=P_{\text{d盖}}$（盖层的排替压力，MPa），当盖层部位发育断层时，$P_{\text{dmin}}=\min（P_{\text{J盖}}，P_{\text{d断}}）$；

　　　$H_{\text{有效}}$——盖层有效厚度，m；

　　　k——气藏压力系数，可由实测数据获得。

其中 $H_{\text{有效}}$ 在盖层不发育断层时，即为盖层本身厚度。当发育断层时，分为两种情况：（1）当盖层本身厚度不小于断层断距时，$H_{\text{有效}}$ 为盖层本身厚度与断距的差值；（2）当盖层本身厚度小于断层断距时，则要考虑断层的封堵性，若断层封堵时，$H_{\text{有效}}$ 即为盖层本身厚度，若断层不封堵时，$H_{\text{有效}}$ 为 0。具体如下所示：

$$H_{\text{有效}}=H_{\text{盖}}-L \quad （H_{\text{盖}}\geqslant L）$$

$$H_{\text{有效}}=H_{\text{盖}} \quad （H_{\text{盖}}<L，P_{\text{d断}}\geqslant P_{\text{d储}}）$$

$$H_{\text{有效}}=0 \quad （H_{\text{盖}}<L，P_{\text{d断}}<P_{\text{d储}}）$$

式中　L——断层垂直断距，m；

　　　$P_{\text{d断}}$——断裂带内部排替压力，MPa；

　　　$P_{\text{d储}}$——储层的排替压力，MPa。

CSI 值既可以反映盖层本身特征对气藏盖层封气能力的影响，又可以反映气藏内部能量和天然气性质对气藏盖层封气能力的影响，是一个综合定量评价指标。CSI 值越大，表明气藏盖层封气能力越强；反之，则越弱。

应用多因素综合定量评价（CSI）方法初步评价了超高压、火山岩、碳酸盐岩等气藏的盖层封气条件，评价结果较单因素评价方法更能科学、准确地预测大气田分布规律。

（二）天然气藏地质综合定量评价技术

天然气藏地质综合定量评价技术融合了全油气系统内功能要素组合控藏分布门限与定量评价、天然气储盖组合地震预测、成藏要素配置综合定量评价等技术方法，将地质、测试化验、地震、测井手段得到的生、排、运、聚、成藏相关参数（盆地温度、压力、埋深，烃源岩层厚度、有机质丰度、类型、热演化程度，储层孔隙度、渗透率，盖层突破压力、可逆性等）综合考量、统一分析，进行分类定量综合评价。

全油气系统内功能要素组合控藏分布门限与定量评价技术通过研究油气门限多形式的联合作用来实现全油气系统定量评价，技术流程及步骤可分为五个阶段。第一阶段，广泛收集研究区的地质资料和钻探成果，建立油气门限的判别标准；第二阶段，对已发现的代表性气藏进行实例剖析，并对所有已探明的气藏特征进行统计分析，明确常规与非常规气藏之间的差异性和关联性，包括流体和介质的内部特征、天然气的垂向和平面分布特征、天然气的来源特征、驱动力和成藏的期次特征、气藏调整改造特征等多方面的差异性和关联性；第三阶段，从多方面识别不同类别天然气资源形成分布的门限，揭示其主控因素和形成机理，定量表征这些门限随主控因素的变化特征；第四阶段，研究油气门限之间的关联性，建立多要素联合控藏分布模式；第五阶段，建立常规与非常规油气藏联合成因理论模式，应用新模式研发预测不同类别气藏形成分布的新方法和新技术，并通过实际应用检验新方法、新技术的可靠性（庞雄奇等，2022）。

该技术的核心是全油气系统的 3 种运聚门限（排烃门限、聚集门限、成藏规模门限）、3 种动力门限（成藏底限、成藏下限、供烃底限）、4 种分布门限（源控分布门限、相控分布门限、盖控分布门限、势控分布门限）及其在时空上的联合、围合与组合分析。其中关键成藏功能要素可以进一步概括为源灶中心、低势区带、优相储层、区域盖层，在成藏过程中必不可缺、相互独立、能够定量表征（图 2-16）。针对不同的研究区，选择合适的评价参数并建立科学合理的评价体系，计算出研究区成藏概率进行天然气成藏综合定量评价。

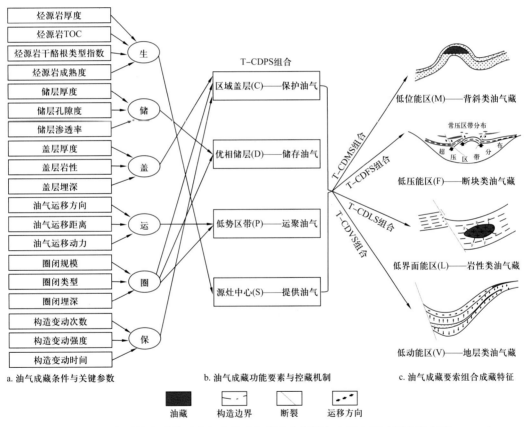

图 2-16　全油气系统内功能要素组合控油气藏分布门限与定量表征（据庞雄奇等，2022）

T-CDPS，成藏期自由动力场内常规油气藏功能要素组合；T-CDMS，成藏期低位能区功能要素组合形成背斜类油气藏；T-CDFS，成藏期低压能区功能要素组合形成断块类油气藏；T-CDLS，成藏期低界面能区功能要素组合形成岩性类油气藏；T-CDVS，成藏期低动能区功能要素组合形成地层类油气藏

储盖组合地震预测方法是基于地震速度反演、利用有效储层物性下限和有效盖层封盖条件下限综合确定有效储盖组合分布范围的方法，该方法不仅能开展井间储盖组合定量预测，还能开展钻前储盖组合定量预测。

成藏要素配置综合定量评价技术的关键要点，是以"分区""等时""相控""震控""确定性结合随机性"等建模原则为基础，充分结合生产动态资料，划分评价单元，采用"多级双控"三维地质建模技术建立气藏精细地质模型（柯光明等，2019），开展储集体精细刻画、薄储层定量预测、含气性检测与综合评价，进而支撑井型优选、井轨迹优化和勘探开发。

三、天然气藏地质综合定量评价技术发展现状与趋势

近年的天然气单项成藏要素定量评价技术中，气源岩/层定量评价技术在有效气源岩定量评价与连续无损耗全岩热模拟系列分析、天然气运移示踪及成藏过程中烃类分异作用分析、生气可视化动态模拟、天然气成藏物理模拟、长偏距时间瞬变电磁法评价技术预测流体性质和类型、非均质气藏烃类运移改进动力模型方面取得进展。对比分析表明，测井定量评价方法 TOC 计算模型精度从高到低依次为神经网络法、改进 Δlg$R$ 法、多元回归方法、主成分回归法、Δlg$R$ 法、单因素分析法；S_1+S_2 计算模型精度从高到低依次为主成分回归法、TOC 相关法、多元回归法、神经网络法；成熟度评价的镜质组反射率与深度相关性好，最为常用；剩碳率法部分参数在勘探早期难取准，应用受限（杨涛涛等，2018；宋延杰等，2021）。

储气层定量评价技术趋向于聚类分析等多种方法结合，分类评价考虑的因素越来越多，由传统的孔渗评价向多因素综合考虑发展（陈欢庆等，2016）。层次分析法、油气分布门限控藏法等量化技术应用于天然气热成藏过程表征和综合评价日益增多（庞雄奇，2015；吴海等，2016；刘世豪，2020）。

盖层定量评价技术形成了气藏盖层封盖能力综合评价模型及评价行业标准，提出了封盖能力评价参数的确定方法（付广等，2014）。建立了盖层封闭能力动态演化过程定量评价方法，利用埋藏过程孔隙度—毛细管压力、抬升过程渗透率—毛细管压力关系和 OCR 定量预测盖层毛细管封闭能力变化过程；基于泥岩密度和岩石力学特征建立了泥质岩脆—韧性变形转换判别方法；基于拜尔利摩擦定律和盖茨准则建立了膏盐岩脆—韧性变形转换判别方法，为寻找次生油藏提供了思路（Jin Zhijun et al.，2014；付晓飞等，2019）。

针对稀井区或无井区，提出了基于地震反演速度剖面的天然气藏储盖组合定量预测方法，研究建立天然气有效储层评价、有效泥岩盖层评价的下限参数，利用测井资料开展了单井天然气藏储盖组合窗口定量地震预测（刘静静等，2018）。

全油气系统概念的提出为复杂地质条件下常规和非常规气资源的勘探开发提供了全新思路和新的理论指导，其研究内容涉及油气成藏全要素、形成演化全过程、资源分布全系列、预测评价全方位。全油气系统内功能要素组合控藏分布门限与定量评价技术近期取得了四个方面成果：发现全油气系统内普遍存在 3 类 10 种油气门限，揭示其成因机制和控油气特征，提出了研究方法和判别标准；建立了油气运聚门限联合控油气资源形成分布模式，提出了有效资源量预测评价新方法；建立了动力场控油气藏分布模式，提出了有利成藏领域和成藏区带预测评价新技术；建立了分布门限组合控藏模式，研发了有利成藏区带和钻探目标优选新技术（庞雄奇等，2022）。

展望未来，盖层评价日益向综合化、定量化方向发展，重点关注盖层完整性控制因素及定量评价、盖层脆—韧性转化过程定量表征及断裂和裂缝形成演化、不同类型盖岩成岩演化及封闭能力动态演化过程、断裂和盖层耦合控藏机理和控藏模式方向研究（付晓飞等，2019）。天然气藏地质综合定量评价技术将日益向精细化、综合化、与大数据挖掘及机器学习等前沿技术结合化发展。全油气系统定量评价方法在常规和非常规气藏成因分类、剩余资源预测、全球天然气水合物资源潜力评价等方面的应用研究未来的发展方向（庞雄奇等，2022）。

四、天然气藏地质综合定量评价技术应用范围与前景

天然气藏地质综合定量评价技术广泛应用于中国主要天然气区，例如鄂尔多斯盆地、四川盆地、塔里木盆地、渤海湾盆地、松辽盆地等的油气田，已在中国石油、中国石化、中国海油等 18 个气田 / 区和孟加拉湾海域、苏丹、乍得项目中成功应用（付晓飞等，2019；刘世豪，2020；朱兆群等，2021）。处理解释 2000 余口井，取得很好的效果，解释符合率普遍高于 85% 以上。

其中，天然气藏储盖组合定量预测方法不受钻井深度限制，可预测出有效储盖组合发育的下限，在深水盆地和低勘探程度盆地具有广阔的应用前景。然而，受地震资料分辨率影响，地震预测的有效储盖窗口比较适合于中浅层，对深层仅能提供参考（刘静静等，2018）。

预期将实现天然气成藏机理、天然气藏地质综合定量评价的突破，有助于开辟勘探新领域。该技术将来会在多因素选择和执行评价上有所突破，将大数据分析引入气藏领域，结合机器学习，更加高效地指导天然气藏的勘探开发。

第十一节　天然气气质检测技术

一、天然气气质检测技术原理与用途

天然气气质检测是安全、经济用气的重要基础和保证，是天然气供应、消费过程中的关键环节，是指对天然气的气体组分（包括大量组分 C_1—C_6、CO_2；少量组分 H_2、He、O_2、CO、N_2、不饱和烃；微量组分 H_2S、总硫、硫醇、水分、COS）、物理性质（Hs 和 W、d、Z、烃 / 水露点、高位发热量、密度等）、其他性质（液态水和烃、固体颗粒、Hg 和氩等其他气体）等性能、品质及相应指标的检测，气质指标从安全卫生、环境保护和经济利益三个方面对气质级别进行了判定。其中 H_2S、Hg 和总硫等是天然气中的有害元素，运输和商用前必须进行脱除，准确的有害成分含量检测数据是制定脱除处理方案的基本前提。

天然气气质检测技术主要根据天然气气质检测的需求和技术要求，按照一定标准［国家标准《天然气取样导则》（GB/T 13609—2017）］和方法（直接 / 连续取样法、间接取样法，后者包括吹扫法、抽空容器法及累积取样法等）对天然气取样，选取针对性的

特殊检测方法和最新技术（包括8项总硫含量、6项硫化氢含量、气相色谱法、质谱法和红外光谱法等检测方法，根据气体组成计算发热量、密度、相对密度和沃泊指数等参数，检验仪器设备也繁杂多样），对天然气组分、物理性质、其他性质参数等指标进行分析和检测。其中，气相色谱法通过色谱柱分离不同组分后进行检测，质谱法通过质谱仪分析样品的化学成分，红外光谱法则通过检测气体分子对红外光的吸收分析成分。

该技术广泛应用于天然气品质检测与控制、工业生产及环境监测等领域，可以根据检测结果按照特定标准评定天然气质量，确定天然气经济价值，判定天然气安全性能及管线运输的安全腐蚀性，确保天然气生产运输过程的安全环保和管线运输过程中抗腐蚀能力，也可为天然气贸易谈判在选择天然气气质检测方法标准时提供技术支撑。

二、天然气气质检测技术内涵与特征

天然气气质检测技术内涵主要包括天然气气质指标（气体组分、含热量、含硫量等）与等级判定、气质检测技术手段、检测仪器设备三个部分，涵盖取样、样品处理、仪器分析和结果解读等步骤。重点简述技术核心要点、近年发展的前沿技术和新方法。

（一）天然气气质指标与等级判定

最新修订的强制性国家标准《天然气》（GB 17820—2018）以及新制定的国家标准《进入天然气长输管道的气体质量要求》（GB/T 37124—2018）明确天然气质量包括高位发热量、总硫含量、H_2S 含量、CO_2 含量、CO 含量、H_2 含量、O_2 含量、水露点八项气体质量检测指标，规定了等级和相应指标要求（表2-7）。

表 2-7　国家标准 GB 17820—2018 和 GB/T 37124—2018 中天然气质量指标与等级规定

项目	执行标准		
	GB 17820—2018		GB/T 37124—2018
	二类天然气	一类天然气	一类天然气
高位发热量[①][②]（MJ/m³）	≥31.4	≥34.0	≥34.0
总硫含量（以硫计）[①]（mg/m³）	≤100	≤20	≤20
硫化氢含量[①]（mg/m³）	≤20	≤6.0	≤6.0
二氧化碳摩尔分数（%）	≤4.0	≤3.0	≤3.0
一氧化碳摩尔分数（%）			≤0.1
氢气摩尔分数（%）			≤3.0
氧气摩尔分数（%）			≤0.1
水露点[③][④]（℃）			水露点应比输送条件下最低环境温度低5℃

① 气体体积的标准参比条件是 101.325kPa、20℃。

② 高位发热量以干基计。

③ 在输送条件下，当管道管顶埋地温度为 0℃时，水露点应不高于 -5℃。

④ 进入天然气长输管道的气体，水露点的压力应是进气处的管道设计最高输送压力。

这两项标准将进入长输管道的天然气定为一类气，并提出对总硫连续监测的需求。对于一类气，如果总硫含量或硫化氢总量测定瞬时值不满足表 2-7 中的技术指标要求时应对总硫含量和硫化氢含量进行连续监测，总硫含量和硫化氢含量的瞬时值应分别不大于 30mg/m³ 和 10mg/m³，并且总硫含量和硫化氢含量任意连续 24h 测定平均值应分别不大于 20mg/m³ 和 6mg/m³（王伟杰等，2019）。

进入天然气长输管道的气体应首先满足国家标准 GB 17820—2018 中对一类气的要求，除了总硫、硫化氢、二氧化碳等普遍关注的技术指标，还对天然气中的少量组分包括氢气、氧气、一氧化碳等提出了质量要求（表 2-7）。

天然气中固体颗粒（机械杂质）含量应不影响天然气的输送和利用。国家标准《车用压缩天然气》（GB 18047—2000）中规定"压缩天然气中固体颗粒的直径应小于 5μm"，这对天然气输配系统也是适宜的。

（二）天然气气质检测技术手段

天然气组分检测技术，常用气相色谱法，相关标准包括：《天然气的组成分析 气相色谱法》（GB/T 13610—2003），非等效采用《Standard Test Method for Analysis of Natural Gas by Gas Chromatography》（ASTM D 1945—1996），可测定氦、氢、氧、氮、二氧化碳、硫化氢、C_1—C_{6+}；《天然气中丁烷至十六烷烃类的测定 气相色谱法》（GB/T 17281—1998），等效采用国际标准《天然气中丁烷至十六烷烃类的测定 气相色谱法》（ISO 6975：1986）。

天然气发热量检测技术，一是以气相色谱法测定天然气组成，然后由组成计算其发热量（简称色谱法），二是直接以仪器测定天然气的发热量（简称燃烧法）。相关标准包括：《天然气 发热量、密度、相对密度和沃泊指数的计算方法》（GB/T 11062—1998），非等效采用国际标准《天然气 发热量、密度和相对密度的计算》（ISO 6976：1995）；《城镇燃气热值和相对密度测定方法》（GB/T 12206—2006）用容克式水流式流量计测量燃气热值、用气体相对密度计测量气体相对密度（适用于高位热值低于 62.8MJ/m³ 的燃气），非等效采用日本标准《燃料气体及天然气——分析方法、试验方法》（JISK 2301—1992）。

天然气硫化氢检测技术，主要有碘量法、亚甲蓝法、醋酸铅反应法等六种检测方法，主流在线硫化氢分析仪采用紫外分光测量技术。

天然气总硫检测技术，常规的有国家标准《天然气中总硫的测定氧化微库仑法》（GB/T 11061—1997）、《天然气中总硫的测定 氢解—速率计比色法》（GB/T 19207—2003）等八项检测方法。最新颁布的《天然气 含硫化合物的测定 第 10 部分：用气相色谱法测定硫化合物》（GB/T 11060.10—2021），更新了 0.1～600mg/m³ 总硫（以硫计）的测定，通过将不同硫化物的硫含量进行加和，得到总硫含量。该标准中介绍了 GC-FPD、GC-PFPD、GC-MSD、GC-SCD（硫化学发光检测器）等不同检测器用于 0.1～600mg/m³ 范围内硫化物检测的分析方法。其中，GC-SCD 方法对硫具有等摩尔响应的特性，在总硫分析方面具有独特优势，得到广泛认可与推广。

天然气烃露点检测技术，主要有计算法和直接测量法，都未标准化。

天然气物性检测技术，可采用计算法和测定法。

上述技术手段多数已有国家标准和等效、非等效国际标准执行多年，已经较为成熟。下面重点简介近年来蓬勃发展而兴起的天然气气质移动检测技术、天然气气质在线检测技术、天然气少量和微量—痕量组分检测技术、激光光谱吸收技术等前沿技术和新方法。

1. 天然气气质移动检测技术

中国石油研发了新型天然气品质移动检测系统，设计有样品处理系统、防振系统、数据处理系统等，可实现发热量、CO_2 含量、H_2S 含量、总硫含量、水露点五项指标的现场快速检测、数据处理、报告生成等功能（陈正华等，2020）。

天然气气质移动检测技术系统具有快速响应、移动检测、分析速度快、稳定性好等优点，还具十项特点：（1）采用便携式仪器设计，实现了实验室功能最大化、空间最小化，可根据不同检测需求配置不同检测仪器，可检测 GB 17820—2018 规定的所有技术指标。（2）车载设备固定可靠，耐冲击，配置了减振器，具有良好的减振性，确保行车、刹车、驻车状态仪器无任何损坏。（3）具有独立的供电、供气、排气、通信等系统，安全实用，能为现场仪器操作提供良好的平台。（4）整个电路系统采用国际标准电缆，设有车外防水外接电源插座、独立式发电系统；适合野外长时间不间断供电使用，保证车辆在任何状态下电气系统都能保持优良的性能。（5）实验区内配置了冷暖空调和温湿度计，可确保仪器在规定的温湿度范围内使用。（6）配置了一台四氢噻吩分析仪，可分析天然气中的加臭剂——四氢噻吩，扩充了移动检测系统的功能。（7）配置了六盏照明灯，为实验提供充足的照明。（8）配置接地线缆，防止雷电对系统内仪器的损害。（9）配置了 HS 和可燃气体报警器，在实验区开展实验时，能确保人员的安全。（10）设计了样品处理系统，可对分析样品进行除杂质、除液态烃等，确保仪器的工作稳定性。

2. 天然气气质在线检测技术

为克服常规方法气质检测频率低、周期长、不能及时给出检测结果等不足，国内近年研发了天然气气质在线检测方法及关键技术。2023 年 10 月国家石油天然气管网集团有限公司（简称国家管网集团）正式发布了中国首套自主设计研发的天然气在线气质分析仪，包括在线气相色谱分析仪等五类六种核心关键设备。该技术仅需 30μL 的天然气样品，5min 内即可快速检测 14 种气质组分，实现了对天然气热值／发热量、硫含量、水含量、水／烃露点等关键参数的在线精确测量。该技术可对国内常规气、煤层气和页岩气等非常规气、进口管道气和液化天然气（LNG）进行检测，具有模块化、微型化等优势（央视新闻客户端，2023）。

天然气中硫化合物（总硫）含量在线检测技术传统的主要有紫外吸收光谱法、气相色谱火焰光度检测法（CC-FPD）和氢解—速率计比色法，各有优缺点。近期研发提出了在线检测新技术：一是 GC-μTCD 气相色谱微型热导检测技术，将传统气相色谱仪的进样系统、分离系统和检测器系统整合成硅芯片，形成一系列即插即用的模块，按照用户的实际需求进行自由组合，可对天然气中的如 H_2S、COS 等十余种含硫化合物进行检测，具有分析时间短、精度高、检测限低、重复性好等优点。二是 GC-IMS 气相离子迁移谱检测技术，将待测样品经气相色谱仪进行预分离以避免各分子间产生干扰，分离后进入检测室，在检测室中用电子将待测组分化学键断裂，分子变成离子，然后离子加速进入电场，再根据离子迁移时间进行定性，根据信号强度如峰面积或峰高进行定量。

天然气中氧含量检测技术，发展了电化学法（基于电化学原理采用完全密封的燃料电池氧传感器测量技术），是当前国际上最先进的测氧方法之一。该技术具有较好的准确性，并且目前无论是便携式电化学氧分析仪还是在线式仪器均较为成熟，且性价比高、操作使用简单、方便快捷（王伟杰等，2019），有待推广应用和进一步完善。

天然气中水分在线检测的激光光谱吸收技术也是近年发展迅猛的非接触式气体成分检测技术，激光半导体光谱吸收气质分析仪采用了光谱调制技术，简化了气体抽样检测系统。其优势在于不受灰尘和视窗污染的影响、自动调节压力和温度对测量的影响、不受背景气体影响，拥有快捷、安全、成本低等诸多优点（韩斌，2020）。

3. 天然气少量和微量—痕量组分检测技术

天然气中微量元素众多，研究最热门的是砷、汞，由于二者在天然气的加工运输中潜在很多危险因素，已经制定相应的国家检测标准（杨新周等，2019）。检测方法主要依据《天然气汞含量的测定　第 1 部分　碘化学吸附取样法》（GB/T 16781.1—2017）、《天然气汞含量的测定　第 2 部分　金—铂合金汞齐化取样法》（GB/T 16781.2—2010）。其中金—铂合金汞齐化取样法只适用于大气压下天然气中 $0.01\sim100mg/m^3$ 范围内汞含量的测定和高压下天然气中 $0.001\sim1mg/m^3$ 范围内汞含量的测定。需要在一周内测定采集样品中的汞。

中国石油气质实验室天然气汞含量检测技术通过重点克服天然气采样过程中汞吸附问题和检测过程中芳香烃干扰问题，达到国际先进水平。该项检测技术的突出特点是：准确性高，平行样之间具有很好重复性，数据的相对标准偏差可控制在 2% 以内；抗干扰能力强，避免了芳香族化合物的共吸收所带来的伪数据问题；适用性强，可适用于各种类型天然气，如各种干气、湿气甚至是凝析气；操作安全，由于采用水浴加热分级降压的方式，避免了用电和高压下采样时存在的各种安全隐患。

（三）天然气气质检测仪器设备

天然气气质检测技术和常用仪器设备见表 2-8。

目前，中国天然气气质在线监测仪器设备长期被进口产品垄断。在中国近 12×10^4km 的天然气管道上，在用气质分析设备规模超 2100 台套，几乎全部依赖进口，其零部件更换频繁且费用高昂、配件零整比高、备货周期长，给管道平稳高效运行带来了困扰。

中国最新研制的天然气在线气质分析仪填补了国产天然气在线气质分析精密仪器仪表产品空白，突破了微型进样器和传感器芯片、多维激光探头等关键核心技术，自主研发了在线气相色谱分析仪、冷镜面法水烃露点仪、激光法热值仪、水露点仪、硫含量测定仪等五类六种成套仪器及相关配套设备，各项性能指标均达到国际先进水平（央视新闻客户端，2023），有望加快实现中国天然气在线监测设备的国产替代。

表 2-8 天然气气质检测技术和常用仪器设备（据林敏等，2019，修改）

序号	检测项目	内容 / 方法	执行标准	仪器设备
1	取样	取样	GB/T 13609—2017	取样钢瓶
2	组成	C_1—C_5	GB/T 13610—2014	气相色谱仪（TCD、FID 检测器）
		C_1—C_{6+}	GB/T 13610—2014 GB/T 17281—2016	气相色谱仪（双 TCD 检测器）
		C_1—C_{10}	GB/T 13610—2014 GB/T 17281—2016	气相色谱仪（TCD、FID 检测器）
3	总硫	氧化微库仑法	GB/T 11060.4—2017	氧化微库仑仪
		用紫外荧光光度法	GB/T 11060.8—2020	紫外荧光仪
4	硫化氢	碘量法	GB/T 1100.1—2010	吸收器、滴定管、湿式气体流量计等
		亚甲蓝法	GB/T 11060.2—2008	吸收器、比色管、紫外可见分光光度计等
		乙酸铅反应速率 双光路检测法	GB/T 11060.3—2018	便携式硫化氢分析仪
		气相色谱法	GB/T 11060.10—2021	气相色谱仪（SCD 或者 FPD 测器）
5	水露点 / 水含量	冷镜法	GB/T 17283—2014 GB/T 22634—2008	便携式露点仪
6	烃露点	冷镜法	GB/T 27895—2011	便携式露点仪
		计算	GB/T 30492—2014	依据标准由天然气的组成数据计算得到
7	物性参数	计算	GB/T 11062—2014	依据标准由天然气的组成数据计算得到

三、天然气气质检测技术发展现状与趋势

国外主要发达国家（如美国、俄罗斯、德国、英国、法国等）的天然气质量指标与国际标准 ISO 13686 的技术总体一致，相应检测方法基本相同，主要不同点是部分指标的具体数值有差别（曾文平等，2015）。国际标准 ISO 13686 在其附录中比较详细地介绍了上述国家制定天然气质量指标时所遵循的原则、具体数值及其相应的试验方法。

国内天然气气质移动检测系统实现了远距离、复杂工况移动后，国家标准《天然气》（GB 17820—2018）中规定的四项指标及水露点的现场快速检测，已经用于日常油气田公司、天然气净化厂和输气站等天然气巡检及监督、突发性天然气质量纠纷的应急监测（陈正华等，2020）。其不足在于：总硫分析仪采用的是氧化微库仑法，在运输过程中可能会对仪器内的玻璃器皿造成损坏，现场检测分析时间较长。

针对非常规页岩气，配置了四阀六柱（填充柱）/ 双 TCD 检测器的气相色谱仪，采用校正面积归一法对 CH_4、C_2、C_3、C_4、C_5、C_{6+}、CO_2、O_2、N_2、He、H_2 等 11 种组分进行测定，建立了苏玛罐采样—气体预浓缩进样系统 / 气相色谱分离—质谱法测定苯系物含量，测定水平提升到 10^{-9}mol/mol，解决了在普通气相色谱分析中对二甲苯和间二甲苯无

法有效分离的难题。

预测未来发展趋势：一是气质检测仪器设备进一步向微型、便携、在线转化，GC-μTCD 气相色谱微型热导等在线检测技术进一步优化完善（王伟杰等，2019），气质移动检测系统进一步完善、采用紫外荧光分析仪用于现场总硫的检测，以满足生产作业现场的检测需求。二是气质检测技术向更多量化标准、程序化发展，有利于参数选择和输入、技术选择、质量分析和风险预测等高度集成的软件体系。三是管输商品天然气组成及气质指标已形成较完整的国际分析技术标准，正向天然气上游领域（主要是井口）的取样、计量和测试标准化扩展。

四、天然气气质检测技术应用范围与前景

目前天然气汞含量检测技术主要应用于气田开发过程中汞的监测和防治工作，已成功应用于中国石油所辖范围内主要气田的汞含量普查工作，为气田脱汞提供建设并为脱汞装置的设计提供依据。最新研发的天然气在线气质分析仪已在中国西气东输管道、陕京管道、中贵线等多个站场完成了 4000h 工业性试验（央视新闻客户端，2023）。天然气气质移动检测系统已在西南油气田各大天然气净化厂和输配气站进行了现场应用，效果良好（陈正华等，2020）。

未来该技术在非常规页岩气、煤层气、致密气气质检测方面会进一步完善和发展，形成非常规行业气检标准、整套相关软件，逐渐实现天然气质量检查的完全量化和自动化。激光半导体光谱吸收技术逐步成熟，未来拥有较大应用前景（韩斌，2020）。

第十二节　深部储层定量评价及油气藏识别预测技术

一、深部储层定量评价及油气藏识别预测技术原理与用途

深部储层定量评价及油气藏识别预测技术针对中国东部地区（和页岩油气）大于3500m、西部地区大于4500m 埋深的储层，综合利用地质、地球物理、分析化验、模拟实验等资料，结合深部油气地质理论，对深部储层特征及控制因素（异常高压、地层温度、埋藏方式、膏盐层、烃类充注、颗粒包壳、砂泥岩互层条件及成岩环境等）、储层发育规律、有利相带分布进行系统分析和研究，对深部储层品质（孔渗物性，成岩作用下的压实率、胶结量、视溶蚀率和溶蚀量、增减孔隙量，储集空间与结构，含油气性、非均质性等）及其优劣差异、深部有效储层形成条件定量评价，依据深层复杂构造地震成像与储层预测技术体系，识别可能存在的深部油气藏和预测深部储层含油气情况（姚根顺等，2107），为深层有利目标的勘探提供科学依据。

其主要原理是基于深部储层埋藏深、超高温、超高压、构造复杂、地震波场复杂、储量品位低、产能低和钻探井眼小、信息采集装备要求高等特点，利用地震资料解释结合地质、测井分析等手段，依据深部储层参数特征划分储层类型，定量评价深部有利储层，并预测深部储层展布及参数特征；地下介质中充填流体会导致地震波发生频散效应，

且由于不同介质频散程度不同，地震波反射系数及纵、横波速度变化趋势存在一定的差异，据此可有效识别地层中的不同流体，用高分辨率地震地层学及成藏动力学等综合识别和预测油气藏分布区。

该技术的主要用途包括两个部分：第一部分利用实验分析与地质模拟手段、地震成像技术与高温高压测井评价技术相结合，定量表征深部储层岩石学特征、物理性质、化学性质等参数，定量评价深部各类储层、有利区段，优选有利储层。第二部分综合运用深部储层地震成像与储层预测技术、深层高温高压测井评价技术以及基于大数据分析的深部储层定量评价及预测技术，对划定的深部有利储层区内的复杂地质构造、断裂情况等信息进行可视化处理，进一步识别油气藏；进而结合 AI 大数据分析，实现对深部油气藏的智能化识别预测。

二、深部储层定量评价及油气藏识别预测技术内涵与特征

深部储层定量评价及油气藏识别预测技术的核心要素组成，包括深部储层多参数、多方法地质评价及类型品级综合划分技术、深部储层地球物理成像与高温高压储层评价预测技术、基于大数据分析的深部储层含油气性预测技术以及深部油气藏识别预测新方法等。对重点技术的内涵与特征简述如下：

（一）深部储层多参数、多方法地质评价及类型品级综合划分技术

深部储层多参数、多方法地质评价及类型品级综合划分技术基于多种方法研究深部碎屑岩、碳酸盐岩、火山岩储层特征及参数、成岩特征及参数、沉积特征及参数，进而结合灰色关联法、模糊综合评价法、聚类分析法、层次分析法、因子分析法、主成分分析法、神经网络法等定量化方法确定不同参数权重系数，对储层类型和品质进行划分和综合评价（余杭航等，2019；裴向兵，2021）。

1.深部储层多参数测定与多方法地质评价技术

深部储层多参数测定与多方法地质评价技术通过地质分析及实验模拟、地震资料反演、测井分析三大方法，综合运用盆地构造演化、古应力、沉积体系、成岩作用等学科手段，通过实际岩心样品进行模拟分析实验、现场地震数据反演、实际测井资料分析，得到能代表储层岩石的物理性质参数，如水平（／垂直）渗透率、孔隙度、曲度等；确定对储集能力有重要影响的参数，如储层有效厚度、储层横向展布、储层断裂微裂隙分布等；模拟分析和表征储层内部非均质性参数，如储层渗透率突进系数、渗透率变异系数、渗透率极差等。针对沉积速率、物源区、沉积微相、地热梯度、流体压力系数、石英含量、岩屑含量、泥质杂基含量、自生胶结物含量、分选系数、粒径、最大连通孔喉半径、饱和度中值半径、压实率、胶结率、溶蚀率、单层砂体平均厚度、破裂作用强度、烃类早期充注强度等原始参数，结合地质数据的配套情况，开展多方法地质评价，得出全面的油气储层分析。

本章第五节"碎屑岩储层物性定量表征及预测技术"所述地质、地震、测井分析三大方法九项技术系列，均可用于深部碎屑岩储层物性定量表征及预测，唯主体参数不同；

本章第十节"天然气藏地质综合定量评价技术"中所述储气层定量评价技术、储气层综合定量评价指标法和公式同样也适用于碳酸盐岩储层定量评价。因篇幅有限和避免重复，读者可参阅相关内容。

针对碳酸盐岩储层，有学者建立了基于地质成因的多参数碳酸盐岩储层定量评价技术，通过毛细管压力曲线特征分析，采用流动带指数法将储层划分为六个流动带，建立了不同流动带的高精度渗透率解释模型。基于储层主控因素认识，优选储层厚度、渗透率非均质程度系数、电阻率、孔隙度、泥质含量及古地貌等六个参数，利用灰色关联分析法确定了各评价参数的权重，进而采用"综合评价指标"对储层进行定量分类评价（陈培元等，2019）。

余杭航等（2019）运用灰色模糊综合评判法，优选孔隙度、渗透率、有效厚度、渗透率突进系数、渗透率变异系数和渗透率级差等作为储层评价因素，建立了碳酸盐岩颗粒滩储层定量评价模型，采用灰色关联分析法确定各评价因素的权重系数，应用模糊综合评判法对碳酸盐岩储层质量进行评价，从而解决了储层评价因素间的关联性和不确定性问题。其关键在于：一是建立合理的因素集，这些因素至少能够反映影响和决定储层质量的绝大部分信息；二是建立合适的权重集，它决定了上述各因素对储层质量的重要程度；三是建立合理可行的评判集，即各个单因素对储层质量的模糊分类；四是选取合适的隶属函数。

2. 深部储层类型品级综合划分评价及预测技术

深部储层类型品级综合划分评价是在优选储层评价参数的基础上，选择灰色模糊理论、测井储层品质综合评价指数、核磁共振及流动单元等评价方法，量化各个参数对储层的影响，最终实现储层分类。主要分析步骤包括参数优选、权重系数确定、储层综合分类评价。

目前常用的定量分析方法为聚类分析法及灰色关联法。运用聚类分析方法对储层进行综合分类与评价，需要逐步明确储层岩石学特征、孔隙类型及组合、孔隙结构特征、储层物性特征，参数包括渗透率、孔隙度、排驱压力、中值压力、最大喉道半径、中值半径、喉道均值、孔喉组合等，如将鄂尔多斯盆地吴起地区储层细分为致密层、超低渗透层、特低渗透层、低渗透层（表2-9；何冰颖，2019）；灰色关联法又称模糊综合评判法，指合理地在已有的资料中选择影响储层质量的主要因素（即建立因素集），并分别分配合适的权重（即建立权重集），确定评判规则（即建立评判集），选取隶属函数进行运算，选取隶属度高的对象，据此对储层质量进行分类定量评价。

建立了宏观、油藏和微观多尺度海相碳酸盐岩储层建模和表征评价技术：宏观尺度储层地质建模和表征技术的内涵包括建模露头剖面筛选、露头剖面地质研究、建立数字露头模型、建立露头储层地质模型、井下类比研究五个方面，解决储层地质体分布规律问题，揭示层序格架中储层的分布规律，并为地震储层预测提供储层地质模型的约束；油藏尺度储层地质建模和表征技术的内涵包括区域地质调查、露头剖面实测、宏观与微观相结合的岩相识别、露头岩相横向追踪、以岩相为单元的储层评价、露头剖面三维储层地质建模六个方面，解决单个储层地质体非均质性及主控因素问题，揭示流动单元和隔挡层的分布样式；微观尺度储层孔喉结构表征技术的内涵是基于岩心观察、铸体薄片鉴定、压汞数据分析、激光共聚焦薄片、扫描电镜、工业 CT 检测数据分析和井震资料分析等表征储层孔喉结构类型及组合、储层孔喉结构类型主控因素，解决储层孔喉结构表征与评价问题，揭示孔喉结构的差异和对储层流动单元渗流机制的控制（乔占峰等，2019）。

表 2-9　聚类分析法对鄂尔多斯盆地吴起地区延长组储层的分类定量评价标准（据何冰颖，2019）

分类参数	致密层	超低渗透层	特低渗透层	低渗透层
渗透率（mD）	<0.1	0.1～1	1～10	10～100
孔隙度（%）	<7	7～10	10～15	15～20
排驱压力（MPa）	>1.31	0.37～1.31	0.11～0.37	0.03～0.11
中值压力（MPa）	>9.10	2.49～9.10	0.68～2.49	0.19～0.68
最大喉道半径（μm）	<0.57	0.57～2.01	2.01～7.05	7.05～24.76
中值半径（μm）	<0.08	0.08～0.30	0.30～1.10	1.10～4.04
喉道均值（μm）	<0.15	0.15～0.52	0.52～1.77	1.77～6.06
孔喉组合	微孔、微喉	细—小孔、细喉	小—中孔、中喉	中—大孔、粗喉

针对碳酸盐岩岩溶储层，近期提出一种储层发育指数计算公式，根据研究区已钻地震"串珠"井解释成果，利用储层发育指数与波谷能量交会图，定量评价出各个"串珠"的储层发育程度和可钻探性。主要包括六步流程：地震资料选择、储层标定、储层平面预测、地震"串珠"储层振幅能量统计、储层发育指数 [= 波峰振幅值 / 波谷振幅值 ×（波峰振幅值 + 波谷振幅值）] 计算、储层发育程度评价（龚洪林等，2020）。

（二）深部储层地球物理成像与高温高压储层评价预测技术

1. 深部储层数字地震成像及油气藏识别技术体系

深部储层数字地震成像及油气藏识别技术融合了（超）深层地震弱信号采集、特深层断缝体特色成像、偏移处理技术、超深层断溶体地震预测等核心技术。偏移处理技术中，（多步法）逆时偏移处理技术可以对深层复杂速度场进行更细化和更精确估计，实现对复杂区域的准确成像，更精确地反映深部不同地质目标（图 2-17）；基于波动方程的叠前深度偏移处理技术能够很好解决速度纵横向变化剧烈的地震资料准确成像问题，克服了盐下、碳酸盐岩、火山岩等深层复杂目标成像差的难题（张光亚等，2015；孙龙德等，2015）。

深部碎屑岩薄储层成像和预测技术引入随机反演方法，突破了地震频带的限制，提高储层的纵向分辨率；采用弹性与物性参数联合反演，通过物性参数与弹性参数交叉验证提高深部储层预测的准确性（张生，2017）。地下介质中充填流体会导致地震波发生频散效应，且由于频散程度不同，地震波反射系数及纵横波速度变化率可以利用频散特征进一步提高烃类检测的精度（潘建国等，2020），进而在有利区内识别油气藏。

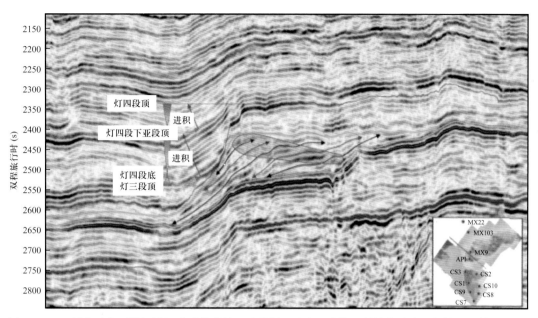

图 2-17　四川盆地高石梯灯影组逆时偏移处理地震剖面（台地边缘反射结构清晰；据姚根顺等，2017）

建立了以海相碳酸盐岩沉积相研究为指导、以模型正演与地震相分析为基础、以相控多参数储层反演为核心的"相控三步法"（超）深层碳酸盐岩储层综合预测技术（李阳等，2020）；深部碳酸盐岩礁滩型储层地震预测关键技术包括全流程井控高保真宽频处理技术、层序地层解释技术、相控波阻抗反演技术、弹性系数烃类检测技术；深部缝洞型储层地震精细预测关键技术包括大沙漠区"两宽一高"为核心的三维地震采集技术、宽方位数据 OVT 域深度偏移处理技术、以地震数据为核心的缝洞体雕刻技术、碳酸盐岩断溶体油藏描述技术，可识别出常规地震采集技术无法识别的小规模储层，已逐步实现了定量化精细刻画含气礁滩储集单元、单个缝洞体—缝洞单元—缝洞带的系统性研究和岩溶缝洞单元定量化预测（杨海军等，2020；林煜等，2021）。

2.深部高温高压储层测井评价技术体系

深部高温高压储层测井评价技术利用电磁波测井、声波时差测井、电成像测井、核磁共振测井和偶极声波测井等新技术，对深层储层的测井响应特征、储层孔隙结构、储层特征参数进行分析；利用 LIC 曲线识别岩性等技术判别岩性、划分储层并计算储层的孔隙度、渗透率等物性参数，构建孔隙结构特征参数定量计算模型，进而评价储层和储层有效性，建立流体识别标准、评价储层流体。

该技术基本解决深部砂砾岩储层岩性、碳酸盐岩缝洞定量识别问题，实现了对深部储层可视化成像、表征和评价，完善了深部油气藏的识别领域。常用的定量识别数学方法主要有模糊聚类算法、贝叶斯聚类分析法、多元统计方法等，LIC 曲线识别岩性方法在砂砾岩储层的岩性判别中更具有优势。

三、深部储层定量评价及油气藏识别预测技术发展现状与趋势

深部储层多参数、多方法地质评价及类型品级综合划分技术方面，利用压实模拟实

验、物理模拟实验和定量评价方法，建立了碎屑岩孔隙度、渗透率参数的单因素法定量预测模型，并总结出一组经验公式，定量研究了深部碎屑岩储层岩石学特征、物性特征、热演化特征（纪友亮等，2017；侯高峰等，2017），形成了一套深部储层参数定量表征、深部储层类型划分、储层油气储量预测综合技术。建立了多尺度海相碳酸盐岩储层建模和表征评价技术·宏观尺度上攻克了平躺露头数字采集的难题，主要应用于勘探早期的储层预测和区带评价；油藏尺度上，通过数字露头建模技术的引入，使储层地质模型由二维向三维延伸，应用于有效储层预测、油气分布特征分析、探井和开发井部署；微观尺度上，建立了渗透层和隔挡层的测井—地震识别图版，主要应用于产能预测和评价（乔占峰等，2019）。将综合评价指标法、灰色模糊综合评判法等应用于石灰岩和礁滩储层，创建了基于地质成因的多参数碳酸盐岩储层定量评价技术，综合利用流动带指标法进行渗透率精细解释，灰色关联法确定指标权重和综合评价指标进行分类评价效果良好（陈培元等，2019；余杭航等，2019）。

深部储层地球物理成像与高温高压储层评价预测技术方面，中国研发形成了较为完整的成像技术系列，包括时间域、频率域全波形速度建模技术，各向同性/各向异性逆时偏移、最小二乘逆时偏移及局部角度域逆时偏移等，但对深层目标的技术适用性、精度与效率上存在许多挑战。储层物性地震预测的阻抗反演技术、储层物性（间接反演、波动方程反演、地质统计反演和人工智能）预测技术和岩石物理分析技术取得进展，尤其是人工智能算法和技术在数据信息中通过机器学习总结出储层物性和数据之间的非线性关系，提供了一种信息融合的途径，可以同时利用地质、地震、测井、岩心和其他一切有用的信息（韩宏伟等，2021），因此成为研究前沿和热点。建立了超深层地震弱信号采集、特深层断缝体特色成像和超深层断溶体地震预测等多项关键技术；形成了以沉积相研究为指导、以模型正演与地震相分析为基础、以相控多参数储层反演为核心的"相控三步法"超深层碳酸盐岩储层综合预测技术；碳酸盐岩高能滩储层和岩溶缝洞型储层地震精细描述及储层预测技术、前陆冲断带复杂构造深度域地震成像技术、建模技术和油气藏综合识别评价技术为特大型气田高效勘探开发提供了有力技术保障（杨跃明等，2019；蔚远江等，2019）。形成了裂缝—多孔隙介质岩石物理模型复杂波场正反演、碳酸盐岩数字岩心岩石物理分析与储层孔隙结构识别等开发储层预测新技术，以及云变换随机模拟缝洞储层定量化地震预测、基于叠前弹性参数反演和分频属性的气藏检测等新技术（潘建国等，2020）。针对深部储层评价和油气藏识别预测，主要采用斯伦贝谢公司MAXIS-500、阿特拉斯公司ECLIPS5700和哈里伯顿公司EXCELI—2000等测井系列设备，中国还研制了远探测反射声波测井仪和ELLOG测井成像系统（张光亚等，2015）。应用遗传算法、BP神经网络、MATLAB神经网络等定量化方法，改进并建立了储层参数与自然伽马、三孔隙度（中子、密度、声波时差）和深侧向电阻率等测井响应及岩性之间的非线性模型，初步实现了深部储层测井定量评价（闫学洪等，2018；张华珍等，2020）。

综观未来，将形成以下发展趋势：一是依据深部地质分析与实验模拟、地震分析以及测井分析三大手段，向强普适性、高精确度、精细化方向发展。二是用更多因素定量约束和预测深部储层物性，向多方法与大数据分析深度融合、综合化与智能化方向发展。

未来重点攻关的方向是：海相深层多类型储层预测原理研究和技术集成创新，实现多参数定量化、综合化评价深部储层及预测深部油气藏；加强宽频地震采集、复杂储层岩石物理建模、高精度叠前保幅成像、反射波反演速度建模角度改善地震成像质量，进一步提高地震反演方法对小尺度非均质体的适应性；发展基于双相介质频率、频散与衰减等波动力学特征的储层敏感属性精细化地震预测、复杂储层综合评价技术；基于数字岩心岩石物理分析的储层孔隙结构地震预测、人工智能深部储层定量预测及流体检测技术（马永生等，2020；潘建国等，2020；林煜等，2021）。深部储层测井评价技术将增强常规及成像测井仪深层适应性，提升耐高温高压技术指标和稳定性；研制具有方位探测性远探测声波测井技术；研发水平井测井解释软件；深化开展非常规储层测井解释基础方法研究（张光亚等，2015）；加强攻关深部高温高压储层测井成像综合评价、裂缝的延展性评价、储层参数的精确计算、储层有效性评价、开发期流体性质识别等测井评价关键技术。

四、深部储层定量评价及油气藏识别预测技术应用范围与前景

深部储层定量评价及油气藏识别预测技术广泛应用于中国东部大于3500m埋深、西部大于4500m埋深的深部储层勘探评价，对塔里木、准噶尔、鄂尔多斯、四川、渤海湾、松辽等盆地的深层碳酸盐岩、深层碎屑岩、深层火山岩或混积岩等领域的油气增储上产做出了重要贡献。例如深部储层数字地震成像及油气藏识别技术体系，使塔里木盆地顺北地区特深层弱信号储层的信噪比提高一倍，频带展宽5~10Hz，提高了储层预测精度；元坝地区储层厚度预测结果与实钻符合率达到93%，多口井获日产百万立方米高产天然气流，预测高产富集带面积98.5km^2（李阳等，2020）。

未来深部储层将成为中国油气增储上产的重要领域之一，该技术发展前景极为可观。通过深化技术攻关，尤其是石油公司间的协同攻关，有望结合AI算法研发具有中国自主知识产权的深部油气藏识别预测新技术、新方法，降低勘探成本，提高深层大斜度井以及水平井作业效率及效益。

第十三节 岩性扫描高分辨能谱分析技术

一、岩性扫描高分辨能谱分析技术原理与用途

岩性扫描高分辨能谱分析技术主要依托岩性扫描高分辨率能谱测井仪LithoScanner（图2-18），通过采用脉冲中子发生器、溴化镧晶体探测器实现俘获伽马谱、非弹性散射伽马谱测量，检测岩石中多达18种元素（表2-10），再根据解谱技术、地球化学组成求出各种矿物含量，从而认识和区别岩性，把储集岩分类成不同单元。

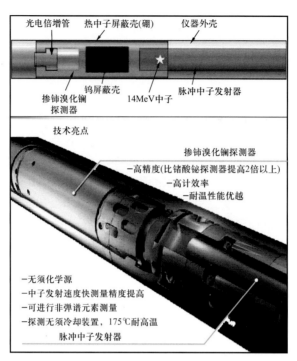

图 2-18　岩性扫描高分辨率能谱测井仪 LithoScanner 外观（据夏宁等，2015）

表 2-10　俘获和非弹性伽马能谱测量的元素（据 Radtke 等，2012，修改）

元素符号	元素名称	俘获反应	非弹性散射反应
Al	铝	●	●
Ba	钡	●	●
C	碳		●
Ca	钙	●	●
Cl	氯	●	
Cu	铜	●	
Fe	铁	●	●
Gd	钆	●	
H	氢	●	
K	钾	●	
Mg	镁	●	●
Mn	锰	●	
Na	钠	●	
Ni	镍	●	
O	氧		●
S	硫	●	●
Si	硅	●	●
Ti	钛	●	

其原理是采用脉冲中子源发出高强度、高能量的快中子，与地层元素中的原子核发生非弹性散射反应，诱发原子核产生非弹性伽马射线；快中子经过一系列的碰撞，损失能量后逐渐慢化为热中子和原子核并被俘获，成为另一种激发态原子核，释放俘获伽马射线。对于相同的原子核，非弹性散射反应放射出的伽马射线能量与中子俘获诱发伽马射线的能量不同，用高计数率且稳定的晶体探测器，记录并区分非弹性散射和俘获过程中诱发的伽马射线（图 2-19），分别得到地层元素的非弹谱和俘获谱。通过 Marquardt 非线性迭代方法确定能量偏移和增益因子，利用实验室得到的元素非弹标准谱和俘获标准谱，通过剥谱处理算法解出元素的贡献份额即元素相对产额。元素相对产额经过氧化物闭合模型算法得到元素干重，优选特定的氧化物指示元素和聚类因子分析等最优化方法分析岩心资料，将元素干重转化为各种矿物组分，实现复杂矿物成分和岩性的准确评价。

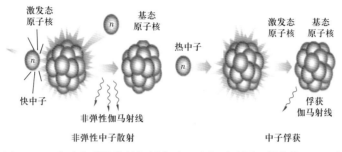

图 2-19　中子非弹性散射与俘获过程示意图（据闫学洪等，2018）

该技术可测量的元素多达 18 种，主要包括铝、钙、铁、钆、钾、硫、硅、钛、钡、氯、氢、镁、锰、钠、铜和镍，非弹性散射伽马谱确定的元素包括碳、氧（表 2-10）。其主要用途：一是方解石和白云石等复杂矿物成分的准确识别，可分析沉积岩、变质岩和火成岩地层岩性组分、储集岩分类，进而确定矿物类型和含量、估算岩石骨架密度、计算孔隙度和饱和度、识别流体，辅助复杂储层岩性精细评价和参数定量计算、储量计算和地质建模、多井对比及地层层序分析。二是对碳元素的精确测量，可直接评价总有机碳含量。目前唯一能够直接测量总有机碳的测井仪器是 LithoScanner，这与其他通过不同测井曲线、利用已建立的回归公式计算总有机碳的方法相比是质的飞跃，对认识复杂油气藏岩性和非常规油气区块评价至关重要。三是井筒流体校正，水基钻井液系统中的添加剂可能会增大总的碳含量，常用一个常数来对其进行校正。油基钻井液系统校正，多根据 LithoScanner 碳测量计算出碳偏差经验值，再基于井径数据测得的井眼几何形状，利用软件计算出一个校正因子对特定的钻井液体系进行校正。

二、岩性扫描高分辨能谱分析技术内涵与特征

该技术利用 LithoScanner 处理解释数据的技术流程主要有四步（图 2-20）。

第一步，现场测井采集俘获能谱与非弹性散射伽马谱。

第二步，通过剥谱处理得到元素的相对产额。剥谱通过标准谱拟合实测谱实现，标准谱是利用岩性扫描测井仪在实验室根据元素已知的模拟地层中采集得到的伽马谱推导出来的。

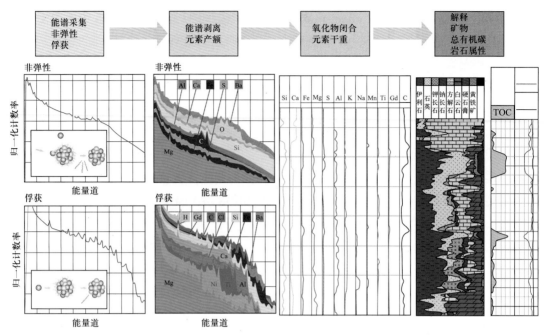

图 2-20　岩性扫描高分辨能谱分析技术流程示意图（据魏国等，2015）

第三步，把元素的相对产额转换为元素的绝对重量百分比，这一步是利用氧闭合技术实现的，需要同时进行俘获元素产额和非弹元素产额的氧闭合处理。

第四步，数据解释过程和分析，在已有元素含量的基础上，根据元素含量选取不同的矿物，利用最优化处理技术得到地层的矿物成分及总有机碳含量。

LithoScanner 相比传统能谱测井仪，该技术具有以下八个特点及优势：

（1）通过提供准确的镁含量，更好地区分白云岩和方解石、石灰岩和白云岩；通过提高 S 的测量精度，从石灰岩中定量得到硬石膏含量。同时提高了 Al、Ba、C、Ca、Cl、Fe、Gd、K、Mn、Na、Si、Ti 及金属元素 Cu 和 Ti 的测量精度。

（2）俘获谱和非弹性伽马谱成功组合使用，精确确定总有机碳（TOC）参数，节省了等待实验室样品测定结果的时间，极大便利了非常规油气藏评价。通过减去非弹性散射伽马能谱中与碳酸盐矿物［方解石 /$CaCO_3$、白云石 /$CaMg(CO_3)_2$、菱铁矿 /$FeCO_3$、菱锰矿 /$MnCO_3$ 和铁白云石 /$Ca(Fe, Mg, Mn)CO_3$］相关的无机碳含量，可得到不受其他因素（干酪根类型及成熟度、当地经验、解释模型等）控制的连续总有机碳含量（TOC，包括孔隙中干酪根、沥青和其他固态烃、油以及天然气等烃类中含有的碳）曲线和计算结果。Schmoker 方法、$\Delta logR$ 方法、LithoScanner 方法和岩心测得的总有机碳结果对比显示，LithoScanner 测得的总有机碳值（图 2-20 右侧柱状图）与岩心测得的总有机碳值匹配最好，特别是总有机碳重量百分比较高的岩石其匹配度更高。

（3）仪器的核心是大型掺铈溴化镧（$LaBr_3$：Ce）伽马能谱探测器，具有出色的谱分辨率、受温度影响较小、具有较高的计数率，大大提高了矿物含量获得的准确度和精度。

（4）具有支持高计数率的高速电子设备，仪器的测量值不受岩心标定和复杂解模型限制。

（5）使用了表现优良的脉冲中子发射器（PNG）发射高密度中子流，废弃了AmBe中子源的使用，从而降低了操作、运输中存在的安全风险、提高了测量精度；同时获得非弹谱和俘获谱；最大耐温350°F（177℃）。

（6）可与大部分裸眼井测井仪组合，且与主要的传输模式（电缆测井、TLC恶劣测井条件下钻杆传输测井及牵引测井器）兼容，仪器外径小、测速快、适应性强。

（7）高速测井的同时也可获得高质量的数据，进而提高元素测量精度，开展准确的总孔隙度定量分析和储层质量量化评价。

（8）对于深井或者水平井，高温条件下，无采集时间限制。

三、岩性扫描高分辨能谱分析技术发展现状与趋势

随着复杂岩性、页岩油气、致密油气等勘探开发的深入，迫切需要准确了解地层岩性及矿物成分，元素扫描测井成为唯一能从现场岩石成分角度解决岩性识别问题的测井方法。2012年10月8日，斯伦贝谢公司在原有的ECS基础上，正式推出了基于14MeV脉冲中子发生器的高分辨率岩性扫描成像测井仪LithoScanner。该仪器的直径4.5in（=11.43cm），可用电缆或钻杆传送，可与其他测井仪器组合应用，测速达到3600ft/h，是常规能谱测井仪器的2倍、测量精度比ECS高4倍。其可在井场提供高分辨率能谱测井数据，实时定量分析复杂岩性地层的矿物成分及总有机碳含量，被美国《世界石油》杂志评选为2012年"世界石油奖"——最佳勘探技术奖。

岩性扫描高分辨能谱分析技术的最新进展：一是该技术以岩性扫描测井相对产额为基础，依托岩心分析数据，形成了一套岩性扫描资料处理解释方法。二是在LithoScanner井筒流体校正方面，由于在页岩地层钻进时很难确保井眼的完整性，所以数据质量可能会有问题而有局限性，斯伦贝谢的科学家为补偿钻井液体系的总有机碳贡献的影响开发了一个更为有效的方法。该方法计算出规则井眼段钻井液的总有机碳贡献值，利用X-Y井径仪数据更准确地模拟扩径井眼段的影响，并在逐一深度上应用实际偏差校正值。使用新方法计算出的总有机碳不再受井眼几何形状影响。三是国内学者在斯伦贝谢公司解释模型的基础上，采用最小二乘法和广义逆矩阵法的数学算法与岩心标定相结合的方式，得到岩石骨架密度、总有机碳含量和含油饱和度，建立了适用于研究区特点的岩性扫描处理解释方法，为岩性扫描测井数据自行解释与调参奠定了基础（闫学洪等，2018；申本科等，2024）。

综观未来，以LithoScanner为代表的地层多元素能谱测井技术和装备将向更可靠、高精度、高效率、网络化方向发展；测量方向向多源、多波、多谱、多接收器方向发展；测量参数由二维向三维立体成像发展，更大提高井眼覆盖率，提高测量地层非均质的精度（李崇飞等，2017）。

四、岩性扫描高分辨能谱分析技术应用范围与前景

LithoScanner®的测量范围为1～10MeV，垂直分辨率为45.72cm，已成功应用于北美和南美的常规油气藏及大型页岩气田，测井数量达数百口。中国近期已在四川盆地南部

龙马溪组页岩气储层（梅珏等，2015；申本科 2024）、柴达木盆地古近系—新近系致密油储层（魏国等，2015）、渤海湾盆地复杂砂岩储层（王培春等，2016）、松辽盆地深层基底变质岩复杂岩性储层和青一段泥页岩非常规储层（闫学洪等，2018）、海外安第斯项目油田开发（张健，2018）、准噶尔盆地玛湖凹陷二叠系风城组混积岩页岩油气（毛锐等，2022）逐渐推广应用。

岩性扫描高分辨能谱分析技术目前在中国主要集中用于常规复杂岩性储层和非常规储层研究，使用深度 2500～4500m。随着未来的不断完善，应用将进一步拓宽，势必促进油气勘探领域的大发展。

第十四节　油气资源与勘探目标一体化评价技术

一、油气资源与勘探目标一体化评价技术原理与用途

油气资源与勘探目标一体化评价技术是指利用先进的计算机技术和数据库技术，以长期积累的评价参数和丰富的勘探资料为基础，利用可视化技术，在统一的系统和数据平台下，高效动态地实现盆地、含油气系统、区带、圈闭及区块等多层次的地质评价、资源量（储量）估算、风险分析、工程评价、经济评价及勘探决策分析的一体化综合评价与决策管理前沿技术（潘继平等，2007）。

其主要原理是：基于成藏动力学模拟技术和数据资料积累，将资源与远景勘探目标这两个分属不同研究范畴的问题整合在一起，通过构建油气藏全生命周期的数据湖和知识库系统平台，基于平台规则来甄选地质工程核心数据，认证油气藏勘探开发的核心"金数据"，实现专业数据便捷高效连通和参数交互优化，促进地质工程一体化数据融合，大幅度提升数据利用效率与准确性，形成一体化综合快速评价。

该技术主要用于勘探早中期和开发初期针对盆地、含油气系统、区带、目标等不同级别对象进行评价，运用现代石油地质理论预测油气资源的空间分布；应用有效勘探方法精确发现目标（圈闭）；优选低风险、低投入勘探目标提供钻探从而迅速获得经济储量。随着近年油气生产进入勘探中后期和开发阶段，研究不断深入和拓展，延伸演变、融合发展为"地质工程一体化"评价技术，更加重视促进储量动用和产量增长，以最终实现效益最大化。

二、油气资源与勘探目标一体化评价技术内涵与特征

油气资源与勘探目标一体化评价技术的核心要素：一是一体化的综合评价技术，可评价盆地、含油气系统、区带、钻探目标等不同级别对象，实现区域资源潜力评价与勘探目标评价的紧密结合；二是高度集成的动态模拟技术，按照"从烃源岩到圈闭"的含油气系统研究思路，以油气成藏动力学模拟技术为核心，在软件系统中直接实现从盆地演化、油气生成到油气成藏全过程动态模拟和油气资源到目标的空间匹配（米石云等，2009）。其核心内容是远景目标资源潜力分析（潜在资源量评价）、勘探目标优选及地质

风险评价、经济评价、勘探决策体系、数据库与软件支撑系统（评价参数、刻度区类比库）、可视化和随钻钻后信息反馈系统七大模块技术集成的一个封闭系统，已成为大石油公司实现高效勘探和资源动态管理不可或缺的勘探决策工具。

该技术的关键环节在于数据库结构和基础平台建设，要将地质评价、风险分析、资源评价、经济评价等应用软件集成和整合到统一信息平台上。其总体结构和应用流程简述如下。

（一）评价资料管理与应用的一体化

勘探评价研究分为专项地质研究、综合地质研究及勘探决策分析三大方面。要实现从区域资源评价直至勘探决策分析的一体化评价，应首先实现对基础地质资料、专项地质研究成果、综合地质评价成果、勘探决策成果等所有勘探评价资料管理与应用的一体化。

根据基础数据库的建设和一体化评价的理念，利用数据管理中心技术（数据银行技术），开发油气勘探评价数据库系统，主要包括与资源评价和目标评价相关的参数和指标，特别是各种类比参数、临界参数和刻度区参数等，通常来源于大量的勘探实践积累。

（二）"资源评价"与"目标评价"的一体化

对不同勘探阶段、相应每一级次勘探对象的评价都应包括油气资源评价及勘探目标评价两大方面。则油气资源评价不再局限于以往专门针对宏观对象的资源量计算，而应是根据具体勘探阶段，对所对应勘探对象地质评价、油气资源潜力评价的综合，具体可细分为盆地资源评价、含油气系统资源评价、区带资源评价、圈闭资源评价，甚至区块或井区储量评估。而勘探目标评价应扩展到对不同勘探阶段勘探对象的有利目标区评价与优选，包括有利生烃凹陷优选、有利运聚单元优选、有利区带优选、有利上钻目标选择等。

（三）勘探评价研究内容的一体化

油气资源与勘探目标一体化评价系统一般包括资源空间分布预测、投资组合与勘探决策两大环节（图2-21）。勘探评价包括油气资源评价、勘探目标评价、勘探部署决策三大方面。其中，资源评价结果是勘探战略规划制定的主要依据；勘探目标可靠性分析结果将直接作为目标优选与决策的最主要依据；利用资源评价与目标评价结果，采用适当的优选算法，形成勘探目标优选与决策意见，是勘探评价研究的最终成果（米石云等，2009）。

（四）评价应用软件的一体化

勘探评价按地质对象可划分为盆地、含油气系统、区带、圈闭、区块五个评价级次（图2-21）。作为勘探评价的一体化应用集成系统，必须实现对上述不同级次对象的定量评价，应具有适用于不同评价对象的专业应用软件系统：盆地/含油气系统模拟子系统、区带评价子系统、圈闭评价子系统、经济评价与勘探决策子系统、区块综合评价子系统等。

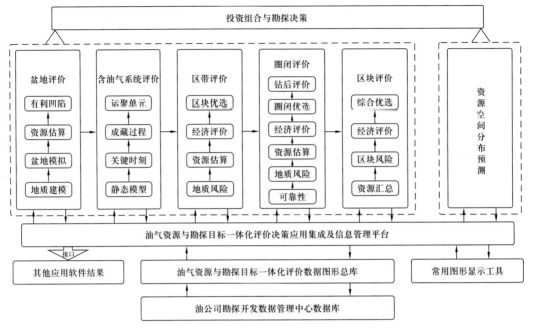

图 2-21　油气资源与勘探目标一体化评价系统总体结构（据米石云等，2009）

（五）勘探评价研究的动态化

对任何地质对象的评价与认识，都是一个不断循环往复并不断提高的过程。油气资源与勘探目标一体化评价技术具有勘探基础数据、评价参数及评价成果组成的底层数据库，能够满足动态化评价研究需求。

该技术的特征和优势：一是通过多层次的一体化评价能够实现资源接替与勘探同步，可有效指导勘探，加快勘探节奏、增强市场敏感性和反应能力；二是一体化评价通过成藏过程反演和成因约束有利于提高资源计算和目标评价预测的可信度，有效提高勘探功率，为高效勘探和资源动态管理提供了最佳研究构架和操作模式；三是该技术增强了市场敏感性和反应能力，可减少由于决策者凭直觉、预感和片面经验造成的失误，从而提高勘探效益。

资源与目标一体化评价技术代表了综合勘探技术发展总的趋势或潮流。与传统的单一资源评价、单一目标评价对比（表 2-11；潘继平等，2007），资源与目标在一体化评价的框架下更紧密、更有针对性，评价内容更系统、全面，评价对象也更广泛，大到盆地，小至油气藏，时效性强，有利于油公司快速、高效综合评价，提高勘探效率，实现资源动态管理。

三、油气资源与勘探目标一体化评价技术发展现状与趋势

油气资源与勘探目标一体化评价技术在国外已有数十年的发展，20 世纪 80 年代后期大石油公司逐渐建立起较为统一的油气勘探目标评价决策系统。目前该技术，尤其是风险分析和管理已广泛应用，各公司形成了自己的勘探目标评价方法和软件系统，内容包括烃源岩、储层、圈闭和成藏动力学四大要素的描述，地质、工程、经济和风险分析，

钻后评价和油气可采储量评估等方面，成为竞争环境中赖以生存的核心技术，均被各自独立拥有，国际上并无商用软件。其评价结果符合油公司勘探经济准则，具有较高的可信度，基本实现了快速、高效的综合评价和勘探决策，服务于日常勘探实践、中长期勘探规划和资源管理。

表2-11　一体化评价与传统资源评价、目标评价的对比（据潘继平等，2007）

对比项目	传统资源评价	目标评价	一体化评价
工作组织与划分	独立的资源评价，与目标评价明显脱节	独立的目标评价，与资源评价脱节	勘探对象评价的两个方面，资源评价与目标评价紧密结合
评价目的	摸清盆地或含油气系统的资源潜力，以指导勘探领域、勘探大方向的选择，服务于宏观战略规划	服务于日常勘探业务	准确揭示各层次勘探对象的资源量，评价具体目标的勘探风险，实现宏观与微观，中长期与年度勘探部署的统一
研究内容	侧重于对油源条件描述，估算资源量	区带或圈闭的资源潜力和地质风险，侧重于钻探目标评价	明确各层次目标资源量和资源空间分布，侧重于地质、风险、经济等综合评价
评价方法	资源量计算的各种方法，包括统计、类比与成因等方法	目标描述与评价方法	资源量计算方法，目标评价方法及资源空间分布预测方法
评价对象	主要针对盆地、含油气系统及区带	侧重于圈闭及具体油气藏	盆地、含油气系统、区带、圈闭及区块，甚至具体油藏
研究人员	专门的区域综合研究人员	专门的圈闭评价人员	同一研究小组，只有地区划分，没有专业划分
动态化要求	无动态化要求，周期一般3～5年	日常动态化要求较高，随时服务勘探	实现日常化、动态化评价

其中发展最快的是综合快速一体化评价技术，主要形成了勘探基础数据（图形）库系统（包括基础数据库和数据管理与应用软件集成平台）、油气资源评价系统、勘探目标评价系统、可视化系统四大系统。近十年圈闭勘探评价系统比较完善，可信度不断提高，在上游业务得到了广泛应用，极大地提高了其油气勘探效率和成功率。

总体看，国外油气资源与勘探目标一体化评价技术主体成熟正处于高速发展阶段，许多跨国石油公司竞相研究开发和推广应用其数据库和一体化平台建设完备，并居于国际领先水平，形成了一整套相关理论和配套技术，已经达到规模化工业应用的水平。

国内单一评价技术发展较快，已建立起科学完整的动态资源目标评价体系。一是形成了勘探目标评价方法及业务流程，包括区带/圈闭资源量估算、地质风险评价、地质综合评价及经济性评价等，强调区域综合研究在具体目标评价中的综合应用与统一。二是建立了勘探目标评价应用软件及数据库支持系统（包括盆地分析模拟、区带评价、勘探目标经济评价与优选软件等）以及具自主知识产权的一体化油气资源评价（PetroV）软件（盛秀杰等，2014）、圈闭评价系统 TrapDes、油藏描述系统 RICH 软件，强调勘探目标的动态、螺旋上升式循环跟踪评价和数据库系统支持，并形成中国石油总部、吉林油田及克拉玛依油田等多个成功范例。三是提出建立相应的科研管理体制，即符合国际惯例的（纵向）项目管理体制，以促进、强化和方便相关交流与综合研究。四是提出由高素质综合地质人员与软件使用人员实施评价实践，并在改进现有资评数据库平台的基础上逐渐加入或集成含油气系统分析与成藏过程研究软件系统、圈闭描述与评价软件系统、钻后评价（油藏描述系统）与信息反馈软件系统。五是近期初步建立了基于全油气系统理论和 TSM 盆地模拟技术的常规—非常规油气资源一体化评价新方法和流程，可统一开展源内体系和源外体系油气形成演化全过程的模拟和资源量计算（宋振响等，2023），有待与勘探目标（/"甜点"）评价的一体化结合。该技术目前已逐渐由勘探早中期的"资源目标一体化评价"向勘探中后期和开发阶段的"地质工程一体化评价"演变发展，形成新的研究热点和技术前沿。

分析未来发展趋势：一是区域资源评价与勘探目标评价的紧密融合，评价思路与软件系统将有效提高勘探评价水平与实效。二是加强数据库建设和区域综合评价技术研发（米石云等，2009），深化评价参数体系和刻度区解剖，加快形成统一标准和有效积累，完善勘探目标风险评价和经济评价。三是动态勘探目标评价体系的建设，将建立一套完整的勘探目标评价方法及评价实施规范、面向具体目标评价的先进科研管理体制及科研工作流程、动态及综合的勘探目标评价软件平台、与国际接轨的日常动态勘探目标评价体系。四是"资源目标一体化评价"技术体系的升级化、综合化发展以及与油气系统的"地质工程一体化评价"融合发展，并通过烃源岩精细评价和油气运聚模拟技术（宋振响等，2023）、三维油气成藏动态模拟与三维空间含油气概率、大数据分析研究（李娜，2018；赵志刚，2019），直接实现油气资源到各目标的空间匹配。

四、油气资源与勘探目标一体化评价技术应用范围与前景

油气资源与勘探目标一体化评价技术广泛应用于各类盆地、含油气系统、区带、圈闭、区块常规与非常规油气的油气资源和勘探目标一体化评价之中，将独立的油气业务应用及油气管理数据库建立和集成到一个集成环境中，实现一体化、综合性的信息化应用。

近年来，在勘探领域不断向深海、深层、复杂地表及非常规扩展，在勘探风险加大、成本增加的背景下，油气资源与勘探目标一体化评价技术发展迅速、倍受油公司青睐。展望未来，集宏观与微观、管理与技术、资源评价与目标评价于一体的综合快速一体化评价技术，将在虚拟现实技术的发展、基础信息平台的建设、各类油气勘探评价技术研究等方面，凸显出广阔的应用前景。将拓展至新区带/块、新领域、新类型、新层系和（超）深层、深海、非常规油气井区的全油气系统、"甜点"（区）综合评价，大大提高钻探成功率，全力降本增效。

第十五节　多尺度数字岩石分析与三维可视化表征技术

一、多尺度数字岩石分析与三维可视化表征技术原理与用途

多尺度数字岩石分析与三维可视化表征技术是利用计算机图像处理技术，通过数学建模、定量分析、物理场模拟等手段刻画、分析多尺度岩心微观结构，通过一定算法构

建三维数字岩心模型，数字化、可视化表征其岩石内部孔隙格架、矿物组构及岩石物理属性的一项前沿技术（朱如凯等，2018；吴翔等，2023）。

其技术原理是基于实际多尺度岩心样品，采用计算机扫描成像技术、无损测试方式，将其微观结构、储集空间、赋存流体等以二维、三维图像或数据形式刻画出来，通过多尺度数学建模、定量分析、物理场模拟等手段和一定算法构建可重复使用的三维数字岩心模型，结合渗流特性、声学特性及核磁共振特性等数值模拟实验，开展其岩石内部孔隙格架、矿物组构及岩石物理属性的数字化、可视化表征。

该技术通过数字化方法（包括三维图像、离散数据、连续数据分析等）从不同侧面以不同方式完整描述岩心的多维数据体，较准确获得、快速复现岩心多尺度孔隙结构、矿物成分、粒度分布等各种物理特性；通过岩石物理属性模拟可以研究储层岩石电性、声学、弹性、渗流和核磁共振特征；多种手段相结合建立多尺度、多组分三维数字岩心模型；运用多尺度数字岩石物理分析技术开展复杂储层评价（孔喉、裂缝等储集空间表征，矿物、有机质等岩石结构描述，孔隙度、渗透率、有机碳等参数及特征分析）、低电阻率储层成因机理定量分析、流体特性分析、求取困难条件下的测井解释模型参数、分析各种微观因素对岩石物理属性的影响等，最终实现对勘探开发工作的指导。

二、多尺度数字岩石分析与三维可视化表征技术内涵与特征

多尺度数字岩石分析与三维可视化表征技术系列的核心内涵包括多尺度数字岩心重构与数据库技术、多尺度数字岩心图像分析与固体组分评价技术、多尺度数字岩石建模与物理属性模拟技术、多尺度数字岩心三维可视化表征与评价技术四个方面。

（一）多尺度数字岩心重构与数据库技术

目前，重构多尺度数字岩心主要有物理实验构建、数值模拟重建两种方法。

1. 物理实验构建方法

借助实验仪器直接获取储层岩石图像，如借助共聚焦激光扫描显微镜（CSLM）、透射电子显微镜（TEM）、X射线计算机层析成像仪（X-CT）、聚集离子束—扫描电镜（FIB-SEM）等高精度仪器直接获取岩心不同截面的二维图像，采用一定的数学方法对二维图像进行三维重建得到三维数字岩心。主要方法包括序列切片叠加成像法（Vogel et al.，2001；Tomutsa et al.，2007）、激光扫描共聚焦显微镜法（Petford et al.，2001；Shah et al.，2014）和X射线CT扫描法（Rosenberg et al.，1999；Arns et al.，2005；王晨晨等，2013；屈乐等，2014；刘向君等，2017）等。其中，X射线CT扫描法是目前最常用的数字岩心建模方法（朱伟等，2014；林承焰等，2018）。物理实验法构建三维数字岩心，通常费用昂贵、耗时并且在储层非均质性较强时难以获得代表储层特征的数字岩心（赵建鹏等，2020）。

2. 数值模拟重建方法

可以根据储层特征随需求调整参数，得到不同孔隙结构特征的数字岩心，相对具有一定灵活性。主要借助岩心二维图像等少量资料，通过图像处理技术得到建模信息（孔隙度、粒度分布、自相关函数、变差函数等）和约束条件（孔隙度两点相关函数、线性

路径函数等），之后借助各种数学算法优化生成与原始图像统计特征一致的三维数字岩心，包括三维随机模拟重建法和过程模拟重建法。

（1）三维随机模拟重建法大多来源于储层建模的地质统计学方法，包括模拟退火方法（王晨晨等，2012；邹孟飞等，2015；莫修文等，2016）、高斯随机场方法、顺序指示模拟方法（SISIM）（Keehm et al.，2004，朱益华等，2007，刘学锋等，2009）、多点地质统计方法（Okabe et al.，2005；张挺，2009；张丽等，2012；刘学锋等，2015a；庞伟，2017；吴玉其等，2018）、马尔科夫链—蒙特卡洛（MCMC）模拟法（Wu et al.，2004；王晨晨等，2013；张思勤等，2015；郭江峰等，2016；聂昕等，2016）、四参数生成算法等。

（2）过程模拟重建法（Process-based Simulation Method）是通过对自然界中岩石形成过程的主要地质作用（沉积、压实、成岩）进行模拟，调整参数以匹配相应属性，构建能够精细刻画岩石颗粒特征的数字岩心（田志等，2019）。该方法能够较好地控制岩石颗粒粒度、颗粒分选性、胶结方式等微观结构信息且构建的数字岩心连通性上较三维随机模拟重建法有很大优势，因此在研究碎屑岩储层微观因素对岩石物理属性影响方面广泛应用。

3. 其他重构方法

针对具有特殊结构的岩心，通过叠加法和改进的过程法分别构建了含裂缝的数字岩心和层状结构数字岩心，基于深度学习中循环一致生成对抗网络（Cycle GAN）方法重构了多源、多尺度三维数字岩石，基于柱塞岩心和毫米柱塞样品多分辨率图像融合技术构建了砂岩多尺度、多组分数字岩心（崔利凯等，2017）。

数字岩心数据库技术是基于多尺度、多分辨率、多组分岩性数据资料和数据库语言而建立，具有实验数据管理、实验数据分析、文档管理、实验室管理、与测井解释数据库的访问接口等功能，主要管理岩心的各项实验所涉及的测量参数和测量环境参数、对测量数据进行分析处理、实验报告和图形化分析结果的自动生成、管理由实验成果形成的成果库、管理实验涉及的计算公式和文档、可实时查询岩心地层信息、原始实验数据以及成果信息等功能。

（二）多尺度数字岩心图像分析与固体组分评价技术

数字岩心图像分析是在图像预处理（滤波、阈值分割等）后分析岩心微观结构信息，涵盖孔隙结构分析、矿物分析、粒度分析等方面。

基于数字岩心的孔隙结构分析包括两类方法：一是基于数字岩心三维图像的直接分析法，大多依赖 Avizo 软件，通过对三维数字岩心灰度数据进行二值分割或多阈值分割获得孔隙组分，进行孔隙连通性表征与孔隙结构参数定量分析等；二是基于孔隙网络模型的孔隙结构分析方法，通过某种特定的算法从阈值分割后的三维数字岩心图像中提取结构化的孔隙和喉道模型来表征孔隙空间，该孔隙结构模型保留了原数字岩心三维图像的孔隙分布特征以及拓扑结构。"最大球"算法是目前提取三维数字岩心孔隙网络模型的主要方法，可定量计算孔隙半径、喉道半径、孔喉比、形状因子、配位数等孔隙结构参数（赵建鹏等，2020）。

基于数字岩心的矿物分析，主要通过对比 QEMSCAN 确定的矿物分布图和 MicroCT 扫描岩心切片的灰度图，建立 CT 扫描灰度值与不同矿物组分的对应关系，再对 CT 扫描的整块岩心矿物组分进行识别。

基于数字岩心的粒度分析，主要通过三维图像处理及可视化软件（如 ImageJ、Avizo 等）直接从阈值分割后的图像中提取粒度信息，在三维尺度上进行粒度分析。

多尺度数字岩心固体组分评价新技术近年主要有三类：一是矿物组分二维多尺度表征技术，通过拉曼光谱（Raman Spectra）分析与显微成像手段结合、扫描电镜矿物定量评价系统（QEMSCAN）实现不同尺度二维矿物定量评价。二是矿物演化分析技术，主要基于 QEMSCAN 矿物自动微区识别技术开发，研究有机质孔隙张开闭合、矿物孔隙坍塌与生成、成岩、胶结、溶蚀、孔隙形成等信息，联合 CT 扫描技术实现三维分析。其实验流程是：采集样品→粉碎成 200 目左右的粉末→将粉末放入水热釜中，不同温度下进行矿物转化反应→将上述水热反应后粉末样品干燥并压片→分析检测反应前后粉末样品矿物组分并比较差异。三是有机质分布表征技术，主要利用 FIB-SEM 方法研究有机质三维空间分布，实现有机质内部次级微结构的纳米级尺度观察；研究有机质内部潜在的孔隙空间与运移通道、有机质孔隙三维空间展布和连通性（朱如凯等，2018）。

（三）多尺度数字岩石建模与物理属性模拟技术

多尺度数字岩石建模与物理属性模拟技术通过实际岩样扫描成像和精细实验数据的综合分析，建立岩石物理量之间的函数关系，通过一定算法和图像分析提取建模信息，基于二维、三维精确成像以及三维图像重建，构建数字岩石模型和三维数字岩心，开展物理属性模拟。

该技术目前主要分为两大类，即基于混合叠加、模板匹配和深度学习的图像融合建模方法，以及带有显式微孔网络的、仅添加额外喉道的和含裂缝系统的孔隙网络整合建模方法。

第一类图像融合建模方法是将不同视场、不同分辨率的岩石图像数据融合在一个三维数据体中，包括三维随机模拟重建、混合叠加、模板匹配和深度学习四种方法构建多尺度数字岩心。其中，三维随机模拟重建法已在前文简述。

混合叠加法是针对不同尺度图像的视场和分辨率不一致，融合之前将低分辨率图像上采样并对高分辨率图像三维随机重建。如果小尺寸图像与大尺寸图像分辨率之间的比率为 i，则每个具有低分辨率（孔隙或基质）的体素被细化为 $i \times i \times i$ 个体素。通过上述步骤后，原尺度不同的图像具有了相同的体素数和物理尺寸，将其孔隙或固体空间通过逻辑运算融合成一个数据体，从而叠加数据和图像形成三维数字岩心。

模板匹配法主要是比较两种模式匹配与否，目前已广泛应用于多孔介质构建。其主要流程是：首先构建包含小尺度信息的模板集合，其次将低分辨率图像细化并确定未解析的目标区域，接着将模板在大尺寸图像上滑移并旋转，直到与目标区域相关度最高，最后进行模板匹配耦合图像。

深度学习法近年已广泛应用于数字岩石领域，包括图像分割、三维随机重构、超分辨率重建和岩石物理属性预测等。其中超分辨率重建是克服视场与分辨率矛盾的有效方法。

第二类孔隙网络整合建模方法是利用中轴线法、最大球法和分水岭算法等分割好的二值图像直接得到孔隙网络模型（Pore Network Model，PNM），将多孔介质复杂的孔隙空间简化成规则的几何体，各尺度数据通过特定的连接方式集成一个 PNM。细分为带有显式微孔网络的多尺度 PNM、仅添加额外喉道的多尺度 PNM、含裂缝系统的多尺度 PNM 三种方法，进而构建多尺度数字岩石模型。

基于三维数字岩心的岩石物理属性模拟技术是通过一定的数学物理算法进行岩石物理属性模拟，关键内涵主要包括电性特征模拟、声学特性模拟、弹性特征模拟、渗流特征模拟和核磁共振特征模拟五个方面。

一是电性特征模拟，主要有格子气自动机法、有限元法两种方法，有限元方法是目前研究数字岩心电性的主流方法。

二是声学特性模拟，可以扩展岩石物理有效介质模型的适用性、研究流体替换对岩石弹性参数的影响，找出对流体变化敏感的参数，更有效地进行流体性质识别。

三是弹性特征模拟，可分为线弹性静力学模拟和波场模拟两类，数字岩心线弹性静力学模拟主要基于有限元方法，是目前的主流方法。

四是渗流特征模拟，主要用于计算岩石的绝对渗透率和相对渗透率。（1）直接基于三维数字岩心分割后的二值图像，采用格子玻尔兹曼方法进行流动模拟，或者采用有限元方法等数值算法求解 Navier-Stokes 方程，从而得到岩石的渗流参数；（2）基于数字岩心提取孔隙网络模型，采用孔隙级流动模拟理论和方法进行流动模拟并获得岩石的渗流参数。直接模拟法最大优点是无须对岩心孔隙空间进行简化，保留了岩心孔隙结构的精细信息；对孔隙介质流体运动的模拟更符合物理实际情况，所以适用于模拟具有复杂孔隙结构岩石（如裂缝性碳酸盐岩）的渗流特征。

五是核磁共振特征模拟，主要采用随机行走算法模拟三维数字岩心的磁化强度衰减曲线，并通过解谱得到核磁共振 T_2 谱（Talabi et al.，2009）。模拟包括三步流程：第一步，粒子随机分布在岩石孔隙空间中，在每个时间步中，粒子从它们初始位置移动到一个新的位置；第二步，如果粒子进入岩石骨架与固体表面碰撞，它有一定的概率会陨灭而消失，消失概率与表面弛豫强度有关；第三步，如果粒子存活，其位置不发生改变，同时进行时间的更新，则发生反弹进行下一步游走，否则粒子被吸收、衰减完毕。通过对大量粒子重复这个过程，可以得到随机行走粒子的生命分布曲线，进而计算总的磁化强度衰减曲线，通过多指数反演可以得到 T_2 谱分布（邹友龙等，2015；郭江峰等，2016），进而提取岩心孔隙度、渗透率及弛豫时间范围内孔隙组分在孔隙度中的百分含量。

（四）多尺度数字岩心三维可视化表征与评价技术

多尺度数字岩心三维可视化表征与评价技术是基于虚拟的数字化模型和计算平台，通过扫描成像、建模和计算机模拟把描述多尺度数字岩心三维结构、物理特性的数据（体）转化为图形、图像，并运用颜色、透视、动画和观察视点的实时改变等视觉表现形式直观、立体展示出来，进而进行数值分析、精细化表征和可视化评价。

目前，实现三维数据体可视化在屏幕上的显示方法，常用的主要有表面绘制法、点绘制法和直接体绘制法三种。表面绘制法通过对三维数据体表面信息的重构，将其投射在显示设备上。先从三维数据体的切片数据中获取等值面，之后采用计算机图形学技术生成物体的表面信息，通过多边形绘制的相关方法进行显示绘制物体的整体轮廓和表面。点绘制方法将物体表面数据分割成离散化的点集，这些点集中包含着物体表面全部的几何信息，甚至是物体的材质外观等信息，当这些点之间不包含相互直接的连接情况，能够十分灵活的实现高分辨率的绘制。直接体绘制法将三维数据体分割为各个体素，每个体素都包含透明度和颜色值等信息，体绘制方法通过计算每个体素对当前输出光线的累积和贡献结果，最终可在显示设备上得到三维数据体的投影图像（罗志鹏，2019）。

多尺度数字岩心三维可视化主要可利用两种途径实现。一种是基于计算机开发语言，结合图形函数库进行自编程可视化技术开发，实现模型的三维可视化研究；另一种可通过成型的三维可视化建模或再现软件进行可视化研究（黄瑞等，2019）。

综上所述，多尺度数字岩石分析与三维可视化表征技术具有四个方面突出特点和优势：一是计算速度快、费用低，其凭借数字化信息技术颠覆了传统方法，三维数字岩心一旦建立，便可一周内快速提供多种岩石物理属性（电阻率、声波速度、渗透率和核磁共振响应等）数据，例如耗时长达一年的流动物理实现通过算法模拟仅需几秒时间。二是测试样品选择灵活，可对岩屑、疏松砂岩、老岩心、破损岩心和井壁取心等几乎所有样品、取心困难岩石进行三维数字岩心构建及数值模拟分析，可在一定程度上代替需要直径 1in 圆柱体岩心的传统实验，可以揭示传统实验无法展现的岩石内部物理现象、从微观角度解释宏观现象。三是可控性强，可重复使用、无损测试，可模拟三相相对渗透率等常规岩石物理实验难以测量的物理量，可根据需要调整数字岩心微观参数，有利于认识岩石微观参数对储层宏观物理属性的影响。四是海量处理、绿色环保，其基于岩石基因可快速推算出油田的大量生产数据，从而获得油田行为趋势，且在数值模拟过程中无须使用对环境有影响的化学试剂（赵建鹏等，2020）。

三、多尺度数字岩石分析与三维可视化表征技术发展现状与趋势

国外斯伦贝谢、壳牌和雪佛龙等大型油服公司和石油公司都较早地开展了数字岩石物理技术研究，已建成三大数字岩石物理实验室（澳大利亚国立大学的 Digital Core Laboratory、斯坦福大学的 Ingrain Digital Rock Physics Lab 以及挪威的 Numerical Rocks），为国外各油田提供了很多的岩心测试服务。国内中国石油、中国石化、中国海油等大型央企和相关高校、民营企业的研发富有成效。目前国内外最先进的数字岩石技术及仪器均来自几个专业的岩心分析公司（表 2-12）。

目前，开展了物理实验构建方法、数值模拟重建方法构建三维数字岩心的研究，建立了数字岩心数据库和相关软件。数字岩心数据库技术已分别在长庆、青海、吐哈、大庆、二连等油田建立了数字岩心实验系统，完成 3200 个以上岩样的数字岩心快速测量分析，建成了数字岩心实验数据库分析系统，以实现对各油田分区、分层位岩石物理综合数据查询、通过聚类分析、关联分析实现数据挖掘及冗余数据的处理、数据分析建模及误差处理分析，有效提高了数字岩心实验结果的时效性和可靠性。

表 2-12　目前国内外最先进的数字岩石技术、仪器和相关公司

代表性公司	技术或工具	主要应用
斯伦贝谢	CoreFlow	数字岩心和流体分析
	SEM	成像和分析仪
	DHD	流体动力学孔隙流动模拟
	EOR	实验室分析服务
哈里伯顿	Ingrain	数字岩心分析
贝克休斯	DCA	数字岩心分析
	VAS	挥发物分析
Care Laboratories	UltraScan	高频分析技术
	Dual Energy	X 射线扫描工具
	MicroScan	CT 扫描仪
CGG SA	QEMSCAN	电子显微镜
	RoqScan	现场实时矿物学分析系统
数岩科技（国内）	地智云	数字岩心智能库
	数岩科技产品组	岩心扫描仪
科吉思（国内）	HeliScan	数字岩心一体化服务
	QEMSCANTM	岩心岩屑分析系统
	PorGeos	数字岩心分析及三维可视化软件

　　诸多学者建立了多组分（矿物）数字岩心技术，包含灰度信息的 CT 图像或 SEM 图像、结合包含矿物信息的综合自动矿物岩石学检测（QEMSCAN）技术或能量色散 X 射线光谱（EDS）构建，基于模板匹配的思想构建了多种类型的多尺度数字岩心（吴翔等，2023）。

　　研发建立了基于混合叠加、模板匹配和深度学习的图像融合建模方法和带有显式微孔网络的、仅添加额外喉道的和含裂缝系统的孔隙网络整合建模方法。孔隙网络整合建模法能够实现多个连续尺度的建模，模型储存空间小且数值模拟效率高，但可研究的物理属性受限（吴翔等，2023）。图像融合建模法能够真实反映不同尺度岩心的孔隙、矿物三维分布并进行多物理场模拟，但受计算效率限制难以实现尺度差异较大的混合建模。

　　分别采用 SRCNN（Super-Resolution Convolution Neural Network）框架、基于卷积神经网络、生成对抗网络（Generative Adversarial Network，GAN）、周期一致的生成对抗网络、基于条件生成对抗网络的深度学习法生成了高分辨率的砂岩与碳酸盐岩图像，可以生成任意尺度的三维数字岩心（吴翔等，2023）。

　　应用有限元方法对数字岩心进行了线弹性静力学模拟，涉及岩石微观结构、孔隙流体性质、饱和度变化等对数字岩心弹性参数的影响（Arns et al., 2005；赵建鹏等，2020）。

　　多尺度数字岩心三维可视化表征与评价技术已经逐渐成为储层地球物理和岩石力学

等领域的研究热点。当前数字岩心可视化数据来源：一是利用 CT 扫描仪进行岩心实物的扫描，通过图像处理和识别算法将所获得的二维数据源构建为三维的数字岩心源。二是通过岩石粒度分析资料、薄片分析、切片组合等方法手段，获得用于前端可视化展示的数据源，再基于所获得三维数据源，结合前端显示设备与计算机三维可视化技术，完成数字岩心的前端输出与可视化再现研究。可支持编程开发的语言也多种多样，主要包含 VC++、VB、C#、JAVA 等常用语言，支持的图形库主要以 OpenGL、DirectX 等常用图形支持技术。对于数字岩心二维可视化软件主要包含了 FEI 的 AVIZO 图像处理与建模软件，ThermoFisher 公司的 PerGeos 软件及清能艾科（深圳）能源技术有限公司的 DNA-VIZ 数字岩心软件等方面，对于数字岩心的三维可视化再现具有较好的技术支撑作用（黄瑞等，2019）。

展望未来，该技术将形成以下发展趋势：

一是利用更加广泛的资料手段获得数字岩心，如录井岩屑资料、粒度资料、压汞资料、核磁共振与电成像测井资料等；采用多种手段结合，如 CT 与 FIB-SEM（Focused Ion Beam Combined with SEM）成像技术结合得到分辨率高达 3nm 的三维数字岩心。

二是建立适合于碳酸盐岩、致密砂岩、页岩气等复杂储层的多尺度、多组分三维数字岩心，使其同时包括宏观次生孔隙和微观基质孔隙以及各种矿物组分。

三是开展更加广泛和深刻的数字岩石物理实验和物理属性模拟，攻克数字岩石的精确提取矿物、确定适当的代表体积元大小等共性问题，实现利用实验数据优化建模、按需研究物理属性建模、结合均化等效理论建模、测录井等多学科的结合。在声学特性模拟方面，不局限于模量模拟，还可以开展全波列模拟。

四是结合电成像与核磁共振等成像测井技术，利用数字岩心技术构建三维可视化数字井筒，实现全三维数字测井响应模拟，为构建全新测井数据处理与解释平台奠定基础。

五是探索完善真三维可视化技术的研究，并打通更多软件接口，将大量成果放入三维空间中显示，更突出面向勘探开发决策主题的综合展示、多类信息在不同尺度中的交互策略。

六是有望从微观到宏观多个尺度上描述岩石属性，可定量解析复杂孔隙结构和流体网络，更加全面刻画油藏特征，弥补传统数字岩心的不足；更多数字岩心服务于钻井、测井、射孔、压裂、开发等工程应用中，实现从岩心到油藏的服务，有效扩展该技术的应用范围。

四、多尺度数字岩石分析与三维可视化表征技术应用范围与前景

随着油气勘探开发重点逐步向低渗透、致密、页岩等复杂储层转移，在取心或驱替困难、微观物理属性为重点研究对象的储层，基于数字岩心的岩石物理机理研究需求越来越多。据估计，全球技术服务市场数字岩石分析的真实需求高达每年百亿美元以上。

多尺度数字岩石分析与三维可视化表征技术主要应用于岩心模型仿真、数字化管理、地质属性计算、孔隙骨架分布、地质勘探、地质综合分析、储层渗流计算以及提高采收率研究等方面，在砂岩、碳酸盐岩、页岩等岩心分析领域应用广泛，获得了极大的成功。

随着油气藏储层的日益复杂化，即岩性多样化、岩石的矿物类型多样化、储集空间类型多样化，该技术在多种手段相结合建立多尺度、多组分数字岩心，突破分辨率与样品尺度的矛盾限制，如何将岩心尺度得到的岩石物理参数应用到数字井筒、数字油藏等方面将有较大发展和应用潜力。随着计算机技术、大数据技术飞速发展，全直径岩心数字化将为石油地质领域填补无法建立全直径岩心实验数据库这一技术空白，将为勘探开发决策提供更好的参考。

第十六节　数字露头与近地表地质结构建模技术

一、数字露头与近地表地质结构建模技术原理与用途

数字露头与近地表地质结构建模技术是通过基于 GIS 的露头测量、近地表调查、遥感、激光雷达、探地雷达、无人机倾斜摄影等多种手段采集和交互提取露头与近地表地质结构的二维、三维数据和精细地质信息，利用数字成像、三维建模与可视化技术虚拟露头和地表结构，建立局部三维数字露头影像仿真模型、真三维数字露头与近地表地质结构模型，辅助多种地质特征综合解释与精细测量、储层分析、沉积体系分析和地震工程支撑的一项综合性前沿技术。

该技术的主要原理是针对地表露头与近地表地质结构进行 GIS 露头实测与野外调查、卫星或飞机遥感传感器接收地表电磁辐射信号和处理解译、激光雷达高精度三维扫描云数据采集与融合解释（利用激光通过目标物表面的漫反射使得信号沿着与发射路径几乎相同的路径返回到信号接收器的原理计算点位的三维坐标和实现数字建模）、无人机倾斜摄影数据采集及三维 TIN 格网构建，建立由一系列结构多边形构成的初步模型体，进而在模型体上叠加露头剖面所有数字化地质信息，包括三维地面激光雷达数据、遥感图像、高精度灰度照片、探地雷达数据等露头地质剖面所有地质学信息数字化数据。再基于相应算法、层析反演技术、数字高程校正技术、电磁辅助技术等构建三维数字露头影像仿真模型、实景三维模型、真三维数字露头与近地表地质结构模型，从而客观全面地揭示地表露头、近地表的三维地质信息，助力认识地下储层精细特征，推动其从露头地质到储层建模再到井下应用（朱如凯等，2013；郑剑锋等，2014；刘帅等，2022）。

数字露头与近地表地质结构建模技术解决了受地表起伏剧烈和地层挤压破碎的影响、资料信噪比极低而难以成像的难题，主要用途包括以下方面：一是准确刻画沉积体系砂体形态及其空间分布特征，识别与划分沉积旋回，总结露头剖面上沉积基准面旋回级次基本特征，建立沉积旋回识别标志，识别旋回界面和划分旋回级次，进行沉积旋回界面追踪与对比（刘学峰等，2015b）。二是开展露头三维储层属性侧向描述和测量，通过野外露头连续扫描和建模算法，建立真三维地质模型和三维数字露头，深入认识储层空间分布与非均质储层（乔占峰等，2015）。三是基于数字露头精细三维模型和地质解释，开展岩性分类、构造断裂精细解译，构建响应识别和预测构造成因模式。四是利用多手段（LIDAR/ 激光雷达、GPR/ 探地雷达、RTK-GPS/ 动态 GPS 和 Gigapan 等），点线面数据

相结合，融合地表数字露头三维地质模型、近地表地质结构模型综合分析，建立地质体形态知识库，为精细储层分析、沉积体系分析和辅助地震工程提供应用。

二、数字露头与近地表地质结构建模技术内涵与特征

数字露头与近地表地质结构建模技术由数字露头观测与建模技术、近地表地质结构探测与建模技术两大系列组成。核心要素包括数字露头与近地表多手段数据获取技术、地质专题信息提取技术、三维数字露头与近地表地质结构建模及表达技术和模型分析及精细地质、辅助地震工程应用技术等。其中三维数字露头与近地表地质结构模型建立、地质和地震应用两项关键技术直接影响技术的精度和效率，也是整项技术的两大难点。

其主要研究内容包括：航空遥感、地面激光雷达、探地雷达、无人机倾斜摄影的数据采集与处理，地表地质地貌信息、露头区地质信息和近地表地质结构信息提取，露头影像仿真模型建模、三维数字露头与近地表地质结构模型结构设计、真三维多数据源建模方法和模型表达方法，结合地表、近地表向深层地质结构推测与综合分析，三维数字露头与近地表地质结构模型的精细地质分析应用和模型的地震工程辅助应用等。按两大技术系列简述如下。

（一）数字露头观测与建模技术系列

数字露头观测与建模技术分为露头剖面筛选、露头地质研究、数字露头模型建立三个部分。

建模露头剖面筛选过程中的关注要点有三个：一是明确研究目的，确定建模露头尺度，大尺度露头研究储层发育分布，小尺度露头认识储层内部空间结构；二是露头与地下储层地质条件尽可能一致；三是露头出露条件决定模型质量。理想的建模露头应涵盖不同相带；剖面长度以 1~2km 效果最佳；多条剖面纵横交错，形成的三维模型更接近真实情况。

露头地质研究中，需客观描述岩性、岩相和物性等空间变化。主要内容：一是野外剖面实测。注意剖面间距根据横向相变关系确定；详细描述露头岩性和物性，分析其垂向变化规律；采集必要的样品，采样间隔根据岩性和物性变化情况确定；可采集自然伽马、声波速度等资料。二是横向追踪关键层界面和地质体，如层序界面、典型岩相界面、地质体尖灭点等，以地质体结构的合理划分和真实刻画为原则。三是结合室内薄片观察和物性测定，进行岩相类型划分，岩相类型划分与储层类型和物性特征应尽可能匹配。四是基于若干条二维剖面研究，对沉积相模式、储层成因机理和分布规律形成认识，并作为建立三维岩相、孔隙度、渗透率模型的控制属性（陈威，2020）。

数字露头模型建立要利用先进数字化仪器和技术将露头剖面数字化，并结合数字露头模型在三维空间中分析地质信息。近年来，兴起 LIDAR/激光雷达技术与无人机倾斜摄影测量技术两种先进方法。其中，LIDAR 利用激光双程旅行时测距计算高程，结合激光激发仪坐标，对露头进行空间定位，通过激光束逐点逐层扫描形成近真实的三维露头面。激光移动步长根据仪器与露头间距和需要精度确定。为避免露头不规则形态造成遮挡面

数据缺失，应合理选择扫描方向和范围，多次多角度扫描，保证两次扫描有足够的重叠区，全覆盖露头面。在相邻扫描体重叠区挑选三个以上的对应点进行配对，逐对拼接，形成三维空间相对位置接近真实的露头拼接数据体。利用三维地面激光雷达精确构建露头模型体，叠加遥感、图像、钻井、地震等信息，可开展露头三维沉积体形态、结构与沉积充填形态的精细刻画，测量相关沉积体参数（沉积体厚度、宽度、面积）、露头储集体属性解译、构建三维储层模型、识别量化露头剖面断裂、裂缝空间展布特征等方面研究。

储层露头模型可利用建模软件（如 GoCad、Petrel、Geomagic Studio 等）建立，包括建立三维地层格架、岩相模型和物性模型三个步骤。首先建立三维地层格架，在三维层面间划分小层，通常内部分割方法为等比例、上超、下超和削截；其次建立岩相模型，计算每个小层内各岩相的分布概率，结合露头面横向追踪认识，确定变差函数和算法；最后建立物性模型，对迭代次数、内插方法、参数选取和属性控制等进行调整，结合露头地质认识对数字露头地质学特征、力学特征等参数进行模拟。

无人机倾斜摄影测量技术以无人机作为倾斜摄影系统的搭载平台，一般使用机载五镜头或两镜头摄影系统进行倾斜摄影数据采集，包括数据预处理、特征提取、区域网联合平差、影像匹配、纹理映射等技术手段，通过地质露头倾斜摄影数据采集、基于倾斜摄影数据的实景三维模型构建两个步骤形成数字露头实景三维模型（刘帅等，2022）。整体具有真实全面、高效易用、三维数据真实感强、模型性价比高的特点。

（二）近地表地质结构探测与建模技术系列

近地表地质结构探测与建模技术基于研究目的的不同，具体实施和技术要素可有相应的调整：针对大尺度的近地表地质体，要求露头范围达数千米，实测剖面间距相对较大，需要 RTK-GPS 与 LIDAR 结合，对地下的应用主要集中在提供概念模型和正演模型；针对小尺度的近地表地质体空间结构模型，要求露头尺度较小，但连续性较好，实测剖面密度也相对较大，LIDAR 可实现全覆盖，对地下的应用也主要集中在流动单元的分析，尺度不足以进行地震正演。

近年来发展了双约束层析反演技术、数字高程校正技术、电磁辅助技术等适用于近地表地层的地质信息刻画与地表起伏大、岩性变化快的"双复杂"地表地质体构造表征的技术。

1. 双约束层析反演技术

双约束层析反演技术采用嵌入式调查 +CMP 初至分层的两种方式约束反演的速度模型，实现反演结果与实际地层速度一致性的提升，具体实施为：在生产中嵌入小道距排列，通过小道距排列与大炮排列的嵌入衔接，对小排列初至与大炮初至联合解释，解决巨厚低降速带深层约束信息缺失问题；在 CMP 域利用初至控制点分层，通过灵活选取速度控制点，横向上控制了空间速度的分布，弥补表层控制点信息缺失（王海立等，2021）。

2. 数字高程校正技术

数字高程校正技术是基于雷达扫描技术的衍生定量化分析技术，在分析 DEM 数字高程数据特征基础上，实现与实测地表高程的无缝拼接，填补了没有实测高程区域的空缺，为精确建立近地表结构模型奠定了基础（彭玉林等，2021），最新的校正技术流程（章鑫等，2022）阐述如下。

首先对雷达扫描的激光点设定阈值，限制 DEM 栅格周围像素高程的方差，用均匀网格选取高精度的激光高程控制数据。部分格网内没有控制点分布时，用添加辅助点的方式进行约束，见公式（2-1）：

$$\sigma = \frac{1}{n^2} \sum_{R=0}^{n-1} \sum_{C=0}^{n-1} \left[H(R,C) - \mu \right]^2 \qquad (2-1)$$

式中 σ——虚拟控制点；

    R——目标栅格周边邻域的行号；

    C——目标栅格周边邻域的列号；

    μ——目标栅格的高程值，km。

其次对 DEM 连接点进行匹配，利用连接点的平面限制区域网平差，对 DEM 整体做平面刚体变换纠正，例如：

$$\begin{bmatrix} X \\ Y \end{bmatrix} = \begin{bmatrix} a_{11} & a_{12} \\ a_{21} & a_{22} \end{bmatrix} \begin{bmatrix} X \\ Y \end{bmatrix} + \begin{bmatrix} d_x \\ d_y \end{bmatrix}, A = \begin{bmatrix} a_{11} & a_{12} \\ a_{21} & a_{22} \end{bmatrix} \qquad (2-2)$$

式中 X——DEM 某个栅格的经向地理坐标；

    Y——DEM 某个栅格的纬向地理坐标；

    x——目标对应的行号；

    y——目标对应的列号；

    d_x——目标对应的角点经度，（°）；

    d_y——目标对应的角点纬度，（°）；

    矩阵 A——旋转参数和比例参数（分辨率）形成的矩阵。

通过引入 DEM 连接点的平面坐标一致性约束，建立约束方程为

$$\begin{cases} X_J = X_K \\ Y_J = Y_K \end{cases} \qquad (2-3)$$

式中 X——目标径向地理坐标；

    Y——目标纬向地理坐标。

包含同名点的 DEM J 和 K 对应的地理坐标在优化后应该达成一致。

针对 InSAR 生成 DEM，其误差分布模型符合下式：

$$g(x_i, y_i) = a_0 + a_1 x_i + a_2 x_i^2 + b_1 y_i + k x_i y_i \qquad (2-4)$$

对于 DEM J 和 DEM K 上某个确定的连接点对 (x_J, y_J) 和 (x_K, y_K)，平差约束则为其原始高程加上对应的高程改正项达成一致，如式（2-5）所示。

$$h_{\text{DEM }J}(x_J, y_J) - g_J(x_J, y_J) = h_{\text{DEM }K}(x_K, y_K) - g_K(x_K, y_K) \qquad (2-5)$$

经数据验证，该方法显著提升了 DEM 的高程精度，共计提升至 82% 以上（章鑫等，2022）。

3. 电磁辅助技术

电磁辅助技术利用电磁波，通过激发器和接收器的平移得到二维和三维数据体，能够对地下 20 余米深度范围内地质体的典型层面和地质体界面进行提取。通过电性与岩相、物性的关系分析，进行岩相和有效储层的三维刻画，丰富三维空间数据，辅助解决地下井震结合的尺度差问题。

三、数字露头与近地表地质结构建模技术发展现状与趋势

数字露头与近地表地质结构建模技术源自美国得克萨斯大学及 Norsk Hydro 公司研究小组的虚拟露头技术，将数字露头图像覆盖在数字地形模型上，而且覆盖后的图像非常清晰，分辨率超过 5cm；首次直接利用三维露头模型，建立三维储层模型；能够将所有相关的数据集同时放在一个框架内进行综合研究。

其发展历程可分成三个阶段：1983—1999 年为萌芽阶段，以研究野外地质剖面遥感图像解译分析研究为主；2000—2003 年为高速发展阶段，利用可视化软件技术、数字高程模型（DEM）、地理信息系统（GIS）以及高精度灰度照片解译等手段，进行露头剖面裂缝、断裂划分与识别，并开展高精度定量化分析沉积物变化规律的相关研究；2004 年以后为精细刻画地质体阶段，主要利用三维地面激光雷达精确构建露头模型体，并叠加遥感、图像、钻井、地震等信息，开展露头沉积储层与构造特征分析。目前国内外许多石油公司都还处于研究阶段，尚无十分成熟的应用技术序列和软件。

近年攻关验证了利用 SFM（Structure From Motion）技术、近景摄影测量技术是两项得到露头三维模型廉价、有效且灵活的方法，实现地面激光雷达扫描点云数据与数码相机获取露头的影像数据结合，建立了高分辨率数字露头模型（朱如凯等，2013），利用地面激光雷达的激光强度值对垂直露头面岩石类型和褶皱结构进行了详细的远程识别，支撑了岩石类型分类研究（郑剑锋等，2015）；针对倾斜摄影测量技术在三维地质模型表征过程中的使用规范与技术要求，利用无人飞行器等空中作业设备建立了更大范围的三维地质体模型。应用该技术提高宽线横向地面地质调查效率，明确了露头地质信息，为纵向岩性研究提供了支撑。基于数字露头的沉积旋回识别与划分，总结露头剖面上沉积基准面旋回级次基本特征，建立沉积旋回识别标志，识别旋回界面和划分旋回级次，进而在数字露头上进行沉积旋回界面的追踪与对比。明确近地表地层构造特征，结合数字露头地质信息，对优质储层进行精细化识别、表征，增强了近地表构造可视化在精细程度上的表征能力（任宏沁等，2021）。

国内已建立世界上首套三维数字露头与近地表地质结构建模技术和软件，提供了在室内对野外露头进行精细地质分析工具、沉积体系分析与储层模拟工具、辅助地震工程的资料处理和静校正工具。建立了以微测井、小折射为主，浅层反射、工程面波、高密度电法、探地雷达等技术为辅的近地表结构调查技术系列，形成了以振幅衰减法、谱比法、质心频移法等多种方法估算品质因子 Q 值以及层析成像构建近地表速度模型为核心的近地表结构参数反演方法体系。

展望该技术的未来发展趋势：一是便捷化、高效化发展，使用无人机等空中作业设

备实现高精度、范围广的"双复杂"区域地质露头图像信息的获取，基于激光雷达扫描和无人机倾斜摄影的三维数字露头表征与建模技术逐渐成熟；二是精细化发展，研发配套的数字高程校正技术一类的辅助技术，在获取影像信息的同时精细化表征实际露头信息及近地表地质构造信息，降低地表植被等外部条件对信息采集、反演的影响；三是多方面应用和精准化发展，综合其他技术手段，全方面补充数字露头的地质、地球物理、地球化学等方面信息，精准化识别近地表地质体构造特征、地质学特征等。

四、数字露头与近地表地质结构建模技术应用范围与前景

目前数字露头与近地表地质结构建模技术能够适用于地表高程起伏大、横向岩性变化剧烈的复杂地区露头建模以及三维地质体构建，在室内对野外露头精细地质分析、精细沉积体系分析和储层模拟、辅助地震工程的精细近地表结构调查和静校正三大领域进行了实际生产应用。

该项技术在直接解决一些复杂的精细地质和储层模拟关键问题、提高地震工程静校正精度等方面具有广泛的应用前景。未来以下方面有望突破：一是结合微测井、微地震、物理模拟实验等手段丰富数字露头属性模型，建立多尺度、多样化数字露头数据库；二是深化针对同一种沉积单元精细解剖的露头剖面定量研究，加强多样沉积构型间的相互接触关系研究，厘定更多成因单元的几何形态和定量规模；三是持续加强近地表地震波传播规律与吸收衰减机理的研究，减小因地表起伏大、岩性变化快以及表面植被覆盖所带来的信号衰减影响。

第十七节　纳米机器人油气探测与评价技术

一、纳米机器人油气探测与评价技术原理与用途

纳米机器人油气探测与评价技术是一项融合了纳米技术，能够了解井间基质、裂缝、流体性质、油气生产相关变化，实现智能找油的全新前沿技术，突破了现有测井和物探技术的探测范围或分辨率限制（杨金华等，2012，2019）。储层纳米机器人（Nanobot）是以分子水平的生物学原理为原型设计的一种化学分子系统和机械系统的有机结合体，是集成储层传感器、微动力系统、微信号传输系统为一体的微型油气储层探测设备，这一可对纳米空间进行操作的"功能分子器件"，包括微型摄像机、亲油气有效载荷、电容器、用于游泳的尾巴等关键器件（图2-22）。

该技术的主要原理是：依托由"尺寸足够小、强亲油气强憎水"的纳米分子化学材料和动力机械系统组成的纳米机器人（大小不足人类发丝直径的1/1000、能够在纳米空间进行操作），通过注水进入井下油藏或流体中移动，在地下移行期间探测岩石及所含流体性质，将信息存储起来或实时传送到地面，在生产井中随原油产出并被回收，数据下载、提取信息后可以得到纳米机器人携带的多种储层和流体参数，以更精确了解油藏情况、实现智能找油。

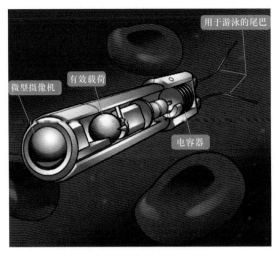

图 2-22 纳米机器人示意图

该技术是一种全新的井下地层及所含流体性质探测技术，主要用途包括辅助圈定油气藏范围，绘制裂缝和断层图形，识别和确定高渗通道，借助自驱动力实现智能识别油气显示层系中被遗漏的油气、智能发现存储于地下的大量剩余油，优化井位设计和建立更有效的地质模型，有助于提高油气产量。还可将纳米机器人或纳米材料送入井下深处捕集分散油，形成油墙或富油带并被驱出，实现"一剂多能""一剂多用"，延长油气田开采期限（杨金华等，2019）。

二、纳米机器人油气探测与评价技术内涵与特征

纳米机器人油气探测与评价技术的核心内涵包括功能强大的油藏纳米机器人、性能优异的纳米分子化学材料或纳米传感器、先进适用的油气智能识别与评价方法三大部分。

油藏纳米机器人包括体积为纳米级的可控纳米机器人、用于纳米级操作或示踪（末端操作尺寸微小精确）的装置。目前设计的纳米传感器/纳米机器人，其探测的垂直分辨率远高于测井和岩心分析，探测深度远远大于核磁共振成像测井，探测范围介于测井与地震勘探之间（图 2-23），非常有助于油藏表征描述。其测量的储层参数包括压力、温度、渗透率、孔隙度、岩石应力，以及油、气、水及流体界面、流体黏度与饱和度等流体参数。

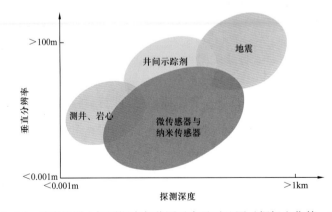

图 2-23 纳米机器人探测深度与范围示意及对比图（据杨金华等，2012）

纳米机器人在井下顺利探测和示踪油气，必须进行精确计算和设计，主要考虑以下方面：

（1）纳米机器人的循环系统：使纳米机器人可以被有效注入井筒中，并在工作过程中可随钻井液保持稳定流动。

（2）纳米传感器：安装在纳米机器人上可传感各类不同井筒参数，包括井筒温度、压力、井眼轨迹、地层物性、油层厚度、油水边界、钻井液环境等。

（3）驱动机制：主要通过两种方式在地下传送——纳米机器人随着钻井液流动；在其内部安装纳米发动机，当纳米机器传送到井筒后，这些发动机可利用钻井液中的离子开始工作。

（4）尺寸、形状与内存：纳米机器人的最优尺寸、形状需根据各种函数及运行环境设置。球形纳米机器人可承载最多的纳米计算机、动力供给装置、通信与导航设备。这些纳米装备被设计在纳米机器人内部工作，其几何大小是影响其存储量最重要的因素。人体活细胞大小的纳米级数据存储设备可储存的信息量相当于一个图书馆。

（5）保护壳：为保证纳米机器人在地下复杂条件下正常运行，需为其设计合适的保护壳。纳米机器人分为内部、外部两个空间。外部将会直接接触地下条件，内部控制各个设备，中间的间隙为真空以防流体进入。保护壳的材料要保证传感器不被损坏，碳合金就是一种常用的材料，不活泼的金刚石衍生物（即使在高地层压力和强疏水环境下也基本不会发生化学反应）也被证明是理想材料。

（6）控制系统：纳米机器人的控制器由大量的微型计算机组成，将通过可利用新兴纳米技术在纳米级执行得更单一原始系统实现实验操作。安装纳米机器人的微型处理器，能在操作者指示下被地面计算机控制。当微处理器得到指示后，将会刺激发动机在井筒中传播信息。除此以外，微处理器还可联系不同的纳米机器人并控制传感器。

（7）数据传输：使用地面电磁发射器，将会通过 e-m 波把井筒中记录的数据信息实时传送到地面接收器，以便建立内部网络、采集和传送信息到中心位置并检测信息。纳米机器人之间主要通过声波、电波、光波和电磁波建立通信。界面处的装置将地面计算机发送的指令传送给微计算机。这些波最终可被地面通过各种方式检测到，从而达到无线通信和实时监测。

（8）回收系统：当纳米机器人完成油气探测、示踪任务后，通过特殊的回收系统将其从井筒中回收至地面。通常将其设定在钻井液振动筛之前，或设定在钻井液喷出井口时回收。

将近年兴起的纳机电技术与油气储层研究相结合，利用先进纳米材料如石墨烯、碳纳米管、磁性纳米颗粒、压电材料等制作可耐温压、纳米级尺寸的传感器件，从井筒注入，弥散于储层中用于描述地层参数。例如纳米显影剂、纳米信号增强剂即起到了简单纳米机器人的作用，它们能随流体进入储层孔隙，改变储层局部电、磁、声学特征，使油层、水层在电测井、核磁测井、微地震测井等曲线上区分度更高，以获得更多有关储层孔隙度、渗透率、含油饱和度等的信息（刘合等，2016）。

沙特阿美研究认为纳米机器人的尺寸应为喉道直径的 1/4 左右。其次，解决纳米机人本身可靠性也很棘手，要接受地层条件下温度、压力、流体盐度、pH值等苛刻条件的考验，开展了纳米复合颗粒悬浮液稳定性的相关研究（刘合等，2016）。

油气智能识别与评价方法上，利用纳米颗粒在地层中的滞留量很少、回收率高的特性，用来作为传感器携带工具进入地层以检测地层的流体性质和岩石性质，形成烃类检测用纳米传感器。例如将顺磁性纳米颗粒传输至目标地层，通过外加磁场，测量流体中磁响应可以评价流体饱和度；制备的碳氧化核和聚合物壳"核—壳"纳米颗粒因其亲油性会选择性进入含油岩石空间而滞留"卸载"，根据回收和分析就可证明存在油相。还可使用纳米光学纤维检测原油—微生物，以检测水驱后的原油分布、研究微生物提高原油采收率（明玉广等，2019）。

三、纳米机器人油气探测与评价技术发展现状与趋势

国外从事该技术研究的机构主要有沙特阿美的勘探与石油工程研究中心（EXPEC ARC）和先进能源财团（AEC）（Mathieson et al.，2010；Cocuzza，2011）。

沙特阿美在2007年提出油藏纳米机器人的概念，在2008年完成向油藏注入并回收纳米机器人的可行性研究，并于2010年6月首次在油藏条件下成功完成了油藏纳米机器人的现场测试，肯定了利用纳米机器人进行油气探测与评价方案的可行性，为油藏纳米机器人精确表征油藏及优化油藏管理战略和提高采收率研发奠定了基础（朱桂清等，2012）。

先进能源财团（AEC）由bp、斯伦贝谢等十家大型油公司和服务公司组成，其资助莱斯大学在2012年制造出纳米机器人（Nanoreporters）。目前正在岩心中进行测试，并已证实可以吸附在分子上，能够通过并分析土壤样品，下一步将使纳米机器人通过钻井岩心（杨金华等，2012；王丽忱等，2015）。

AEC资助得克萨斯大学完成的一些研究项目已初具规模。得克萨斯大学开发了一种磁性纳米流体，这类Fe_3O_4纳米颗粒通过聚合物或表面活性剂修饰表面后，具有很高的界面活性，可以吸附在油/水界面，通过外加振荡磁场，锁定发生在磁场振荡频率处的图像信号变化，得到样品内的磁粒子分布，进而可以评价油藏特性（残余油饱和度）。

AEC正在研发成像增强显影剂、靶向释放的纳米传感器以及用于压裂裂缝表征的纳米传感器等，目前仍处于实验室攻关阶段，但已表现出工业化可行性（刘合等，2016）。正在探索利用纳米机器人主动探测地下油藏，以实现其在储层流动过程中实时读取和传输数据。

超极化硅纳米颗粒提供了新的、有效的井下测量和成像工具。目前，已经开发出新的耐温、耐压型纳米传感器，可用于深井和高温井，这种传感器被称为"纳米粉尘"，可进入地层孔隙中，可监测储层性质、流体流动特征并进行流体类型识别等（明玉广等，2019）。

目前，该技术的研究攻关主要聚焦于以下方面的技术难题（杨金华等，2012）：

（1）纳米机器人的部署：如何将纳米机器人送入井下油藏，在无流体动力或与流体动力方向相反（有或无动力源）的情况下如何使纳米机器人在油藏中移动，如何为有源纳米机器人提供动力并使其向需要的地点推进，如何实现纳米机器人在非均质油

藏中的均匀分布，在恶劣环境下如何保护纳米机器人，（无源情况下）如何回收纳米机器人。

（2）遥测/定位：如何从数百万个纳米机器人中实时提取数据（通信、采集），如何确定每个纳米机器人的空间位置以及采集数据的时空地理定位。

（3）数据采集：如何探测被绕过（或经常在流动通道之外）的油气，如何增加纳米机器人的探测深度，如何读取数据。

（4）数据处理和评价：如何有效处理、分析和使用采集的数据评价及有效开采油气。

中国正在密切跟踪该技术的发展，启动了纳米驱油剂和纳米技术应用的研发。未来致力于利用纳米技术勘探与生产油气，研发地下微传感器和纳米机器人，采集有关油藏关键信息，进而指导表征油气藏资源开发。

据沙特阿美科学家预测，未来将会研发出三种油藏纳米传感器（朱桂清等，2012）。

（1）无源传感器（最简单）——分子传感器，主要用于成像（对物体更好成像的造影剂）、靶向成像（确定物体如油气的位置）、注入与回收（感知周围环境，必须回收并在实验室分析）。

（2）有源传感器（较先进）——尺寸必须缩小的传统电子传感器，包括微电机系统；纳米电机系统，尺寸为 100～1000nm，可以探测地下环境（压力、pH 值、矿化度、饱和度等）。

（3）反应型传感器（最先进）——当纳米传感器在地下移动时，可以对油藏进行干预以改变不利的油气开采条件，例如在油藏最需要的地方，完成靶向化学品传送。

四、纳米机器人油气探测与评价技术应用范围与前景

纳米机器人油气探测与评价技术主要应用于探测评价剩余油分布、油藏表征及采油工程领域，目前尚处于实验室攻关和现场试验阶段，纳米传感器尚无实际油气探测和运动能力。

全球的油气采收率平均为 30% 左右，现有开采技术仍无法采出 30%～70% 的剩余油。但油气工业界认为纳米机器人突破了现有技术在提高采收率上的限制，可以提供近乎无限的可能性，有助于延长油气开采和供应期限，有巨大应用潜力和广阔发展前景，因此受到广泛关注。

未来，该技术在储层改造、油层解堵、清蜡降黏等方面可能获得突破（付亚荣，2016）：

（1）储层压裂：利用纳米技术制造的具有质量轻、强度大、非常均一的陶瓷压裂支撑剂随压裂液一起带入地层后，纳米机器人将有选择性地封堵大的天然裂缝，传回地面接收系统，进而调整地面施工参数，以获得较好的油藏改造体积。

（2）储层酸化：纳米机器人可以控制储层的酸液强度，时实改变布酸形态，引导酸液向污染油层深穿透。

（3）储层保护：射开油层后，修井液对储层的伤害主要有压敏、水锁、水敏，但是修井液与油藏流体性质不配伍时，对储层的伤害更大，这也是人们通常忽视的地方。若在完井过程中，应用纳米机器人探测到油藏流体的性质，修井作业时，让纳米机器人携

带抑制硫酸钙晶体形成的络合剂，阻止其晶体的产生，既保护了油层，又满足了油井正常生产。

（4）油层解堵：钻完井过程中，钻井液对油层的污染是不可避免的，酸化、酸压是解除污染、改造储层常用的方法，但极易造成油层第二次污染。纳米二氧化钛、氧化锌可对解除污染物有很大的帮助，纳米机器人可以靶向传送纳米二氧化钛、氧化锌，解除油层污染。

（5）清蜡降黏：未来的油井需要清蜡降黏时可以从注水井注入带有清蜡降黏剂的纳米机器人，沿驱替路线润湿岩石表面，送入油藏深处兼作驱油，随采出液抽至地面，达到清蜡降黏的目的。同时，纳米机器人到达地面后与原油分离后可重复利用。

第十八节　原子介电共振扫描技术

一、原子介电共振扫描技术原理与用途

原子介电共振扫描技术是利用原子介电共振扫描仪向地下深层发送窄幅能量光柱电磁波、接收识别相关反射信号，而从地层中测得地质构造信息、岩石基质信息以及含流体信息的全新地质勘探前沿技术。

该技术的原理是利用电磁波向地层中发送一个窄幅的能量光柱，各种岩石层都会对这个能量柱产生反射，其中的能量在地下介质传播过程中由于接触到不同岩性的岩层而信号的相位和幅度都会发生一定的改变，且变化特征与发射器到接收器的传播距离和介质属性相关（图2-24；程玉梅等，2012）。随着深度的增加，系统可以识别烃类等不同物质及其与穿过的光波产生何种相互作用，岩石的共振即其在不同无线电波频率条件下的震荡情况，以及岩石所反射的光波量都会被测量出来，并确认出其组成成分（吕建中，2012）。

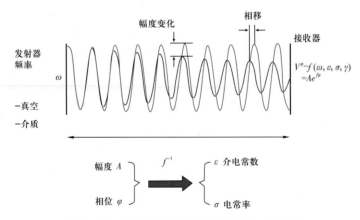

图 2-24　电磁波的传播（据程玉梅等，2012）

该技术用途广泛，不仅可以在从地面到深达4000m的范围内识别出油、气和矿产资源，而且还能够确定油、气的储量，明确砂岩及水的情况，以更高的分辨率形成地质构

造图，并对大范围的偏远地区进行扫描识别。一旦配置了该系统，它可以给出完全独立的答案，而不会受到地质学家解释的影响。

二、原子介电共振扫描技术内涵与特征

原子介电共振扫描技术采用时域电磁（TDEM）方法，其技术核心在于平衡低频射频电磁波的对地穿透性，和高频电磁波对地下结构的分辨率。该技术的核心要素构成包括系统控制单元、信号发射器控制单元、接收器接收控制单元、发射天线、接收天线。系统控制单元的特征在于，其分别连接着信号发射器控制单元、接收器接收控制单元；信号发射器控制单元连接有发射天线；接收器接收控制单元连接有接收天线；发射天线包括有天线脉冲输入室，其两端分别设置有反射端和反射波导，反射波导的端部设置有天线孔径，天线脉冲输入室靠近反射端的内部设置有阳极（雷鸣，2020）。

该技术的核心装置是原子介电共振扫描仪，主要由两个天线和两个电子盒组成。两个天线分别用于发送和接收能量波；而两个电子盒一个用于产生能量波，另一个则用于接收信号（图2-25）。通过解释模型反演各种频率下不同发射器和接收器所记录的数据，计算并确认出其组成成分，进而识别出油、气、固体矿产资源和相关地质信息。

图2-25　原子介电共振扫描仪示意图（据吕建中，2012）

原子介电共振扫描技术既解决了低频探测波垂直分辨率不高的难题，又解决了高频探测穿透性较浅的问题，同时其介电常数参数对物质的分辨远远高于地震波参数。其主要优势为仪器具有很高的纵向分辨率，能够很好地解决复杂储层、地层水矿化度未知情况下流体识别的问题。

该技术系统主要有以下三大特点（吕建中，2012）：

一是使用快捷方便，轻巧便携：所有部件都可以盛装到一个小箱子里，无论是陆上运输还是海上运输都比较方便，可装在汽车或小船上，也很容易保存。使用该系统进行一次全面调查，一般需要一个长度大约为100m的狭长区域，对单个场地的勘测一般只需2h，也就是说，每天最多可开展5次勘测作业，而勘测的结论一般会在3天内得出。

二是结果易懂，答案肯定：提供的输出数据结果易于理解，并且得出的是确定性答

案，而非可能性答案。此外，这些输出数据还可以输入诸如 Petrel、Petris 和 Kingdom 等地球物理软件模拟数据库中。

三是无毒无害，绿色环保：发射的功率水平极低，约是手机发射功率的 1/3000，因此不会违反当前的任何一项信号传输法规，也不会对人类和环境造成任何伤害。

三、原子介电共振扫描技术发展现状与趋势

原子介电共振（ADR）扫描仪是苏格兰 Adrok 集团创建人、科学总监 Colin Stove 博士组织研发的一项全新勘探技术。通过对量子电动力学和能量对物质的介电效应研究，Colin Stove 博士发明了一项专利技术——原子介电共振（Atomic Dielectric Resonance，ADR）技术。随后，Adrok 公司根据该专利技术开发出一种全新的地球物理电磁探测系统——ADR 扫描成像仪（ADR Scanner）。该仪器是一种类似 LIDAR 的成像谱仪，由 ADR 发射接收天线及其固定平台、ADR 信号发生器、ADR 接收控制单元及 ADR 数据记录计算机等组成。该仪器提供类似于地震探测的地层学数据，类似于井筒测井的岩石物理特征数据以及类似于岩心分析的岩石岩相学数据，即同时实现了地震勘探及井筒测井两项功能。因此，Adrok 公司将这种新的地球物理探测技术称为"钻前虚拟测井技术（Predriling Virtual Logging TM）"。

ADR 扫描成像仪发射不可见光谱范围内的激微波（Microwave Amplification by Stimulated Emission of Radiation，MASER），该 MASER 波束包含共振微波和无线电波频率，具有脉冲、相干、聚焦、准直和定向等特点，其穿透地层深度的能力远高于常规 GPR，经实验证实其最大探测深度可达地下 4000m。ADR 扫描成像仪的输出数据包括岩石的介电常数、分子的共振特征数据及光谱数据。ADR 扫描成像仪采用广角反射与折射追踪方法，识别每个层位的上下边界、确定层间波束的速度及每个层位中岩石的平均介电常数，通过介电常数测量数据与根据已知岩石类型建立的谱 ADR 统计参数数据库中的数据比对来识别各层位中的岩石类别。ADR 扫描成像仪已经完成了苏格兰中部某煤层气田和美国俄克拉荷马州某油田的钻前地球物理勘探，获得的测量结果得到用户反馈的钻井、试井及井筒测井资料的证实。ADR Scanner 为个人便携式；深度分辨率大于 2m；物理耐受力全天候，防护等级 IP65；电源要求小于 200W；发射功率小于 50mW；50m 测点的测量时间为 2h；测量结果提交时间为 2d/ 测点。该技术在不需钻井的情况下进行油气资源探测，有助于确定及优化探井井位，避免钻干井的风险，在一定程度上降低了油气勘探成本（Stove et al.，2012；Stove，2012；杨兴琴等，2013）。

该技术自 2008 年投入商业应用以来，BG 集团、Caithness 石油公司和 IBD 集团等公司以及国际矿业公司都一直在使用。近期，已有多家石油天然气公司在陆上以及海上勘探活动中使用 Adrok 公司的原子介电共振扫描仪，并取得了良好的效果。例如总部位于俄克拉何马州的石油投资集团，凭借此技术在该州发现了石油和天然气。该集团曾联系 Adrok 公司，要求在开钻之前首先通过使用其开发的这一扫描仪确定油气资源的具体位置。扫描仪识别出两个重要油气聚集区，从而使得该集团能够完成钻井和现场的生产测试工作。测试结果证实了预测的情况，目前第一口井已经完井，并以日产 $140 \times 10^4 \mathrm{ft}^3$ 的

天然气和22bbl原油的产量进行生产。并且介电扫描仪器在各种油藏条件下的应用得到了非常好的效果，在委内瑞拉砂泥岩薄互层中，累计识别出150ft的油层；在科思河油田的低矿化度地层，精确地估算出重油饱和度；在中东高孔隙度碳酸盐岩油藏中证实了95%的剩余油；在原生水矿化度多变的砂岩油藏中，区分油水层等。扫描仪的使用，避免了费用高昂且耗费时日的勘探性钻井作业，大大节约了成本（吕建中，2012）。

该技术在中国尚处于发展初期，近期加强追踪、调研工作，逐渐受到重视。形成了专门针对埋深4000m地下探测的发明专利和深层地质介电共振探测装置（雷鸣，2020）。

综合前人研究发现，该技术发展趋势：一是进一步发展反演模型精细度，加大优势提高各项参数刻画精细度；二是加大最大探测深度，加强硬件探测能力；三是进一步改善技术灵敏度和适应性，探索与稀疏探井、测井新技术的结合应用。

四、原子介电共振扫描技术应用范围与前景

原子介电共振扫描技术勘探活动的环境范围广泛，从阿曼的沙漠到加拿大的北极地区以及海上区块。这项技术可以为全球的勘探活动提供支持。目前Adrok公司正在积极扩展其在美国、中东以及亚太等地区的陆上油气勘探活动范围。而海上油气勘探同样是该公司的一个关键性业务领域，其中包括深水地区和浅水地区。试验证明，该技术在水深30~75m的范围内能够有效应用。另外，该公司正在尝试在航空监测过程中使用这种系统。

在油气勘探过程中，该系统在评估阶段可以发挥特别重要的作用。它可以从不同角度提供地下深处的信息，使客户在开始钻井之前能够掌握更多的情况。这一技术可能会改变油气公司的业务开展方式，不仅针对新的勘探活动，也同样适用于发现剩余原油和天然气。该技术有助于降低油气的勘探费用，从而降低总体成本。

原子介电共振扫描技术是一种将引领工业重大变革的全新油气勘探方法，它被誉为21世纪革命性的勘探技术。它完全不同于我们所熟知的地震、重磁电、化探等技术，而是从另一角度来探索地下深部岩层的情况和其中所含有的油气。因此值得引起中国油气和地矿行业的关注。

预测未来发展前景，原子介电共振扫描技术将会在以下方面有所突破和进展：

其一，多方面、多层次完善介电共振矫正、拟合模型，完善和明确每种物质所反射的能量之间的细微差别，做到精细识别不同物质，提高井下储层参数、含油气性评价参数拟合精度；

其二，加大横向、纵向探测范围，提高电磁波穿透能力，以及信号接受能力，满足稀疏探井专用钻井液侵入较深的情况下能独立测定含油气信息；

其三，采集大量岩心和钻屑等各类样本，建立特有而广泛的岩石特征数据库尤其重要，基于大数据和人工智能技术，通过已知油气水层、岩性层、矿床特征信息的大量知识（库）学习与模式识别训练，进一步加强油气矿产、多种岩性或介质的识别、解释和预测精度。

参 考 文 献

薄华，马缚龙，焦李成，2006. 图像纹理的灰度共生矩阵计算问题的分析［J］. 电子学报，34（1）：155-158.

曹向阳，郝立华，韩文明，等，2019. 深水沉积储层地震精细描述技术研究及应用［J］. 海洋地质前沿，35（10）：43-48.

曹向阳，张金淼，韩文明，等，2012. 利用信息融合技术整合地震分频信号的方法及应用研究［J］. CT理论与应用研究，21（4）：625-633.

常少英，李昌，陈娅娜，等，2020. 海相碳酸盐岩储层地震预测技术进展及应用实效［J］. 海相油气地质，25（1）：22-34.

陈欢庆，胡永乐，闫林，等，2016. 徐东地区营城组一段火山岩储层综合定量评价［J］. 特种油气藏，23（1）：21-24.

陈奎，李茂，邹明生，等，2018. 涠西南凹陷涠洲组构造圈闭有效性定量评价技术及应用［J］. 石油学报，39（12）：1370-1378.

陈立雷，李双林，赵青芳，等，2013. 海洋油气微生物好氧降解轻烃模拟试验［J］. 海洋环境科学，32（6）：922-925.

陈培元，王峙博，郭丽娜，等，2019. 基于地质成因的多参数碳酸盐岩储层定量评价［J］. 西南石油大学学报（自然科学版），41（4）：55-64.

陈麒玉，刘刚，何珍文，等，2020. 面向地质大数据的结构—属性一体化三维地质建模技术现状与展望［J］. 地质科技通报，39（4）：51-58.

陈威，2020. 基于三维建模的数字露头开发与开发应用［J］. 科学技术创新（26）：22-23.

陈正华，鲁大勇，周理，等，2020. 天然气品质移动检测系统的构建与应用［J］. 石油与天然气化工，49（3）：101-114.

成荣红，杨斌，黄科，等，2013. 地震多属性融合成像技术在储层预测中的应用［J］. 天然气技术与经济，7（4）：29-32.

程玉梅，张小刚，魏国，2012. 介电扫描测井技术在长庆油田的应用［J］. 测井技术，36（2）：277-281.

崔利凯，孙建孟，闫伟超，等，2017. 基于多分辨率图像融合的多尺度多组分数字岩心构建［J］. 吉林大学学报（地球科学版），47（6）：1904-1912.

崔世凌，秦爽，杨泽蓉，等，2002. 惠民凹陷复杂断块精细描述技术及应用［J］. 石油物探，41（3）：347-353.

丁力，吴宇兵，刘芬芬，2018. 中拐凸起火山岩油气藏微生物地球化学勘探研究［J］. 特种油气藏，25（4）：24-28.

董兴朋，2011. 基于 MATLAB 的相似度——遗传神经网络在储层物性预测中的应用［J］. 科学技术与工程，11（35）：8846-8850.

冯建辉，杨玉静，2007. 基于灰度共生矩阵提取纹理特征图像的研究［J］. 北京测绘，2007（3）：19-22.

冯明友，刘小洪，张帆，等，2013. 定量地震地貌学研究进展［J］. 地球物理学进展，28（3）：1289-1296.

冯庆付，江青春，任梦怡，等，2019. 碳酸盐岩岩溶储层多井评价方法及地质应用［J］. 天然气工业，39（9）：39-47.

付广，史集建，吕延防，2012. 断层侧向封闭性定量研究方法的改进［J］. 石油学报，33（3）：415-418.

付广，王彪，史集建，2014. 盖层封盖油气能力综合定量评价方法及应用［J］. 浙江大学学报（工学版），48（1）：174-180.

付晓飞，吴桐，吕延防，等，2019. 油气藏盖层封闭性研究现状及未来发展趋势［J］. 石油与天然气地质，

39（3）：454-471.

付亚荣，2016.未来采油工程新技术——纳米机器人［J］.石油钻采工艺，38（1）：128-132.

高程程，惠晓威，2010.基于灰度共生矩阵的纹理特征提取［J］.计算机系统应用，19（6）：195-198.

高静怀，万涛，陈文超，等，2006.三参数小波及其在地震资料分析中的应用［J］.地球物理学报，49
　　（6）：1802-1812.

高士忠，2008.基于灰度共生矩阵的织物纹理分析［J］.计算机工程与设计，29（16）：4385-4388.

龚洪林，姚清洲，牛雪梅，等，2020.塔中西部奥陶系碳酸盐岩储层定量评价方法研究［J］.新疆石油天
　　然气，16（1）：1-3.

顾兆峰，张志珣，刘怀山，2009.海底浅层圈闭与浅层气地震反射特征对比［J］.海洋地质与第四纪地质，
　　29（3）：115-122.

管树巍，何登发，2011.复杂构造建模的理论与技术架构［J］.石油学报，32（6）：991-1000.

管树巍，张朝军，何登发，等，2006.前陆冲断带复杂构造解析与建模——以准噶尔盆地南缘第一排背
　　斜带为例［J］.地质学报，80（8）：1131-1140.

郭佳，牛博，2016，有机地球化学方法示踪石油运移的研究进展［J］.吉林化工学院学报，33（5）：1-4.

郭江峰，谢然红，丁业娇，2016.马尔可夫链—蒙特卡洛法重构三维数字岩心及岩石核磁共振响应数值
　　模拟［J］.中国科技论文，11（3）：280-285.

国家市场监督管理总局，中国国家标准化管理委员会，2018.天然气　含硫化合物的测定　第3部分：
　　用乙酸铅反应速率双光路检测法测定硫化氢含量（GB/T 11060.3—2018）［S］.北京：中国标准出版社.

国家市场监督管理总局，中国国家标准化管理委员会，2020.天然气　含硫化合物的测定　第8部分：
　　用紫外荧光光度法测定总硫含量（GB/T 11060.8—2020）［S］.北京：中国标准出版社.

国家市场监督管理总局，中国国家标准化管理委员会，2021.天然气　含硫化合物的测定　第10部分：
　　用气相色谱法测定硫化合物（GB/T 11060.10—2021）［S］.北京：中国标准出版社.

Henry W Posamentier，Venkatarathnam Kolla，刘化清，2019.深水浊流沉积综述［J］.沉积学报，37（5）：
　　880-902.

韩斌，2020.天然气气质分析中激光光谱吸收技术的应用及前景研究［J］.化工管理，1：90-91.

韩宏伟，程远锋，张云银，等，2021.储层物性的地震预测技术综述［J］.地球物理学进展，36（2）：
　　595-610.

韩文功，张建宁，2014.砂岩储层地震学方法与应用［M］.北京：石油工业出版社：12-18.

韩文明，2013.2DWRI深水沉积储层直接预测新方法——基于尼日尔三角洲深水沉积储层研究［J］.中
　　国海上油气，25（1）：20-23.

郝纯，孙志鹏，薛健华，等，2015.微生物地球化学勘探技术及其在南海深水勘探中的应用前景［J］.中
　　国石油勘探，20（5）：55-62.

何冰颖，2019.石油地质勘探与储层评价方法研究［J］.科技资讯，13：73-74.

何登发，李德生，王成善，等，2017.中国沉积盆地深层构造地质学的研究进展与展望［J］.地学前缘，
　　24（3）：219-233.

何登发，杨庚，管树巍，等，2005.前陆盆地构造建模的原理与基本方法［J］.石油勘探与开发，
　　32（3）：7-14.

何海清，范土芝，郭绪杰，等，2021.中国石油"十三五"油气勘探重大成果与"十四五"发展战略［J］.
　　中国石油勘探，26（1）：17-30.

何丽娟，张迎朝，梅海，等，2015.微生物地球化学勘探技术在琼东南盆地深水区陵水凹陷烃类检测中
　　的应用［J］.中国海上油气，27（4）：61-67.

何治亮，魏修成，钱一雄，等，2011.海相碳酸盐岩优质储层形成机理与分布预测［J］.石油与天然气地
　　质，32（4）：489-498.

侯高峰，纪友亮，吴浩，等，2017. 物理模拟法定量表征碎屑岩储层物性影响因素［J］. 地质科技情报，36（4）：153-159.

侯连华，杨帆，杨春，等，2021. 常规油气区带与圈闭有效性定量评价原理及方法［J］. 石油学报，42（9）：1126-1141.

胡安平，沈安江，王永生，等，2020. 海相碳酸盐岩储层实验分析技术进展及应用［J］. 海相油气地质，25（1）：1-11.

胡华锋，印兴耀，吴国忱，2012. 基于贝叶斯分类的储层物性参数联合反演方法［J］. 石油物探，51（3）：225-232，209.

黄丽娟，罗文山，方勇，等，2020. 天山南北复杂构造成像技术进展及应用效果［J］. 新疆石油地质，41（1）：114-119.

黄瑞，昝成，龙威，等，2019. 数字岩心三维可视化技术发展与应用［J］. 电子技术与软件工程（5）：186.

纪友亮，吴浩，王永诗，等，2017. 应用物理模拟研究碎屑岩储层物性演化特征：以胜利油区古近系沙河街组为例［J］. 高校地质学报，23（4）：657-669.

金振奎，石良，闫伟，等，2018. 沉积和成岩对砂岩储层物性影响的定量分析方法［C］// 中国矿物岩石地球化学学会岩相古地理专业委员会、中国矿物岩石地球化学学会沉积学专业委员会、中国地质学会沉积地质专业委员会、中国地质学会地层古生物专业委员会、中国石油学会石油地质专业委员会、SEPM. 第十五届全国古地理学及沉积学学术会议摘要集：406-407.

柯光明，吴亚军，徐守成，2019. 元坝气田超深高含硫生物礁气藏地质综合评价［J］. 天然气工业，39（增刊1）：42-47.

兰雪梅，张连进，徐伟，等，2021. 基于非结构化网格的复杂构造建模方法研究——以四川双鱼石地区为例［J］. 煤炭科学技术，49（12）：158-164.

雷鸣，2020. 一种深层地质介电共振探测装置及其探测方法与流程［P］. 中国：申请号 202010734886.8，公布号 CN 111812726 A，2020.10.23.

李崇飞，闫林，陈福利，2017. 致密油储层测井识别与评价技术方法综述［C］// 西安石油大学，西南石油大学，陕西省石油学会. 2017 油气田勘探与开发国际会议（IFEDC 2017）论文集：17.

李华，何明薇，邱春光，等，2022. 深水等深流与重力流交互作用沉积（2000—2022 年）研究进展［J］. 沉积学报，41（1）：18-36.

李军，蔡利学，2014. 油气勘探风险分析技术应用现状与发展趋势［J］. 石油实验地质，36（4）：500-505.

李娜，2018. 油气资源信息数据挖掘的研究与实践［D］. 湖北武汉：长江大学.

李宁，肖承文，伍丽红，等，2014. 复杂碳酸盐岩储层测井评价：中国的创新与发展［J］. 测井技术，38（1）：1-10.

李威，窦立荣，文志刚，等，2021. 重排藿烷：示踪油藏充注途径的分子标志物［J］. 地球科学，46（7）：2507-2514.

李祥权，陆永潮，全夏韵，等，2013. 从层序地层学到地震沉积学：三维地震技术广泛应用背景下的地震地质研究发展方向［J］. 地质科技情报，32（1）：133-138.

李阳，薛兆杰，程喆，等，2020. 中国深层油气勘探开发进展与发展方向［J］. 中国石油勘探，25（1）：45-57.

林承焰，吴玉其，任丽华，等，2018. 数字岩心建模方法研究现状及展望［J］. 地球物理学进展，33（2）：679-689.

林敏，张奎，2019. 建立天然气检测实验室的技术方案［J］. 化学分析计量，28（1）：106-110.

林煜，李相文，陈康，等，2021. 深层海相碳酸盐岩储层地震预测关键技术与效果——以四川盆地震旦系—寒武系与塔里木盆地奥陶系油气藏为例［J］.石油与天然气地质，42（3）：717-727.

刘畅，张琴，庞国印，等，2013.致密砂岩储层孔隙度定量预测［J］.岩性油气藏，25（5）：71-75.

刘国勇，金之钧，张刘平，2006.碎屑岩成岩压实作用模拟实验研究［J］.沉积学报，24（3）：407-413.

刘合，金旭，丁彬，2016.纳米技术在石油勘探开发领域的应用［J］.石油勘探与开发，43（6）：1014-1021.

刘静静，刘震，孙志鹏，等，2018.深水稀井区天然气藏储盖组合定量预测方法研究：以琼东南盆地陵水凹陷为例［J］.现代地质，32（4）：796-806.

刘世豪，2020.川西地区沙溪庙组气藏成藏综合评价研究［D］.湖北潜江：长江大学：1-3.

刘帅，陈建华，王峰，等，2022.基于无人机倾斜摄影的数字露头实景三维模型构建［J/OL］.地质科学.https：//kns.cnki.net/kcms/detail/11.1937.P.20220412.1825.002.html.

刘伟安，陈彬，张彩霞，等，2015.国外深水石油天然气勘探开发风险管控做法剖析启示［C］//中国职业安全健康协会.中国职业安全健康协会2015年学术年会文集（上册）：242-251.

刘文汇，陈孟晋，关平，等，2009.天然气成烃、成藏三元地球化学示踪体系及实践［M］.北京：科学出版社.

刘文汇，王杰，腾格尔，等，2015.油气同位素地球化学研究现状与进展［J］.地质学报，89（S1）：160-163.

刘文汇，王晓锋，卢龙飞，等，2019.我国天然气地球化学发展历程与研究进展［C］//中国矿物岩石地球化学学会.中国矿物岩石地球化学学会第17届学术年会论文摘要集：1183-1184.

刘文汇，王晓锋，腾格尔，等，2013.中国近十年天然气示踪地球化学研究进展［J］.矿物岩石地球化学通报，32（3）：279-289.

刘向君，熊健，梁利喜，等，2017.基于微CT技术的致密砂岩孔隙结构特征及其对流体流动的影响［J］.地球物理学进展，32（3）：1019-1028.

刘新颖，于水，陶维祥，等，2012.刚果扇盆地上中新世深水水道充填结构及演化特征［J］.地球科学（中国地质大学学报），37（1）：105-112.

刘学锋，刁庆雷，孙宝佃，等，2015a.采用多点地质统计法重建三维数字岩心［J］.测井技术，39（6）：698-703.

刘学锋，马乙云，曾齐红，等，2015b.基于数字露头的地质信息提取与分析——以鄂尔多斯盆地上三叠统延长组杨家沟剖面为例［J］.岩性油气藏，27（5）：13-18.

刘学锋，孙建孟，王海涛，等，2009.顺序指示模拟重建三维数字岩心的准确性评价［J］.石油学报，30（3）：391-395.

刘曾勤，王英民，白广臣，等，2010.甜点及其融合属性在深水储层研究中的应用［J］.石油地球物理勘探，45（1）：158-162.

刘志斌，牛聪，刘方，2016.基于地震反演的烃源岩定量评价方法——以渤海湾盆地辽西凹陷为例［J］.中国海上油气，28（5）：16-21.

吕冬梅，2019.碳酸盐岩储层预测技术浅析［J］.清洗世界，35（12）：62-63.

吕建中，2012.国外石油科技发展报告（2012）［M］.北京：石油工业出版社：3-22.

鲁才，展翔琳，胡光岷，2020.复杂地质构造智能建模方法研究［C］//中国地球物理学会、中国地震学会、全国岩石学与地球动力学研讨会组委会、中国地质学会构造地质学与地球动力学专业委员会、中国地质学会区域地质与成矿专业委员会、国家自然科学基金委员会地球科学部.2020年中国地球科学联合学术年会论文集（十四）.北京伯通电子出版社：334-337.DOI：10.26914/c.cnkihy.2020.059747.

陆江，赵彦璞，朱沛苑，等，2018.孔隙度反演回剥法在储层物性定量预测中的应用［J］.地质科技情报，37（6）：105-114.

罗少成，成志刚，林伟川，等，2014.模糊综合评价法在致密储层物性预测中的应用［J］.测井技术，38（4）：431-436.

罗志鹏，2019.三维数字岩心可视化方法研究［D］.湖北武汉：长江大学.

马灵伟，2014.塔中顺南地区缝洞型储层地震响应特征及识别模式研究［D］.武汉：中国地质大学（武汉）：1-9.

马永生，黎茂稳，蔡勋育，等，2020.中国海相深层油气富集机理与勘探开发：研究现状、关键技术瓶颈与基础科学问题［J］.石油与天然气地质，41（4）：655-683.

毛锐，申子明，张浩，等，2022.基于岩性扫描测井的混积岩岩性识别——以玛湖凹陷风城组为例［J］.新疆石油地质，43（6）：743-749.

梅博文，吴萌，孙忠军，等，2011.青海省天峻县木里地区天然气水合物微生物地球化学检测法（MGCE）试验［J］.地质通报，30（12）：1891-1895.

梅珏，邹辰，袁渊，等，2015.岩性扫描测井技术在浙江油田的应用［J］.内蒙古石油化工（20）：98-101.

米石云，郭秋麟，胡素云，等，2009.油气资源与目标一体化评价技术研究及系统集成［J］.石油实验地质，31（4）：420-426.

明玉广，于雷，葛庆颖，等，2019.纳米技术在石油工业中的应用研究进展［J］.能源化工，40（4）：1-8.

莫修文，张强，陆敬安，2016.模拟退火法建立数字岩心的一种补充优化方案［J］.地球物理学报，59（5）：1831-1838.

聂昕，邹长春，孟小红，等，2016.页岩气储层岩石三维数字岩心建模——以导电性模型为例［J］.天然气地球科学，27（4）：706-715.

潘继平，李志，2007.资源与目标一体化评价技术及其勘探意义［J］.中国石油勘探（1）：76-80，94.

潘建国，李劲松，王宏斌，等，2020.深层—超深层碳酸盐岩储层地震预测技术研究进展与趋势［J］.中国石油勘探，25（3）：156-166.

潘树新，刘化清，Zavala Carlos，等，2017.大型坳陷湖盆异重流成因的水道—湖底扇系统：以松辽盆地白垩系嫩江组一段为例［J］.石油勘探与开发，44（6）：860-870.

庞伟，2017.采用多点地质统计法重构页岩的数字岩心［J］.天然气工业，37（9）：71-78.

庞雄奇，2015.油气分布门限与成藏区带预测［M］.北京：科学出版社.

庞雄奇，贾承造，宋岩，等，2022.全油气系统定量评价：方法原理与实际应用［J］.石油学报，43（6）：727-759.

裴向兵，2021.储层综合分类评价研究思路与方法［J］.西部探矿工程，10：41-44.

彭玉林，吴佳乐，刘宜文，等，2021.数字高程校正技术在盆地级近地表建模中的应用［J］.新疆地质，39（2）：327-331.

乔占峰，沈安江，郑剑锋，等，2015.基于数字露头模型的碳酸盐岩储集层三维地质建模［J］.石油勘探开发，42（3）：328 337.

乔占峰，郑剑锋，张杰，等，2019.海相碳酸盐岩储层建模和表征技术进展及应用［J］.海相油气地质，24（4）：15-26.

秦雁群，万仑坤，计智锋，等，2018.深水块体搬运沉积体系研究进展［J］.石油与天然气地质，39（1）：140-152.

曲寿利，朱生旺，赵群，等，2012.碳酸盐岩孔洞型储集体地震反射特征分析［J］.地球物理学报，55（6）：2053-2061.

屈乐，孙卫，杜环虹，等，2014.基于CT扫描的三维数字岩心孔隙结构表征方法及应用——以莫北油田116井区三工河组为例［J］.现代地质，28（1）：190-196.

全国天然气标准化技术委员会，2018.进入天然气长输管道的气体质量要求（GB/T 37124—2018）［S］.北京：中国标准出版社.

全国天然气标准化技术委员会，2018.天然气（GB 17820—2018）［S］.北京：中国标准出版社.

任宏沁，朱思毅，2021. 山前带精细近地表建模与井深设计技术研究［C］//中国石油学会石油物探专业委员会、中国地球物理学会勘探地球物理委员会. 中国石油学会2021年物探技术研讨会论文集.《中国学术期刊（光盘版）》电子杂志社有限公司：80-83.

任义丽，周相广，2019. 基于机器学习的储集层含油气性评价［J］. 信息系统工程（6）：21-22.

申本科，胡渤，李浩，等，2024. 岩性元素扫描测井在准确识别岩性中应用［J］. 内蒙古石油化工（1）：16-20.

沈安江，陈娅娜，蒙绍兴，等，2019. 中国海相碳酸盐岩储层研究进展及油气勘探意义［J］. 海相油气地质，24（4）：1-14.

盛秀杰，金之钧，郭勤涛，2014. 油气资源评价一体化技术及软件实现的探讨［J］. 地质论评，60（1）：159-168.

史超群，许安明，魏红兴，等，2020. 构造挤压对碎屑岩储层破坏程度的定量表征——以库车坳陷依奇克里克构造带侏罗系阿合组为例［J］. 石油学报，41（2）：205-215.

宋延杰，孙钦帅，张晓军，等，2021. 基于测井信息的烃源岩定量评价方法［J］. 黑龙江科技大学学报，31（2）：156-162.

宋振响，周卓明，江兴歌，等，2023. 常规—非常规油气资源一体化评价方法——基于全油气系统理论和TSM盆地模拟技术［J］. 石油学报，44（9）：1487-1499.

苏明，杨睿，张翠梅，等，2013. 深水沉积体系研究进展及其对南海北部陆坡区天然气水合物研究的启示［J］. 海洋地质与第四纪地质，33（3）：109-116.

苏新，陈芳，张勇，等，2010. 海洋天然气水合物勘查和识别新技术：地质微生物技术［J］. 现代地质，24（3）：409-423.

孙宏亮，袁志华，朱卫平，等，2014. 新庄油田油气微生物勘探研究［J］. 天然气勘探与开发，37（2）：24-28，7-8.

孙立春，汪洪强，何娟，等，2014. 尼日利亚海上区块近海底深水水道体系地震响应特征与沉积模式［J］. 沉积学报，32（6）：1140-1152.

孙龙德，杨平，等，2015. 地球物理技术在深层油气勘探中的创新与展望［J］. 石油勘探与开发，42（4）：414-424.

谈明轩，2019. 坳陷湖盆多河型地震地貌学定量研究——以渤海湾沙垒田地区明化镇组为例［D］. 北京：中国石油大学（北京）.

汤玉平，蒋涛，任春，等，2012. 地表微生物在油气勘探中的应用［J］. 物探与化探，36（4）：546-549.

田志，肖立志，廖广志，等，2019. 基于沉积过程的数字岩石建模方法研究［J］. 地球物理学报，62（1）：248-259.

王长城，施泽进，常景慧，2008. 致密碎屑岩储层预测方法及其应用［J］. 桂林工学院学报，28（2）：184-187.

王晨晨，姚军，杨永飞，等，2012. 基于格子玻尔兹曼方法的碳酸盐岩数字岩心渗流特征分析［J］. 中国石油大学学报（自然科学版），36（6）：94-98.

王晨晨，姚军，杨永飞，等，2013. 基于CT扫描法构建数字岩心的分辨率选取研究［J］. 科学技术与工程，13（4）：1049-1052.

王菲菲，2012. 海上油气勘探项目风险分析与控制研究［D］. 大庆：东北石油大学：1-77.

王国亭，何东博，李易隆，等，2012. 吐哈盆地巴喀气田八道湾组致密砂岩储层分析及孔隙度演化定量模拟［J］. 地质学报，86（11）：1847-1856.

王海立，赵学兵，康有元，等，2021. 西部"双复杂"地表层析建模方法及应用［C］. 中国地球科学联合学术年会2021：238-241.

王家豪，彭光荣，柳保军，等，2019. 碎屑岩成岩拉平处理及沉积作用控制储层物性的定量表征［J］. 石油学报, 40 (1): 115-123.

王军, 张中巧, 阎涛, 等, 2011. 90°相位转换技术在黄河口凹陷新近系储层预测中的应用 [J]. 海洋石油, 31 (2): 29-33.

王俊, 肖立新, 刘翔, 等, 2019. 准噶尔盆地南缘齐古背斜复杂构造建模技术应用 [J]. 新疆地质, 37 (2): 237-241.

王珂, 戴俊生, 2012. 地应力与断层封闭性之间的定量关系 [J]. 石油学报, 33 (1): 74-81.

王丽忱, 朱桂清, 甄鉴, 2015. 油藏纳米技术最新进展 [J]. 石油科技论坛, 34 (6): 58-61.

王培春, 吕洪志, 崔云江, 2016. 岩性扫描测井技术在渤海复杂砂岩储层的应用 [J]. 测井技术, 40 (2): 184-188.

王伟, 2007. 碎屑岩储层物性影响因素定量化研究 [D]. 青岛: 中国石油大学 (华东).

王伟杰, 曾文平, 王晓琴, 等, 2019. 浅谈天然气质量提升对检测技术带来的挑战 [J]. 石油工业技术监督, 35 (11): 28-32.

王治国, 尹成, 2014. 地震地貌学的发展及应用前景 [J]. 石油地球物理勘探, 49 (2): 410-420, 224.

王治国, 尹成, 吴明生, 等, 2013. 莱州湾凹陷河流沉积地貌形态对储层物性的影响 [J]. 石油地球物理勘探, 48 (4): 604-611.

蔚远江, 杨涛, 郭彬程, 等, 2019. 中国前陆冲断带油气勘探、理论与技术主要进展和展望 [J]. 地质学报, 93 (3): 545-564.

魏国, 张审琴, 侯淞译, 2015. 岩性扫描测井技术在青海油田的应用 [J]. 测井技术, 39 (2): 213-216.

魏国齐, 李剑, 张水昌, 等, 2012. 中国天然气基础地质理论问题研究新进展 [J]. 天然气工业, 32 (3): 6-14.

吴海, 赵孟军, 卓勤功, 等, 2016. 库车坳陷迪那 2 凝析气田油气成藏过程分析 [J]. 西安石油大学学报 (自然科学版), 31 (3): 30-38.

吴时国, 赵汗青, 伍向阳, 等, 2007. 深水钻井安全的地质风险评价技术研究 [J]. 海洋科学, 31 (4): 77-80.

吴松涛, 孙亮, 崔京钢, 等, 2014. 正演模式下成岩作用的温压效应机理探讨与启示 [J]. 地质论评, 60 (4): 791-798.

吴翔, 肖占山, 张永浩, 等, 2023. 多尺度数字岩石建模进展与展望 [J/OL]. 吉林大学学报 (地球科学版). https://doi.org/10.13278/j.cnki.jjuese.20230141.

吴玉其, 林承焰, 任丽华, 等, 2018. 基于多点地质统计学的数字岩心建模 [J]. 中国石油大学学报 (自然科学版), 42 (3): 12-21.

吴正阳, 2020. 缝洞型储层定性和定量评价方法研究与应用 [D]. 长春: 吉林大学: 1-14.

夏宁, 冯明刚, 2015. 岩性扫描测井在焦石坝地区页岩气储层评价中的应用 [J] 西部探矿工程, 6: 76-79.

夏庆龙, 徐长贵, 2016. 海海域复杂断裂带地质认识创新与油气重大发现 [J]. 石油学报, 37 (增刊 1): 22-33.

鲜本忠, 安思奇, 施文华, 2014. 海底碎屑流沉积: 深水沉积研究热点与进展 [J]. 地质论评, 60 (1): 39-51.

徐丽萍, 2010. 多属性融合技术在塔中碳酸盐岩缝洞储层预测中的应用 [J]. 工程地球物理学报, 7 (1): 19-22.

徐艳梅, 刘兆龙, 张永忠, 等, 2018. 塔里木盆地克拉 2 气田储层综合定量评价 [J]. 石油地质与工程, 32 (6): 59-63.

闫青华, 陈景阳, 李雅坤, 等, 2022. 基于风险量化的海外油气勘探项目经济评价方法 [J]. 国际石油经济, 30 (6): 95-103.

闫学洪，曹春锋，王慧，2018.岩性扫描测井资料处理解释方法研究与应用［J］.测井技术，42（5）：503-508.

颜承志，施和生，庞雄，等，2014.微生物地球化学勘探技术在白云凹陷深水区油气勘探中的应用［J］.中国海上油气，26（4）：15-19.

央视新闻客户端，2023.新突破 我国首套自研天然气在线气质分析装备发布［N/OL］.https://tv.cctv.com/2023/10/30/VIDEySTP466KTZP8kE9Jddwp231030.shtml.

杨海军，李世银，邓兴梁，等，2020.深层缝洞型碳酸盐岩凝析气藏勘探开发关键技术——以塔里木盆地塔中Ⅰ号气田为例［J］.天然气工业，40（2）：83-89.

杨金华，李晓光，孙乃达，等，2019.未来10年极具发展潜力的20项油气勘探开发新技术［J］.石油科技论坛，38（5）：38-48.

杨金华，朱桂清，张焕芝，等，2012.值得关注的国际石油工程前沿技术（Ⅱ）［J］.石油科技论坛，31（5）：36-44，58，75.

杨涛涛，邵大力，曹光伟，等，2018.烃源岩测井定量评价方法探讨［J］.地球物理学进展，33（1）：285-291.

杨新周，刘汉青，李秀林，2019.天然气中微量元素分析检测研究进展［J］.天然气化工——C_1化学与化工，44：122-126.

杨兴琴，王环，2013.基于原子介电共振（ADR）专利技术的钻前虚拟测井技术［J］.测井技术，37（4）：454.

杨跃明，杨雨，杨光，等，2019.安岳气田震旦系、寒武系气藏成藏条件及勘探开发关键技术［J］.石油学报，40（4）：493-508.

姚根顺，伍贤柱，孙赞东，等，2017.中国陆上深层油气勘探开发关键技术现状及展望［J］.天然气地球科学，28（8）：1154-1164.

叶素娟，朱宏权，李嵘，等，2017.天然气运移有机—无机地球化学示踪指标——以四川盆地川西坳陷侏罗系气藏为例［J］.石油勘探与开发，44（4）：549-560.

叶银灿，陈俊仁，潘国富，等，2003.海底浅层气的成因、赋存特征及其对工程的危害［J］.东海海洋，21（1）：27-36.

尹继全，衣英杰，2013.地震沉积学在深水沉积储层预测中的应用［J］.地球物理学进展，28（5）：2626-2633.

于海生，崔京彬，薛红刚，等，2021.三维复杂构造地质建模通用算法库研制及应用［C］//西安石油大学、中国石油大学（华东）、陕西省石油学会.2021年油气田勘探与开发国际会议论文集（上册）：717-723.DOI：10.26914/c.cnkihy.2021.051614.

余杭航，聂舟，张宇，等，2019.灰色模糊综合评判法在川西南地区雷口坡组碳酸盐岩颗粒滩储层定量评价及分布预测中的应用［C］//中国石油学会天然气专业委员会.第31届全国天然气学术年会（2019）论文集（1地质勘探）：245-258.DOI：10.26914/c.cnkihy.2019.071777.

余和雨，刘晓磊，陆杨，2019.海底碎屑流运动特性研究的若干进展［J］.地质科技情报，38（6）：25-32.

袁志华，孙宏亮，张玉清，2011a.油气微生物勘探技术在大庆升平油田的应用［J］.地质论评，57（1）：141-146.

袁志华，徐丽雯，2014.松辽盆地泰康隆起东翼杜20-3井区油气微生物勘探［J］.物探与化探，38（2）：304-308.

袁志华，许晨，王明，2011c.港西构造西端油气微生物勘探研究［J］.复杂油气藏，4（2）：35-37，67.

袁志华，张庆丰，2011b.大港油田歧99井区微生物异常与储层预测［J］.长江大学学报（自然科学版），8（9）：13-15.

曾洪流，朱筱敏，朱如凯，等，2012.陆相坳陷型盆地地震沉积学研究规范［J］.石油勘探与开发，39（3）：295-304.

曾文平，罗勤，2015.天然气气质检测方法国内外标准异同点分析［J］.石油与天然气化工，44（3）：104-108.

张驰，朱博华，刘培金，等，2013.RGB多地震属性融合技术在河道检测中的应用［C］//中国地球物理学会.中国地球物理2013——第二十专题论文集.北京：中国地球物理学会，1.

张凤奇，庞雄奇，王震亮，等，2009.辽河西部凹陷复杂构造圈闭含油性主控因素及定量模式［J］.吉林大学学报（地球科学版），39（6）：991-997.

张光亚，马锋，梁英波，等，2015.全球深层油气勘探领域及理论技术进展［J］.石油学报，36（9）：1156-1166.

张华珍，刘嘉，邱茂鑫，等，2020.国外油气田开发技术进展与趋势［J］.世界石油工业，27（6）：33-39.

张健，2018.岩性扫描测井技术在安第斯项目油田开发中的应用［J］.内蒙古石油化工（3）：85-88.

张杰，乔占峰，王友净，等，2022.深水碳酸盐岩沉积体系与储层发育控制因素——以中东H油田白垩系Khasib组为例［J］.海相油气地质，27（1）：1-10.

张金淼，韩文明，范洪耀，等，2013.西非深水区地震勘探关键技术研究及应用实践［J］.中国海上油气，25（6）：43-47.

张菊梅，曹正林，张道伟，等，2011.柴达木盆地复杂构造带综合地质建模技术［J］.石油地球物理勘探，46（增刊1）：151-154.

张丽，孙建孟，孙志强，等，2012.多点地质统计学在三维岩心孔隙分布建模中的应用［J］.中国石油大学学报（自然科学版），36（2）：105-109.

张荣虎，姚根顺，寿建峰，等，2011.沉积、成岩、构造一体化孔隙度预测模型［J］.石油勘探与开发，38（2）：145-151.

张生，2017.深部碎屑岩有利储层地球物理预测方法研究［D］.北京：中国石油大学（北京）.

张思勤，汪志明，王小秋，等，2015.基于MCMC的数字岩心重建方法［J］.西安石油大学学报（自然科学版），30（5）：69-74.

张挺，2009.基于多点地质统计的多孔介质重构方法及实现［D］.合肥：中国科学技术大学.

张玉红，周世新，左亚彬，2018.碳同位素在天然气运移路径示踪中的应用研究进展［J］.矿物岩石地球化学通报，37（6）：1199-1204.

章鑫，刘世杰，李彬彬，等，2022.基于区域网平差的干涉合成孔径雷达数字高程模型校正［J］.测控技术，41（11）：84-88.DOI：10.19708/j.ckjs.2022.06.269.

赵建鹏，陈惠，李宁，等，2020.三维数字岩心技术岩石物理应用研究进展［J］.地球物理学进展，35（3）：1099-1108.

赵牛斌，2022.中国近海湖相烃源岩正反演综合评价及发育模式［D］.武汉：中国地质大学（武汉）：2-15.

赵贤正，蒋有录，金凤鸣，等，2017.富油凹陷洼槽区油气成藏机理与成藏模式——以冀中坳陷饶阳凹陷为例［J］.石油学报，38（1）：67-76.

赵志刚，2019.论油气勘探开发大数据分析模式［J］.信息系统工程（1）：128.

赵忠泉，孙鸣，万晓明，等，2020.微生物勘探技术在潮汕坳陷油气勘探中的应用初探［J］.中国地质，47（3）：645-654.

郑剑锋，沈安江，乔占峰，2015.基于数字露头的三维地质建模技术——以塔里木盆地一间房剖面一间房组礁滩复合体为例［J］.岩性油气藏，27（5）：108-115.

郑剑锋，沈安江，乔占峰，等，2014.基于激光雷达技术的三维数字露头及其在地质建模中的应用：以巴楚地区大班塔格剖面礁滩复合体为例［J］.海相油气地质，19（3）：72-78.

中华人民共和国国家质量监督检验检疫总局，中国国家标准化管理委员会，2008.天然气 含硫化合物的测定 第2部分：用亚甲蓝法测定硫化氢含量（GB/T 11060.2—2008）［S］.北京：中国标准出版社.

中华人民共和国国家质量监督检验检疫总局，中国国家标准化管理委员会，2008.天然气水含量与水露点之间的换算（GB/T 22634—2008）［S］.北京：中国标准出版社.

中华人民共和国国家质量监督检验检疫总局，中国国家标准化管理委员会，2011.天然气 烃露点的测定 冷却镜面目测法（GB/T 27895—2011）［S］.北京：中国标准出版社.

中华人民共和国国家质量监督检验检疫总局，中国国家标准化管理委员会，2014.天然气 烃露点计算的气相色谱分析要求（GB/T 30492—2014）［S］.北京：中国标准出版社.

中华人民共和国国家质量监督检验检疫总局，中国国家标准化管理委员会，2014.天然气水露点的测定 冷却镜面凝析湿度计法（GB/T 17283—2014）［S］.北京：中国标准出版社.

中华人民共和国国家质量监督检验检疫总局，中国国家标准化管理委员会，2014.天然气发热量、密度、相对密度和沃泊指数的计算方法（GB/T 11062—2014）［S］.北京：中国标准出版社.

中华人民共和国国家质量监督检验检疫总局，中国国家标准化管理委员会，2017.天然气 汞含量的测定 第1部分：碘化学吸附取样法（GB/T 16781.1—2017）［S］.北京：中国标准出版社.

中华人民共和国国家质量监督检验检疫总局，中国国家标准化管理委员会，2017.天然气 含硫化合物的测定 第4部分：用氧化微库仑法测定总硫含量（GB/T 11060.4—2017）［S］.北京：中国标准出版社.

中华人民共和国国家质量监督检验检疫总局，中国国家标准化管理委员会，2017.天然气取样导则（GB/T 13609—2017）［S］.北京：中国标准出版社.

周锋，2013.深水钻井工程风险综述［J］.海洋石油，33（2）：113-118.

周金应，桂碧雯，李茂，等，2010.基于岩控的人工神经网络在渗透率预测中的应用［J］.石油学报，31（6）：985-988.

朱光有，孙崇浩，赵斌，等，2020.7000m以深超深层古老缝洞型碳酸盐岩油气储层形成、评价技术与保存下限［J］.天然气地球科学，31（5）：587-601.

朱桂清，马连山，2012.油藏纳米传感器的研发备受关注［J］.测井技术，36（12）：547-580.

朱如凯，白斌，袁选俊，等，2013.利用数字露头模型技术对曲流河三角洲沉积储层特征的研究［J］.沉积学报，31（5）：867-877.

朱如凯，金旭，孙亮，等，2018.复杂储层多尺度数字岩石评价［J］.地球科学，43（5）：1773-1782.

朱伟，单蕊，2014.虚拟岩石物理研究进展［J］.石油地球物理勘探，49（6）：1138-1146.

朱筱敏，董艳蕾，曾洪流，等，2020.中国地震沉积学研究现状和发展思考［J］.古地理学报，22（3）：397-411.

朱筱敏，曾洪流，董艳蕾，2017.地震沉积学原理与应用［M］.北京：石油工业出版社.

朱筱敏，张强，马立驰，1999.塔里木盆地东河砂岩层序地层分析［J］.海相油气地质，4（4）：13-17.

朱益华，陶果，2007.顺序指示模拟技术及其在3D数字岩心建模中的应用［J］.测井技术，31（2）：112-115.

朱兆群，曲丽丽，李丹，等，2021.SBM-DEA模型在储层综合定量评价中的应用［J］.地质科技通报，40（1）：152-158.

朱振宇，吕丁友，桑淑云，等，2009.基于物理小波的频谱分解方法及应用研究［J］.地球物理学报，52（8）：2152-2157.

邹才能，等，2014.非常规油气地质学［M］.北京：地质工业出版社：82-85.

邹孟飞，隋微波，王旭东，等，2015.基于非常快速模拟退火法的页岩岩心双重区域重构方法［J］.油气地质与采收率，22（5）：117-122.

邹友龙，谢然红，郭江峰，等，2015.致密储层数字岩心重构及核磁共振响应模拟［J］.中国石油大学学报（自然科学版），39（6）：63—71.

Allais M，1956. é valuation des Perspectives é conomiques de la Recherche Miniè re sur de Grands Espaces—application au Sahara Algé rien［M］. Paris：Revue de I'Industrie Miné rale.

Arns C H，Bauget F，Limaye A，et al.，2005. Pore Scale Characterization of Carbonates Using X—Ray Microtomography［J］. SPE Journal，10（4）：475—484.

Barclay F，Braun A，Rasmussen K B，et al.，2008. Seismic Inversion：Reading between the Lines［J］. Oilfield Review，Spring：42—63.

Bjørlykke K，2014. Relationships Between Depositional Environments，Burial History and Rock Properties Some Principal Aspects of Diagenetic Process in Sedimentary Basins［J］. Sedimentary Geology，301：1—14.

Bond C E，2015. Uncertainty in Structural Interpretation：Lessons to be Learnt［J］. Journal of Structural Geology，74：185—200.

Brice J C，1984. Planform Properties of Meandering Rivers［J］. American Society of Civil Engineers Proceedings of the Conference：1—15.

Chorn L G，Croft M，1998. Resolving Reservoir Uncertainty to Create value［C］//SPE 49094，SPE Annual Technical Conference and Exhibition，New Orleans，Louisiana：13.

Chuhan F A，Kjeldstad A，Bjørlykke K，et al.，2002. Porosity Loss in Sand by Grain Crushing Experimental Evidence and Relevance to Reservoir Quality［J］. Marine and Petroleum Geology，19：39—53.

Chuhan F A，Kjeldstad A，Bjørlykke K，et al.，2003. Experimental Compression of Loose Sands：Relevance to Porosity Reduction During Burial in Sedimentary Basins［J］. Canadian Geotechnical Journal，40：995—1011.

Cocuzza，M Is，2011. The Oil Industry Ready for Nanotechnologies［C］. OMC 2011—070.

Costa Canada Project，2016. Costa Canada Activities［J/OL］. http：//www.Costa—canada.ggl.ulaval.ca/english.html.

Dutta N C，2002. Deepwater Geohazard Prediction Using Prestack Inversion of Large Offset P—Wave Data and Rock Model［J］. The Leading Edge，22（2）：193—198.

Galloway W E，Hobday D K，1983. Terrigenous Clastic Depositional Systems：Applications to Petroleum，Coal，and Uranium Exploration［M］. New York：Springer—Verlag，423.

Hernan M R，Posamentier H W，Bhattacharya J P，2011. Seismic Geomorphology and High—Resolution Seismic Stratigraphy of Inner—Shelf Fluvial，Estuarine，Deltaic，and Marine Sequences，Gulf of Thailand［J］. AAPG Bulletin，95（11）：1959—1990.

Janocko M，Nemeca W，Henriksen S，et al.，2013. The Diversity of Deep—Water Sinuous Channel Belts And Slope Valley Fill Complexes［J］. Marine and Petroleum Geology，41：7—34.

Jin Zhijun，Yuan Yusong，Sun Dongsheng，et al.，2014. Models for Dynamic Evaluation of Mudstone/Shale Cap Rocks and Their Applications in the Lower Paleozoic Sequences，Sichuan basin，SW China［J］. Marine and Petroleum Geology，49：121—128.

Keehm Y，Mukerji T，Nur A，2004. Permeability Prediction from Thin Sections：3D Reconstruction and Lattice—Boltzmann Flow Simulation［J］. Geophysical Research Letters，31（4）：L04606.

Larue D K，Jones T A，1997. Abstract：Object—Based Modeling of Deep—Water Depositional Systems Reservoirs［J］. AAPG Bulletin. DOI：10.1306/1d9bb701—172d—11d7—8645000102c1865d.

Laughton D，1998. The Management of Flexibility in the Upstream Petroleum Industry［J］. Energy Journal，19（1）：83—114.

Lu Shaoming，2003. Seismic Characteristic of Two Deep—Water Drilling Hazards：Shallow—Water Flow Sands and Gas Hydrate［D］. Dallas：The University of Texas.

Mallick S, Dutta N C, 2002. Shallow Water Flow Prediction Using Prestack Waveform Inversion of Conventional 3D Seismic Data and Rock Modeling [J]. The Leading Edge, 22 (7): 675–680.

Mathieson, Derek, 2010. Nanotechnology: Coming of Age or Heralding a New Age? [J]. SPE 0910–0018.

Mukerji T, Dutta N, Prasad M, 2002. Seismic Detection and Estimation of Overpressures Part I: The Rock Physics Basis [C]. CSEG Recorder, 27 (7): 35–57.

Normark W R, Piper D J W, Posamentier H, et al., 2002. Variability in form and Growth of Sediment Waves on Turbidite Channel Levees [J]. Marine Geology, 192 (1/2/3): 23–58.

Okabe H, Blunt M J, 2005. Pore Space Reconstruction Using Multiplepoint Statistics [J]. Journal of Petroleum Science and Engineering, 46 (1–2): 121–137.

Paddock J L, Siegel D R, Smith J L, 1988. Option Valuation of Claims on Real Assets: the Case of Offshore Petroleum Leases [J]. Quarterly Journal of Economics, 103 (3): 479–508.

Petford N, Davidson G, Miller J A, 2001. Investigation of the Petrophysical Properties of a Porous Sandstone Sample Using Confocal Scanning Laser Microscopy [J]. Petroleum Geoscience, 7 (2): 99–105.

Radtke R J, Maraia Lorente, Bob Adolph, 2012. A New Capture and Inelastie Spectroscopy Tool Take Geochemical Logging to the Next Level [C] //SPWLA 53rd Annual Logging Symposium, (7): 16–20.

Rich, 1934. Mechanics of Low–Angle over Thrust Faulting as Illustrated by Cumberland Thrust Block, Virginia, Kentucky and Tennessee [J]. AAPG Bulletin, 18: 1584–1596.

Rosenberg E, Lynch J, Gueroult P, et al., 1999. High Resolution 3D Reconstructions of Rocks and Composites [J]. Oil & Gas Science and Technology, 54 (4): 497–511.

Schumm S A, 1968. The Cycle of Erosion in Different Climates, Pierre Bitor [M]. Translated from the French edition (Rio de Janeiro, 1960) by C. Ian Jackson and Keith M. Clayton. Borkeley: University of California Press.

Schumm S A, Holbrook J M, 2000. Active Tectonics and Alluvial Rivers [M]. New York: Cambridge Universitu Press: 290.

Sebastien B, Strebelle S, Andre G J, 2001. Abstract: Reservoir Modeling Using Multiple–Point Statistics [J]. AAPG Bulletin, DOI: 10.1306/3fef4d07–1741–11d7–8645000102c1865d.

Shah S M, Crawshaw J P, Boek E S, 2014. Preparation of Microporous Rock Samples for Confocal Laser Scanning Microscopy [J]. Petroleum Geoscience, 20 (4): 369–374.

Shanmugam G, 1996. High–Density Turbidity Currents: Are They Sandy Debris Flows? [J]. Journal of Sedimentary Research, 66 (1): 2–10.

Shanmugam G, 2000. 50 Years of the Turbidite Paradigm (1950s—1990s): Deep–Water Processes and Facies Models: A Critical Perspective [J]. Marine and Petroleum Geology, 17 (2): 285–342.

Sheriff R E, 2002. Encyclopedic dictionary of applied geophysics (4th edition) [M]. Society of Exploration Geophysicists, 429.

Shipp R, Weimer P, Posamentier H, 2009. Mass–Transport Deposits in Deep–Water Settings: an Introduction [C] //Shipp R, Weimer P, Posamentier H. Mass–Transport Deposits in Deep–Water Settings. Tulsa: SEPM Special Publication: 1–527.

Stove G C, Robinson M J, Stove G D C, et al., 2012. Ground penetrating abilities of a new coherent radio wave and microwave imaging spectrometer [J]. Ground Engineering, 45 (12): 23–28.

Stove G, 2012. Ground penetrating abilities of a LiDAR–like imaging spectrometer for finding, classilying and monitoring subsurface hydrocarbons and minerals [C] //American Association of Petroleum Geologists: 25.

Strebelle S, Journel A, 2000. Sequential simulation drawing structures from trainingimages [D]. California : Stanford University Doctoral Dissertation.

Sullivan M D, Foreman J L, Jennette D C, et al., 2004. An Integrated Approach to Characterization and Modeling of Deep-Water Reservoirs, Diana Field, Western Gulf of Mexico, in Integration of Outcrop and Modern Analogs In Reservoir Modeling [M]. AAPG Memoir, 80: 215-234.

Suppe, 1983. Geometry and Kinematics of Fault-Bend Folding [J]. American Journal of Science, 283: 684-721.

Talabi O, Alsayari S, Iglauer S, et al., 2009. Pore-Scale Simulation of NMR Response [J]. Journal of Petroleum Science and Engineering, 67 (3-4): 168-178.

Tomutsa L, Silin D B, Radmilovic V, 2007. Analysis of Chalk Petrophysical Properties by Means of Submicron-Scale Pore Imaging and Modeling [J]. SPE Reservoir Evaluation & Engineering, 10 (3): 285-293.

Tripsanas E, Piper D, Jenner K, et al., 2008. Submarine Mass-Transport Facies : New Perspectives on Flow Processes from Cores on the Eastern North American Margin [J]. Sedimentology, 55 (1): 97-136.

Vogel H, Roth K, 2001. Quantitative morphology and network representation of soil pore structure [J]. Advances in water resources, 24 (3-4): 233-242.

Von Neumann J, Morgenstern O, 1953. Theory of Games and Economic Behavior (3rd Ed) [M]. Princeton, NY : Princeton University Press.

Wood L J, Mize-Spansky K L, 2009. Quantitative seismic geomorphology of a Quaternary leveed-channel system, offshore eastern Trinidad and Tobago, northeastern South America [J]. AAPG Bulletin, 93 (1): 101-125.

Wood L J, 2003. Quantitative Seismic Geomorphology and Reservoir Architecture of Clastic Depositional Systems, The Future of Uncertainty Analysis in Exploration and Production [J]. Annual Meeting-American Institute of Oral Biology : 182-183.

Wood L J, 2006. Quantitative Geomorphology of the Mars Eberswalde Delta [J]. Geological Society of America Bulletin, 118 (5-6): 557-566.

Wood L J, 2007. Quantitative Seismic Geomorphology of Pliocene and Miocene Fluvial Systems in the Northern Gulf of Mexico, USA [J]. Journal of Sedimentary Research, 77 (9): 713-730.

Wood L J, Simo T T, Rosen N C, 2010. Seismic Imaging of Depositional and Geomorphic Sysytem [C] // 30th Annual, Houston : GCSSEPM Foundation Annual Bob F. Perkins Research Conference Proceedings, 30.

Wu K J, Nunan N, Crawford J W, et al., 2004. An Efficient Markov Chain Model for the Simulation of Heterogeneous Soil Structure [J]. Soil Science Society of America Journal, 68 (2): 346-351.

Zeng H L, 2018. What is Seismic Sedimentology ? A tutorial [J]. Interpretation, 6 (2): SD 1-12.

第三章 非常规油气地质勘探前沿技术

非常规油气是指用传统技术无法获得自然工业产量,需用新技术改善储层渗透率或流体黏度等才能经济开采、连续或准连续型聚集的油气资源。主要类型有致密油气、页岩油气、煤层气、重油和沥青等,主要采用水平井规模压裂技术、平台式"工厂化"生产、纳米技术提高采收率等方式开采。通过广泛调研和对比研究,优选出具有发展前景的非常规油气资源评价技术、致密储层成岩相定量分析与成岩圈闭识别评价技术等13项前沿技术,就其技术原理与用途、技术内涵与特征、发展现状与趋势、应用范围与前景四个方面进行阐述。

第一节 非常规油气资源评价技术

一、非常规油气资源评价技术原理与用途

非常规油气资源评价技术是针对含油气盆地致密砂岩、页岩、煤层等非常规储层中大面积连续型聚集分布、圈闭与盖层界限不清、缺乏明确油气水界面的非常规油气资源,基于地质理论和地质条件认识、适用资源评价方法来评价非常规资源分布、预测其未来潜力的前沿技术。技术载体为非常规油气资源评价软件系统。

该技术的基本原理是:含/全油气系统随着深埋和成岩可形成由常规油气转化而来的致密常规类油气资源、致密深盆类油气资源、两者叠加复合的致密复合类油气资源以及烃源岩层内烃类滞留的页岩类油气资源、煤层油气资源(庞雄奇等,2023),根据其最新认识和勘探进展、地质特征和勘探程度优选合适的类比法、统计法和成因法三大类非常规油气资源评价某种方法或方法组合(表3-1),结合相应的资源评价技术规范和模拟分析,定量评价非常规地质资源量、可采储量及其时空分布,预测其潜力规模和有利分布区带。

该技术常用的非常规油气资源评价方法包括资源丰度类比法、随机模拟法、单井储量估算法、油气资源空间分布预测法和致密砂岩气藏预测法五种(Olea et al.,2010;郭秋麟等,2011;窦立荣等,2022),可以解决覆压基质渗透率不大于0.1mD(地面空气渗透率不大于1.0mD)储集条件下的非常规石油与天然气(致密油、页岩油、油页岩油、油砂油和致密砂岩气、页岩气、煤层气、天然气水合物)资源量评价,资源时空分布、潜力规模和有利分布区带预测,为勘探部署提供决策依据。其资源评价起算标准见表3-2(窦立荣等,2022)。

表 3-1 非常规资源评价方法体系（据邱振等，2013；王社教等，2014；郑民等，2018a；宋振响等，2020）

体系	主要类型	适用范围/对象	优点	缺点
类比法	类比法（刻度区类比法）	低勘探程度地区	评价过程简单、快速	未考虑资源分布非均质性；类比标准及类比参数选取主观性强等
	分级资源丰度类比法（面积丰度类比法）	中低、中高勘探程度地区，致密油、致密气、页岩气、煤层气	考虑资源丰度分布非均质性	未考虑资源丰度分布非均质性
	EUR 类比法（资源密度网格法、FORSPAN 法）		直接计算最终可采储量	开发井时间段、关键参数难以确定，未充分考虑 EUR 空间相关性等
统计法	容积法、体积法（含气量法）	低勘探程度地区、煤层气、油页岩油、油砂油	评价过程简单、快速	未考虑资源（丰度）分布、含气量、孔隙度等关键参数非均质性
	小面元容积法	中高勘探程度地区，致密油、致密气、页岩气	考虑 φ 等关键参数非均质性、取值客观，可信度较高	
	资源空间分布预测法、（基于地质模型）随机模拟法	中高勘探程度地区	考虑参数空间位置关系，给出资源量空间分布位置	要求参数多，要有已发现储量分布；计算过程复杂；评价周期长等
成因法	成藏数值模拟法、三维三相运聚模拟法、残留烃分布预测法、热模拟法	中低勘探程度地区，致密油、致密气、页岩气	能够系统了解油气资源地质分布特征和聚集规律	重要参数受样品采集、测试等影响；盆地模拟过程复杂；评价周期长，难以准确预测泥页岩在地史时期的生—排—滞留烃演化过程等

表 3-2 非常规资源评价技术规范要点

（据吴晓智等，2016；王社教等，2016；郑民等，2018a；窦立荣等，2022）

评价条件	评价内容
评价对象	非常现石油与天然气（致密油、致密砂岩气、页岩气、煤层气、油页岩油、油砂油、天然气水合物）
起算面积	≥50.0km²
起算深度	致密砂岩气：1000～6300m；致密油、页岩气、天然气水合物：1000～4500m；煤层气：200～2000m；油页岩：0～1000m；油砂：0～200m
起算孔隙度	≤2%～≤12%
起算渗透率	覆压基质渗透率≤0.1mD
资源分类	地质与可采
评价单元	层系、层区带、区块
评价内容	层系、层区带、区块
评价方法	资源丰度类比法、刻度区类比法、EUR 类比法、体积法、资源空间分布预测法
评价关键参数	埋深、面积、厚度、有机碳含量、孔隙度、含气量、含油率、含油气饱和度、EUR、资源丰度

二、非常规油气资源评价技术内涵与特征

非常规油气资源评价技术的主要内涵，包括资源评价方法体系和软件系统、与合理评价方法匹配的评价技术流程和技术规范、资源评价相关基础地质图件编制、代表性刻度区详细解剖与评价关键参数获取、各级评价单元资源量统一评价与数据合理性分析、剩余资源分布与重点勘探领域/区带优选。

该技术的评价流程，可分为"四步走"实际操作（图3-1）：一是基础地质研究和地质评价，充分利用近十年新增地震、探井和分析测试资料，重新编制基础图件；开展地质评价，落实评价单元，制定本探区评价方案。二是发展评价方法，开展刻度区解剖研究，统一参数标准，研发非常规一体化评价软件系统。三是开展盆地、区带非常规油气资源评价，分析评价结果合理性。四是汇总非常规油气资源评价结果，开展剩余油气资源分布规律研究，优选重点勘探领域和区带，提出决策建议。

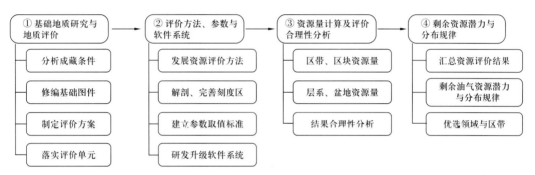

图3-1 非常规油气资源评价"四步走"技术流程（据李建忠等，2016）

其关键技术系列包括烃源岩精细评价技术、刻度区精细评价技术、三维油气运聚模拟技术、评价方法与技术体系、评价软件系统。仅重点简述核心评价技术体系，其他请参阅相关文献。

（一）类比法/分级资源丰度类比法评价技术

类比法评价技术将目标评价层次划分为大区、地质省、总含油气系统、评价单元和最小评价单位，最小评价单位是指一个矩形网格或者一口井所控制的排泄区（Well Drainage Area）。评价过程中，重点输入参数包括评价单元总面积（U）、未测试单元总面积占评价单元总面积的百分比（R）、未测试单元面积中具有增加储量潜力的百分比（S）、每个有潜力的未测试 cell 的面积（V_i）、每个 cell 的总可采储量（X_i）、未测试单元平均产油气比率、天然气评价单元液/气的比率，用于直接计算资源量（郭秋麟等，2011）。其适用于已开发地区剩余资源潜力的预测，是美国地质调查局（USGS）的主流方法。

该方法通过模拟每一个 cell 的参数分布，用相应的参数分布计算 cell 的资源量，汇总为整个评价单元的剩余资源总量，结果用概率形式表示，评价过程共计四步。

第一步：确定有潜力的未测试单元比例（T），即 $T=R \times S$；

第二步：计算有潜力的未测试单元面积（W），即 $W=T \times U$；

第三步：确定有潜力的未测试 cell 的个数（N），即 $W=\sum_{i=1}^{N} V_i$；

第四步：计算评价单元总资源量（Y），即 $Y = \sum_{i=1}^{N} X_i$。

分级资源丰度类比评价技术主要用于精细刻画非常规油气资源的非均质性分布，客观评价非常规资源，指导"甜点"区优选。技术特点是将评价区内部分级（A 类、B 类、C 类），再根据相似性选取不同资源丰度，进行类比评价，求取资源量。

（二）随机模拟法评价技术

随机模拟法的技术特点：一是算法是以统计法为主、类比法为辅的综合评价法，在有井区采用序贯高斯算法的随机模拟法，在无井区采用类比法，通过类比得到 EUR 的空间关系及相关参数，然后进行多点模拟；二是地质建模通过分析空间数据间的关系，用地质统计学方法建立参数空间分布模型；三是模拟单元采用的网格单元 cell 面积很小，接近于单井控制的排泄区或更小，根据钻井情况确定了两套评价过程，即 A 过程（在已有钻井地区的评价步骤）和 B 过程（在无钻井地区的评价步骤）。

该技术在一定程度上缓解了传统方法忽略不同评价单元评估最终可采储量（EUR）的空间关系、未充分挖掘已有数据所隐含信息、评价结果违背空间分布规律的问题，并且能在无钻井地区进行评价（Olea et al., 2010；郭秋麟等，2022）。

（三）单井储量估算法评价技术

单井储量估算法技术核心是以一口井控制的范围为最小估算单元，把评价区划分为若干最小估算单元，通过对每个最小估算单元储量的计算，得到整个评价区资源量数据，即

$$G = \sum_{i=1}^{n} q_i f$$

式中　G——评价区资源量；

　　　i——评价区内第 i 个估算单元；

　　　n——评价区内估算单元个数；

　　　q_i——单井储量；

　　　f——钻探成功率。

其技术流程有五个关键步骤，依次为确定评价范围、确定最小估算单元、确定单井储量规模、确定钻探成功率及确定非常规油气藏"甜点"。

（四）油气资源空间分布预测法评价技术

油气资源空间分布预测法评价技术包括基于成藏机理和空间数据分析的二维分形模型法、基于地质模型的修正资源丰度法、支持向量机的资源丰度空间分布模拟法三种，评价过程基本相似，唯数理统计分析不同。

二维分形模型法通过傅里叶变换将具有分形特征的油气聚集分布空间（空间域）转化到傅里叶空间（频率域）中，用功率谱方式来表述油气资源的空间相关特征。由功率谱函数来表达具有分形特征的时间序列，其二维分形模型的表达式可写为

$$S(u, v) = \frac{1}{\left(u^2 + v^2\right)^{H(\theta)+1}}$$

式中 S——功率谱；

　　　u, v——分别为 x 方向和 y 方向的频率变量。

$H(\theta) = \sqrt{\left(\beta_x \cdot \cos\theta\right)^2 + \left(\beta_y \cdot \sin\theta\right)^2}$ ，其中 β_x，β_y 分别代表功率谱中 x 方向和 y 方向的频谱指数。

由上述公式即可模拟出油气聚集分布空间的新功率谱。

修正资源丰度法以功率谱能量（资源丰度）较高的若干数据点为基础进行拟合，分别确定 x 和 y 方向上频谱指数 β_x 和 β_y 后，代入二维分形模型中即能模拟出新的功率谱。新功率谱修正了原始功率谱的不足，且包含了所有（已发现和未发现）油气聚集资源丰度的信息。

资源丰度空间分布模拟法将油气聚集位置和资源丰度等信息综合起来，先用傅里叶空间变换，把勘探风险图从空间域转化到频率域，得到功率谱、相位谱及油气聚集位置的信息；再用傅里叶逆变换，把新的资源丰度功率谱 S 和勘探风险图的相位谱结合起来，得到新的空间域中油气资源分布图、油气聚集位置、资源丰度信息。这一过程中要做些细节技术改进，包括设置经济界限、排除丰度低且无经济价值的油气聚集、用已钻井数据验证和修正等。

（五）连续型致密砂岩气藏预测法评价技术

连续型致密砂岩气藏预测法评价技术基于致密气运移的活塞式排驱特点，建立驱动力和阻力之间的平衡方程为

$$p_g = p_c + \rho_g g_g h_g + p_f$$

式中 p_g——烃源岩中游离相天然气压力（注入储层压力），atm；

　　　p_c——上覆储层毛细管压力，atm；

　　　$\rho_g g_g h_g$——天然气重力，atm；

　　　h_g——天然气柱高度，m；

　　　p_f——上覆储层地层水压力，atm。

进而建立烃源层生气增压定量计算模型，开展具体模拟。流程共计十个步骤：（1）建立地质模型；（2）在平面上划分网格，网格边界尽可能与构造线（如断层线等）一致；（3）在纵向上按油气层组细分储层；（4）计算运移驱动力（烃源岩层中游离相天然气压力）；（5）计算运移阻力（毛细管压力、天然气重力、地层水压力等）；（6）比较运移驱动力和运移阻力，如果驱动力小于阻力则不能运移成藏，停止对该点模拟，反之烃源层中的气能进入储层并排挤出其中的部分水；（7）天然气进入细层 1 并达到短暂的平衡后，随着烃源岩层生气量的增加，游离相天然气压力 P_g 也在增加，重新计算 P_g，并计算细层 2 的运移阻力；（8）比较运移驱动力和运移阻力，如果驱动力小于阻力则不能运移，细层 2 不能成藏，停止对该点模拟，反之烃源层中的气能进入细层 2，并排挤出细

层 2 中的部分水；（9）重复上两步过程，直到驱动力小于阻力或遇到盖层为止；（10）计算天然气聚集量，模拟结束（郭秋麟等，2011）。

（六）改进体积法评价技术

改进体积法评价技术利用 GIS 空间地理信息系统平台，将评价区有机质丰度、有机质成熟度、厚度、埋深、孔隙度等关键参数在区域上进行网格化，对每个参数以网格为单元进行空间插值，计算出每个网格的总资源量，再对所有网格进行积分，计算出整个评价单元的资源量。同时对评价单元内不同地质条件下的可采系数进行分析和空间图形化，计算后得出评价单元的非常规油气"可采资源丰度"平面分布图，可采资源总量通过图形面积累积自动获取。

（七）EUR 丰度法评价技术

针对已有大量生产井的致密油生产区，采用双曲递减和指数递减组合模型计算单井 EUR 及 EUR 丰度，再对 EUR 丰度值进行空间网格插值计算，得到可采储量丰度分布及总量（可采级别最高的一类资源量）。根据已有生产井生产情况，确定合理的生产时间极限和经济产能界限，当产量年递减率小于 10% 时，由双曲递减趋势转化为指数递减趋势，从而避免了双曲递减模型在生产数年之后，仍显示恒定产能的问题。根据单井 EUR 和单井井控面积，可得该井位置的 EUR 丰度，再进行空间网格插值计算与面积积分，得到区块内可采储量丰度平面分布图和可采储量（王红军等，2016）。

（八）参数概率统计法评价技术

对一些勘探开发程度低，掌握资料少的盆地，直接采用参数概率统计法进行资源量计算。该方法以概率论为基础，以体积法为计算模型，将参与资源评价的各个参数视为随机变量，并要求参数之间相互独立，通过不确定性分析，利用蒙特卡洛法和体积法最终得出资源量的概率分布，估算结果为一条资源量概率分布曲线和按规定概率值估算的大、中、小值资源量。

三、非常规油气资源评价技术发展现状与趋势

国外非常规油气资源评价始于 2000 年左右，最常用的是类比法（生产井 EUR 的类比、FORSPAN 模型法）、体积法、单井储量估算法、统计法、PORSPAN 法、发现过程法、资源空间分布预测法、"能源三角"理论评价技术等，总体可归纳为类比法、统计法和成因法三大类，各有不同特点、适用条件和优缺点（表 3-3；郭秋麟等，2011；郑民等，2018a；窦立荣等，2022），一般采用"组织管理统一、操作流程统一、评价方法统一、参数体系和参数标准统一及评价目标统一"的"五统一"评价流程。但所采用的具体评价方法与关键参数数据并不公开，由此导致评价结果不具对比性和汇总性，很难甄别其评价准确性（王红军等，2016）。以美国联邦地质调查局（USGS）为代表，非常规资源评价技术居于国际领先，已用于商业开发，总体达到成熟应用的阶段。

表 3-3　国外非常规油气资源评价方法体系（据郭秋麟等，2011；王社教等，2014；修改）

技术体系	主要类型	主要方法原理特点	适用条件	优点	缺点
类比法	EUR 类比法：FORSPAN 法，资源网格密度法	用已知评价单元的参数类比评价评价区资源量，采用蒙特卡罗随机模拟法求解	中高勘探地区	输入参数少，数学模型简单	关键参数难以确定，未充分考虑 EUR 空间相关性等
统计法	体积法、单井储量估算法、发现过程法、随机模拟法，容积法，资源空间分布预测法	资源空间分布预测法：统计已发现油藏分布，确定油藏分布趋势来计算资源	中高勘探地区	考虑了参数空间位置关系；计算资源量空间展布	要求参数多，要有已发现储量分布；计算过程比较复杂
成因法	美国 Humble 地化服务中心热解模拟法	利用盆地模拟软件模拟计算	中低勘探地区	系统了解油气资源地质分布特征和聚集规律	盆地模拟过程复杂；评价周期长等

　　近期中国石油攻关形成了包括分级资源丰度类比法、EUR 类比法、小面元容积法、资源空间分布预测法、成藏数值模拟法、EUR 丰度法、改进体积法、参数概率统计法等的非常规油气资源评价方法技术体系、关键评价技术和软件系统（郭秋麟等，2015），每种评价方法都有各自的适用范围和优势（见表 3-1）。系统开展了国内和全球致密油、油页岩油、油砂油、致密气、页岩气、煤层气、天然气水合物七类非常规油气资源的评价，着重聚焦分级评价与可采性评价研究，突出非常规油气资源的现实性与可采性。小面元容积法采用定源、定储层、定评价区、资源计算"四步法"评价；分级资源丰度类比法与 EUR 类比法采用建立刻度区确定类比参数、确定评价区、资源量计算"三步法"评价（郑民等，2018a，2018b；王红军等，2016；窦立荣等，2022）。建立了现阶段非常规油气资源评价较为完善的技术规范体系，包括非常规油气资源评价技术规范、类比刻度区解剖技术规范、致密油资源评价技术规范、致密砂岩气资源评价技术规范、页岩气资源评价技术规范、煤层气资源评价技术规范、油页岩油资源评价技术规范、运聚与可采系数取值技术规范、非常规油气资源评价成果图编制技术规范九项（吴晓智等，2016）。目前国内非常规油气资评技术处于现场试验及应用推广阶段。

　　该技术未来发展趋势：一是对非常规油气资源空间分布的定量预测，更有效指导井位部署、提高勘探经济效益。二是发展以盆地为整体、以烃源岩为核心、以成藏组合为评价单元的评价方法和流程融合"整体"评价技术，基于全油气系统理论和 TSM 盆地模拟技术的发展和兴起，结合面向储层的不同评价方法对"整体"评价技术进行校正，形成对盆地内不同类型非常规油气资源的整体全新认识。三是基于不同原理和模型多种评价方法的相互交叉验证，突出技术可采与经济可采资源评价技术研发，提高非常规资源评价精度、"经济性"和"低碳环保性"（黄旭楠等，2016）。四是加强不同资源类型刻度区研究，建立起非常规油气资源评价的类比参数体系（邱振等，2013）。五是大数据和人工智能等高新技术的综合运用，建立更适合的预测模型，实现评价结果的"立体"可视化呈现，使评价结果更准确、更合理、更有操作性和指导意义（窦立荣等，2022）。

四、非常规油气资源评价技术应用范围与前景

非常规油气资源评价技术系列中的成因法、容积法、体积法、刻度区类比法评价技术适用于低—中低勘探程度区，其他方法适用于中等—中高勘探程度区（见表3-1、表3-3），已广泛应用于中国主要含油气盆地（蔚远江等，2016）和全球的非常规油气资源的评价、剩余资源潜力的预测。

未来，在非常规油气技术可采资源、经济可采资源评价及其空间分布预测技术、多方法和流程融合"整体"评价技术、基于全油气系统理论和TSM盆地模拟技术等的发展前景较好。

第二节 致密储层成岩相定量分析与成岩圈闭识别评价技术

一、致密储层成岩相定量分析与成岩圈闭识别评价技术原理与用途

致密储层成岩相定量分析与成岩圈闭识别评价技术是基于数理方法，通过确定致密储层成岩相厚度参数、有效储集空间形成作用强度参数等定量表征成岩相特征与分布、储层有效储集空间，识别评价有利成岩圈闭及其分布的一项前沿技术。其中，致密储层是指覆压基质渗透率不大于0.1mD的极低渗透率储层，单井一般无自然产能或自然产能低于工业油气流下限，但在一定经济条件和技术措施下可获得工业产量。成岩相是岩石所经历构造、流体、温压等全部成岩事件综合作用的产物，即反映成岩环境的岩石学、地球化学和岩石物理特征（如压实组构、自生矿物、胶结类型、溶蚀组构及孔隙组合等）的总和（邹才能等，2008；樊爱萍等，2009；赖锦等，2013）。

该技术的原理是：运用多种微观测试手段、定量统计分析和综合资料，依据成岩作用理论、成岩特征参数和测井响应特征，以成岩作用研究为基础建立成岩序列，以（视）压实率、（视）胶结率、（视）溶蚀率为端元确立成岩相成因类型（图3-2），定量表征剖面、井点的成岩作用机理、特征和成因类型，确定成岩相判别标志和成岩相类型，结合

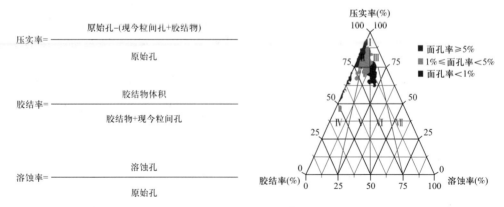

Ⅰ：压实相；Ⅱ：胶结（充填）—压实相；Ⅲ：溶蚀—压实相；Ⅳ：胶结（充填）相；Ⅴ：溶蚀—胶结（充填）相；Ⅵ：胶结（充填）—溶蚀相；Ⅶ：溶蚀相；（Ⅷ：裂缝相）

图3-2 成岩相定量分析原理、参数及成因类型划分三角图

沉积相、测井相及地震相确定区域上不同类型成岩相时空展布，评价储层成岩非均质性和识别成岩圈闭，追索井间盲区成岩相分布，定量预测致密储层的有利成岩相层段、高孔渗成岩相带及有利成岩圈闭发育区。

该技术可用于各类致密储层（低渗透致密砂岩、致密碳酸盐岩、致密混合岩类）的成岩相定量分析与成岩圈闭识别预测，能够解决成岩圈闭型地层岩性圈闭形态比较平缓、隐蔽性强不易识别的问题，并可以应用于储层孔隙演化规律和孔隙结构的研究、储层孔隙度等参数计算模型的建立、预测有利储集体的横向和纵向分布规律等。

二、致密储层成岩相定量分析与成岩圈闭识别评价技术内涵与特征

致密储层成岩相定量分析与成岩圈闭识别评价技术的内涵包括：致密储层成岩相定量分析技术与致密储层成岩圈闭识别评价技术，简述如下。

（一）致密储层成岩相定量分析技术

致密储层成岩相定量分析技术运用岩矿观察分析、重矿物分析、电子探针、铸体薄片、水文地球化学、流体包裹体、同位素地球化学等多学科综合研究方法，通过成岩作用及环境、成岩演化分析厘定成岩序列，通过岩心和薄片观察、物性统计及控制因素分析等识别和描述成岩相类型，结合沉积相、测井相、地震相等分析不同类型成岩相时空分布，编制成岩相图，评价储层成岩非均质性等特征、性质，定量预测有利成岩相层段、相带和成岩圈闭分布（图3-3）。

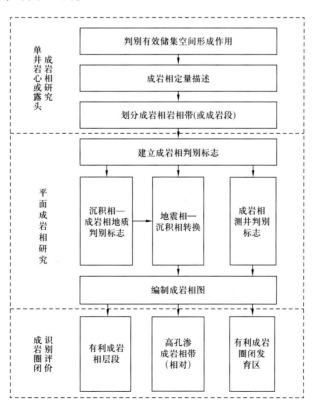

图3-3 致密储层成岩相定量分析与成岩圈闭识别评价技术流程框图

致密储层成岩相定量分析技术的核心内容，主要包括致密储层成岩相定量划分与评价，成岩作用类型、强度及其定量表征参数分析，以及致密储层成岩相测井识别技术三部分。

1. 致密储层成岩相定量划分与评价技术

划分成岩相时一般要考虑沉积物所经历的成岩作用类型、成岩阶段、成岩环境、成岩过程中具有指示意义的矿物标志、主要成岩事件和成岩演化序列等。由于研究区和研究目的、划分依据和侧重点不同，目前国内外尚无统一的成岩相划分方案（邹才能等，2008）。

概括起来主要包括两类成岩相划分方案：第一类是在充分考虑沉积物经历的成岩作用、成岩阶段和成岩演化序列等特征的基础上，依据控制储集物性的主要成岩作用类型、强度和成岩矿物特征划分命名成岩相，如碳酸盐岩胶结相、不稳定组分溶蚀相等。第二类是通过视压实率、视胶结率和视溶蚀率的计算，依据成岩作用强度、优势成岩作用组合特征划分命名成岩相，如中等压实弱胶结强溶解相。该方案下相对较弱的成岩作用也可不参与命名，突出成岩相的定量表征及对储集物性、储层质量等的定量控制，不同成岩相，其岩石学、矿物学和孔隙微观几何特征等均具差异（赖锦等，2013，2015）。

2. 成岩作用类型、强度及其定量表征参数分析技术

成岩相定量描述和表征的目的是有效储集空间形成作用的定量分布研究，包括成岩相厚度参数、有效储集空间形成作用强度参数等。基于普通薄片、铸体薄片、阴极发光、X射线衍射、扫描电镜分析和压汞曲线等方法对成岩相的深入研究，为定量描述不同成岩作用，通常引入（综合）成岩系数、视压实率、视胶结率、视微孔隙率等作为定量分析关键参数（赖锦等，2015），并加以公式归纳：

$$K = \frac{\varphi_p \times 100\%}{\varphi_{co} + \varphi_{ce} + \varphi_m}$$

$$\varphi_{co} = \frac{\varphi_o - C_i + \varphi_n + \varphi_p \omega}{\varphi_o}$$

$$\varphi_{ce} = \frac{C_i \times 100}{C_i + \varphi_n - \varphi_p \omega}$$

$$\varphi_m = \frac{(\varphi - \varphi_p) \times 100}{\varphi}$$

$$\theta = \frac{\omega}{\varphi_p} \times 100\%$$

式中　K——成岩系数；

　　　φ_p——面孔率，%；

　　　φ_{co}——视压实率，%；

　　　φ_{ce}——视胶结率，%；

φ_m——视微孔隙率，%；

φ_o——原始孔隙度，%；

φ_n——现今孔隙度，%；

ω——溶孔百分比，%；

C_i——粒间胶结物含量，%；

θ——溶蚀率，%。

形成了对定量成岩作用参数的定量评价方法（魏钦廉等，2020），设定了50%、75%两个参数锚点，将压实、胶结、溶蚀作用的定量参数按弱—中—强依次定义（表3-4）。

表3-4 成岩作用强度评价分类标准（据魏钦廉等，2020）

压实作用		胶结作用		溶蚀作用	
压实率（%）	压实强度	胶结率（%）	胶结强度	溶蚀率（%）	溶蚀强度
<50	弱压实	<50	弱胶结	<30	弱溶蚀
50~75	中等压实	50~75	中等胶结	30~60	中等溶蚀
≥75	强压实	≥75	强胶结	≥60	强溶蚀

3. 致密储层成岩相测井识别技术

在岩石骨架矿物基本确定的情况下，地层的密度、电阻率、声速和放射性等物理特性是岩石成岩强度的表现，即岩石胶结程度、压实程度和次生孔缝发育程度的表现。根据成岩作用、成岩矿物等划分出的不同类型成岩相在结构、矿物成分、物性上的差异，导致了它们在测井曲线上具有不同响应特征。因此，把单井岩心或露头成岩相定量研究，扩展到平面成岩相及其三维空间分布研究进而圈定有利成岩相区，可以借助作为地下地质信息载体的测井资料。不同成岩相在不同测井曲线及其组合上具有不同的响应特征，一般来说，对成岩相响应较敏感的常规测井曲线主要是密度、中子、声波时差、自然伽马、自然电位和电阻率等（石玉江等，2011；丁圣等，2012；赖锦等，2013，2015）。通常在薄片鉴定划分成岩相的基础上分析不同成岩相的测井响应特征，确定通用的定量识别标准，建立起反映成岩相与孔隙发育、储层性能等关系的测井识别模型，从而有效评价成岩相（丁圣等，2012）。

成岩相测井识别关键在于测井资料中所包含的成岩相有关信息的提取，其核心的技术就是通过测井资料在储层岩性识别的基础上，确定储层经历成岩作用和强度的定性判定以及精确计算指示性成岩矿物含量（赖锦等，2013，2015）。

（二）致密储层成岩圈闭识别评价技术

致密储层成岩圈闭识别评价技术主要通过岩心观察、薄片鉴定、粒度分析和黏土矿物分析等方法，基于成岩作用、成岩阶段分析研究岩相组构与差异成岩演化、成岩圈闭的成因机理和主控因素，寻找可能的成岩圈闭。技术的核心：一是岩相组构和沉积相及亚相的差异成岩作用研究，岩相组构是形成成岩圈闭的物质基础，而沉积相及亚相的差异成岩演化控制下的物性差异是形成成岩圈闭的内在机制，成岩圈闭的形成主要受到沉积层序、岩相组构和成岩流体的影响。二是与不同时期的古构造研究、储层预测方法结合寻找成岩圈闭（李洪玺等，2013）。

碳酸盐岩和碎屑岩中均可在成岩作用形成遮挡、构造运动使油气在一定部位聚集和保存的条件下形成成岩圈闭。成岩圈闭识别方法主要以构造分析、成岩研究、流体分析等静态地质研究方法为主，近期提出了物质平衡法、异常高压法两种动态识别方法（闵华军等，2019）。

其中，碎屑岩成岩圈闭的描述大致可分为两类：一类是成岩事件型成岩圈闭，如川西坳陷须家河组古构造—成岩圈闭和准噶尔盆地侏罗系发育的、与压力封存箱有关的成岩圈闭等，其形成与特殊地质条件下的成岩事件密切相关；另一类是差异流体型成岩圈闭，如泌阳凹陷核桃园组成岩圈闭和准噶尔盆地夏 9 井区成岩圈闭（宋国奇等，2012）。

碳酸盐岩缝洞型成岩圈闭，可采用封闭未饱和油藏的物质平衡方程和异常高压来描述和识别。由于碳酸盐岩缝洞型储层渗透率高，一定条件下可综合利用区域地质、钻录井、酸化压裂、压力测试、生产动态等动静态资料，依据井口油压数据绘制 Np—Δp 图，以此判断油藏属于开放性油藏还是封闭性成岩圈闭油藏。应用物质平衡法识别成岩圈闭的前提是取得一定数量的能够代表不同生产时期的真实地层压力数据，或者通过某种方法直接求得地层压力累计下降值，以及与之对应的累计产油量（闵华军等，2019）。

三、致密储层成岩相定量分析与成岩圈闭识别评价技术发展现状与趋势

成岩相最早由 Railsback 于 1984 年提出，随后引入中国并重新定义了成岩相的概念（陈彦华，1994）。目前国内外学者主要根据成岩矿物、成岩事件、成岩环境等进行成岩相的划分和命名，直接反映了成岩作用和成岩阶段的特征。国内外一些学者还结合地震、测井资料进行了不同类型成岩相的研究探索，在成岩相识别和评价上有所进展。成岩相分类和研究如何与油气勘探紧密结合，进行平面上工业化评价，还需要进一步探讨（邹才能等，2008）。

较为系统的是邹才能等（2008）从勘探实用性、成因性、定量性的思路，侧重于现今成岩相及其孔渗条件的分类和命名方案。第一，划分出扩容性成岩相（/建设性成岩相）和致密化成岩相（/破坏性成岩相）两大类。第二，扩容性成岩相划分为砂岩溶蚀相、砂岩裂缝相、碳酸盐岩淋滤相、碳酸盐岩白云石化相、碳酸盐岩深部热液溶蚀相、碳酸盐岩 TSR 相、碳酸盐岩裂缝相、火山岩溶蚀相和火山岩裂缝相九类；致密化成岩相主要包括砂岩压实相、砂岩胶结相、砂岩杂基充填相、碳酸盐岩胶结相、碳酸盐岩重结晶相、火山岩结晶相和火山岩胶结/充填相七类。第三，按反映岩性类型、成岩作用类型和孔渗性级别三个层次，对成岩相及其亚类进一步细分、定名，扩容性成岩相的命名方式为"孔渗级别＋岩石类型＋成岩作用类型"相，如"低孔渗＋砂岩＋溶蚀"相，亚类命名方式是"低孔渗＋河道砂岩＋浊沸石溶蚀"相；致密化成岩相的命名方式是"致密＋岩石类型＋成岩作用类型＋（胶结或压实等）"相，如"致密＋砂岩＋胶结"相，亚类命名方式"致密＋长石砂岩＋硅质胶结"相（邹才能等，2008）。

建立了采用"沉积成岩条件分析→岩心、薄片观察和实验分析→测井相和地震相预测→成岩相综合分析评价"四个步骤、"沉积相背景分布图、孔隙度／渗透率分布图、成岩相类型分布图"三图叠合综合定量预测的成岩相划分评价技术体系（邹才能等，2008）。形成了成岩体、成岩学流体—岩石相互作用定量模拟等方法。选取成岩综合系数作为不同成岩相的定量表征参数，通过岩心薄片刻度测井的方法建立并完善了视压实率、视胶结率和视溶蚀率的测井定量识别模型和成岩相测井响应模板，创建了不同研究区对综合成岩系数 $K（C_g）$ 的测井计算模型（赖锦等，2013，2015；李红进，2019；魏钦廉，2020；刘宏坤，2023）。提出了利用蜘蛛网图、交会图法、成岩相跟岩电和压汞实验参数相对应建立判别公式等测井识别成岩相的方法（赖锦等，2015）；通过对成岩相较为灵敏的自然伽马和声波时差交会建立成岩相识别标准，利用"优势相"法绘制成岩相平面图（李红进等，2019）。

通过对比盆地上倾方向和低部位的岩石静态成岩特征的差异性，结合含油性差异总结成岩圈闭发育特征、发育位置，研究了致密碳酸盐岩和碎屑岩成岩圈闭形成条件和分类描述、识别评价技术（宋国奇等，2012；闵华军等，2019；徐宁宁等，2021），认为多期充填叠加是研究区缝洞型成岩圈闭封闭的根本原因，新近纪以来大规模快速沉降引发的成岩充填可能是大多数缝洞型成岩圈闭封闭的直接原因，沉降同时导致部分油藏形成异常高压。

预测该技术未来的发展趋势：一是系统化发展，增加研究深度和广度，向致密碳酸盐岩、火山岩以及页岩等致密储层发展，形成致密储层成岩相定量分析技术体系；二是精细化发展，成岩相参数的精确定量及评价研究，明确不同致密储层综合成岩系数 $K（C_g）$、视压实率、视胶结率等参数计算方法；三是综合化发展，总结出一套或多套岩相测井与综合成岩系数关系体系，探明测井参数与成岩相参数耦合关系，形成致密储层成岩圈闭的识别评价技术体系。

四、致密储层成岩相定量分析与成岩圈闭识别评价技术应用范围与前景

致密储层成岩相定量分析与成岩圈闭识别评价技术广泛适用于各类低渗透致密碎屑岩、致密碳酸盐岩、致密火山岩、细粒沉积岩的有利成岩相刻画及分布评价，成岩圈闭的分布判断和有效性分析，以及开发"甜点"区的预测评价。在中国四川盆地、塔里木盆地、准噶尔盆地、渤海湾盆地（济阳坳陷、泌阳凹陷和东濮凹陷）、鄂尔多斯盆地北部、酒泉盆地青西凹陷等重点探区应用（杜飞等，2021），取得了良好效果。

致密储层成岩相定量分与成岩圈闭识别评价技术在油气勘探中的发展前景，将加大助力恢复致密储层的孔隙演化历史、不同沉积环境中的不同成岩相，凭借对沉积相、构造相、成岩相的精准把握判断优质储层及含油有利区分布，进一步加强和完善成岩作用机理和工业化制图及应用研究，支撑成岩学发展，为致密储层"甜点"区评价及预测提供核心技术，在指导致密储层油气勘探开发方面将发挥更重要的作用（邹才能，2008；赵爽等，2021）。

第三节 连续型油气藏地质评价技术

一、连续型油气藏地质评价技术原理与用途

连续型油气藏指大范围非常规储集体系中，油气连续分布的非常规圈闭油气藏，也可称为连续型非常规圈闭油气藏或非常规油气藏，强调油气分布连续或准连续，主要发育在非常规储集体系之中，缺乏明显圈闭界限，无统一油、气、水界面和压力系统，含油气饱和度差异大，油、气、水常多相共存（图3-4；邹才能等，2009a，2009b）。

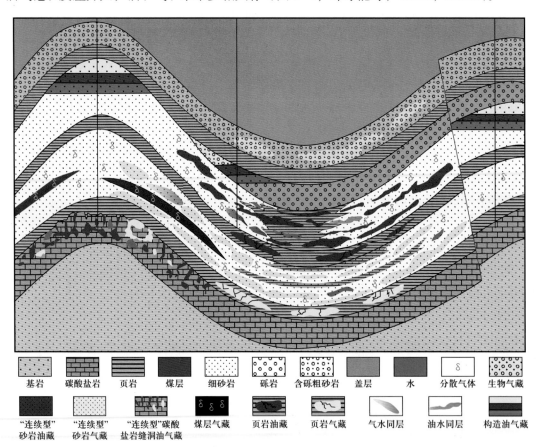

图3-4 不同类型连续型油气藏地层分布模式图（据邹才能等，2009a）

连续型油气藏地质评价技术是依靠露头、岩心、地质、地震、测井等资料，开展非常规层系工业分层划带、生烃条件、储集条件、封盖条件、保存条件、油气资源潜力及有利区带、可采性及"甜点"区段评价的综合性前沿技术。

该技术的基本原理是，基于非常规（全）油气系统大面积连续聚集和有序共生、成岩矿物共生组合关系、成岩相定量分析等理论和实验测试分析原理，在区域地质与综合资料基础上，运用实验测试、地质分析、地震、钻井、测井等多技术手段综合研究，划分区域层序地层格架与工业分层划带，进行岩性识别及岩石组合评价、生烃能力/烃源岩

特性评价、储集物性 / 储层评价、含油气性评价、可压性及脆性评价、应力各向异性及保存条件评价、资源潜力及区带和"甜点"区段评价。

连续型油气藏地质评价技术能够区分低—特低孔渗致密砂岩气、煤层气、页岩气、深盆气、浅层微生物气、天然气水合物等大范围弥散式分布以及部分缝洞型火山岩和孔洞缝网型碳酸盐岩气藏等的差异，解决了近源或源内成藏导致的连续型气藏类型划分困难的问题，重点是开展烃源岩特性、岩性、物性、脆性、含油气性与应力各向异性"六特性"及匹配关系评价，为连续型非常规油气勘探提供地质依据和理论指导。

二、连续型油气藏地质评价技术内涵与特征

连续型油气藏地质评价技术的要素组成包括非常规层系工业分层划带技术、岩性识别及岩石组合评价技术、生烃能力 / 烃源岩特性评价技术、储集物性 / 储层评价技术、含油气性评价技术、可压性及脆性评价技术、应力各向异性及保存条件评价技术、资源潜力及区带和"甜点"区段评价技术，核心内涵是烃源岩特性、岩性、物性、脆性、含油气性与应力各向异性"六特性"及匹配关系评价技术。

根据近年最新进展跟踪分析，其比较前沿的关键技术主要包括高分辨率层序地层学工业化应用技术、成岩相定量评价技术、资源与储量评价技术、资源空间分布预测技术、非常规储层微观孔隙结构测试技术、非常规储层含气性测试技术以及非常规储层物性测试技术等（邹才能等，2009a；陶士振等，2010；管全中等，2015；王红岩等，2020；郎岳等，2022）。其中，资源与储量评价技术、资源空间分布预测技术在本章第一节"非常规油气资源评价技术"中有论述，成岩相定量评价技术在本章第二节"致密储层成岩相定量分析与成岩圈闭识别评价技术"中有涉及，详细了解可参阅相应内容。仅就其他关键技术简述如下。

（一）高分辨率层序地层学工业化应用技术

层序地层的前沿研究主要集中在层序地层标准化的建立、高分辨率层序地层识别划分方法及工业化应用。层序地层学工业化应用研究程序可有"六个步骤"：（1）沉积背景调研；（2）层序划分对比；（3）层序界面追踪闭合；（4）沉积相综合分析；（5）层序界面约束地震储层预测；（6）成藏规律与目标评价。

在高分辨率层序格架约束下，在层序界面内追踪闭合基础上，将各种储层反演技术、等时切片技术、地震波形分类技术、三维可视化解释技术等众多新技术应用于层序分析，可以编制出一系列砂岩厚度图、砂岩百分含量等值线图，提高砂岩分布预测的精度。该程序可以对圈闭特征显著的岩性圈闭进行预测，也可以对非常规大面积岩性储集体进行预测。

（二）成岩相定量评价技术

"连续型"油气藏一般物性较差，需要进行成岩相有利储集空间评价，主要依据地震、露头、钻井等综合分析成岩矿物共生组合关系，预测有利储集体分布。成岩相定量

评价技术流程主要包括四个步骤：（1）沉积成岩背景分析，确定成岩相宏观分布规律和主要控制因素，编制沉积体系或沉积相（亚相/微相）展布图、岩石类型分布图和古—今流体物理化学组成分布图；（2）岩心测试、薄片鉴定及成岩作用分析，通过视压实率、视胶结率和视溶蚀率等一系列成岩作用参数，确定成岩相类型、各种成岩矿物共生组合关系、成岩序列与孔隙演化关系，编制单井成岩相分布柱状图、成岩作用强度单因素平面图；（3）测井相和地震相预测，根据典型井成岩相特征标定，提取地震属性参数，确定无取心井或无井区岩性和孔渗分布，编制孔隙度、渗透率平面/剖面分布图和成岩相类型预测图；（4）成岩相综合分析评价，编制成岩相平面、连井剖面分布图，预测有利储集体和"甜点"分布（邹才能等，2009c）。

（三）非常规储层微观孔隙结构测试技术

非常规储层微观孔隙结构测试技术基于致密储层多尺度实验测试分析原理，通过光辐射技术、流体注入技术、非流体注入技术对页岩孔隙特征进行刻画，主要包括孔喉大小、形态、分布、连通性和油气赋存状态等方面。较为前沿的要素构成是非常规储层孔隙结构定量表征技术，包括不同孔隙结构尺度下的定量表征技术（压汞技术、核磁共振技术、气体吸附技术等）、全孔径联合表征技术（汪贺等，2019）。

压汞技术可分为常规压汞技术和恒速压汞技术，多用于储层孔喉特征和渗流能力的表征。常规压汞技术是在一定的压力下，记录进汞量，测定岩石孔隙结构的技术；其孔径测试范围较广，但对半径小于50nm的孔喉以及成岩作用较强的次生孔隙结构的测量则存在误差。恒速压汞技术可根据非常规储层注汞压力变化对孔隙和喉道进行区分，定量反映孔隙和喉道的大小、数量及配置关系等储层结构特征，但一般无法测量直径小于0.12μm的孔喉。

核磁共振技术通过核磁谱研究和切片成像，测量孔隙中含氢流体的弛豫特征，得到弛豫时间 T_2 分布图谱，从而精确反映非常规储层孔隙大小、分布、连通性及流体赋存特征，还可解释评价孔隙结构、裂缝走向等信息，但易受测试环境、流体性质等因素影响。

气体吸附技术包括氮气吸附技术和二氧化碳吸附技术。氮气吸附技术更常用于非常规/页岩储层纳米级孔隙研究，测量范围为1～200nm，可获得不同压力下样品对氮气的吸附量及吸附—脱附等温线，计算分析孔隙类型、形态、孔径分布、孔隙体积和比表面积。氮气吸附技术不适用于高温高压条件下测量，比表面积较小的岩样在测量孔径超过100nm孔隙时不够准确，易存在较大的测量误差。

全孔径联合表征技术基于实验研究联合多种技术开展非常规储层孔隙结构分析和定量表征。主要包括：（1）将气体吸附技术与压汞技术相结合，测定页岩全孔径分布特征；（2）联合核磁共振技术和恒速压汞技术，研究致密砂岩的完整孔喉结构；（3）运用核磁共振技术与高压压汞技术，对比分析全孔径孔隙特征；（4）联合核磁共振、高压压汞以及氮气吸附等技术，测定非常规储层的完整孔径分布（汪贺等，2019）。

（四）非常规储层物性测试技术

非常规储层物性测试技术包括渗透率测试技术、储层力学参数及敏感性参数测试技术等多项核心技术，主要获取孔隙度、渗透率、含油 / 气饱和度等非常规储量和产能关键参数。

主要有波义耳定律双室法、压汞法、气体吸附法、核磁共振法、扫描电镜法等方法测定孔隙度和渗透率。还可根据颗粒密度与块体密度计算孔隙度，采用压力脉冲衰减法测试岩心渗透率和基质渗透率。通过岩心、测井资料，研究富有机质泥页岩层系各类岩石的孔隙度和渗透率，分析岩石宏观和显微裂缝的特征；通过扫描电镜，分析岩石微观孔隙、裂缝的特征和矿物成分。在建立岩电关系的基础上，通过测井数据，研究解释富有机质泥页岩层系的物性特征和变化规律。通过岩石力学实验，确定岩石的弹性模量、泊松比和岩石的抗张、抗剪、抗压数等参数数据。通过敏感性实验，确定岩石的水敏、酸敏、碱敏、速敏、压敏等参数，为钻井和压裂提供基础参数。

（五）非常规储层含气性测试技术

非常规储层含气性测试技术依据气体吸附理论对吸附气量和游离气量进行准确表征，确定非常规储层含气量的大小，包括现场含气量测试技术、高压等温吸附测试技术两项核心技术。

现场含气量测试技术就是现场直接测定或结合现场解吸和损失气恢复计算含气量，包括游离气、吸附气、溶解气、总含气量等。总含气量 = 现场解吸气量 + 残余气量 + 损失气恢复量。以岩心资料为基础，标定饱和度数据资料，并建立岩电关系，通过测井资料，确定富有机质泥页岩层系的游离气含量；通过岩心解吸，确定岩心吸附气含量和残留气含量。在经过岩心资料标定后，可通过测井数据同时确定富有机质泥页岩地层的游离气、吸附气和总页岩气含量。

现场解吸气量测定的技术流程一般分为两个步骤：一是前 3h 采用钻井液循环温度，估算样品从地下拿出地表进行试验前的损失气；二是采用储层温度以加快解吸速度，但也有研究提出可采用 110℃，该温度下可使得气体几乎全部解吸出来而无须再测定残余气。损失气量的恢复方法有 USBM（United States Bureau of Mine，美国矿务局）直接法和曲线拟合法。USBM 直接法按美国矿务局提出测定煤层气含气量的工业标准估算损失气，散失时间越短，估算结果越准确。对页岩损失气计算，目前主要利用解吸数据与时间平方根进行多项式回归计算获得损失气量。

高压等温吸附测试技术分为体积法和重量法两大类。体积法主要基于吸附过程中压力的变化来反映吸附量的变化；重量法基于吸附过程中重量的变化来反映吸附量的变化。体积法相对简单，只需记录试验过程中的温度和压力，但所需样品用量大。重量法是一种间接测试方法，需要借助于气体状态方程来计算吸附量，试验过程中对温度和压力控制要求高。目前所采用的重量法等温吸附仪，核心部件是磁悬浮天平，这种方法所需样品量小，是一种直接测量方法，不存在累计误差，可以实现更宽泛的温度和压力测试区间，能够适合高温高压下的吸附试验（徐旭辉等，2020）。

三、连续型油气藏地质评价技术发展现状与趋势

连续型油气藏国外泛指在含油气盆地致密砂岩、泥页岩、煤层等非常规储层中缺乏

明显油气水界面、大面积分布的油气聚集（Schmoker，2002，2005）。美国地质调查局（USGS）提出"连续型"油气资源评价的FORSPAN模型，提供了预测未来30年内可增储量的一项评价策略，强调可以利用生产数据获取地质资源量和"采收率"的信息。

国内提出了连续型油气藏内涵、特征、地质评价方法（邹才能等，2009a，2009b；陶士振等，2010），建立了基于"层序地层、化学地层、生物地层"的黑色笔石页岩地层小层对比与评价技术，研发了五台一套页岩储层表征关键参数测试装置与分析技术，形成了页岩气储层定量表征与评价技术，"双厚度、多参数""甜点"区优选评价技术，在四川盆地优选出36个有利目标区，页岩气总地质资源量$10.35×10^{12}m^3$（王红岩等，2022）。页岩微观孔隙结构测试已经形成了多种手段相结合的定性观测和定量表征测试方法，实现了由静态表征向动态表征的转化；页岩含气性测试已经建立了现场与室内相结合的含气性定量表征系列技术，实现了对页岩吸附气和游离气赋存特征的定量评价；页岩物性测试已经建立了多种方法相结合的孔隙度和渗透率测试技术，实现了对页岩孔隙有效性的定量评价（王红岩等，2020）。非常规储层孔隙结构定性表征技术基于二维平面图像观察扫描和三维空间储层孔隙结构重构模拟，可对激光共聚焦显微镜分层扫描图像插值三维处理，也可基于CT扫描技术提取和计算孔喉参数，实现了对孔喉的形态、大小、分布、连通性、油水赋存状态和岩石润湿性的初步表征，并逐步提高表征精度，细化表征功能（汪贺等，2019）。

分析未来该技术的发展趋势：一是细化不同"连续型"非常规油气的资源、储层和流体针对性评价、整体评价；二是层序地层学工业化应用的技术标准化、模拟（半）定量化、新技术手段结合化发展（姜在兴，2012）；三是发展和完善全孔径联合表征技术、非常规储层孔隙结构观测仪器分辨率的提升和全方位的定量参数测量、结合高分辨率与大视域的图像观测技术、孔隙网络建模技术（汪贺等，2019）；四是地质评价关键实验技术将加强页岩孔隙结构的原位表征和孔内流体赋存特征直接观测、深层页岩损失气量计算和页岩气吸附机理及模型孔隙度测试条件和方法对比与统一标准等方面的研究（王红岩等，2020）；五是地质评价将由早期的静态指标评价向静态指标和动态因素综合评价转变（聂海宽等，2011）。

四、连续型油气藏地质评价技术应用范围与前景

连续型油气藏地质评价技术主要应用于大范围非常规储集体系、（准）连续分布的非常规油气藏，目前已在松辽、渤海湾、鄂尔多斯、四川、塔里木、吐哈等盆地大面积分布的低—特低孔渗致密砂岩油气、煤层气、页岩油气、水合物的地质评价中应用，为"连续型"油气藏勘探、开发提供了地质理论和技术支撑。

中国"连续型"油气藏种类多，例如包括低—特低孔渗致密砂岩气、煤层气、页岩气、深盆气、浅层微生物气、天然气水合物等大范围弥散式分布并有"甜点"的气聚集，以及部分缝洞型火山岩和孔洞缝网型碳酸盐岩气藏等，在松辽、渤海湾、鄂尔多斯、四川、塔里木、吐哈等主要含油气盆地大面积分布，发现的储量规模与剩余资源潜力很大。连续型油气藏地质评价技术研究有利于加快明确低孔渗大油气区空间分布边界、储量规

模，将有利于整体研究、整体部署与整体评价，有利于新理论技术攻关与储备，发展前景良好。

第四节　非常规优质储层识别与评价技术

一、非常规优质储层识别与评价技术原理与用途

非常规优质储层识别与评价技术是基于致密油气、页岩油气、煤层气类非常规储层的地质分析、测试化验、测井、地震研究等手段，建立优质储层标准与关键评价指标，采用先进有效技术开展储层差中找优，对优质储层开展识别和预测、精细表征和量化评价的综合性前沿技术。

该技术的原理是：依据烃源岩层系非常规油气（系统）、沉积学、储层地质学、岩石物理学、地球物理学等多学科理论，通过盆地重点井的电性、岩相、储层参数、微观孔隙等分析和优质储层特征、主控因素等认识，建立优质储层类型和层段识别标准及关键评价指标，应用储集性、含油气性、流动性、成缝性和经济性分析的多种先进有效技术开展优质储层精细表征、量化评价，为优质储层发育的"甜点"区带预测提供指导。

非常规优质储层识别与评价技术主要用于确定非常规有利相带；优质储层识别、分类和评价标准及参数制定，例如将页岩气优质储层界定为 TOC 大于 3.0%、孔隙度大于 3.0%、含气量大于 $3.0m^3/t$、脆性矿物含量大于 45%、有机质孔隙占比大于 20%、介孔 + 宏孔体积占比大于 25%、渗透率大于 0.001mD 的页岩储层（董大忠等，2022）；优质储层精细表征和量化评价；基于岩性、物性、电性、含油气性、脆性和地应力各向异性的"六性"评价以及储层品质、工程品质结合，为优选、预测非常规油气"甜点"段和分布区提供指导，为提产及靶体优选提供地质依据。

二、非常规优质储层识别与评价技术内涵与特征

非常规优质储层识别与评价技术的核心内涵包括非常规储层沉积结构、微相 / 纹层识别与表征技术，以及非常规储层参数实验测试与表征技术、非常规优质储层测井识别评价技术、非常规优质储层地震综合解释及评价技术、非常规优质储层大数据分析技术等。

（一）非常规储层沉积结构、微相 / 纹层识别与表征技术

非常规储层沉积结构、微相 / 纹层识别与表征技术依托于大尺度岩心与岩石薄片分析技术开展非常规储层沉积结构、微相 / 纹层识别与表征。基于现场调研、重点露头野外踏勘与取样分析、关键探井岩心观察与精细描述等研究，分析致密储层沉积结构、微相类型及分布，厘定优质储层纹层（组）与有机质纳米孔喉发育特征，多方法结合明确优质储层的微相、纹层类型及时空展布规律（王红岩等，2022）。

尤需指出，海相富有机质页岩主要形成于半深水—深水陆棚相等环境，具有丰富的纹层结构，对页岩气优质储层沉积环境分析及储集性能尤为重要。页岩纹层的识别与表

征包括露头与岩心观察、岩石大薄片全尺度高精度显微数字成像、偏光显微镜观察等方法，构成米级—厘米级—微米级页岩纹层结构精细描述和表征技术（董大忠等，2022）。

（二）非常规储层参数实验测试与表征技术

非常规储层参数实验测试与表征技术包括致密储层岩矿组成测定技术、扫描电镜微观孔隙二维重构技术、物性测试技术、含气量实验测试与模拟技术四项关键技术。需针对非常规储层采用更加先进和精确的实验测试技术（表3-5），才能对其矿物组成、物性、含气性、微观孔隙结构等参数开展测试分析，实现储层准确识别、精细表征和有效评价。

表3-5　非常规页岩储层参数实验测试技术表（据董大忠等，2022）

实验测试技术方法	电镜矿物分析方法	页岩颗粒基质孔渗测量	保压取心含气量测试系统	高温高压等温吸附	微米/纳米CT高分辨率扫描电镜等	低温 N_2/CO_2 吸附、高压压汞实验	低场核磁共振
关键技术	矿物识别技术	气体基质孔渗物性测试	高压现场含气量测试	高压重量法吸附测试	纳米孔隙识别与分类、三维重构	全孔径联合表征	纳米孔隙核磁信号识别
表征关键参数	各类型矿物含量	孔隙度、渗透率	总含气量	吸附气量	孔隙结构	孔径分布	含水饱和度
优质储层识别参数范围	黏土矿物含量<30%	总孔隙度>5%	总含气量>4m³/t	<lnm～10μm，吸附气含量>1m³/t	<lnm～1μm，有机孔占比>30%	<1nm～10μm，宏孔体积占比>30%	10nm～10μm，含水饱和度<30%

致密储层岩矿组成测定技术主要采用 X 射线衍射（XRD）和基于能谱的电镜矿物分析法。

页岩微观孔隙结构测试与表征技术联合使用以微米/纳米CT、场发射扫描电镜、聚焦离子束扫描电镜等为代表的图像分析技术，定性描述页岩孔隙形状、连通性等特征；联合使用以低温 N_2/CO_2 吸附、高压压汞等为代表的流体注入实验方法，定量表征页岩全孔径分布特征。定性技术和定量方法有机结合，可实现页岩储层多尺度全孔径微观孔隙结构精细表征。具体实践中也常通过图像处理技术结合相关分析软件，对孔隙直接识别、分割和（三维）重构，以定量研究孔隙分布特征，包括孔隙的类型、大小、孔径分布及孔隙度（面孔率）。

页岩物性测试技术包括孔隙度、渗透率、含水饱和度等测试。测定孔隙度的方法较多，主要通过氦气测试柱塞样获取有效孔隙度、氦气测试颗粒样获取总孔隙度。一般通过脉冲衰减法可较快完成渗透率测试，为避免样品中微裂缝的影响，目前也采用颗粒基质渗透率测试方法。页岩含水饱和度的测试主要采用低场核磁共振和加热称重法。

页岩储层含气性测试技术包括现场含气量测试和高温高压等温吸附实验模拟。现场岩心含气量直接测试是高效含气量评价方法。等温吸附实验主要获取页岩吸附气量参数，页岩吸附气量或比例与有机质类型、有机质含量、孔比表面积相关，TOC 含量高的优质页岩储层吸附气量或比例相对较高。含气性检测，在页岩层的地质模型约束下拾取页岩层波阻抗数据，其波阻抗低值区代表低密度或低速区，也是预测的储层含气区（林建东，2012）。

（三）非常规优质储层测井识别评价技术

非常规优质储层测井识别评价技术包括专门测井技术系列、多种录井技术、高精度岩石矿物识别技术、储层品质参数测井评价技术四个方面关键技术。一般通过岩电及岩心实验建立测井对应关系与解释模版，采用专门测井技术系列（自然伽马测井、自然伽马能谱测井、深/浅侧向电阻率测井、补偿密度测井、岩性密度测井、补偿中子测井、交叉偶极阵列声波测井、电成像测井、元素俘获岩性扫描测井、核磁共振测井等）和解释方法，以及冲洗带电阻率、地层真电阻率等录测结合资料及多种录井技术，建立电阻率与有效孔隙度等图版（封猛，2018），由测井资料和识别图板获取页岩矿物组分、TOC、孔隙度、含气量、含气饱和度、岩石力、微裂缝发育程度等储层参数（董大忠等，2022；罗胜元等，2022），围绕录井"六性"特征及其关系建立"甜点"识别新方法、优质储层识别划分和评价标准（刘长春等，2023）。

储层品质参数测井评价，主要包括岩性识别及有效厚度、物性参数（孔隙度、渗透率）计算和含油饱和度评价。在岩电关系分析基础上，优选敏感测井参数，利用配套岩心实验结果和岩心刻度测井的方法，分别建立储层品质参数解释模型。其中岩性识别，包括用高分辨率电成像资料识别宏观组构，用元素测井计算矿物组分剖面和单井岩性测井解释剖面，用岩性扫描测井或声波时差、深侧向电阻率测井建立三维岩性识别图版；有效孔隙度计算，用岩心分析有效孔隙度和核磁测井资料得到 T_2 几何均值和黏土含量建立有效孔隙度 T_2 截止值计算模型；含油饱和度计算，根据一维核磁分析的含油饱和度刻度测井方法，分别建立基于二维核磁测井和基于数字岩心的含油饱和度测井解释模型。进而，通过储层品质评价确定油气富集层段，通过脆性与地应力各向异性评价确定储层工程品质，选定适合压裂段（郑建东等，2021）。还可计算总有机碳与成熟度，确定页岩矿物成分、识别裂缝，用声波时差测井资料计算岩石力学参数满足压裂需求（万金彬等，2012）。通过页岩实验测试数据与测井分析，建立测井岩电关系模板，在分析优质页岩储层与地震反射波响应特征的基础上，通过井震联合反演确定优质页岩发育时空位置（林建东等，2012）。

（四）非常规优质储层地震综合解释及评价技术

非常规优质储层地震综合解释及评价技术以三维地震资料精细解释、岩石物理实验为基础，建立非常规优质储层参数地震属性响应关系，采用多级断裂综合解释、叠后不连续性相干体、仿生学蚂蚁体、叠前方位各向异性等多信息融合等方法精细预测评价优质储层。该技术包括岩石物理建模与分析技术、叠前弹性参数反演技术、叠前叠后联合反演技术三项关键技术系列，其中叠前弹性参数反演技术可参阅本章第五节"致密层系叠前储层预测技术"。

岩石物理建模与分析技术需要运用纵波、横波及密度测井数据来建立地层模型，包括四步技术流程：（1）在测井资料校正基础上，进行测井解释；（2）选取合适的理论岩石物理模型，应用流体、矿物构成以及岩石结构等基础信息，获得有效的岩石弹性属性；（3）根据实测的纵波、横波速度及密度曲线与合成曲线的对比结果来确定模型参数；（4）确定岩石物理模型后，可以用于构建其他井的纵波、横波速度及密度等弹性参数，找到识别储层的敏感参数和方法，进一步建立优质储层的岩石物理解释量版（图3-5）。

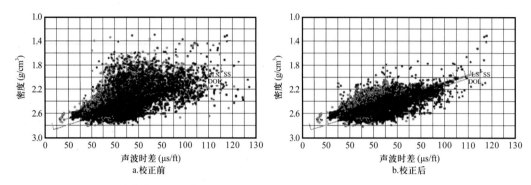

图3-5 井曲线井眼环境校正前后声波时差—密度交会图（据王震宇，2019）

工程品质参数的脆性评价主要采用矿物组分法和弹性参数法。页岩脆性地震预测可以间接通过岩石的弹性模量、泊松比和岩石的抗张、抗剪、抗压强度等岩石力学特征参数体现，从而评价页岩储层造缝能力。在脆性分析的基础上，采用弹性模量、泊松比、矿物组成特征三项指标作为参数综合计算脆性指数。实际计算过程中，采用静态弹性模量、静态泊松比和脆性矿物质量分数作为基础参量，针对不同地区特征参数归一化后，计算综合脆性指数。

叠前叠后联合反演技术主要通过三步流程实现叠前叠后联合反演、优质储层定量表征。（1）通过叠后地质统计学反演预测砂泥岩；（2）开展岩石物理分析，明确剪切模量等含油气响应敏感的弹性参数，以地质统计学反演结果为约束，采用叠前扩展弹性阻抗反演（EEI）预测储层含油/气性；（3）仍以地质统计学反演结果为约束，采用高斯配置协模拟测井参数反演预测孔隙度、渗透率，再按照优质储层物性界限，通过剪切模量、孔隙度和渗透率体得到优质储层三维表征体（陈国飞等，2023）。

（五）非常规优质储层大数据分析技术

非常规优质储层大数据分析技术可利用主控因素分析法研究储层关键地质参数与EUR关系，旨在挖掘诸多页岩储层地质属性与气井产量的内在关系，根据变量间相关性大小对变量进行分组，进一步明确各参数的重要性。主控因素分析法包括层次分析法、多元统计法、机器学习法等。例如以气井EUR为评价目标函数，应用Light GBM特征排序机器学习算法，建立气井产能影响因素模型，分析页岩气储层参数对气井产能影响关系。经相关性分析，量化评价中选择七项储层参数与EUR关联，包括埋深、TOC、孔隙度、小层厚度、含气饱和度、压力系数、脆性矿物含量，进而量化分析多因素对气井产能的影响（董大忠等，2022）。

三、非常规优质储层识别与评价技术发展现状与趋势

近年来，中国攻关创新了黑色笔石页岩地层测井响应分析与工业分层划带、储层定

量表征与评价、"双厚度、多参数"选区评价为核心的大面积高丰度超压页岩气地质评价技术（王红岩等，2022），确立了陆相页岩层系"甜点"段的"六要素"分别为油层段集中、地质可对比、地震可识别、水平井可钻、压裂可沟通和产能已证实的，形成深度域三维地震资料相控储层参数定量描述预测优质储层技术，实现了5m以上优质储层定量描述（杨智等，2021）。

图像处理技术的发展已使非常规储层参数实验测试与孔隙表征从单纯的定性识别完全拓展到了定量分析；形成了常压、保压两种现场含气量自动测试方法，保压含气量测试可直接获得页岩总含气量。通过大数据机器学习算法和主控因素分析法，量化分析了多地质参数因素对页岩气井产能 EUR 的影响，影响程度由高到低分别为脆性矿物含量、压力系数含气饱和度、龙一$_1^1$小层厚度、孔隙度、TOC 及垂深（董大忠等，2022）。

近期依次推进储层"六性"关系、"三品质"和"甜点"测井识别评价，致密油气、中浅层页岩气储层的评价技术方法基本成熟，已规模应用且生产效果好（刘国强，2021）。形成了非常规储层识别评价的专门测井技术系列、解释评价方法和富集层分类评价标准，建立了相应测井解释模型、储层参数计算经验模型和页岩储层测井识别标准，如密度—中子孔隙度叠合法、自然伽马—去铀伽马叠合法、钍—铀比值法、TOC 计算经验模型、孔隙度计算经验模型等，有效预测评价储层矿物组成、TOC、孔隙度、含气性、脆性指数、含气饱和度、微裂缝等（董大忠等，2022）。优选敏感参数建立了有效厚度下限和富集层测井评价标准。配套形成以岩性扫描、核磁、成像测井系列为核心的采集和"七性"参数测井评价技术（郑建东等，2021）。

形成了页岩气示范区以地震属性叠前同时反演为核心的复杂山地海相页岩气储层地震精细识别、描述与预测技术，实现了页岩埋深、储层品质高精度定量表征与综合评价。建立了煤系煤层气—致密砂岩气—煤层气组合、页岩气—煤层气叠置组合和煤系页岩气—煤系致密气—煤层气组合三种类型以及煤系天然气储层适用的岩性、物性和含气性测井解释模型，明确了基于储层物性和含气性的优质储层评价参数标准。形成了基于多地震属性的煤系天然气优质储层及其含气性精细识别及预测技术，优选多类地震属性输入人工蜂群算法改进的神经网络模型，实现了煤系天然气储层及其含气性的识别和预测（张文永等，2023）。建立了一套以岩石物理驱动、以含煤地层反射规律分析为基础，融合了煤层刻画结果的含煤地层的优质储层识别方法（王慧欣等，2023）。

展望未来该技术发展趋势：一是不断深化、完善非常规优质储层识别与评价技术，向全油气系统的整体评价、各类非常规油气储层的针对性精细评价发展；二是加强优质薄储层、深部优质储层、原位聚集富有机质页岩油储层的识别与评价研究；三是重点发展页岩油储层"甜点"测井评价技术（包括页岩储层的宏观结构评价技术、物性精细评价技术、饱和度分布规律的量化评价技术、可动油含量计算方法、静态脆性指数计算方法、孔隙压力计算与隔层评价方法、"甜点"评价方法与标准）和深层页岩气储层"甜点"测井评价技术（包括有效孔隙度、TOC、总含气量以及石墨化程度，静态脆性指数、水平应力差和孔隙压力等参数准确获取及"甜点"测井评价标准）（刘国强，2021）；四是针对性研发反映不同类型非常规储层属性和烃源岩属性的适用颠覆性技术（匡立春等，2021）。

四、非常规优质储层识别与评价技术应用范围与前景

非常规优质储层识别与评价技术适用于非常规优质储层识别与评价，已广泛应用于中国主要陆上含油气盆地和海域盆地致密砂岩、页岩层系、煤层气、致密碳酸盐岩领域，显著提升了致密气单井产量和经济性，推动了页岩气和煤层气重大突破和储产量大幅度增长。

该技术的应用前景较为广阔：一是不断发展和完善该技术的精细化、精确性，建立"双优"储层综合评价图版和页岩气连续储层的综合评价指数，有效支撑"甜点"区段评价预测；二是不断推进该技术的多学科综合化、多技术融合化，更好地发现优质储层，更快速准确地划分出优质储层并进行地质评价，为后续开发部署提供可靠依据。

第五节　致密层系叠前储层预测技术

一、致密层系叠前储层预测技术原理与用途

致密层系叠前储层预测技术是一项结合地质、测井、钻井分析，融合岩石物理分析、地震叠前偏移处理和解释、多种叠前地震反演技术预测低—极低渗致密层系储层的综合性前沿技术。

该技术的原理是以岩石物理为桥梁，以 AVO（Amplitude Versus Offset，振幅随炮检距的变化）技术、Zoeppritz 方程组和 Aki-Rechards 近似式、反射波和透射波的振幅是入射角度的函数等为理论基础，以地震叠前偏移处理和解释、多种叠前地震反演技术为手段，基于井筒数据（如岩心及曲线资料）和地震数据的综合分析，根据致密层系油气藏属性（如岩性、泥质含量、孔隙度、渗透率和饱和度等）变化的相应地球物理响应，从地震记录的纵波速度、横波速度、密度的变化关系等计算纵横波阻抗、泊松比、拉梅常数和剪切模量等参数，进行不同地震属性的定量及合理的地质解释、岩石物理及储层特征的研究，进而对致密储层的岩性、物性、展布及含流体特性等其他特征进行表征预测（尹继尧等，2015；王静等，2019；廉桂辉等，2022）。

致密层系岩性和粒序复杂，井间、层间非均质性强，储层品质差，常表现为低孔隙度、低渗透率、低含气饱和度、高含水饱和度的"三低一高"特点。该技术解决了储层与围岩的地球物理响应特征差异较小、检测结果多解性强、精度低的问题，开展地震纵横波速度及其他弹性参数的叠前地震反演，可得到高精度的、能反映储层横向变化的地球物理参数，可开展致密储层描述及分布预测、储层裂缝识别及预测、油气藏精细描述等研究和勘探工作。

二、致密层系叠前储层预测技术内涵与特征

致密层系叠前储层预测技术的组成要素包括地震叠前深度偏移技术、岩石物理分析预测技术、基于叠前反演的致密储层预测技术、叠前致密储层裂缝预测技术四个方面。重点简述后三者技术要点如下。

（一）岩石物理分析预测技术

岩石物理分析预测技术是通过对井筒数据（如岩心及曲线资料）和地震数据的综合分析，研究不同储层类型的岩石物理特征。其目的是根据油气藏属性的变化（如岩性、泥质含量、孔隙度、渗透率和饱和度等）来研究其相应的地球物理响应，优选对有利储层敏感的弹性参数，进而可对不同的地震属性进行定量的、合理的地质解释。

技术的核心环节：一是横波预测。一般测井测量全波、阵列声波时，只测量某一段，岩石物理分析时一般是针对全井段，因此在横波速度缺失的测井层须进行横波速度曲线的预测、合成。横波速度主要是从全波测井中提取。适用于中低孔隙地层全部岩性的横波预测方法，主要有 CriticalPhi Model、Krief Model、Xu-White Model、Self-consistent Model、Vernik Model 五种模型（陈昌，2014）。二是弹性参数敏感性分析。岩石物理敏感弹性参数分析表明，砂岩表现为相对高纵波阻抗、横波阻抗、μ_p、低 v_p/v_s 特征。多种属性交会均能有效区分岩性，其中纵波阻抗与 v_p/v_s 交会区分能力最强。储层含油气后，v_p/v_s、λ_p 相对变小，横波阻抗相对变大：纵波阻抗与 v_p/v_s、μ_p 与 λ_p 交会能较为有效地区分流体是油层、低产油层，还是水层范围，以纵波阻抗与 v_p/v_s 交会图的区分能力强（陈昌，2014）。

（二）基于叠前反演的致密储层预测技术

基于叠前反演的致密储层描述预测技术主要基于岩石物理分析敏感弹性参数优选，应用叠前反演预测致密层储集体的分布特征，进而预测分析有效储层界限及油、气、水空间分布规律。最关键的叠前反演包括叠前同步反演、叠前地质统计学反演、叠前弹性波阻抗（弹性参数）反演、叠前密度直接反演、AVO 属性 $NI-PR$ 交会反演、叠前波动方程反演等技术。

1. 叠前同步反演技术

叠前同步反演技术依据反射波和透射波的振幅是入射角度的函数，应用公式为 Fatti's 公式。

$$R_{PP}(\theta) = C_1 R_P + C_2 R_S + C_3 R_D$$

式中　$C_1 = 1 + \tan^2\theta$；

$R_P = 0.5\left(\Delta\dfrac{v_p}{v_s} + \Delta\dfrac{\rho}{\rho}\right)$；

$C_2 = -8r^2\sin^2\theta$；

$R_S = 0.5\left(\Delta\dfrac{v_s}{v_p} + \Delta\dfrac{\rho}{\rho}\right)$；

$C_3 = -0.5\tan^2\theta + 2r^2\sin^2\theta$；

$R_D = \Delta\rho/\rho$。

该技术充分利用地震处理得到的偏移速度场和叠前角道集资料，通过分析角道集内地震反射振幅随入射角变化的规律来预测纵波、横波速度的变化情况，在角道集数据的基础上根据角度范围，提取近角度、中角度、远角度子波。在反演过程中建立纵波阻抗、横波阻抗和密度之间符合地质规律的相互约束关系。

其主要技术流程包括四个步骤：一是地震资料保幅处理和 CRP 道集精细处理，地震资料要满足保幅处理、CRP 道集不存在剩余动校正问题、目的层入射角大于 25°、具有较好信噪比和分辨率四个条件，可以地震资料保幅处理与叠前反演一体化运行，随时进行地震资料的整改以满足叠前反演要求。二是井资料处理，对打穿目的层的标定井进行环境校正，声波时差、密度受井径扩径影响易偏离真实值，需利用深侧向电阻率与声波时差统计关系在扩径处进行校正，以保证所选参数的合理性；再通过直方图方法进行标准化处理；用井的低频数据和地震解释层位数据来建立反演的低频模型。三是岩石物理分析，叠前反演可获得纵波阻抗、横波阻抗、密度三个参数，据此可以导出其他岩性和流体敏感的参数，研究井上哪些参数能区分开岩性和流体，建立岩石物理参数识别岩性和流体模板，用来指导叠前反演储层解释。四是叠前同步反演，通过提取的子波、角道集数据以及低频模型，根据所建立的岩石物理参数识别岩性和流体模板，指导叠前反演储层解释（任青春等，2012；张琪等，2014）。

叠前同步反演技术的特点是比较耗时、效率低，但应用效果更好，充分考虑了入射角与反射角的变化、CRP 道集的 AVO 特征、纵横波测井数据，可以得出影响岩性与含油气性更敏感的弹性参数，有效地解决了储层含油气后速度降低、低孔低渗储层预测难的问题，使反演结果降低了多解性、增强了稳定性和可靠性。

2. 叠前地质统计学反演技术

叠前地质统计学反演是将叠前反演和随机反演技术相结合，将地震横向分辨率和测井纵向分辨率有机结合，以测井数据为主，将地震数据作为井间变化的约束条件，寻求各类沉积类型的储层参数变化规律。不仅能够解决砂砾岩储层与围岩阻抗叠置情况下有效储层的识别问题，而且能够有效提高纵向分辨率。该技术主要包括地质统计学参数分析、随机模拟、随机反演三个流程环节（尹继尧等，2015；王静等，2019）。

3. 叠前弹性波阻抗（弹性参数）反演技术

叠前弹性（波阻抗）反演通过对叠前道集数据进行角道集叠加得到不同角度范围内的地震数据（分别为近、中、远角道集数据），利用井震标定提取不同角道集数据对应的子波，然后合成一个综合子波用于反演，建立反演模型，最终在反演模型的约束下进行 AVO 纵横波联合反演，得到多种弹性参数数据体（纵横波阻抗数据体、纵横波速度比数据体、剪切模量以及杨氏模量数据体等），能较好地预测优质储层的分布特征（王静等，2019）。

通过相关技术流程，利用地震叠前道集提取的地层泊松比信息以及地震纵波记录中包含的横波信息及其变化，反演得到不同入射角范围的弹性波阻抗，直接计算纵波速度、横波速度、拉梅常数、剪切模量等储层的重要弹性参数，达到预测储层孔隙流体特征的目的。

该技术特点是：弹性波阻抗包含了 AVO 信息、丰富的岩性以及流体信息，与声波阻抗一起使用可提高判别岩性的能力，弹性阻抗与声波阻抗结合能解决声波阻抗不能解决的问题。由于角度弹性波阻抗的变化主要反映梯度波阻抗的变化，保持了多种弹性参数反演的一致性，增强了反演结果的稳定性和可靠性，在生产中便于应用，利用地震数据体多属性（纵波速度、横波速度、密度和泊松比等）提取、不同角度的弹性波阻抗交会的差异更精确、直观识别岩性和预测流体，可预测有效储层（王静，2019）。

4. 叠前密度直接反演技术

叠前密度直接反演的技术流程包括三步：第一步，以研究区已钻井实测数据为基础，结合岩石物理定性分析和定量分析技术，确定密度参数不仅可以有效区分致密砂岩储层，而且与孔隙度和渗透率有高度的线性相关关系。第二步，将优化处理后的高质量叠前地震道集数据作为输入，借助佐普利兹精确解的 AVO 近似式，利用稳定抗噪最小二乘法反演得到高信噪比的叠前 AVO 密度反射率属性体。第三步，采用诸如递归反演、稀疏脉冲反演、有色反演等地震反演技术将上述叠前 AVO 密度反射率属性体直接转化为密度层间弹性属性体，以指导致密砂岩储层物性预测，并已证实能够清晰刻画致密砂岩储层物性变化特征（张岩等，2021）。

5. AVO 属性 NI–PR 交会反演技术

AVO 属性 NI–PR 交会反演技术基于叠前振幅分析，AVO 属性 NI（垂向入射反射系数）主要反映岩性信息、PR（泊松反射率）主要反映流体信息，AVO 技术直接利用道集上的"振幅随偏移距的变化"特征信息，反演解释出储层岩性、流体信息。

其技术核心是将泊松反射率 PR 和垂向入射反射系数 NI 这两种 AVO 属性进行交会分析，即把 NI 和 PR 两种属性交会，并把岩性和流体信息同时反映在一个彩色剖面上。通过精细的交会图解释，就可以比较可靠地确定含气储层的分布（图 3-6；王大兴等，2007）。

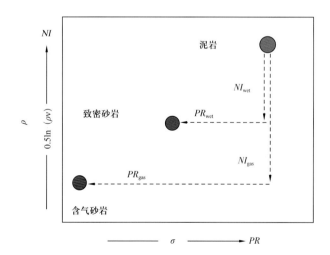

图 3-6　叠前 AVO 属性 NI 与 PR 交会分析图（据王大兴等，2007）

6. 叠前波动方程反演技术

理想的叠前波动方程反演方法应当计算出全地震响应，包括转换波和多次波等。只有这样，其反演结果才能准确地描述任何横向变化介质的地震记录所显示出来的主要特征，包括薄层调谐效应及透射效应，这需要三维弹性有限差分或有限元建模方法的支撑。

（三）叠前致密储层裂缝预测技术

叠前裂缝预测技术主要是基于分方位信息的 AVO 反演，以及叠前方位、纵波各向异性裂缝预测（王静等，2019）。对裂缝产状、方向等性质进行地震岩石物理模拟，改进方位或纵波的各向异性分析算法，利用模拟结果和改进算法定性的预测裂缝分布，这些研究处于实验分析和数值模拟阶段（赵万金等，2014）。

三、致密层系叠前储层预测技术发展现状与趋势

地震叠前深度偏移技术方面，目前中外商业软件中常见的叠前深度偏移算法主要有 Kirchhof 积分法偏移、高斯束叠前深度偏移、波动方程单程波偏移以及逆时偏移等，建模算法主要有偏移速度分析以及层析建模等。其通用性较强，但针对性处理存在短板。中国形成了一系列特色的实用化叠前深度偏移与建模技术。其中，成像技术主要包括束聚焦叠前深度偏移技术、各向异性叠前深度偏移技术、多 GPU 协同叠前逆时偏移技术等；建模技术主要包括特征层约束层析建模技术、基于菲涅尔体的初至层析建模技术、基于块体与格点模型的联合层析建模技术等（王延光，2017）。在不同区块和地质任务的应用中，这些技术可以根据需求配套使用。

基于叠前反演的致密储层预测技术方面，叠前弹性阻抗反演技术应用最为广泛（印兴耀等，2013），近期 AVO 含义扩展到指地震属性随偏移距变化的关系，利用遗传算法进行叠前地震波形反演，修正横波速度，并采用并行计算方法大大加快了计算速度。该方法在参数反演时加入了地震信息，实现了测井信息和地震信息的结合，使得反演得到的井数据的合成道集与实际道集之间在同相轴的位置、极性和幅度的变化方面更加一致，从而使得到的井数据更加可信（印兴耀等，2016）。提出基于叠前岩石物理及数值模拟开展地震流体、岩性识别，重新推导了纵波、转换波的反射系数近似公式，实现了预测致密储层和降低反演的多解性（马琦琦，2019；印兴耀等，2022）。针对致密砂岩气田实际地震数据，使用叠前纯纵波反演方法从叠前地震数据快速获取垂直入射与反射的纵波地震数据 R_p 属性，最大限度地提升地震资料的分辨率与准确度，从而更加准确和精细地描述地下介质；选用叠前混合迭代（多次迭代）反演方法进行叠前弹性参数反演，获得精度更高的横波信息，从而提高利用叠前地震数据进行岩性识别与流体预测的准确度；使用叠前压噪密度反演方法从叠前地震数据获取研究区的密度梯度 R_p 属性，应用于致密砂岩气的地震识别（侯昕晔，2019）。

展望未来趋势：一是致密层系叠前储层预测的 AVO 及反演技术应用，已经从最初定性的储层预测发展到定性、半定量的流体识别（赵万金等，2014），并将向定量识别预测方向发展。二是将多种反演方法结合应用，互相印证和不断完善，并不断研发和引进一些新技术、新方法，不断提高致密层系叠前储层预测、纵波各向异性裂缝预测的精度。三是针对不同致密层系储层的地震岩石物理模型将能更加准确地描述储层微观特征与宏观弹性

特征的定量关系，为储层定量解释、流体识别等提供可靠的依据（印兴耀等，2016）。

四、致密层系叠前储层预测技术应用范围与前景

致密层系叠前储层预测技术能够适用于多种类型致密层系（包括致密碎屑岩、致密碳酸盐岩、致密火山岩、页岩层系和煤系等）的储层叠前预测、岩性和流体识别，已广泛应用于中国的主要油气探区（任青春等，2012；陈鹏等，2014；陈昌，2014），取得了较好的应用效果，解决了有效储层分布及其含油气性难以预测的制约问题，支撑了预测致密储层展布特征、有效储层及油气层空间展布规律等重要信息获取。

分析该技术的未来发展前景：一是不断提升预测精度，实现致密层系叠前储层预测从定性到定量的转变；二是大量基础性研究，进一步探明致密储层叠前反演规律，在储层反演多解性不可避免的条件下，最大限度减少储层预测结果数量，实现高效、精确的预测进而指导生产的目的，加速推进地质工程一体化进程；三是深入研究 AVO 反演计算规律，有效识别并刻画含流体储层，减轻储层内流体导致的信号失稳等问题。

第六节　非常规油气"甜点"区评价预测技术

一、非常规油气"甜点"区评价预测技术原理与用途

非常规油气"甜点"区评价预测技术是利用地质、地球化学、测井、物探、数理分析等多学科手段与资料，通过关键参数分析、适用评价标准和方法，评价预测地质、工程、经济"甜点"区的综合性前沿技术。其中，非常规油气"甜点"区是指在源储共生发育区，具有优越烃源岩特征、储层特征、含油气特征、脆性特征和地应力特征配置关系，资源丰富、开发效果好的非常规油气富集区；包括地质"甜点"（区）、工程"甜点"（区）、经济"甜点"（区）三类，着眼于评价非常规油气形成、富集与有效动用的多个方面。

该技术的主要原理：基于烃源岩油气原地或近源聚集等非常规地质理论、"甜点"区形成地质条件及主控因素研究，通过地质背景、地质要素等地质分析、地质力学、测井、地震技术手段，准确全面选取关键参数，建立地质、工程、经济三类"甜点"（区）特征参数、指标体系和评价标准，利用对三类"甜点"（区）测井响应、地震响应较敏感的关键参数和先进适用的方法，开展非常规油气富集"甜点"（区）的地质综合分析、测井识别评价、地震评价预测。

该技术的主要用途是进行非常规油气地质"甜点"、工程"甜点"、经济"甜点"三类"甜点"区匹配评价及分布预测。通过重点关注非常规致密油气、页岩油气及煤层气的"甜点"区评价，着力研究"储层是否含油气"，核心评价"烃源性、岩性、物性、脆性、含油气性与应力各向异性"六个特性及其匹配关系，旨在寻找高有机质含量区、有效储层发育区，筛选孔渗性（含裂缝）相对较好的"甜点"，优选利于规模压裂的高脆性、高含油性储层，规划沿地应力最小方向钻水平井且利于储层改造（杨智，2015），为钻探部署提供决策依据。

二、非常规油气"甜点"区评价预测技术内涵与特征

非常规油气"甜点"区评价预测技术的核心内涵是地质"甜点"、工程"甜点"、经济"甜点"三类"甜点"区关键参数优选、获取和富集层段评价、"甜点"区带预测。其中，地质"甜点"关注烃源岩、储层、天然裂缝、地层能量（压力系数、气油比）、局部构造等综合评价，工程"甜点"关注埋深、岩石可压性、地应力各向异性等综合评价，经济"甜点"关注资源丰度、资源规模、地面条件等综合评价，最终目标是寻找储层品质好、烃源岩品质优、裂缝相对发育、储层脆性好、水平应力差小的叠合"甜点"区（邹才能等，2014；尚飞等，2018）。

非常规油气"甜点"区评价预测的技术流程主要包括地质—物探—测井—钻井资料收集处理、"甜点"特征参数多学科解释分析、"甜点"关键和敏感参数优选与标准建立、各类参数模拟反演和预测、"甜点"参数成图与分布评价、"甜点"参数叠合与综合评价六个层级步骤（图3-7）。

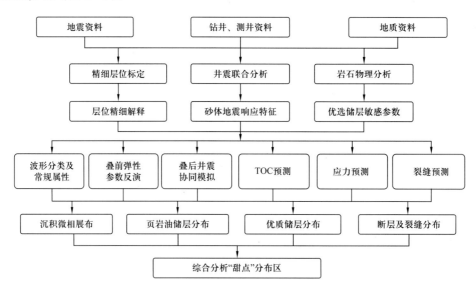

图3-7 非常规页岩油"甜点"区评价预测技术的综合流程图（据顾雯等，2019）

该技术的关键要素组成包括油气"甜点"（区）地质评价技术、"甜点"层段测井定量识别评价技术、"甜点"关键要素地震预测技术、"甜点"（区）井震联合定量评价技术，并且经常联用。

（一）"甜点"（区）地质评价技术

"甜点"（区）地质评价技术的核心内涵是收集整理评价区露头、盆地岩心、岩屑、各类钻井地质资料和测井、地震解释成果，精细分析构造背景、沉积环境、层序和沉积、地球化学特征，重点明确关键地质参数及其纵横向分布，描述储层、烃源岩高品质层段的埋深、厚度、岩相、局部构造、天然裂缝（密度、方位、原地状况等）、地层能量（压力系数、气油比）及分布，以及有机质类型及含量、页岩油丰度参数（可溶有机质含量及饱和烃含量）、页岩油流动性参数（MI、轻质烃含量和轻质烃散失量）、有机质成熟度、

矿物含量、含油性、孔隙度、渗透率和力学属性等（何晋译等，2019），刻画地质"甜点"特征及分布。

例如含油性指标，常用岩石热解分析获得的自由烃含量"S_1"、含油饱和指数（OSI，大于100mg/g）、原始生烃量与实测的自由烃现存量（S_1）差值（ΔS_1）来获取和表征（尚飞等，2018）。

该技术的评价思路是从地质要素出发，充分利用地质、岩心分析化验、地球化学、测井、地球物理、地质力学等资料，利用地质"甜点"评价核心参数标准，充分考虑钻井、压裂、地表等设计要素，孔渗参数分布等多图叠合，综合确定地质"甜点"区：矿物组分分析结合应力实验及动态测井脆性分析，研究地应力场（最大及最小水平主应力、地应力方位、地应力剖面）、岩石力学性质（杨氏模量、泊松比、岩石硬度），分析孔隙压力、三轴应力，确定脆性指数与可压性特征，为优选最佳勘探开发区域和层段提供依据（周德华等，2012；尚飞等，2018；顾雯等，2019）。

（二）"甜点"层段测井定量识别评价技术

"甜点"层段测井定量识别评价技术的核心内涵是基于适用的测井技术手段对非常规烃源层和储层的矿物组成、含量及分布、断层和裂缝方向、岩性的定性与定量识别；通过岩心与测井解释模型建立，综合计算获取各类源储参数（有机质丰度、岩石类型、孔隙度、渗透率、含油/气/水饱和度等）、岩石力学参数和最大主应力方向等，支撑三类"甜点"（区）的评价预测。

在评价过程中，可根据老井居多等实际情况，选取双侧向（RD）、声波时差（AC）、补偿中子孔隙度（CML）、中子密度（DEN）、自然电位（SP）、深/浅侧向电阻率差值（Rc）、次生孔隙（PORf）、核磁共振+密度测井等多种测井技术及得到的衍生参数资料，在明确非常规"甜点"测井响应特征基础上，采用因子分析技术建立反映"甜点"发育段速度和密度的岩石物理因子、反映电性和渗透性的油气概率因子、反映次生孔隙发育程度的储集能力因子三类参数，通过判别分析技术等融合多测井曲线信息建立非常规"甜点"发育指数的测井定量识别模型，定量识别和描述"甜点"发育段（高秋菊等，2019；郭旭光等，2019）；结合敏感地震属性分析、叠前地震弹性参数等地震评价技术开展"甜点"预测。

测井评价的相关参数主要包含泥质含量、脆性矿物含量和夹层厚度、物性参数（孔隙度、渗透率和裂缝）、含油性参数（含油/气/水饱和度）及可动油（S_1、S_1/TOC和页岩油黏度）、地球化学参数（总有机含量/TOC、流动烃含量/S_1、自由气含量、吸附气含量）、可压裂性（脆性、地层孔隙压力或压力系数）（李昂等，2021）等的计算评价。重点是明确非常规油气富集主控因素（如泥页岩岩相、页岩油的可动性、泥页岩裂缝和异常压力等），建立实测岩性标定、多参数融合的测井定量识别模型（宁方兴等，2015），开展孔隙度、渗透率分布等多参数成图及叠合分析，岩相和流体关系、生烃潜力和储集品质分析。

主要的测井参数获取方法技术，包括两种测井交会图分析法、多元回归分析法、改

进的 $\Delta logR$ 技术和 CARBOLOG 法、因子分析技术、判别分析技术、两步法孔隙度预测技术、概率神经网络反演技术、等效深度法、多测井参数回归分析法和多矿物模型法等（宁方兴等，2015：尚飞等，2018）。限于篇幅有限，未介绍具体细节和流程，请参阅相关文献。

（三）"甜点"关键要素地震预测技术

"甜点"关键要素地震预测技术的核心内涵是：从实际地质情况出发，利用多参数测井交会分析总有机碳含量（TOC）、岩相类型、裂缝和脆性等"甜点"关键要素，探讨其与叠前、叠后地震信息的关系；通过叠前弹性参数反演等，确定岩性、孔隙度、脆性等关键参数的平面分布；利用叠后多属性裂缝预测技术，预测和解释裂缝发育区；集成岩性、物性、脆性等多参数分析，预测"甜点"区分布。

该技术的主要分析流程：包括多测井曲线约束反演预测 TOC 等"甜点"关键参数；基于敏感沉积参数的神经网络融合来表征岩相；基于相干、曲率等敏感叠后地震属性的缓倾角裂缝密度定量表征；基于杨氏模量、泊松比的脆性指数和叠前弹性参数的脆性表征（高秋菊等，2019）。涉及的相关参数主要包括 TOC、岩性、岩相类型、物性、含油性、TOC、S_1、脆性、地层孔隙压力、裂缝地震预测（李昂等，2021）。

"甜点"关键要素地震预测的关键技术包括：

（1）多地震属性标定模板及属性分析技术：在目的层精细地震层位解释基础之上，采用沿层开时窗方法分别提取均方根振幅属性、总能量属性、平均瞬时频率属性和弧长属性，同时标准钻井建立地震属性标定标准模板，通过井震结合及不同地震属性的综合对比标定，选取对泥岩含量差异反应相对较为敏感的均方根振幅属性进行岩相预测（尚飞等，2018）。（2）基于应变实验的脆性预测技术：通过实验分析，确立岩石应变状态及对应脆性特征，以应力—应变为基础，以弹性参数为桥梁，建立岩石脆性定量评价标准，岩心刻度测井，实现岩石脆性连续表征，测井标定地震，以叠前弹性参数反演为手段，实现脆性定量预测。（3）水平应力叠前定量预测技术：通过岩石力学实验结合阵列声波等测井资料，计算岩石弹性模量，以成像测井诱导缝的走向结合快横波的方位判断最大水平主应力方向，以椭圆井眼长轴方向确定最小水平应力方向，结合岩石力学参数建立岩石力学参数与测井曲线的关系，结合纵横波数据开展叠前弹性参数反演，预测区域应力差异分布。（4）多域多尺度裂缝预测技术：通过岩心观察明确不同类型裂缝的发育特征，微观（岩相、测井）标定宏观（地震），叠后几何属性（叠后微裂缝预测/蚂蚁追踪技术）和叠前各向异性结合，提高裂缝预测精度，再通过水平井微地震检测人工裂缝走向与天然裂缝平行，检测裂缝预测结果并进行跟踪细化（郭旭光等，2019：尚飞等，2018）。（5）基于五维地震数据的非常规"甜点"地震预测技术：基于 OVT 域的五维地震数据，总结建立优质储层识别与"甜点"预测的地球物理技术序列，包括 OVT 域道集处理优化、沉积微相精细研究、相控储层定量预测、基于高分辨率叠前弹性参数的优质页岩预测、不同尺度裂缝精细预测，以及页岩油压力、应力预测等配套技术（顾雯等，2019；陈勇等，2019；于江龙等，2022）。

（四）"甜点"（区）井震联合定量评价技术

"甜点"（区）井震联合定量评价技术是以各项关键要素的地震预测结果为基础，以钻井、地质、测井定量识别为约束，通过三者融合回归，构建"甜点"地震表征模型，实现对非常规油气"甜点"的井震联合定量评价。

该技术的主要分析流程包括：（1）井震联合定量表征模型的建立，统计研究区典型井"甜点"基础地震表征数据，将油/气日产量、岩相、TOC、裂缝指数、脆性指数等参数分为岩相类型、油气富集、地层脆性三大类因素，根据不同岩相类型的产能分别将不同的赋值、TOC和裂缝指数的乘积作为油气富集因子，脆性指数作为地层脆性因子，拟合构建"甜点"的井震联合表征模型，以产能情况和测井定量识别结果为约束，采用多次拟合回归方法构建"甜点"发育指数，实现"甜点"发育程度的井震联合定量表征。（2）井震联合定量评价结果分析，将表征计算结果（"甜点"发育指数）与油/气日产量进行交会分析，根据两者正相关性程度和单井产能级别（高产、低产、干井等）进行储层和"甜点"的分类、分级和评价。（3）富集"甜点"区综合预测，根据含油气性/油气富集因子、地层压力、微裂缝和夹层发育程度，并考虑地层脆性因子/脆性矿物和岩相分布，采用多属性线性回归综合预测法、综合信息叠合法等预测"甜点"区位置、潜力，并推广至整个研究区进行"甜点"的定量表征和评价预测（高秋菊等，2019：潘仁芳等，2018：尚飞等，2018）。

该技术的核心环节：一是以取心井为基础，建立泥质含量、地球化学参数评价、物性参数评价、含气性评价和可压裂性测井评价模型，实现非常规储层的纵向评价；二是通过岩石地球物理方法分析"甜点"储层段地震响应特征及敏感属性，通过宽频约束反演等技术预测岩性，应用叠前弹性参数反演等预测物性、含油性和地层可压性，利用约束迪克斯公式反演与模型约束波阻抗反演结合技术预测地层压力，通过钻井地震、测井地震结合实现对地质"甜点"和工程"甜点"的双"甜点"平面预测（李昂等，2021）。

三、非常规油气"甜点"区评价预测技术发展现状与趋势

北美建立了页岩气评价参数和评价标准，在"四性"关系评价基础上，提出致密油"七性"（岩性、物性、含油性、电性、烃源岩、脆性指数、地应力和各向异性）评价体系。

中国近期开展了烃源岩品质、储层品质和工程品质"三品质"评价，在国外基础上增加敏感性评价，形成"八性"评价体系和指标参数，建立了页岩气"甜点"的评价标准（邹才能等，2015），引入经济"甜点"预测方法论，提出地质、工程、经济"甜点"评价的理念和评价方法技术，建立了经济"甜点"评价模型和分类方案。研发了多测井曲线约束的TOC反演预测、基于沉积参数的页岩岩相预测、基于叠后地震属性的缓倾角裂缝密度定量表征和基于叠前弹性参数的页岩脆性表征四大类"甜点"关键要素地震预测技术。以TOC、岩相类型、裂缝和脆性四项关键要素的地震预测结果为基础，以测井定量识别为约束，融合构建"甜点"地震表征模型（高秋菊等，2019）。

该技术未来发展趋势是：加强细粒沉积模式与有利沉积微相评价、储层多尺度表征

与有效储集空间评价、液态烃赋存机理与含油性评价、岩石物理响应机理与地球物理评价预测，以及地质"甜点"区、工程"甜点"区与经济"甜点"区融合定量评价，不断引进函数主成分分析、人工神经网络、核磁共振因子分析和大数据分析等新方法和新技术（尚飞等，2018）。

四、非常规油气"甜点"区评价预测技术应用范围与前景

非常规油气"甜点"区评价预测技术广泛应用于国内外非常规油气地质"甜点"、工程"甜点"、经济"甜点"的评价和预测，已在主要含油气盆地初步完成了非常规"甜点"、陆相页岩油"甜点"的井震联合定量评价，取得较好的应用效果。

分析该技术的应用前景，从资源和技术角度考虑，应优先发展鄂尔多斯盆地、四川盆地、松辽盆地三类"甜点"评价预测；对优质和近期可开发动用的致密油、煤层气、页岩气"甜点"区评价预测技术，发展潜力很大；积极攻关发展页岩油、油页岩"甜点"区评价预测技术，有望推动非常规油气的发展。

第七节　致密储层微纳米级实验分析技术

一、致密储层微纳米级实验分析技术原理与用途

致密储层微纳米级实验分析技术是主要针对微纳米级孔隙发育、非均质性强的致密储层，测定其孔隙形态、大小、分布、喉道连通性、储集性能和渗流能力等参数，精确表征微观孔隙结构、储层品质，达到微纳米级测定和表征精度的综合性前沿实验技术。

致密储层微纳米级实验分析技术依据测定所用介质主要划分为辐射探测技术、流体注入技术、非流体注入技术三大技术系列，其分类、原理与特征详见表3-6。

辐射探测技术利用电子束反射原理对孔隙特征进行刻画。其中，场发射扫描电镜技术和环境扫描电镜技术的原理是利用高能电子束与样品物质的交互作用，使用一束精细聚焦的电子束聚焦在样品表面，得到二次电子、背散射电子、吸收电子、X射线等射线信息，用于观察物体表面结构；聚焦离子束显微镜技术的原理是用聚焦离子束作为仪器光源（照射源）进行系统加工和显微分析；原子力显微镜技术的原理是通过对力敏感元件测量样品之间的相互作用进行检测，得到样品表面的形貌结构特征。

流体注入技术是利用汞、氮气等进入纳米级孔隙流动而对致密储层孔隙结构进行表征。其中，高压压汞技术及恒压压汞技术是利用汞在岩石孔隙内部有较好的渗透率、不同尺度孔隙的渗透率有一定差异的原理测量岩石样品孔隙结构特征及孔喉形态；气体吸附技术是基于多孔物质孔壁对 N_2、CO_2 气体的多层吸附和毛细管凝聚原理来测定固体物质的孔径分布和孔隙结构。

非流体注入技术是不通过流体注入手段，基于样品本身属性或其他介质特征分析孔隙结构。其中，纳米CT扫描技术是依据辐射在被检测物体中的减弱和吸收特性的原理，通过X射线对岩石样品全方位、大范围快速无损扫描成像观测孔隙结构，基于扫

表3-6 致密储层微纳米级实验分析技术分类、技术原理与技术特征（据白斌等，2014；汪贺等，2019；修改补充）

技术分类及名称		技术原理	技术特点	样品尺度	主体测量范围	应用
辐射探测技术	场发射扫描电镜技术（FSEM）	通过强电场发射效应产生电子的电子枪，利用二次电子或背散射电子产生电子信号成像（普通的是利用热效应产生电子的钨灯和六硼化镧作为电子枪）	超高分辨率，能做表面形貌的二次电子成像，反射电子成图像处理	mm—cm	0.1nm至微米级	二维精细刻画纳米级微观孔隙形态、孔喉大小及分布；ESEM还可表征原油储集状态
	环境扫描电镜技术（ESEM）	基于高能电子束扫描样品表面激发的各种物理信号显示成像，有高真空（常规），低真空（0.1~1Torr）和环境（0.1~20Torr）三种工作方式	可观察原始状态下的岩样	mm~cm	0.1nm至微米级	
	聚焦离子束显微镜技术（FIB）	用聚焦离子束代替SEM中所用的电子束	切割研磨样品，重构三维图像	mm	10nm	三维空间表征纳米级微观孔喉形态、体积、孔径分布、相态及连通性等
	聚焦离子束—电子双束显微镜技术（FIB-SEM）	FIB技术和SEM成像技术的结合	同时具有FIB的微纳米级加工与SEM的观察分析能力	mm	10nm	
	原子力显微镜技术（AFM）	通过对力敏感元件测量样品之间的相互作用，借助光学杠杆原理将悬臂梁的微小位移转化为探针位移，从而获得样品表面的形貌结构信息及粗糙度特征	不需对材料预处理，无损检测，三维图像可对储层孔隙全方位表征；但成像范围相较局限，成像速度较慢，测量结果受探头影响大	mm~cm	2~50nm	页岩储层孔径大小、储集能力、润湿性研究
流体注入技术	高压压汞技术	注入压力与孔半径关系	间接，定量评价孔喉	cm	100nm~950μm	定量评价孔隙体积、孔喉大小及分布，恒速压汞技术更适用于小孔喉较多、孔隙结构较复杂的致密储层评价
	恒速压汞技术	保持较低的进汞速率对岩样进行压汞实验	准静态过程，分辨孔、喉	cm		
	气体吸附技术	多孔物质孔壁对低温氮气、氩气或二氧化碳气体的多层吸附和毛细管凝聚原理	操作简单，消除系统误差能力强	mm	0.35~200nm；CO₂吸附法 0.35~1.5nm	
	压汞—比表面积联合分析技术	压汞法和比表面积法测试结果的综合换算和衔接	完整的毛细管压力曲线和孔径分布图	mm—cm	100nm~950μm	

续表

技术分类及名称		技术原理	技术特点	样品尺度	主体测量范围	应用
	纳米CT扫描技术	利用样品对X射线吸收的差异性，光源显微成像	无损，展示样品内部结构	mm	>50nm	铂米级微观孔喉形态、连通性等
	核磁共振技术（NMR）	特殊磁场环境中利用射频脉冲激发氢核，产生原子核自旋运动，与频率相同的电磁波产生共振，因不同分子核化学环境不同，产生不同共振谱	无损，定量评价岩样	mm	8nm～80μm	定量分析孔喉、不同流体分布、裂缝走向等
非流体注入技术	低场核磁共振冻融技术（NMRC）	基于核磁共振现象，通过检测样品在变温条件下的核磁共振信号表征多变介质的孔隙结构特征	速度快、精度高，一次测量可获多个参数，无损，样品制备简单	mm—μm	2～500nm，精度到±1nm	页岩等低渗介质的纳米孔隙结构表征评价
	中子小角散射技术（SANS）	利用中子射线探测核散射截面变化及电子密度变化	快速、无损、样品预处理过程简单	μm	1～220nm	（不同温压下）孔喉大小、总孔隙度、有效孔隙度、孔径分布、比表面积
	X射线小角散射技术（SAXS）	利用X射线探测散射截面变化及电子密度变化				

描图像数值重构孔喉三维结构特征；核磁共振技术是利用 H 原子核的自旋运动产生不同组分和结构特征中不同弛豫过程和信号强度变化共振的原理，对不同尺度致密储层岩样进行检测、实验和数据解释、分析；中子小角散射技术（SANS）及中子超小角度散射（USANS）是利用探测射线束照射、穿过样品后发生小角度范围内散射的原理来获取样品微结构信息（白斌等，2013，2014；汪贺等，2019；徐良伟等，2022）。

该技术已经成为当前的研究热点和前沿之一，主要用于致密储层微纳米级实验分析，进行二维、三维微纳米级微观孔隙结构与孔喉特征精细刻画、定量表征，定量分析连通性、储集能力、不同流体分布、裂缝走向、润湿性、原油赋存状态等，为非常规储层评价、资源潜力和"甜点"区评价预测提供依据。

二、致密储层微纳米级实验分析技术内涵与特征

（一）致密储层微纳米级辐射探测技术

致密储层微纳米级辐射探测技术主要在二维/三维图像基础上，定性、定量表征致密储层微观孔隙结构、岩石骨架与孔隙的接触关系、孔喉半径分布以及孔隙中油水赋存状态等，其要素组成包括场发射扫描电镜技术、环境扫描电镜技术、聚焦离子束显微镜技术、原子力显微镜技术等。

场发射扫描电镜（FSEM）与环境扫描电镜（ESEM）具有超高的分辨率，达到 $0.5 \sim 2nm$，重点进行各种固态样品表面形貌的二次电子成像、反射电子成像观察及表层图像处理。配备高性能 X 射线能谱仪，能同时进行样品表层的微区点—线—面元素的定性、半定量及定量分析，具有形貌、化学组分的综合分析能力，是微米级—纳米级孔隙结构测试和形貌观察的最有效仪器之一。其中，环境扫描电镜的样品室有高真空、低真空和环境三种工作方式，还能观察分析含水的、含油的、已污染的、不导电的样品。对岩样原始状态下的孔隙结构及油气赋存状态进行观察，结合能谱分析，可以验证赋存流体的性质，能对致密储层接近原始状态的孔隙结构进行研究。利用氩离子对岩石样品抛光，实现纳米级表面平整度，达到清晰识别孔隙特征与矿物接触关系；与其他抛光技术手段结合将岩石切片进行连续扫描，可以获得精细的孔隙结构图像（张盼盼等，2014；孙东盟等，2021）。

聚焦离子束显微镜技术（FIB）集形貌观测、定位制样、成分分析、研磨刻蚀于一体，可对岩样进行三维的、表面之下的观察和分析，也能够在亚微米级别上对样品材料进行切割研磨，并进行纳米级扫描成像。反复对样品进行切割研磨，并进行纳米级扫描成像，可以获得一系列二维图像，经计算机重构即可获得高分辨率三维图像。

聚焦离子—电子双束显微镜技术（FIB-SEM）是 FIB 和 SEM 两者成像技术的结合，可以得到同时具有聚焦离子束的微纳米级加工与扫描电子束的观察分析能力，分析和模拟岩石微观孔隙的性质，并针对致密储层进行精细到纳米级的三维重构，深入了解致密储层内部的微观孔隙结构的特点。

原子力显微镜技术（AFM）使分辨率进一步提升至 0.1nm、主体测量范围达 $2 \sim 50nm$。

通过对微弱力十分敏感的悬梁臂一端固定，用另一端的胶体探针接近样品发生相互作用，其斥力使悬梁臂发生微小形变。借助光学杠杆原理将悬梁臂的小位移转化为探针位移，从而获得样品表面形貌结构以及粗糙度信息，主要用于页岩储层孔径、储集能力研究（汪贺等，2019）。

（二）致密储层微纳米级流体注入技术

致密储层微纳米级流体注入技术主要使用汞等非润湿性流体及 N_2、CO_2 等气体，在不同压力下注入样品并记录注入量，通过不同的理论方法计算以间接地定量获取致密储层孔隙大小、孔径分布、比表面积等孔隙结构信息。其属于破坏性技术，只能用于研究开（放性）孔，要素组成包括高压压汞技术、恒速压汞技术、气体吸附（低温氮气吸附、二氧化碳吸附）技术等。

高压压汞技术和恒速压汞技术流程均是将液态汞注入样品，根据进汞退汞饱和度和施加的排驱压力绘制进汞和退汞毛细管压力曲线，根据 Young-Duper 方程计算外加压力迫使汞进入孔隙所做的功与浸没粉末表面积所需的功相等，进而求得比表面积，由孔容和比表面估算平均孔半径，得到储层岩石的孔喉大小、连通孔径体积分布（卢振东等，2022；陈秀娟等，2022）。两者差异在于，高压压汞技术的整个进汞过程时间短，在 1～2h 之间；恒速压汞技术因需要保持接近准静态的进汞过程，进汞过程时间长，需要 2～3d，其接触角更接近于静态接触角，测定喉道半径与真实喉道半径比较接近，实验难度相对较高，但可以将孔隙与喉道区别开来，较为准确地测量孔隙和喉道的数量、大小及分布范围。

气体吸附技术包括低温氮气吸附技术和二氧化碳吸附技术，主要测定 0.35～200nm 的纳米级孔喉。其技术流程均是采用低温氮气和二氧化碳作为吸附气体，在恒温下逐步升高气体分压，测定岩石样品相应的吸附量，由吸附量对分压作图，得到岩样的吸附等温线；然后逐步降低分压，测定相应的脱附量，由脱附量对分压作图，得到对应的脱附等温线。岩样的孔隙体积由气体吸附质在沸点温度下的吸附量计算。通过记录不同相对压力（p/p_0）条件下的气体吸附量和解吸量，得到孔隙体积、比表面积和平均孔径等参数。

N_2 吸附法的测量温度 $-196.150℃$，实验得到的迟滞回线可以判断页岩孔隙大小、形状与体系类型等，佐以图像可进一步判断干酪根类型与有机孔隙发育情况等。通过对不同模型的氮气吸附量进行分析，可以确定其表面积和孔隙体积，描述孔隙类型与分形维数的关系等（白斌等，2014）。CO_2 吸附法的测量温度为 $0℃$，分子热运动相对较剧烈，故 CO_2 气体可以直接进入微孔，通过 D-R 理论计算样品中 0.35～1.5nm 范围的微孔分布（张晓祎等，2021）。

（三）致密储层微纳米级非流体注入技术

致密储层微纳米级非流体注入技术的要素组成包括纳米 CT 扫描技术、核磁共振技术、低场核磁共振冻融技术（NMRC）、中子小角度散射技术（SANS）、中子超小角度散射技术（USANS）等。

纳米 CT 技术主要有基于传统结构（纳米级微焦点）、基于可见光光学系统和基于同步辐射源三种类型，其分辨率分别为大于 150nm、大于 200nm 及大于 10nm。其技术流程包括样品激光制样、二维 / 三维图像扫描与三维立体数据体建构、基于 Avizo 软件的非局部均值模式滤波去噪（连续进行 2～3 次）、三维重构分析孔隙结构几个步骤（图 3-8；苟启洋等，2018），最终获取非常规储层样品的物质组成、孔隙空间分布和连通性信息等。该技术能够清晰、准确、直观、全面地展示被检测样品内部的结构、组成、材质及缺损状况，在非常规储层孔隙非均质性、三维孔隙重建方面有独特的优势（白斌等，2013；赵萌等，2022）。

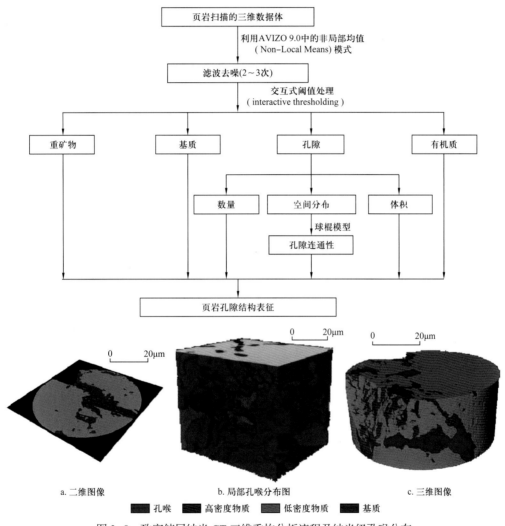

图 3-8　致密储层纳米 CT 三维重构分析流程及纳米级孔喉分布
（流程图据苟启洋等，2018；彩色小图据白斌等，2013）

核磁共振技术要点是利用带有核磁性的原子与外磁场的相互作用引起的共振现象（共振谱）进行试验，通过不同弛豫过程的横向弛豫速率检测孔喉结构、充填物质及不同角度的切片成像。该技术包括岩心用模拟地层水饱和、不同孔隙或喉道内 H 原子信号叠加形成核磁共振信号、数学模拟得到核磁共振 T_2 分布三步流程，所得到的 T_2 分布即反映了岩石的孔喉结构（米悦等，2021），具有快捷、精确、无损的特点。

低场核磁共振冻融技术（NMRC）于近年兴起，主要分为四步流程：（1）预处理，对多孔介质机械粉碎，用筛子选取合适大小的颗粒，进行干燥处理，记录干重。（2）样品抽真空，饱和探针液（必要时可通过加压、离心等手段），待样品与环境平衡。探针液的选择直接决定 Gibbs Thomson 常数（K_{CT}）的大小，可以选水、环己烷、八甲基环四硅氧烷（OMCTS）。其中，水主要用于亲水性样品测试；环己烷主要用于亲油性样品测试，但环己烷的液体和固体核磁信号强度不易区分；八甲基环四硅氧烷在一定程度上弥补了水和环己烷的劣势。（3）对待测样品进行 NMRC 测试分析，首先进行参数矫正，然后设定 CPMG 序列参数，设定温度计划，实验分析。（4）根据系列温度点及对应的核磁信号强度计算样品孔径与孔体积之间关系。探针液的体积也是孔隙的体积，通过将直接的实验结果温度与核磁信号强度的关系换算成孔径与孔体积的关系，进而定量分析非常规储层孔隙结构。该技术具有孔径测试范围宽、精度高、样品可重复测试的优点，但在应用中的有效性、影响因素、实验条件仍在探索过程中，冻融探针液的选择也有争议（孙东盟等，2021）。

小角散射技术（SAS）要素组成包括中子小角散射（SANS）、X 射线小角散射（SAXS）、超小角散射（USAS）三种技术。前两者分别利用中子射线、X 射线探测核散射截面变化及电子密度变化来获取样品微结构信息。中子小角度散射（SANS）技术流程：（1）用晶片锯将岩样切成厚约 2mm 的薄片。（2）用精密加工的专用设备将岩心样品研磨至理想厚度，即厚度为 1mm 的岩样。（3）由机械速度选择器单色化的中子束通过准直系统入射到样本上，与样品发生弹性散射后的中子被二维探测器测量记录，以此获取散射曲线等原始数据。（4）通过构建相应的模型，分析散射曲线与孔隙结构的内在量化关系，便可获取孔隙结构的形状、大小及分布特征等（陈秀娟等，2022）。超小角散射（USAS）技术用于获取孔径在 1～220nm 之间的微结构信息。小角散射技术的特点是快速、无损、样品预处理过程简单，仅考虑中子束与试样的相干弹性交互作用（白斌等，2014）。

三、致密储层微纳米级实验分析技术现状与趋势

致密储层微纳米级实验分析技术自 2001—2014 年伴随非常规纳米级油气储层地质学的飞速发展而蓬勃兴起，用于泥页岩储层微纳米级孔隙结构定性观察与定量分析、孔隙多种分类方案划分、孔隙形成与演化机理的研究，得到了极大发展。2014 年至今，泥页岩孔隙特征的静态表征技术基本成熟，逐步趋于定量化。开始利用物理模拟实验和流体注入技术模拟泥页岩微纳米级孔隙的动态演化过程和定量表征，逐渐从静态单一技术的表征向动态物理模拟联合多尺度定性与定量相结合的表征方向发展（蒋裕强等，2014；王明磊等，2015；徐良伟等，2022）。

辐射探测技术系列方面，2011 年利用场发射扫描电镜首次在中国致密油气储层中发现了纳米级孔隙（邹才能等，2011）。随后诸多学者利用辐射探测相关技术模拟出页岩微观孔喉结构，建立了电阻率和孔隙度的孔隙尺度模型（焦堃等，2014），发展为当前热点和前沿。

流体注入技术系列方面，压汞法通常结合辐射探测技术使用，聚焦于储层微观孔喉特征分析、结合油水相渗对致密储层微观渗流机理及孔喉对渗流能力的影响进行综合研究（张亦楠等，2013）。随后逐步引入气体吸附法研究孔隙类型、孔径分布等孔隙特征，提出了全孔径孔隙结构表征方法，使用颗粒样品的数据精度有一定提高，发现试样尺寸对页岩的孔隙率、平均孔径、比孔容等特征值影响较大，减少页岩试样尺寸不仅可以增加试样中各小孔隙之间的连通性，而且能够降低较大裂隙带来的影响，提高试验结果的准确性（俞雨溪等，2020）。提出了分形理论方法，利用低温氮气吸附实验数据量化计算不规则多孔固体孔隙结构和复杂表面，表征不规则和碎裂系统的孔隙结构。建立了多种方法来计算分形维数，如 Frenkel−Halsey−Hill（FHH）模型、Brunauer−Emmett−Teller（BET）模型和图像分析等。已证明基于气体吸附等温线的 FHH 模型较为有效，其分形维数在 2～3 范围内变化；D 值越大，孔隙表面越复杂及孔隙结构越不规则（刘海洋等，2021；卢晨刚等，2017）。

非流体注入技术系列方面，2000 年起 CT 被应用于非常规领域煤储层孔隙、矿物和有机质的识别与分布的表征。随后依次建立了孔隙孔径分布、孔隙方向和孔隙间距研究的新方法，开展了基于 CT 数据对煤中基质与孔裂隙的定量识别、不同类型非常规储层微观孔隙结构表征和非均质性、基于 CT 扫描技术的三维重构技术优化研究，对孔隙结构网络模型进行较为准确的提取，对孔隙的大小、形状因子和孔喉比等参数进行定量表征（白斌等，2013；郑剑锋等，2016）。用核磁共振技术测量砂岩孔隙度、渗透率和自由流体指数等参数，建立从核磁共振数据中计算可动流体的方法，令核磁共振技术越来越完善。通过二维场发射扫描电镜等图像直接观测、气体吸附等间接数值测定以及 X−CT 三维数值重构模拟孔隙结构技术方法，在孔喉大小、形态、分布、三维连通性等方面取得了初步进展，提高了纳米级微观孔喉结构的表征精度（林春明等，2021）。

纵观未来该技术的发展趋势：一是各项技术测试精细化，保证实验信噪比的同时提高不同成熟度序列样品微纳米级孔隙系统测量精度和范围，并联合使用多维观测技术对孔隙系统多维演化特征进行表征；二是测试技术向无损化发展并不断完善，提出能够取代破坏性试验的替代手段；三是综合化实验手段，多种方法综合使用和数据对比形成致密储层纳米级孔隙表征新流程（焦堥等，2014）；四是微纳米级孔隙系统测量技术应向廉价便捷、高效率、高精度、宽范围方向发展，使泥页岩孔隙系统的演化能够直观地、清晰的、形象的、多维度定性和定量的进行表征（徐良伟等，2022）。

四、致密储层微纳米级实验分析技术应用范围与前景

目前辐射探测技术能观测到 0.1nm 以上的孔隙，主要观测纳米级孔喉大小、孔隙分布以及致密储层中流体的分布状态。流体注入技术中，压汞法能够测量在 100nm～950μm 之间的孔隙大小；气体吸附法能研究 0.35～200nm 的孔隙，且实验前须对岩样进行干燥处理，CO_2 低压吸附主要用于孔径小于 2nm 的微小孔隙特征描述，N_2 低温吸附较适用于中大孔隙及小孔储层。非流体注入技术中，核磁共振技术和 CT 扫描技术能够测量纳米级及以上孔隙，小角度散射技术主要应用于 0.1～220nm 之间的孔隙（见前述表 3−6），中

子小角度散射技术能识别 3～10nm 的孔隙结构（陈秀娟等，2022）。

分析未来该技术发展前景：一是扫描电镜技术可以和流体注入等多技术联合使用，尝试获取孔喉的三维分布和孔喉连通情况等信息；二是寻找在保证测量精度前提下，无损、快捷、适用于微米级—纳米级多尺度的新型测定方法；三是攻关突破封闭微孔喉三维分布和孔喉连通表征的技术；四是基于微纳米级扫描电镜图像或三维 CT 扫描图像，应用计算机图像处理技术，通过模拟退火算法或沉积岩的过程模拟法来重建三维数字岩心，进而可视化表征岩石的内部孔隙。

第八节　油页岩综合利用技术

一、油页岩综合利用技术原理与用途

油页岩综合利用技术是综合考虑油页岩炼油、半焦燃烧供热和发电、页岩灰利用以及经济效益和环保等基础上实现油页岩资源的高效、清洁、综合利用的前沿技术。油页岩是一种储量巨大、高灰分、低热值并具有很好综合利用层次特性的固体可燃有机矿体，由油分、水分、矿物质、无机物和有机物等组成，且物质成分大于有机质成分，低温下的干馏可以制得含油量超过 3.5%、类似天然石油的页岩油和含量超过 33% 的灰分，灰分含量远远高于有机质岩石（李茂成，2014；谭丽泉等，2016）。

该技术是一个油页岩综合利用系统，基本原理是根据"油页岩、半焦及页岩灰基础特性""油页岩在小试、中试装置上的热化学转化特性"等物化特性以及"油页岩干馏—半焦燃烧—油气提质—页岩灰渣综合利用"的技术路线，利用油页岩地面干馏技术将油页岩在隔绝空气条件下加热到 450～600℃发生一系列物理化学反应过程而生成页岩油、煤气和半焦，通过半焦燃烧技术供热和发电，油页岩灰渣利用技术形成建筑与化工等原料，实现无固体废物排放的一体化开发与全面综合应用（姜秀民等，2012；张磊等，2012；张金然等，2015）。

该技术主要用于油页岩干馏炼油、半焦燃烧供热和发电、页岩灰做建筑与化工等原料，解决了传统的单一低温干馏炼油技术和燃烧发电技术的资源利用率低、技术不完善、环境污染严重、抗市场经济性冲击能力差、难以持续发展等问题，迎合了中国能源发展战略的需求。

二、油页岩综合利用技术内涵与特征

油页岩综合利用技术由四种关键技术支撑形成干馏系统、燃烧系统、干馏油气提质系统和灰利用系统。技术流程（图 3-9）主要包括四个步骤：（1）经破碎、筛分处理后的油页岩颗粒通过干馏系统炼油产生页岩油气混合物，经油气分离器分离出页岩油与燃气；（2）对干馏分离出的页岩油柴油馏分加氢提质、全馏分加氢裂化提质和全馏分加氢精制串联催化裂化提质，获得日常可用油品；（3）干馏产生的油页岩半焦与油页岩废屑混合后送入循环流化床燃烧，产生的蒸汽引入传统的汽轮机发电机系统供热、发电；（4）循环流化床排出的页岩灰经过加工处理后作为建筑与化工材料的原料（张磊等，2012；杨庆春等，2016）。

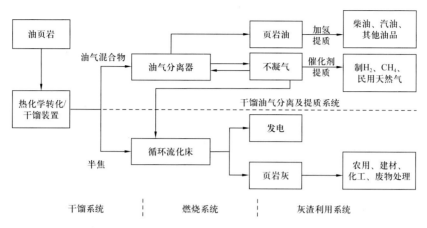

图 3-9　油页岩综合利用技术流程图（据张磊等，2012，修改）

　　该技术的要素单元包括油页岩地面干馏技术、油页岩半焦燃烧技术、页岩油与干馏气提质技术、油页岩灰渣综合利用技术四项核心技术。核心内涵是将油页岩矿、干馏炼油厂、循环流化床发电厂和建材厂有机地串联在一起共同组成链带式联合产业链。将页岩矿生产出来的油页岩送入干馏炼油厂；在干馏炼油厂转化为页岩油和煤气等产品；所排放出来的碎屑页岩、半焦（或渣）、多余煤气送入循环流化床锅炉发电厂，转化为电力和蒸汽，电力送入电网，蒸汽可供干馏厂、建材厂生产使用；电厂的灰渣全部送入建材厂转化为建筑材料。

（一）油页岩地面干馏技术

　　油页岩地面干馏技术主要将油页岩颗粒放在 450～600℃ 之间的干馏装置内受热产生油气混合物和油页岩半焦，油气混合物排出干馏炉后经除尘、冷却后分离成油页岩油和燃气，油页岩半焦排出后供进一步深化加工。

　　该技术按油页岩颗粒大小可分为块状页岩干馏技术、小颗粒页岩干馏技术两大类九种技术，其技术分类、主要指标及优缺点详见表 3-7。按干馏工艺可分为移动床干馏技术、回转干馏技术和流化干馏技术三大类。其中，以抚顺炉干馏技术为代表的块状页岩干馏技术主要采用移动床干馏工艺，已较成熟并工业化应用，但其转化率和资源利用率相对较低，环保问题严重。回转干馏技术是当前主流技术，其能效和环保问题都已基本解决，工业应用潜力很大；流化干馏技术作为石油炼制工艺催化裂化的复刻具有世界先进水平，但存在一些技术问题待解决，尚未涉足工业应用（陈松等，2016）。本节仅简述较为前沿和热点的技术内容。

1. 小颗粒油页岩热固载体干馏技术

　　小颗粒油页岩热固载体干馏技术采用半焦燃烧产生的高温页岩灰固体作为热载体，小颗粒油页岩原料通过与之直接接触传热后进行干馏反应，因此原料利用率可达 100%，

表3-7 国内外油页岩地面干馏技术分类、主要技术指标及优缺点（据杨庆春等，2016；王海柱等，2020；张哲娜等，2022；马跃等，2024；综合集成）

类型	干馏炉	炉型	热载体	处理量（t/d）	页岩粒度（mm）	油收率（%）	优点	缺点
块状页岩干馏技术	抚顺干馏炉	内热式垂直圆筒	干馏气	100~200	10~75	65	结构简单，易操作；热效率高；能处理含油率低至4%~5%贫矿；能利用半焦固定碳；易维修，投资低、建设快	单台炉日处理量少；不能处理小颗粒油页岩（75%~80%）；热损耗较大（20%~30%）；环境污染严重
	苏联基维特干馏炉	垂直圆筒	干馏气	1000	25~100	75~80	长方形干馏室利气体分布和减少阻力；炉型易放大	半焦固定碳不能完全利用
	爱沙尼亚Kiviter干馏炉	垂直圆筒	干馏气	200、1000	10~125	75~80	气流分配较均匀，加热速度快；可调节含油层厚薄，调整气体阻力	油页岩利用率不高；页岩半焦中的固定碳未利用
	巴西Petrosix干馏炉	垂直圆筒	干馏气	1600、6000	8~75	90~95	易于控制温度，便于操作；炉型易放大；技术成熟	未回收半焦潜热，热效率低；污染地下水；未利用半焦固定碳
	澳大利亚Paraho II干馏炉	垂直圆筒	干馏气	60、240	未知	未知	集油页岩原矿加工成型，预热干燥，干馏、冷却分离，干馏气清洁和污水处理等功能于一体	未知
小颗粒页岩干馏技术	大工（DG）干馏炉	垂直圆筒	页岩灰	2000	0~10、<6	90~96	页岩油收率高；干馏气热值高，冷凝回收；系统负荷小，废物少，环境友好	不太成熟，干馏工艺复杂；干馏投资较高，建设时间较长
	爱沙尼亚Galoter干馏炉	水平圆柱	页岩灰	1000、3000	0~25	85~90	页岩灰循环使用；能利用半焦固定碳	存在机械运转，油气气烟气除尘；水力排水壁管有焦渣黏结导致转运率低；重油所占比例大
	美国TOSCO-II干馏炉	转筒	瓷球	900~1000	0~10	>95	采油率高，能利用半焦固定碳	需烧掉一部分焦气及燃料油；设备复杂；投资高，维修费用高；未利用半焦固定碳
	澳大利亚ATP干馏炉	内外水平圆柱	页岩灰	6000	0~25	85~90	单炉处理量大；油页岩利用率高；油收率高；热平衡易确定和预测；能利用半焦固定碳定碳；环保	设备庞大，建设时间长；结构复杂；动力消耗大，费用高；维修量大；含尘量高

油回收率高。通常依托回转窑或流化床干馏炉作为干馏设备进行小颗粒油页岩的干馏。流化床干馏炉干馏技术处理量较低，且多处于中试阶段；回转窑干馏技术目前实现工业应用的主要有爱沙尼亚 Galoter 技术、抚顺矿业集团引进的澳大利亚 ATP 技术、国内自主研发的大工（Dalian University of Technology，DG）干馏技术（表 3-7；杨庆春等，2016；张哲娜等，2022）。

大工干馏技术是将 100% 利用率的油页岩首先与半焦燃烧产生的热烟气换热，干燥预热到 120～150℃，再与 700℃的页岩灰热载体混合进入 DG 干馏炉，在 0.1MPa 和 500℃条件下干馏生成半焦和油气混合物。半焦和预热的空气在燃烧管中燃烧，燃烧产生的页岩灰，大部分作为热载体循环为干馏反应提供热量，剩余灰渣预热空气后排放；油气混合物经过油洗、空冷和闪蒸分离后，得到页岩油和干馏气（杨庆春等，2016）。

2. 小颗粒油页岩气体热载体干馏技术

小颗粒油气体热载体干馏技术主要包括抚顺矿业集团 FHQ 干馏技术、中国矿业大学气体热载体错流热解技术等。FHQ 干馏技术是块状油页岩抚顺炉工艺基础上的改进，其核心为集预热干馏、气化及冷却为一体的立式方形炉，物料采用移动床形式使小颗粒油页岩（3～10mm）均匀进料，炉内根据物料阻力设计成垂直薄料层，引导气体横通折返，并通过双侧进高温循环气体实现强化干馏，处理量 30t/d。通过不断升级改造，逐步解决了粉尘堵塞、炉内料层阻力大、热载体分布不均等一系列问题，但目前仍面临原料筛分效率低、配套设备技术难度高等难题（张哲娜等，2022）。

气体热载体错流热解技术针对混粒级（0～80mm）褐煤及小颗粒油页岩，采用气—固错流床反应炉，炉体结构由错流碳化通道和气体热载体通道单元组合而成，炉内用多层非均匀开孔火道花墙和集气花墙进行组合，形成气—固错流从集气室引出，料层厚度降低，料层阻力大幅降低，并实现油气产物的炉内除尘。目前已建立 $60 \times 10^4 t/a$ 的工业化装置，并初步完成褐煤热解的工业示范应用（张哲娜等，2022）。

3. 油页岩鼓泡床干馏及半焦循环流化床燃烧组合技术

油页岩鼓泡床干馏及半焦循环流化床燃烧组合技术以鼓泡床作为油页岩干馏炉、以循环流化床作为半焦燃烧利用装置、以循环流化床燃烧生成的热灰和循环热瓦斯共同作为干馏炉热载体的油页岩组合利用系统，综合用于炼油、制煤气供热和发电等（张磊等，2012）。其中鼓泡床底部温度控制在 450～600℃范围内，所需要的热量来自循环流化床燃烧产生的飞灰和经循环瓦斯换热器与外置式气固换热器加热的循环瓦斯，进入鼓泡床的飞灰和循环瓦斯温度分别在 700℃和 650℃以上。

其技术流程为：（1）0～20mm 的油页岩颗粒存于油页岩仓内，下行进入鼓泡床；（2）鼓泡床内油页岩热解产生页岩油蒸汽、水蒸汽、瓦斯和半焦，气态混合物与循环瓦斯和少量固体粉末一起由鼓泡床顶部导入气液分离器，冷凝下来的页岩油、水与固体粉末一起由气液分离器底部出口进入油水分离器，分离形成页岩油、水和油污泥，其中的页岩油外供、水作为冷却水返回气液分离器、油污泥从油水分离器底部间断性地送往鼓泡床重新受热以回收油污泥中的页岩油；（3）气液分离器排出的瓦斯导入瓦斯储罐分三路排出，其中一路作为燃料送入瓦斯燃烧器，第二路作为热载体经循环瓦斯换热器、外置式气固换热器加热至650℃以上后由鼓泡床底部送入鼓泡床，第三路剩余瓦斯外供；（4）鼓泡床产生的半焦温度介于450~600℃，由其溢流口排出进入循环流化床内燃烧、放热，产生的底渣排入外置式气固换热器，燃烧产生的烟气与瓦斯燃烧器燃烧产生的烟气一起携带飞灰由循环流化床出口进入气固分离器，分离下来飞灰落入页岩灰仓存放；（5）页岩灰仓飞灰出口分成三路，一路作为热载体送入鼓泡床，另一路作为循环灰送入返料阀，剩余飞灰全部送入外置式气固换热器；（6）气固分离器排出的热烟气流经尾部受热面，最后排入大气；（7）尾部受热面产生高温蒸汽用于供热和发电；（8）外置式气固换热器排出的冷灰作为建筑和化工行业的原料（张磊等，2012）。

（二）油页岩半焦燃烧技术

油页岩半焦燃烧技术是针对油页岩干馏后的剩余物半焦发热量低至4178kJ/kg的现状，将油页岩半焦单独燃烧发电，或与油页岩废屑等其他燃料混合后送入循环流化床燃烧（混烧），产生的蒸汽引入汽轮机发电机系统发电、供热等。混烧发电主要有油页岩与油页岩半焦、油页岩与石油焦、油页岩半焦与煤、油页岩半焦与生物质等不同的掺混比例（杨庆春等，2016）。

（三）页岩油与干馏气提质技术

页岩油与干馏气提质技术主要是对干馏得到的页岩油气和煤气热加工和加氢脱碳精制工艺处理，以获取汽油、煤油和石油焦等产品，燃气作为干馏炉热载体和其加热炉的燃料或剩余气民用。

1. 页岩油加氢提质技术

国内正在探索页岩油柴油馏分加氢提质、全馏分加氢裂化提质和全馏分加氢精制串联催化裂化提质三种页岩油加氢提质技术（杨庆春等，2016）。

柴油馏分加氢提质技术是对页岩油先进行馏分切割，再收集柴油馏分进行加氢提质。如研究抚顺和桦甸页岩油柴油馏分加氢提质后，发现可作为优质清洁柴油直接使用。

全馏分加氢裂化提质技术是以2~50nm孔径的Ni、Mo、W等过渡金属、NiW/Al-PILC为催化剂，研究催化剂比表面积、表面酸性变化与总液体收率、柴油馏分收率关系，不同催化剂在页岩油加氢中的催化性能，从而达到全馏分加氢裂化提质和优质优品的产出。

全馏分加氢精制串联催化裂化提质技术，探讨采用一段串联加氢工艺、加氢裂化—加氢处理反序串联（FHC-FHT）组合工艺技术，进行页岩油全馏分、中型加氢装置页岩油加氢裂化全循环工艺试验，为页岩油深度加工提供了新的技术思路，具有较好的应用前景。

2. 油页岩干馏气提质技术

油页岩干馏气提质技术是基于干馏气总体热值较低、1m³干馏气的发电量约为1m³天然气的1/12的现状，对干馏气进行提质，生产高价值的化工产品。例如应用带吸收剂的甲烷和水蒸气重整反应制氢技术，重整后的混合气经变压吸附（PSA）后得到高纯度的H₂；应用化学链制氢技术，将干馏气中的还原性气体CO、H₂和CH₄用于制氢；将干馏气用于提质制甲烷，开发了系列具有高活性、强抗积炭性能的甲烷化催化剂，主要包括CeO₂、ZrO₂修饰的Ni/γ–Al₂O₃催化剂，V₂O₅掺杂的Ni/Al₂O₃催化剂和介孔结构Ni–V–Al催化剂（杨庆春等，2016）；利用水合物气体分离技术回收和提浓油页岩干馏气中的甲烷，使其达到民用天然气的浓度标准（梁爽等，2021）。

（四）油页岩灰渣综合利用技术

油页岩灰渣综合利用技术主要利用油页岩和半焦燃烧后剩余灰渣的一定颗粒度、多孔、良好活性、600~800℃下一定溶结强度等特性，开展应用至建筑、水泥、精细化工、农业、废气和废水处理、含油污泥处理等各种相关产业的综合利用研究，这也是目前最为活跃的热点和前沿方向。

油页岩灰渣制备建筑材料技术：一是利用油页岩渣作为骨料制备建筑材料，包括油页岩渣作主要原料，以水泥、生石灰与激发剂为辅助原料制备墙体砖（油页岩渣砖）；油页岩渣作主要填料，将树脂、固化剂、促进剂与填料按一定比例混合均匀倒入模具后制造人工大理石。二是利用油页岩渣制备烧结制品建筑材料，包括油页岩渣作主料，以煤矿采煤剥离废弃物绿页岩为黏结剂，加入少量的膨胀剂，经粉磨造粒、采用还原焰焙烧工艺在双筒内螺旋陶粒实验炉中制备支撑性陶粒、吸附性陶粒、轻质陶粒和超轻陶粒；油页岩废渣作主要原料，用CaCO₃调整成分，经混合、熔融、成型及退火等工艺制备微晶玻璃（张磊等，2012）。三是油页岩渣作为建筑胶凝材料，包括油页岩渣作为水泥掺/混合材料、代替黏土制备普通硅酸盐水泥熟料（油页岩渣水泥）；油页岩渣与矿渣制备碱激发胶凝、复合胶凝材料（刘富杰等，2021）；油页岩灰渣作掺和剂代替部分细骨料掺入混凝土，改善混凝土抗压性能、生产混凝土连锁块砌筑路面等（吴凯等，2019；徐长伟等，2023）。

油页岩灰渣精细化工行业应用技术：采用化学工艺对半焦渣和废渣中某一组分提纯富集加工成化工品，包括酸浸油页岩废渣获得铝酸钠溶液，为制备纳米级Al₂O₃提供原料；合成4A分子筛；以废渣为原料，采用碱熔融—水热法合成沸石；用油页岩废渣中二氧化硅、金属氧化物提取制备聚合硅酸铝铁絮凝剂和白炭黑；油页岩灰渣制备多孔性氧化铝—壳聚糖和沸石吸附剂；油页岩灰渣铸造防粘砂添加剂；油页岩渣合成β沸石分子筛；油页岩渣用作塑料和橡胶填料；油页岩灰渣制备优质煅烧高岭土等（李文举等，2022；王淑娟等，2023）。

油页岩灰渣农业应用技术：利用油页岩中含有氮、磷、钾元素和酸性、碱性氧化物的特性，将其加工成肥料和用作土壤改良剂，改良土地的土壤性质（周晓莹等，2020）。

油页岩灰渣废气废水和含油污泥处理技术包括用作脱硫（H₂S和SO₂）的吸附剂技术、油页岩残渣和臭氧共同处理污水技术、筛分流化—调质—机械脱水技术、电化学生物耦合深度处理技术、微生物植物联合修复技术等（刘强等，2021）。

总之，油页岩综合利用技术优化集成为油页岩综合利用系统，突出特点是：油页岩资源利用率高，接近 100%；产品种类丰富，可获得油页岩油、燃气、电能、热能、建材与化工等多种产品，以及工业污水、油污泥的循环利用；污染物排放量少；各子系统衔接紧密，中途质量损失和能量损失小；循环流化床燃烧效率高等（孙键等，2007；张磊等，2012）。

三、油页岩综合利用技术发展现状与趋势

随着对油页岩干馏技术不断革新提升，包括爱沙尼亚、巴西、美国、俄罗斯、德国、约旦、以色列、中国等国家已拥有较先进的油页岩干馏处理技术，进行合理开采和产业化利用。

目前，中国已经探明的油页岩储量主要分布于辽宁抚顺、广东茂名、山东龙口、吉林桦甸、吉林农安、甘肃窑街、新疆吉木萨尔、新疆哈密、辽宁北票等地区。已建立了吉林桦甸、山东龙口、辽宁北票、甘肃窑街等油页岩综合利用工程基地，投入生产和开采试验的有辽宁抚顺、辽宁北票、甘肃窑街以及新疆吉木萨尔、巴里坤和阜康市大黄山等油页岩矿。

以抚顺炉气体热载体干馏技术为主，干馏炉型有抚顺炉、茂名圆炉、三江气燃式 SJ 方炉和瓦斯全循环干馏炉等，已经实现工业化生产；也有抚顺矿业集团有限责任公司引进了 ATP 炉；大连理工新法干馏炉、新型固体热载体旋转干馏装置等正处于中试阶段；正在自主创新各种处理小颗粒炉型，如流化干馏、固体热载体干馏等新技术，开展油页岩集成利用的工业试验；尚未形成以油页岩为基础的完整产业链（张磊等，2012；罗万江等，2014；杨庆春等，2016；马跃等，2024）。提出了小颗粒油页岩回转式固体热载体干馏炉（Galoter 干馏炉）及加工粉末状原料的油页岩和煤固体热载体干馏技术（王海柱等，2020）。页岩油与干馏气提质技术主要有全加氢型、加氢脱碳型和脱碳加氢型三种组合工艺方案，受技术经济性、产业政策等限制，尚无法规模化生产（陈松等，2016）。采用集总的方法建立了抚顺页岩油柴油馏分加氢脱硫三集总动力学模型，并对相应的动力学参数进行了计算（杨庆春等，2016）。循环流化床锅炉技术还处于发展的初级阶段，有待针对性合理改进（李云飞，2015）。

该技术的未来发展趋势：一是油页岩低温干馏装置国产化，国内正在研究的流化床炉型、立式旋转炉型、卧式回转炉型均有望取得重大突破。二是加强开发适合地面干馏日处理量达 5000t 的大型产业化技术装备、适合耦合加热的干馏工艺、定向热解技术、适合油页岩催化热解的催化剂和技术工艺，攻克圆筒回转干馏炉、立式流化床炉投资大、工艺复杂、油气含尘（集气密封）等难题，解决页岩干馏利用率低、收油率低、污染环境等问题。三是加强油页岩渣建筑材料等领域综合利用技术的研究，在砂浆、地质聚合物、建筑砌块、玻璃陶瓷、沥青黏合剂和土壤稳定剂等方向有所突破（范恒瑞等，2019；刘富杰等，2021）。四是气体热载体干馏工艺中应用干排焦技术，优化冷凝回收系统，积极引进外国先进的油洗冷凝回收工艺，优化固体热载体干馏工艺，实现综合利用效率的提升（罗万江等，2014）。

四、油页岩综合利用技术应用范围与前景

油页岩综合利用技术适用于地表或浅埋油页岩的综合开发利用，已在辽宁抚顺、辽宁北票、甘肃窑街以及新疆吉木萨尔、巴里坤和阜康市大黄山等油页岩矿应用，有的已形成工业化生产。中国、俄罗斯、爱沙尼亚的发生式炉及德国 LR 炉处理量小，油收率较低，工艺不先进，但投资少，适用于小规模的页岩炼油厂；爱沙尼亚 Kiviter 炉和美国 TOSCO-Ⅱ 炉处理量较大，投资中等，适用于中等规模的油页岩炼油厂；爱沙尼亚 Galoter、巴西 Petrosix 及澳大利亚 ATP 炉处理量大，油收率高，产高热值煤气，投资高，适用于大、中型油页岩炼油厂（见表 3-7）。

展望该技术的发展前景：一是推进研究圆筒回转干馏炉、立式流化床炉等技术、工艺问题，有望推动高利用率、低耗能的新型干馏炉问世；二是未来采取加氢精制加工生产低硫低凝柴油的燃料油路线、LPG 深加工路线、CPP 深加工路线，有望推进油页岩产业深加工；三是持续研究多方面、多层次优化油页岩废渣利用技术，有望实现油页岩资源炼油、发电、建材等全方位的综合利用，实现经济与环境相互共存、协调发展（陈松等，2016）。

第九节　中低熟页岩油原位转化技术

一、中低熟页岩油原位转化技术原理与用途

中低熟页岩油原位转化技术是通过人工置入地下加热设备或高温流体对中低熟页岩储层直接高温加热，使干酪根原位热解转化成轻质页岩油和天然气，再以常规的油气井筒手段开采至地面的一项前沿技术。中低熟页岩储层是埋深为 300～3000m、富含稠化液态烃/重质油、沥青类滞留液态烃（占总生油量最大比例约 25%）及多种尚未转化有机质（占有机质总量可达 40%～100%）的页岩（孙友宏等，2023；孙金声等，2024）。其在高温缺氧情况下产生可流动的油页岩油、干馏气、固体含碳残渣及少量热解水，故中低熟页岩油具有可转化资源潜力巨大、滞留液态烃油质偏稠、可动油比例偏低、固体有机物占比高、常规压裂改造技术难以适用等特征（赵文智等，2018）。

该技术的基本原理是基于中低熟页岩的自然禀赋、储层地质特征和成烃地质理论，通过电阻传导热量加热、高温流体对流加热、垂直组合电极或微波射频辐射加热、燃烧加热等方式在地下原位加热油页岩，利用水平井多方式加热轻质化与原位加热模拟技术获得温度场随加热时间的变化规律以及地下油页岩热解成可动烃的参数、规模和范围，最终采出产生的液体和气体（姜雪，2014）。按加热方式分为传导加热、对流加热、辐射加热、燃烧加热技术四大类，其主要细分类型、基本原理及优缺点见表 3-8。

该技术不需要进行采矿和建设大型的尾气处理设施，可采用优质清洁的"地下炼油厂"模式实现深层油页岩资源的原位高效开发、有效开采利用，目前尚处于工业试验阶段（杨金华，2019）。如果能解决大范围区域内供给足够热量使干酪根在合理时间内转化为可流动的轻质页岩油和天然气，有效增加油页岩渗透性，避免干馏油页岩过程中不对

表 3-8 中低熟页岩油原位转化技术主要分类、基本原理及优缺点

（据汪友平等，2013，2014；姜雪等，2014；崔景伟等，2018；孙金声等，2021；孙友宏等，2024；综合集成）

加热方式	工艺技术	基本原理	加热载体	优点	缺点	是否现场试验
传导加热	壳牌 ICP 技术	通过插入加热井中的电加热器传递热量给地下油页岩加热至 343～398℃，干酪根裂解转变为原油和天然气	电加热器	受热均匀，加热温度低；开采前建立冷冻墙，防止地层水流入开采区和油气散失到附近地层，保护地下水资源；可生产高质量轻质原油，低含油率油页岩	地面装置过于庞大，工艺复杂，故障多，难排除；耗电多，成本高；温度场呈球状分布；油气迁移动力小，回收率较低	中试实验，未商业推广
	美孚 Electrofrac™ 技术	利用平行水平井水力压裂页岩后，在裂缝中注入导电介质/材料传导电热量给页岩转化，形成部分加热原位转化	导电介质	采用压裂技术增加了渗透性；生产副产品碳酸钠，提高经济效益；平面热源线性导热，加热速率更快；较 ICP 工艺需要的井更少，地面占地更少	加温速度慢，能量利用率低；电耗大；没有保护地下水，易造成地下水污染，回收率较低	是
	IEP 的 GFC 技术	利用高温燃料电池堆的反应热直接加热油页岩岩层，使有机质热解产生烃类	高温燃料电池	受热均匀，热量利用效率较高；不仅能量自给自足，还可向外部提供电能；操作成本低；环保	加温速度慢，能量利用率低；工艺复杂，难以控制	否
对流加热	太原理工大学对流加热技术	群井压裂，同隔轮换注热井和生产井，将高温烃类气体注入加热油页岩岩层	高温烃类气体	渗透性和采油效率高；利用高比热系数流体，提高加热速度；缓解对水的需求；升温、开采均匀	工艺复杂，难以控制，加热后裂缝易闭合	否
	雪弗龙 CRUSH 技术	爆破压裂，碎石化，对流方式竖直井注入高温 CO_2 等热蒸气加热油页岩岩层	高温 CO_2	采用碎石化技术，提高孔隙度，提高渗透率，成本低，技术相对成熟	油页岩加热后，裂缝易闭合，产出气需要分离	小规模现场试验
	AMSO 的 CCR 技术	利用沸腾油集中加热，1 口生产井和 1 口加热井在生产井下面	沸腾油	热机械压裂方式提高渗透率，加热速度快，可充分利用干馏气	加热时间须达到 200d，工艺复杂，难以控制，高品位油页岩实施更有效	是
	EGL 技术	利用蒸汽循环管对流和回流传热原理加热油页岩层	闭环管道	闭路循环，热传递效率高，能量自给自足，环保	易造成闭环系统较复杂，系统难以控制，成本较高，产出气需要分离	否

加热方式	工艺技术	基本原理	加热载体	优点	缺点	是否现场试验
对流加热	Petro Probe 空气加热技术	燃烧压缩空气与干馏气消耗掉部分氧气，再注入页岩油层加热	高温空气	能量自给自足；开发地层深；环保；油页岩结构保持较完整	易造成闭环系统短路，空气流速难以控制，产出气需要分离	否
	MWE 的 IGE 技术	将高温蒸汽注入、对流加热油页岩，采出分离后循环利用	高温烃类气体	成本低、污染小、开发地层深	工艺较复杂	否
辐射加热	LLNL 的射频技术	利用垂直组合电极缓慢加热大规模深层的页岩层	射频	加热区域可以选择、加热均匀、穿透力强、容易控制、能量利用率高	工艺复杂、处于研发阶段、技术不成熟	否
	Raytheon 的 RF/CF、临界流射频（2CF）技术	利用射频加热到裂解温度和注入超临界二氧化碳流体，将液体和气体驱扫到生产井中	射频	加热区域可选择、可调节直接加热到目的层，加热均匀；传热快、大大缩短生产周期，采油率高	工艺复杂、造价较高、易造成地下水污染、处于研发阶段、缺乏原位破碎技术	否
	Phoenix Wyoming Inc 的 Microwave 技术	利用微波射频加热地下页岩前热解干酪根，转化为轻质油和天然气	射频	加热区域可以选择、加热均匀、能量利用率高	处于研发阶段、技术不成熟、难度大	否
燃烧加热	美国矿业局 In-situ Combustion 技术	燃烧一部分储层中的油气，产生足够的热量来加热储层中的其余有机质	燃烧介质	原位燃烧三阶段升温、加热快、能量利用率高；兼有火驱、蒸汽驱和热水驱，可提高剩余油品质	燃烧控制技术复杂、仍在试验阶段	是

环境或经济造成负担等关键问题，实现商业突破，将对石油工业的长期稳定乃至跨越式发展都具有里程碑意义。

二、中低熟页岩油原位转化技术内涵与特征

中低熟页岩油原位转化技术成熟后，可形成"地下炼厂"，具有清洁开采、绿色环保、占地面积小、开发成本低、总量规模大、产品质量好、采油率高、不产生废渣废料、可开发深层富烃页岩资源等方面的明显特点和优势（孙金声等，2024；孙友宏等，2023）。

该技术的要素组成包括传导加热技术、对流加热技术、辐射加热技术、燃烧加热技术四类。其中，传导加热技术通常需要一年以上的时间预热岩体，且能量利用率较低，消耗能源较大，主要包含壳牌公司的地下转化工艺技术（ICP）、埃克森美孚公司的Electrofrac™技术及地下燃料电池加热技术（GFC）；热流体加热技术依据使用流体的不同，主要包括高温烃类气体对流加热技术、热蒸汽热解技术（徐金泽等，2021）、超临界CO_2技术三类六种；辐射加热技术分为微波加热技术与射频加热技术（RF）两类三种；燃烧加热的代表技术是美国矿业局In-suit Combustion技术。相关技术以国外研究较早、较多并具一定代表性，文献介绍也较多。四类技术的主要分类、特征、现状等详见表3-8，请读者参阅相关文献，本节仅主要阐述近年的新兴研究和前沿内容。

从原位转化技术内涵看，小井距水平井（水平井井距6~20m）技术、井眼轨迹精确控制技术、加热管、自控温技术与加热方式等是原位转化技术的核心（赵文智等，2023）。

原位转化的关键技术包括原位高效复合加热技术、精确可控储层改造技术、地下空间封闭技术、催化降本增效技术、原位转化余热及储层空间综合利用技术（孙友宏等，2023）。

（一）中低熟页岩油原位高效复合加热技术

中低熟页岩油原位高效复合加热技术包括地表—井下协同加热、多阶段物理—化学复合加热（李守定等，2022）、自生热驱动链式原位裂解的热流体原位复合加热等技术，将有效提高原位加热效率、提升资源利用率、降低原位开发成本。前述的传统原位转化技术（传导加热技术、对流加热技术、辐射加热技术、燃烧加热技术）大多采用单一加热模式，加热效率低，且整个加热过程的能量消耗巨大，严重制约了油页岩原位转化的商业化进程。中国油页岩地层导热系数低、渗透性差、非均质性强，井下加热、原位高效复合加热技术突破是实现中低熟页岩油原位规模转化和商业开采的关键。

（二）中低熟页岩油精确可控储层改造技术

中低熟页岩油精确可控储层改造技术采用精准可控压裂技术和冲击波致裂技术来实现页岩地层的复杂缝网改造，结合实时监测技术与新型压裂工具应用精确控制裂缝走向，根据不同井段储层性质应用CO_2干法压裂技术、酸化压裂技术等，达到体积缝网的目标，同时缓解裂缝堵塞、加热器堵塞等事故，保障裂解油气的产出通道（孙友宏等，2023）。研究表明，页岩的致密特性影响原位转化过程中传热和传质效果，目前多采用传统储层改造工

艺对目标试验区 / 开采区进行压裂造缝，但改造效果不佳。表现在：传统压裂工艺无法在页岩地层形成适合原位转化工艺的小范围密集复杂缝网，形成的水平裂缝在高温条件下也容易发生膨胀闭合，严重影响传热传质。精确可控储层改造技术有望解决上述问题，提升地下页岩储层的压裂效果。

（三）中低熟页岩油地下空间封闭技术

中低熟页岩油地下空间封闭技术对裂解区域进行有效的封闭，防止开放的地下水体系对油页岩裂解区的干扰、防止裂解油气在高压注采状态下向裂解区域外运移，以保证油页岩原位转化的高效和环保。壳牌公司 ICP 技术的先导试验中采用地下冷冻墙技术，实现了裂解反应区与外界区域的隔离，但地下冷冻耗时较长（均需数月）且单井冻结半径有限（1m 左右）；造成工程成本高。吉林大学在两次油页岩原位转化试验过程中分别使用了注浆帷幕技术和气驱封闭技术，有效保证了试验的实施。其中，注浆帷幕技术在高渗地层中易获得较好的效果，气驱封闭技术存在封闭范围不可控的缺陷。因此，在未来原位转化过程中，需因地制宜选用合适的技术工艺来保证地下反应空间的封闭性和完整性（孙友宏等，2023）。

（四）中低熟页岩油催化降本增效技术

中低熟页岩油催化降本增效技术研究、提出并论证有效的催化剂，以便显著降低油页岩裂解所需活化能，提高原位转化效率，改善裂解油品质量，最终提高中低熟页岩油采收率。尽管目前对自生矿物、金属盐及金属氧化物的催化效果研究较为系统，但针对其在原位转化工艺中的适用性和有效性等方面的研究鲜有报道。此外，考虑到在油页岩原位转化过程中对催化剂易携性的要求，需要研发并筛选出水溶性或微米 / 纳米型的有效催化剂及可行的催化剂注入工艺，实现油页岩的原位高效催化转化与开采（孙友宏等，2023）。

（五）中低熟页岩油原位转化余热及储层空间综合利用技术

中低熟页岩油原位转化余热及储层空间综合利用技术关注重点是油页岩完成原位裂解后，地下反应区域岩层的温度仍在 300℃以上，是优质热源，能够用于发电、附近大棚供热，或者为周围城市供热。此外，区域油页岩原位转化后，地层会残存大量碱性矿物，如氧化钙、氧化镁。这些碱性矿物和残渣骨架就会形成一个有利于二氧化碳固定和储存的碱性空间，可以用于二氧化碳地下埋存，将进一步提升油页岩原位转化的经济性和环保性（孙友宏等，2023）。

三、中低熟页岩油原位转化技术发展现状与趋势

（一）中低熟页岩油原位转化技术发展现状

目前已有的调研、实验和现场先导试验均表明地下原位加热是实现中低熟页岩油规模开发利用的最优选项。自 20 世纪 40 年代，瑞典最早提出采用电加热的方法原位转化油页岩资源以来，国际上壳牌、埃克森美孚、道达尔等多家大石油公司和研究机构相

继开发了十余种油页岩原位转化技术，总体分成传导加热、对流加热、辐射加热和燃烧加热四大类。其中五种技术开展了小规模现场试验、中试实验与小试生产（崔景伟等；2018；王海柱等，2020），燃烧加热（以美国矿业局 In-situ Combustion 技术为代表）和传导加热［以壳牌公司小井距电加热（ICP）技术为代表］形式的油页岩原位转化技术相对最成熟，但均未商业推广（表 3-8）。

壳牌 ICP 技术在约旦以及美国科罗拉多州、加拿大阿尔伯达省等地进行了 38 个井组现场试验，技术成熟度超过 90%，加热工艺与关键设备等技术难题基本得到解决（赵文智等，2023）。2005 年，壳牌公司在吉林省投入了大量资金开展油页岩资源勘查，但经过系统的测试与评估后，认为中国松辽盆地南部油页岩资源的工业品位和矿床厚度达不到 ICP 技术的经济性开发指标而退出（孙友宏等，2023）。雷神公司（Raython）与海德公园公司（Hyde Park）共同研发了 RF/CF（Radio Frequency/Critical Fluids）技术，通过射频加热页岩层和注入超临界流体来提高页岩的采收率（孙金声等，2024）。

国内技术研发也有新进展，电传导加热技术方面形成了中国石油勘探开发研究院与壳牌合作的水平井电加热轻质化法原位转化技术、吉林大学和俄罗斯托木斯克理工大学联合研发的高压—工频电加热法油页岩原位转化技术（HVF 法），高温流体热对流加热技术方面形成了吉林众诚油页岩公司的原位注蒸汽压裂燃烧法油页岩原位转化技术（MTD 法）、吉林大学自主研发的近临界水法油页岩原位转化技术（SCW 法），热化学反应原位转化技术方面形成了吉林大学和以色列亚洲科技公司共同研发的局部化学反应法油页岩原位转化技术（TSA 法）、吉林大学自主研发的自生热法油页岩原位转化技术（ATS 法），原位注热开采技术方面形成了太原理工大学研发的油页岩原位注蒸汽开采油气技术（MTI 技术）。

先后在松辽盆地实施了四个油页岩原位转化先导试验工程，现已公开的包括吉林大学农安油页岩原位裂解先导试验（埋深 80m）、吉林众诚公司油页岩原位转化试验（埋深 300m）、吉林大学扶余油页岩原位转化先导试验（埋深 500m）。其中压裂燃烧法和局部化学反应法，已通过现场试验从地下原位转化出油页岩油和气（赵文智等，2023；孙友宏等，2023）。

为攻克中低熟页岩油原位转化单井产量低、能量投入较大，经济效益比较差的难题，李根生等提出了径向井立体压裂原位转化新技术，并开展了现场试验和建模研究；郭烈锦等提出注超临界水页岩油地下原位转化与高效无污染开采新技术；邱爱慈等研发了可控冲击波技术，以单点重复多次、分时多点连续的方式对待加热层反复进行冲击，既可以利用冲击波的强度致裂页岩层，还可以利用多次冲击的疲劳效应扩展页岩层的裂隙；吴青等提出基于靶向化学反应的重油原位增效低碳开采改质一体化技术包括催化剂体系、靶向化学反应体系、室内实验验证及油藏数值模拟研究（赵文智等，2023）。郭树才等在非等温条件下用甲苯和四氢萘混合溶剂对中国吉林省桦甸页岩样品进行了超临界萃取实验研究，待进一步试验和验证。

对油页岩热解催化剂的研究仍处于实验室研究阶段（孙友宏等，2023）。常用催化剂主要为过渡金属盐、分子筛和负载类催化剂，纳米级别、较敏感有效的金属化合物催化

剂包括 CeO_2 纳米颗粒、Ni 纳米颗粒、油溶性环烷酸铁和水溶性硝酸铁的纳米液体体系；纳米分子筛催化剂包括纳米 ZSM-5 分子筛、纳米 HZSM-5 催化剂；纳米负载类催化剂包括 MoS_2 纳米催化剂、负载金属分子筛催化剂（孙金声等，2024）。

（二）中低熟页岩油原位转化技术发展趋势

分析中低熟页岩油原位转化技术的发展趋势，大致体现在以下几个方向：一是加强原位转化技术与重大装备的重点攻关和突破，如进一步研讨原位转化加热方式与前置技术，包括超临界水加热（22MPa/375℃）、水蒸气加热（450～550℃）、电加热、局部化学法（TS 法）、注入加热 + 自加热（注入能量可省 50%）、可控冲击波前置、钻 60 前置；页岩油能量密度与原位转化能量投入产出比问题，包括油页岩含油率 8%～10% 情况下能量密度 300kCal/kg，页岩油含油率 15%～19% 情况下能量密度 500～600kcal/kg，页岩油原位转化能量投入产出比是 1∶3 还是 1∶6～1∶8 等（赵文智等，2023）。二是技术不断走向大规模、低成本、高效益，例如页岩油原位转化提高效率问题，包括可再生能源利用与电加热技术、化学生物法转化黏土矿物以改善页岩渗透性、原位转化添加纳米催化剂 $+H_2$ 降低黏度以改善流动性和避免焦炭形成；探索直井压裂注高温蒸汽加热或电加热，以直井采油或水平井采油工艺结合的技术；提高能源利用率，使用可替代能源进行加热，间接原位加热代替直接原位加热油页岩层，钻进水平井和横向井减小加热时间；减少土地利用，并减少原位转化时对地表的扰动等。三是技术工艺简单、有效、适应性强、注重数值模拟与实际生产结合。四是研发有利于环保的技术方法和控制手段，如原位转化产出物环境伤害与友好性问题，包括超临界水加热与有水环境 CO_2 产出物增加、电加热与无水环境 CO_2 产出物减少（赵文智等，2023）；建立快速有效、低成本的地下帷幕墙，防止地下水的渗入，同时避免污染地下水；减少 CO_2 排放加强碳管理，并研发能充分利用 CO_2 的新技术；水资源进行循环再利用，减少开采过程中水的消耗；降低环境压力，避免或减轻对环境的影响，重视监测空气、地下水、土壤及生物质量等工作。五是各种技术相互渗透、综合、集成和应用，例如信息技术大量应用在工艺监测和控制、工艺过程建模和模拟研究上，加快原位转化技术的开发与应用（张传文等，2021）。

四、中低熟页岩油原位转化技术应用范围与前景

适合地下原位转化的富有机质页岩需具备以下五个条件：（1）页岩集中段有机质丰度要高，TOC 值大于 6%，且越高越好；（2）有机质类型以Ⅰ型、Ⅱ型干酪根为好，产液态烃能力强；（3）页岩热演化程度适中，R_o 为 0.5%～1.0%；（4）埋藏深度、分布面积适宜，厚度大于 15m、埋深小于 3000m、面积大于 $50km^2$；（5）页岩段顶底板封闭性好，遮挡层厚度应大于 2m，断层不发育，且地层含水率小于 5%（赵文智等，2018）。

原位转化技术普遍适用于埋深 300～3000m 深层位、无法直接开采、大规模分布的中低熟页岩油资源。相比于地上干馏，降低开采成本、提高经济效益是实现中低熟页岩油高效原位开采技术的关键（汪友平等，2013；张传文，2021）。

该技术的未来发展前景：一是攻关突破现有中低熟页岩油原位转化技术对储层深度、

厚度、构造特征等固有要求。二是改进现有水力压裂技术，例如直接采用高温蒸汽压裂、在已有的支撑剂中添加导电材料、"工厂化"压裂等，实现储层改造、水平井体积压裂与油页岩原位转化技术的结合（李年银等，2022）。三是地下储集空间封闭技术攻关有望重点突破，吉林大学自主研发了针对埋深小于100m储层的注浆帷幕技术以及针对埋藏深度大于100m储层的气驱止水封闭技术，但还难以满足生产与成本之间的平衡，需要不断优化施工参数或者研发新的封闭剂，满足经济与环保需求（李年银等，2022）。四是综合考虑结合各加热技术的优点，提高加热效率，降低生产成本，形成高效加热技术，例如先利用热流体加热或燃烧加热方式将储层迅速升温至干酪根转化临界温度，再利用微波辐射加热维持储层温度；研究适用于油页岩原位转化的新型催化剂及相关注入工艺；从耐高温、耐腐蚀、保热性、密封性等方面研究，开发使用周期长，能耗低的电加热器或燃烧加热器（李年银等，2022）。四是响应地质工程一体化进程，进一步实现大规模、低成本、高效益标准，研发有利于环保的技术方法和控制手段。五是多领域结合勘探，各种技术相互渗透、综合、集成和应用，例如将水平井密切割压裂、CO_2干法压裂、酸化压裂技术与原位转化技术综合应用，实现多层次、高精度勘探与环境友好型、低耗能高效率开采。六是风能、太阳能、水能、地热能甚至核能等新能源的应用，目前已有学者研究将太阳能结合熔盐为热流体提供能量，但研究仅仅处在理论阶段（李年银等，2022）。七是超临界流体协同催化裂解技术在中低熟页岩油开采领域将有着广阔的应用前景，例如超临界CO_2压裂、超临界流体将小尺寸纳米级催化剂携带进入纳微米级孔缝、超临界流体萃取和高效催化剂催化的结合应用等（孙金声等，2024）。

第十节　低煤阶煤层气地质综合评价技术

一、低煤阶煤层气地质综合评价技术原理与用途

低煤阶煤层气地质综合评价技术是针对 R_o 小于0.65%的褐煤和长焰煤类低阶煤层，依靠露头、岩心、地质、地震、测井等资料，开展资源富集条件、储集条件、成藏关键地质要素、资源有利区和高产"甜点"区评价的一项综合性前沿技术。低煤阶煤层气指赋存于褐煤—长烟煤及其围岩中的煤层气，一般 R_o 小于0.65%，通常形成于煤化作用的初期（孙粉锦等，2018）。

该技术的基本原理是：基于低阶煤层气生成富集地质理论和低热演化、大倾角、多层系、厚煤层以及盆地类型多元、成因类型多元、赋存状态多元、富集类型多元的总体特征，应用地质分析、测试化验、地震反演、测井评价等适用技术手段综合研究，采用层次分析法、模糊评判法、主成分分析法、灰色聚类分析法、突变评价法等多种方法建立数学模型和结构模型（王安民等，2017），进行资源富集条件、储集条件、成藏富集关键地质要素、资源及其分布有利区、高产"甜点"区的综合评价。

该技术通过上述综合研究与系列评价，可以明确低煤阶煤层气的资源富集条件、储

集条件、成藏关键地质要素，厘定资源有效性、可采性、分布有利区、高产"甜点"区，为进一步勘探部署、开发上产提供地质依据和决策参考意见。

二、低煤阶煤层气地质综合评价技术内涵与特征

低煤阶煤层气地质综合评价技术的要素组成包括低煤阶煤层气资源富集条件评价、储集条件评价、成藏关键地质要素评价、资源及其分布有利区评价、高产"甜点"区评价等。其核心内涵是储集参数、成藏关键地质要素、资源有利区和高产"甜点"区参数的准确获取、精细分析，以及地质耦合条件制约下各项地质参数匹配关系评价。

经历多年的发展，部分技术已较成熟，成为传统技术手段。近年比较前沿的关键技术主要包括低阶煤层气储层特征参数分析及地质评价技术、低阶煤层气储层地球物理反演预测及评价技术、低阶煤层气地质选区及综合评价技术、低阶煤层气多层合采及煤系气共探合采地质评价技术、低阶煤层气高产"甜点"区地质评价技术等（姚艳斌等，2008；陈晓智等，2012；张军建等，2017；孙粉锦等，2018；杨兆彪等，2020；周梓欣等，2022）。

其中，低阶煤层气储层特征参数分析技术包括储层微观孔隙结构测试及分析技术、储层物性测试及分析技术、储层含气性测试技术等，在本章第三节"连续型油气藏地质评价技术"中有讲到，连同部分传统技术，可参阅相应内容，本节不做重复赘述，仅简述热点前沿内容。

（一）低阶煤层气储层地球物理反演预测及评价技术

低阶煤层气储层地球物理反演预测及评价技术分别应用弹性模量参数反演技术、叠后波阻抗反演技术等对地震、测井数据进行反演，刻画低阶煤储层特征，具体储层参数包括煤层构造、裂缝系统、厚度、储层物性、含油气性以及顶板岩性等，建立低阶煤层气储层评价指标，分析预测低阶煤储层参数的纵向、横向分布，综合评价优质储层分布的"甜点"区。

弹性模量参数反演技术及叠后波阻抗反演技术，在常规 AVO 方法使用纵波速度、横波速度、密度等参数的基础上增加了新参量，推演出弹性模量法 Zoeppritz 方程组近似式，提高了地震资料对煤层气储层的识别精度。从煤储层参数角度细分、衍生为以下五种关键技术。

1.基于多种地震反演的煤层厚度预测技术

一是基于相控地质统计学反演的煤层厚度预测技术，主要内涵是基于相控的地质统计学反演方法，融合了约束稀疏脉冲反演技术地震资料以及统计学算法的纵向高分辨率优势，优选与煤层厚度相关系数较高的地震属性，建立地震属性与煤层厚度之间的关系，通过多次等概率模拟、单井岩相的概率统计以及平面地震属性的约束，预测远离钻孔位置的煤层厚度；通过实际多井测井资料的"盲井"检查，可快速优化反演参数，使地震预测结果更加稳定、更具预测性（冯铮等，2024）。

技术流程分为四个步骤：（1）测井一致性校正，利用各岩性在测井曲线上的响应差异，精细划分出所选井煤层、砂岩、泥岩和页岩所发育的位置。（2）初始模型建立，通过岩石物理分析，对波阻抗曲线、自然伽马曲线以及岩性曲线等作交会分析，得到区分目标岩性的曲线波阻抗属性阈值。（3）反演子波提取，统计每个CDP点该层波阻抗阈值以上（或以下）样点的个数，样点个数×采样率/2作为本层的时间厚度。（4）波阻抗数据体反演关键参数提取，再与岩层速度相乘得到岩层的厚度。

实践表明，该技术纵向分辨率能够识别4～5m煤层，且横向分辨率没有损失，能够精细刻画煤层以及顶底板砂岩、泥岩的纵向、横向展布范围。同时，通过地质统计学反演，还可获得包密度、纵波阻抗、岩性概率参数体，以供综合研究（冯铮等，2024）。

二是基于测井约束稀疏脉冲反演的煤层厚度预测技术，主要内涵是基于Robinson褶积模型和地层反射系数序列稀疏分布假设，针对较少脉冲数试验建立的初始模型，通过持续增加脉冲数量并重复迭代，优化反演波阻抗模型；结合测井数据纵向高分辨率和地震数据横向高密度的采样性，来提高预测煤层厚度的准确性，实现精确预测煤层厚度变化趋势。

其技术流程包括六个步骤，分别是地震及测井原始资料归一化处理、基于层位标定和子波提取合成地震记录、建立精确地质模型、利用测井资料及三维地震初步解释成果进行波阻抗反演处理、确定煤层所对应的波阻抗层及反演效果分析和迭代完善、煤层顶底板层位追踪和根据煤层时间厚度及纵波速度计算煤层厚度。

结果显示，该技术反演预测结果与已知钻孔能较好吻合，绝对误差在0.3m之内，离钻孔较远的位置预测误差在5%以内（张晨林，2022；汪玉玲等，2023）。

2. 基于时深转换的煤层构造预测分析技术

在精确的井震标定、层位自动追踪的基础上，应用测井校正的基于时深标定质量控制的时深转换技术（TDQ转换技术）得到勘探区煤层的深度构造图。

3. 基于地震波阻抗反演的煤层顶板岩性预测技术

煤具有低纵波阻抗特征，使得利用叠后反演就可以很好地区分开煤和其他岩性。根据煤层含气量与顶底板岩性的泥质含量关系密切的特点，利用地震波阻抗反演技术可以预测区域煤层的顶板底岩性及其平面分布。

4. 基于地震弹性参数反演的煤储层物性预测技术

煤储层物性预测是通过地震弹性参数反演技术间接实现的。应用地震弹性参数反演预测煤层的密度参数，间接刻画煤储层的物性。

5. 基于蚂蚁算法的煤层裂缝系统预测技术

蚂蚁算法是模拟自然界中蚂蚁的觅食行为而产生，即蚂蚁总是偏向于选择信息素浓的路径，通过信息量的不断更新最终收敛于最优路径上。蚂蚁体可以用于分析煤层分布内的断裂构造、裂缝分布等，进而分析煤储层的渗透性。

在裂隙分布数据基础上，进一步利用气烟囱技术分析裂隙的导通性，通过气烟囱体，从空间上对裂隙导通性有直观的认识。根据裂隙之间的空间密集程度，可对勘探区的裂隙密度进行等级划分。

（二）低阶煤层气地质选区及综合评价技术

低阶煤层气地质选区及综合评价技术主要基于影响低阶煤层气勘探开发潜力各种因素的综合分析，确定不同阶段勘探开发潜力的主要影响因素及地质选区评价指标，利用多层次模糊评判法等建立低阶煤层气地质选区的评价体系，根据评价参数及赋值开展分级分类综合评价。

该技术的核心内涵包括三个部分：一是地质选区评价指标选择，在不同的勘探或开发阶段有所不同。对勘探初期的低煤阶区块，应当考虑煤层生气潜力/资源条件、储集条件（物性特征、储集特征和煤地质学特征）和保存条件，包括煤层厚度、煤层稳定性、煤相、含气量、灰分含量、顶板岩性及厚度、构造类型以及水文地质条件等指标；对开发阶段的低煤阶区块，应当考虑煤层资源条件、赋存条件、产气能力和开发条件，包括煤层含气量、煤层厚度、宏观煤岩类型、渗透率、孔隙度、割理和裂隙、水文地质条件、顶板保存条件、临储比、煤层埋深、煤层稳定性等指标（姚艳斌等，2008；陈晓智等，2012）。二是地质选区评价方法厘定及地质因素重要性排序分析。选区综合评价数学方法包括"寻找高渗富集区"法、地层能量评价法、层次分析法、模糊评判法、主成分分析法、灰色聚类分析法、突变评价法等多种方法（王安民等，2017），要根据地质资料和实际情况，优选适用的方法和评价技术，如多层次模糊综合评判法等。三是地质选区评价体系构建和评价参数数据获得，根据不同阶段选区关注条件、因素及其与参数的影响关系建立综合评价体系，通过地质分析、测试化验（工业分析、低温液氮、压汞、显微裂隙、扫描电镜、核磁共振等）、地震与测井结合等手段尽可能准确地获取评价参数数据（李玲等，2019）。

该技术的主要流程因低阶煤层气所处勘探开发阶段、选区评价方法不同，而有差异。

（三）低阶煤层气多层合采及煤系气共探合采地质评价技术

低阶煤层气多层合采地质评价技术：针对中国中西部含煤盆地等多煤层（群）、煤系地层多类型气（指煤系中赋存的煤层气、煤系页岩气和煤系致密砂岩气，常称为煤系气/"三气"或"煤系非常规气"）发育区，将煤层、煤系泥质岩、煤系砂岩互层段作为统一目标层段进行综合评价和立体勘探开发，以最大化拓展资源评价领域和空间，增大潜在资源量与资源丰度，提高煤系气合采井的产能（张军建等，2017；秦勇等，2018；毕彩芹等，2021）。

该技术核心内涵包括多煤层区平面优选、垂向层段优选、平面/垂向优选体系对比等。多煤层区有利区优选包括平面区段优选和垂向层段优选两个方面。多煤层区平面优选与单一煤层煤层气开发有利区优选存在一定的共性，平面优选重点在于选取构造稳定、煤层空间展布平缓的有利区带，采用"基于地质模型的分层分区"平面优选方法（具体流程见图3-10a），以期为区块内煤层组优选提供基础。多煤层区垂向优选是在区块平面优选基础上进行合采层段的评价优选，采用基于叠置含气系统理论的"主地质参数权重优选＋数值模拟产能最优化"垂向优选方法（具体流程如图3-10b所示），进一步对平面内各煤组层段进行划分，分组主要依据为煤厚、煤层间距、煤体结构、煤层埋深、顶底板岩性及含气量等（张军建等，2017）。

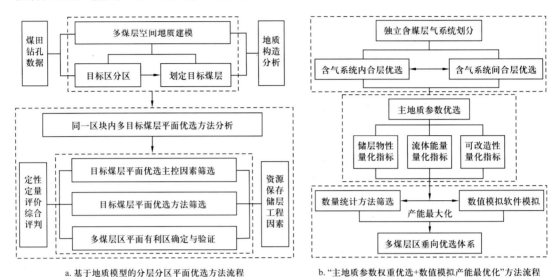

a. 基于地质模型的分层分区平面优选方法流程　　　　　　b. "主地质参数权重优选+数值模拟产能最优化"方法流程

图3-10　多煤层叠置含气系统多层合采优选地质评价技术流程图（据张军建等，2017）

煤系气共探合采地质评价技术的关键是煤系气合采产层组合优化与"甜点"区预测技术。其中，产层组合是煤系气合采选层选段的核心内容，是整个合采工艺中的关键技术环节。以此为基础，将有利合采产层组合向区域上推进，既是合采"甜点"区优选应遵循的基本地质逻辑，也构成了"甜点"区评价预测的核心技术内容，是合采工程部署不可或缺的地质依据。因启动时间不长，虽已取得阶段性成果并初步应用，但总体上仍处于尝试探索阶段（秦勇等，2018）。

煤系气共探合采地质评价技术的重点内容包括：确定煤系气合采地质条件兼容门限或阈值（广义指现有开采技术条件下能够允许两个或两个以上产层有效共采的临界地质条件配置关系或临界值，既可以是不同岩性产层的组合，也可以为相同岩性产层的组合，如多煤层的煤层气合采）；煤系气合采产层组合优化分析，采用"三步一验"优选法，将"一票否决"分布到整个优选流程（图3-11）；煤系气合采"甜点"区评价与预测，可采用基于合采兼容性综合评价指数的定量评价及预测方法，在一个区块范围内，以典型单井煤系气生产情况与合采综合指数之间关系为约束，结合含气系统叠置性地质分析，绘制综合指数平面等值线图，据此确定合采兼容性等级的分布（秦勇等，2018）。

（四）低阶煤层气高产"甜点"区地质评价技术

一是基于最优Zoeppritz方程叠前地震反演的煤层气"甜点"预测技术，基于全角度误差最小的最优Zoeppritz方程进行反演参数求解，得到能够精确表征储层特征的三参数反演剖面，然后基于储层岩石物理特征分析及弹性参数与物性参数之间的关系，得到对煤层气最为敏感的拉梅参数乘密度反演剖面，最后综合各类相关信息预测煤层气"甜点"区（董银萍等，2020）。

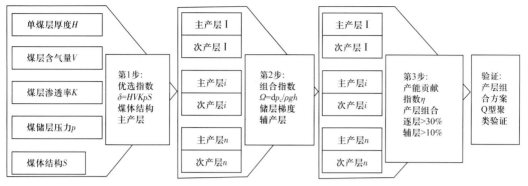

图 3-11　煤层气合采产层组合"三步一验"优选法流程图（据秦勇等，2018）

二是深部低阶煤层气富集高产"甜点"区评价体系，采用多层次模糊数学方法，建立适合研究区深部煤层气的富集高产评价体系。首先建立包括资源量、渗透性、解吸能力、煤体结构、围岩特性、地质条件 6 个第一层评价参数，然后根据每个参数的特征又建立含气量、煤厚、非均质性、渗透率、非均质性、临储比、破坏类型、顶底板封盖能力、构造条件、水文地质 10 个第二层评价参数。第一层评价参数权重的和为 1，每个一层参数下面的二层参数权重的和为 1。各个参数的贡献分值和权重的大小采用专家打分和矩阵运算的方法获得，这样既能消除人为因素的干扰，又能使权重更加的具有代表性和准确性。最终分级评价出富集高产"甜点"区（100，85+）、有利开发区（85-，70+）、较有利开发区（70-，40+）和低产区（40-，0+）四个等级（韩文龙等，2019）。

三、低煤阶煤层气地质综合评价技术发展现状与趋势

美国、澳大利亚、加拿大研究起步较早，形成了相关技术和商业应用（高豆豆等，2020）。中国煤层气选区综合评价技术主要经历了三个发展阶段，从定性→半定量→定量，已经建立了基于层次分析、灰色聚类和主成分分析等的多种区块优选评价技术和方法。目前，针对低煤阶、低含气量、厚煤层、大倾角、风化带深度大特征，明确在低阶煤层气富集成藏主控因素基础上优化评价参数和权重，采用"一票否决筛选＋层次分析法＋模糊评价法""一票否决＋递阶优选"的地质选区评价方法，对未被一票否决区块赋值计算并且定量排序（高福亮等，2014），基于煤层气成藏动力学的煤储层能量体系选区方法取得良好效果（吴财芳等，2018；周梓欣等，2022）。

低阶煤层气多层合采及煤系气共探合采地质评价技术成为近期研究热点和前沿，并取得初步进展。一是采用地质分析、测试化验分析、测井解释、三维地质建模和统计分析方法，评价了典型区块的煤层气开发地质条件，完善了多煤层全层位储层物性测井解释方法，提出了多煤层产层优化组合"三步法"，构建了多层合采开发单元划分定量评价指标和方法，初步建立了气水产层贡献识别的地球化学分析手段（杨兆彪等，2020）。二是在煤系气共生成藏六个地质特征、四大成藏要素及其配置关系梳理基础上，初步划分

了煤系气共生组合方式，提出了叠置煤系气系统的识别与评价方法及控制叠置含气系统合采兼容性的地质要素，总结了煤系"三气"共探合采理论研究、技术方法、产层贡献识别技术及合采产层优化组合与"甜点"评价，探索性研究了煤系气资源评价与有利区预测（毕彩芹等，2021）。

该技术的未来发展趋势：一是地质精准选区和精细评价技术的攻关，针对山前构造挤压带复杂地质条件和强非均质煤层等特征，优化有利区、"甜点"区段优选指标体系，强化纵横向精细描述和分区分类评价，多层次、多角度考虑资源量、资源丰度、地应力、渗透率、煤体结构、力学性质等因素，推进高经济效益的地质工程一体化，提高选区和井位部署的有效性（周梓欣等，2022）。二是完善地震识别技术及测井综合评价关键技术，提高弹性模量参数反演、叠后波阻抗反演等属性反演技术对于低阶煤层参数定量测量、参数验证及可视化的精度。三是攻关多煤层区平面优选、垂向优选技术，重点突破多煤层储层要素组合评价（如累计/平均厚度、累计/平均含气量）、主控因素综合分析、不同优选体系下不同评价方法的对比研究、多煤层地质建模与数值模拟软件完善和储层参数空间精确描述（张军建等，2017）。四是攻关低煤阶煤系气储层精细描述及可改造性评价、煤系气资源评价方法及有利区优选、煤系气开发"甜点"区（段）评价技术、叠置煤系气系统合采兼容性评价技术（毕彩芹等，2021）。

四、低煤阶煤层气地质综合评价技术应用范围与前景

低煤阶煤层气地质综合评价技术主要应用于低煤阶煤层气，以及低阶煤系煤层气、页岩气和致密砂岩气"三气"的地质综合评价，应用于中国东北二连盆地、阜新刘家区、辽宁铁法区块、珲春、依兰等矿区，中国中部鄂尔多斯盆地南部彬县、焦坪，中国西部准噶尔盆地南缘及白家海凸起、吐哈—三塘湖盆地、塔里木盆地库车—拜城等地区的勘探实践，多口井获得高产工业气流，呈现出多点开花之势（孙粉锦等，2018；周梓欣等，2022）。

分析未来应用潜力，该技术如能有效突破关键难题，有望实现煤层、煤系泥质岩、煤系砂岩互层段作为统一目标层段的综合评价和立体勘探开发，将极大地拓展资源评价领域和空间，增大潜在资源量与资源丰度，提高煤系气合采井的产能（毕彩芹等，2021）。

第十一节　煤层气高渗富集区精细预测技术

一、煤层气高渗富集区精细预测技术原理与用途

煤层气高渗富集区预测技术是一项将地质分析、地震预测与钻井、测井成果有效统一，多方法识别、优选具有高渗透率、高含气量、高资源丰度、大规模聚集潜力的目标区域/块，评价高渗富集特征参数，预测具高产潜力"甜点"层段、富集区带的前沿技术。

该技术的基本原理是：基于煤层气成烃、富集、高渗地质理论和富集主控因素研究，通过构造曲率法、数值模拟法等和地应力场、地温场中高渗富集特征参数预测方程对煤层气资源丰度和规模、煤层渗透率和含气量及其分布进行预测，评价优选出渗透率相对较高、规模富集的"甜点"层段和区域，并结合两者的空间叠合与综合分析识别预测煤层气高产区，为气井高产和规模生产提供决策依据和建议。

该技术主要用于不易被常规探测手段识别的煤系地层，能够识别相对高渗透率、高含气量煤层，预测煤层气富集和高产区块，可有效推进煤层气的地质工程一体化和勘探开发。

二、煤层气高渗富集区精细预测技术内涵与特征

煤层气高渗富集区精细预测技术的要素组成包括高渗富集区地质预测法（构造曲率法）、煤岩学统计预测法（卸压后参数统计估算法）、型煤或现场储层直接测试推算法、样品实验室测试分析法、卫星遥感观测技术、回归统计预测法、古构造应力预测法等，大多是单一主控因素预测方法或者某些单因素方法的结合，相对偏定性、宏观，明显不足（李志强等，2009）。近期更多聚焦于精细化、定量化预测技术。

煤层气高渗富集区精细预测技术的核心前沿包括煤层渗透率定量预测技术、煤层含气量定量评价及预测技术、煤层气"高渗富集"参数叠合表征与"甜点"区评价预测技术几个方面。

煤层气高渗富集区精细预测关键技术流程：首先，分别应用弹性模量参数反演技术及叠后波阻抗反演技术对地震、测井数据进行反演，刻画储层及构造特征（包括煤层构造、裂缝系统、厚度、储层物性以及顶板岩性预测分析等）、含气量特征、资源及储产量特征。其次，依据相关技术体系（地质分析、实验室测试、煤岩学分析、构造曲率、数值模拟法等），预测、优选煤层渗透率、含气量、资源丰度、聚集规模及储产量相对较高的区域（李志强等，2009；何琰等，2001）。最后，应用煤层气评价指标确定及平面优选方法体系对煤层气"高渗富集"参数纵横向叠合特征评价及富集高产区进行预测。

本章第十节已阐述了密度等弹性模量参数反演技术（罗忠琴等，2021）、叠后波阻抗反演技术、低阶煤层气高产"甜点"区地质评价技术，本节仅简述较热点和前沿的其他技术。

（一）煤层渗透率定量预测技术

煤层渗透率定量预测技术是利用已有数据建立渗透率与其影响参数（裂隙、孔隙、煤体结构、原地应力、有效应力等）之间的定量关系模型或公式，通过一定方法得到模型参数，从而实现对未知区域渗透率的预测。由此可分为单一主控因素法渗透率定量预测技术、人工智能综合法渗透率定量预测技术两类关键技术。

1. 单一主控因素法渗透率定量预测技术

大量学者基于渗透率与单一影响因素间关系，建立了适用不同地区的渗透率定量预测模型（表3-9；傅雪海等，2022；黄波等，2020）。

表 3-9 煤层渗透率影响因素及定量预测技术（据傅雪海等，2022；黄波等，2020；李志强等，2009；综合）

影响因素	渗透率与影响因素关系模型/公式	公式中字母参数含义	定量预测
煤储层裂隙	$K_H = K + \dfrac{8.44 \times 10^7 W^3 \cos 2x}{L_L}$	K_H为基质渗透率；W为煤裂隙壁距；L_L为煤裂隙间距；x为裂隙面与水平面夹角	裂隙越发育，渗透性越高
	$K_{mf}=0.0292\exp（0.0096S_f）$	K_{mf}为裂隙面密度模拟渗透率，mD；S_f为裂隙面密度，条/m²	
	$K = \dfrac{0.013 \times 10^9 W^3}{12 L_L C}$	K为煤层渗透率；W为煤裂隙壁距；L_L为煤裂隙间距；C为裂隙粗糙系数	
煤体结构	$K=3.3926\exp[-25.7702（f-0.75）^2]+0.102$	K为煤层渗透率；f为煤坚固性系数	煤体结构由简单（Ⅰ类）变复杂（Ⅴ类），渗透率先增大后减小
	$K=7.6428 \times 10^{-3}\exp（-9.68X_p）$	K为煤层渗透率；X_p为煤储层中Ⅱ、Ⅲ类煤所占煤厚比值，%	
储层压力	渗透率与煤储层压力变化拟合关系式		储层压力越大，渗透率越低
地应力	渗透率与最小水平主应力、最大水平主应力、垂向主应力和有效应力拟合关系式	σ_v为垂向主应力，MPa；σ_H为最大水平主应力，MPa；σ_h为最小水平主应力，MPa；γ为剪应力，MPa	渗透率随最大水平主应力、垂直应力和最小水平主应力的增加，均呈负指数减小
	$K_0=297.883\exp（-0.238\sigma_v-0.378\sigma_H+0.208\sigma_h+0.543\gamma）$		
地应力场、地温场	应力、温度影响下的煤层气压力、孔隙率和渗透率的预测方程	高有效应力时，煤体具内膨胀效应；低有效应力时，煤体外膨胀	渗透率随温度升高而降低；渗透率随温度升高而升高
煤储层埋深	渗透率与煤储层埋深变化拟合关系式		埋深越大，渗透率越低
煤岩组分	渗透率与煤岩组分变化拟合关系式		镜质组含量越高，渗透性越好
构造曲率	$K = 2 \times 10^{11} L^2\left(H_D \dfrac{d_z^2}{d_x^2}\right)^3$	H_D为煤储层厚度，m；L为煤样长度，m；d_z^2、d_x^2分别为垂向与水平向构造曲率，1/m	构造曲率增大，渗透率升高，但曲率过大时会导致渗透率降低
	$K_f \approx 2 \times 10^{11}\left(H\dfrac{d_z^2}{d_x^2}\right)^3 \times e^2$	H为煤储层厚度，m；e为裂缝间距，cm；d_z^2、d_x^2为构造曲率，1/m；K_t为裂缝渗透率，mD	

　　以构造曲率法预测技术为例。构造曲率法认为构造最大曲率带即是高渗透区，曲率是反映线或面弯曲程度的量化参数，定量描述地质构造的几何形态，构造曲率值是曲率半径的倒数，以裂隙成因为基础，采用差分分析法计算煤层底板最大构造曲率（等高线曲率），通过分析最大构造曲率、煤层厚度和裂缝间距之间的关系构建预测煤层渗透率的数值模型。再结合地质分析、数学方法评价裂隙及孔隙发育，预测渗透性（黄波等，

2020）。构造曲率法具有所需数据较少、方便快捷、准确度高等优点。

2. 人工智能综合法渗透率定量预测技术

人工智能综合法渗透率定量预测技术是基于煤储层渗透率受多种影响因子综合影响的地质特征，利用现代计算机技术、人工智能手段，通过灰色关联技术、多层次模糊综合评价等方法，能够优选出关键影响因子，进行基于多因素的煤储层渗透率综合预测。同时结合神经网络及支持向量回归机等方法，发挥非线性动力学系统的优势，使预测更为精准（表 3-10；傅雪海等，2022）。

表 3-10　煤储层渗透率人工智能综合预测方法（据傅雪海等，2022）

人工智能综合预测方法	应用案例
BP 神经网络法	尹光志等通过 BP 神经网络建立了煤储层渗透率模型，将不同有效应力、温度和压力条件下的煤样渗透率数据作为学习样本导入模型，经过 11986 次学习，模型预测误差约为 4.3%，预测效果较好
灰色关联分析法	汪雷等采用灰色关联分析法，在柳林地区 56 口煤层气井资料中优选出六个测井参数，建立渗透率预测数学模型，预测结果与实测吻合度高，验证了该方法的适用性
多元回归分析法	王相业等选取了有效应力（σ_z）、储层压力和煤储层埋深（h）三个因素，对山西柳林地区煤储层渗透率进行了回归分析与定量预测，回归方程为 $K=2.6004-1.4067h-0.0892\sigma_z$，该方程具有较高的拟合度，平均误差值 20% 左右，预测结果表明柳林地区中北部区块渗透率大于 1.0mD
支持向量回归机预测法	王雷等通过支持向量回归机算法建立模型，优选影响因子对其进行训练，得到了研究区的渗透率分布，预测了煤层气开发"甜点"区，该方法可行性较强，且避开了神经网络模型的过学习问题，可有效提高预测效率
多层次模糊综合评价法	李玲等应用多层次模糊综合评判法建立了柳林地区煤储层渗透性评价指标体系，对煤储层进行渗透性模糊综合评价，认为该研究区渗透率为中等级别，评价结果与实测结果较吻合，为渗透性预测提供了新的评价方法

（二）煤层含气量定量评价及预测技术

煤层含气量定量评价及预测技术是基于煤储层样品、煤层含气量影响因素及分布研究，通过实验室和现场测试、测井和地震参数数值模拟、现代数学及人工智能方法评价及预测煤层含气量（表 3-11）。

上述诸多方法技术各有特点，其中近年比较热点和前沿的关键技术有三项：

一是煤层含气量现场测试技术，即在矿井现场进行绳索取心、密封保压取心、煤层气体直接抽提和测定，具有实时、原位等特点，能够更准确地反映煤层含气量的实际情况，尚在不断完善、改进中。

二是煤层含气量数值模拟及预测技术，通过计算机模型对煤层含气量的分布、运移等进行物理模拟、数值模拟和实验模拟预测。物理模拟是通过物理模型对煤层含气量进行模拟预测，具有直观、形象等特点，但模型尺度有限，难以反映复杂的地质条件。数值模拟是通过计算机软件对煤层含气量进行数值计算和预测，具有高效、灵活等特点，

表3-11 煤层含气量定量评价及预测技术（据博雪海等，2021；高豆豆，2020；彭苏萍等，2014；综合）

方法	技术内容	模型/公式	技术特点
回归分析法	单一因素回归法（实验数据和测井参数关系模型），测井及工业组分参数直接回归法（实测含气量一灰分一密度测井关系模型）	$V_{gas}=-542DEN$（测井体积密度）$+919$	局限于大量数据统计，利用线性关系很难准确表达煤层含气量的内在变化规律
	多元线性回归法：测井信息/主控影响因子和煤芯实测含气量的多元线性回归数学模型	Gas$=19.85973-0.01832584$Depth-0.01101168DEN-4.228466AC（声波时差）$+0.0001279703$GR（自然伽马）	
	复合参数回归法：基于测井参数与含气量关系模型做交会图	$C=AC/(DEN \times Pe \times GR) \rightarrow$ $logC=logAC-logDEN-logPe-logGR$	
等温吸附线法	通过线性回归法或测井体积模型法建立与等温吸附实验数据关系式，用吸附等温方程描述同一温度、不同压力下煤岩的气体吸附量，计算测井井段煤层含气量	Langmuir方程、Kim方程、Mullen方程等	方程简洁明了，适用于吸附气为主煤层且需要无准确求取Langmuir压力和温度，受校正无机质、受温度限制
地震预测方法	煤层含气量与地震速度、地震频率呈线性关系，与地震反射振幅时间成反比关系，据此来评价煤层含气量	煤层含气量与地震速度，地震频率呈线性关系式，与地震反射瞬时振幅成反比关系	纵向精度不高，适合区域预测，不利后期含气量跟踪
含气量饱和度法	煤层孔隙度和含气饱和度与密度测井曲线结合，计算煤层含气量	$Q=\phi \times S_g/g$（Q为煤层含气量，m^3/t；ϕ为煤层孔隙度，%；S_g为煤层含气饱和度，%；g为煤层密度，t/m^3）	须准确计算ϕ和S_g，精确精算要求严格
含气量梯度法	同一煤层中增加每百米深度煤层含气量的增量（含气量梯度）随埋深而增加，对同一构造单元煤层含气量时的体积法深与含气量线性回归预测	同一构造单元煤层有效埋深与含气量线性回归公式	适用于同一构造单元的深部外推预测，或不同构造单元中地质条件相近的预测区
煤层（密度等）背景值法	先计算煤层基质不含气的"背景值"（如中子背景值或密度背景值），然后利用煤层含气时的体积模型计算出含气量	煤层地层体积模型的延伸公式	背景值选取非常重要，在无先验信息基础上难于取得较好结果
实验室测定法	抽提钻孔或井筒煤层气样品或实验室热解化学反应等方式将煤层中有机质热转化为气体后，测定煤层损失气、解吸气和残余气	仪器读数和公式计算	花费高，时间长，设备及实验操作要求高

能够考虑各种复杂的地质条件和参数。实验模拟是通过实验手段对煤层含气量的生成、运移等进行模拟预测，具有可控、可重复等特点，但实验条件难以完全模拟实际地质条件。

三是现代数学及人工智能方法预测技术，采用非线性人工智能算法的方法预测煤层气含量。目前非线性人工智能算法有神经网络预测法、灰色关联分析/灰色理论预测法、支持向量回归机预测法以及混合智能算法预测，在各盆地煤层含气量预测中取得了一定的成效。

（三）煤层气"高渗富集"参数叠合表征与"甜点"区评价预测技术

1. 基于多参数融合的煤层气高渗富集区预测技术

基于多参数融合的煤层气高渗富集区预测技术以煤层气高渗富集地质要素预测为研究对象，通过资源条件、开采条件优势叠合及地质因素相互优势耦合的分析，建立包含主要、次级控制因素指标的高渗富集区加权指数预测方法；地球物理定量识别技术通过岩石物理分析确定围岩和煤岩的弹性参数特征，利用反演波阻抗属性预测煤层厚度和顶底板岩性，采用波形聚类分析方法研究聚煤前后沉积微相，利用与煤层渗透率相关性良好、地震各向异性反演的裂隙密度预测煤层渗透率分布，融合多种地震属性参数评价煤层气高渗富集单元。

煤层气高渗富集单元预测的关键内容包括岩石物理特征分析、煤层厚度预测、煤层顶底板岩性预测、聚煤前后沉积微相预测、煤体结构分布预测、煤层渗透率预测、煤层含气性预测七项参数预测分析（王涛等，2023）。以含气量、渗透率、煤层厚度、裂隙密度、上覆地层压力、埋深、地应力，煤体结构、灰分、变质程度作为高丰度煤层气高渗富集区评判的关键指标，利用基于三标度法的改进层次分析法对评价对象高产的影响程度计算出各指标的权重，采用加权平均模型建立高丰度高渗富集区模糊综合评判体系（陈贵武等，2014），进而预测划分出Ⅰ类（有利区）、Ⅱ类（中等区）、Ⅲ类（不利区）（申小龙等，2020）高渗富集区。

2. 基于产能分析的煤层气富集高产区地质评价技术

基于产能分析的煤层气富集高产区地质评价技术通过煤层气富集高产主控因素分析，选取可定量化的富集高产要素指标；基于不同勘探程度和煤阶富集高产特征分析、刻度区解剖和数学相关性分析，采用层次分析法、主成分分析法等非线性方法结合不同预测模型的产能模拟确定富集高产评价指标分类、指标权重，优选煤层含气量、Langmuir体积、Langmuir压力、煤层厚度、储层压力、煤层渗透率以及水文地质条件七个权重较大且相对独立的因素构成评价指标集，建立富集高产区评价指标体系，通过资源丰度筛选、区块划分、评价方法选取、预测区验证四步流程实现煤层气富集高产区的预测（宋岩等，2016）。

评价流程主要包括四个步骤：（1）利用煤厚—含气量进行资源丰度筛选。（2）区块划分，按主要构造边界或选定区块边界划分评价区。（3）根据不同区块勘探程度，分别进行不同精度的评价。对勘探开发程度中等（仅有小井网或煤层气试验井）地区，采用基于灰色关联分析的煤层气产能多因素综合量化模型评价；对勘探开发程度较高（有规模开发的煤层气井网）地区，采用人工神经网络产能预测数值模型评价。（4）按照不同煤阶富集高产区的评价标准，圈定富集高产区并进行验证（宋岩等，2016）。

该方法特点是优化出的七个指标相对独立，其有效配置可以综合反映煤层气富集高产区的特征指标集，进而将七个评价指标转化为产能（或产能指标），通过产能指标等值线直接预测煤层气富集高产区，消除了以往众多指标不一致的问题（宋岩等，2016）。

3. 基于动力学条件的煤层气富集高渗区优选评价技术

基于动力学条件的煤层气富集高渗区优选评价技术基于煤层气成藏过程是地质动能向含气系统静能转化的动态平衡过程，煤层气成藏效应是含气性、渗透性、储层能势三者关系耦合体现之理论而建立（秦勇等，2010）。

其包括三类关键技术：一是煤层气地质演化动态平衡历史参数及其数值模拟技术；二为能量动态平衡系统、煤层弹性能及其数学模型构建技术；三是煤层气成藏效应及三元判别模式和标志分析技术，划分出有利、较有利于煤层气成藏的八种类型条件组合（秦勇等，2010）。

其技术流程包括五个步骤：（1）煤储层弹性能地质影响因素分析与地质—数学模型构建；（2）煤层气地质演化动态平衡史数值模拟与动力学参数获取；（3）不同地质历史时期四种弹性能参数求取和相应图件编制；（4）煤层气成藏效应三元判识模式构建与不同成藏效应类型划分；（5）煤层气富集高渗动力条件评价及有利区带特征和区域分布预测。

三、煤层气高渗富集区精细预测技术发展现状与趋势

国外煤层渗透率预测技术一直在不断推进，先后提出了以非损坏性 X 射线为基础的实验测试技术（Puri R 等，1991）、回归统计预测法、古构造应力预测法等渗透率预测技术。

国内提出了基于多参数融合的煤层气高渗富集区预测技术、基于产能分析的煤层气富集高产区地质评价技术、利用可控源音频大地电磁法间接预测煤层气有利富集区（王绪本等，2013）、高丰度煤层气富集区地球物理定量识别技术（陈贵武等，2014）、基于动力学条件的煤层气富集高渗区优选评价技术（秦勇等，2010）等。目前，现场注入/压降测试技术广泛应用于中国煤储层高渗富集参数测试和评价，并形成了煤层气行业国家标准；对比总结了不同单一主控因素法渗透率定量预测技术的优缺点、适用条件，分析了基于裂隙、煤体结构地应力、构造曲率等单一主控因素预测渗透率及人工智能（BP 神经网络、灰色关联分析、支持向量回归机、多层次模糊综合评价）多因素定量预测煤层渗透率的可靠性（傅雪海等，2022）。围绕煤层含气量和渗透率两个核心要素，利用层次分析法和主成分分析法确定了包含七大地质参数的评价指标体系，建立了基于产能分析的煤层气富集高产区方法体系（宋岩等，2016），评价预测了沁水盆地、鄂尔多斯盆地、织纳煤田等煤层气富集高渗区带。

近年来，分析了中国物理模拟和数值模拟煤层含气量的可靠性及含气梯度法、煤

级—压力—等温吸附曲线法、地球物理解释技术、人工智能技术等预测方法的适应性。现场煤层含气量测试技术得到了快速发展，原位测试方法得到了广泛应用，测试精度和效率得到了提高。煤层含气量数值模拟方法成为研究热点，各种高效精确的数值计算软件得到了广泛应用，物理模拟和实验模拟方法也取得了一定的进展（陈信平等，2013；傅雪海等，2021）。

未来该技术发展趋势：一是完善测试技术和方法，进一步发展现场测试技术和提高测试精度的方法，加快推进煤层渗透率和含气量精细评价、预测技术，提高非均质地层评价精度。二是提高模拟与预测方法的精度和可靠性，深入研究数值模拟方法和物理模拟方法，优化计算模型和参数选取，提高模拟及预测方法的精度和可靠性。三是加强多学科交叉融合，将地球物理学、地质学、岩石力学、数值计算等多种学科理论和方法结合起来，开展系统性和综合性研究，深入探讨煤层含气量、渗透率和煤层气高渗富集的形成和分布规律。

四、煤层气高渗富集区精细预测技术应用范围与前景

煤层气高渗富集区精细预测技术主要根据不同地区的地质条件和实际钻井结果，针对性选择地震预测技术和综合评价方法来寻找相对高渗透率、高含气量、高资源丰度、大规模富集区，已应用在中国主要含煤盆地煤层气高渗富集区精细预测中。

适用条件方面：现场注入/压降测试是获取原位煤储层渗透率的主要方法，适用中国的煤储层特征且能够可靠地获得储层参数；实验室非稳态法渗透率测试适合中国低渗煤储层；未进行煤层气排采试验区基于单一主控因素的煤储层渗透率预测效果较好，综合多因素的人工智能技术预测的渗透率较可靠。包含煤岩、煤质、围岩封闭性、埋深和地球物理响应值的人工智能技术预测的煤层含气量可信度高（傅雪海等，2022，2021）。

煤层气高渗富集区精细预测技术的应用前景：一是重点突破煤层气高渗富集区精细评价技术，推进地质工程一体化进度，实现高经济效益、高工作效率；二是深化高精度、高效率数值模拟或实验模拟技术研究，多角度多层次高精度评价非均质煤储层各项参数指标；三是深化和完善不同类型地区反演技术流程，建立化简为繁、因地制宜的技术体系。

第十二节　天然气水合物开采模拟技术

一、天然气水合物开采模拟技术原理与用途

天然气水合物开采模拟技术是对水合物天然气的合成与分解、开采方法、开采方案、钻完井技术等进行实验仿真模拟和数值模拟，为实际开发生产提供基础数据和测试手段，主体处于试验和研发中的前沿技术。天然气水合物（Natural Gas Hydrate，NGH）是在一定条件下由轻烃、CO_2 以及 H_2S 等小分子与 H_2O 相互作用过程中形成的可燃、固态类冰状笼形化合物，具有高密度、高热值、分布广、储量大等特点和埋藏深度不稳定、矿藏疏松、弱胶结或未胶结（非成岩水合物占比超过85%）、不稳定、无致密盖层、无发育完备的生储

盖组合等地质特征（赵金洲等，2018），是潜力巨大的非常规天然气和未来接替能源。

该技术的主要原理是：基于天然气水合物亚稳定（破坏其相平衡条件使其分解为天然气和水）的特性，通过热激发法（泵入热水或热盐、蒸汽等各种加热方式提高水合物层温度）、降压法（降低水合物层压力）、注化学试剂法（注入甲醇、乙醇、乙二醇、丙三醇、盐水、氯化钙等化学试剂降低水合物冻结点）、CO_2 置换法（通入 CO_2 气体生成水合物放热置换天然气水合物）、压裂开采法（水力 / 爆炸 / 高能气体压裂注入高压流体产生裂隙而降压采气）、固体开采法（直接采集海底固态水合物至浅水区分解）、综合法开采方式（周守为等，2016；李吉等，2018）的实验仿真模拟和数值模拟，模拟水合物的合成与分解、开采方法、开采方案等，高压状态下水合物多相复杂体系的传热传质过程及机理、非牛顿流体的多相流体动力学特性，以及压力和温度变化对水合物分解特性的影响等规律，指导水合物的高效开采。

该技术可为天然气水合物开采的井网布置、分解前的分布规律、降压开采、注热开采、注化学剂开采等多种开采技术的研究提供先进的模拟手段，为以后的生产开发提供依据。具体用途：一是水合物（大）样品快速制备；二是水合物样品赋存状态、赋存参数、物性测试；三是辅助水合物矿体产出状态、有效厚度、形态及规模大小、破岩规律研究；四是水合物开发技术优选与参数分析、固态流化携岩能力评价。

二、天然气水合物开采模拟技术内涵与特征

天然气水合物开采模拟技术的要素组成包括水合物开采实验仿真模拟技术、数值模拟技术两大核心系列。

（一）天然气水合物开采实验仿真模拟技术

实验仿真模拟技术的重点内涵是分析实验条件下各种开采方法所对应的模拟水合物藏产气率、产水率、温度、压力等相态变化，直观展现开采过程中各项参数的变化情况，进行参数敏感性分析，为深入实验研究和数值模型的建立、验证以及试验开采研究方案制定等提供参考依据（赵仕俊等，2013；周守为等，2016；张乐等，2021）。

从开采方式分类，该技术包括热激发法实验仿真模拟、降压法实验仿真模拟、注化学试剂法实验仿真模拟、CO_2 置换法实验仿真模拟、压裂开采法实验仿真模拟、固体开采法实验仿真模拟、综合法实验仿真模拟等技术，各有一定优缺点（李吉等，2018；张乐等，2021）。

从实验模型分类，该技术可划分为一维模拟实验系统、二维模拟实验系统、三维模拟实验系统三类水合物开采实验仿真模拟技术，各维度实验装置的形状、尺寸、技术指标、主要功能与各个研究机构自身需求密切相关。通常一维设备只研究水合物藏在一维线性空间上的合成与分解规律，尺寸相对较小；三维实验设备主要研究天然气水合物藏在空间立体范围内的合成与分解规律，尺寸相对较大。目前国内外水合物开采模拟实验装置高压模拟系统的工作压力变化范围在 15～40MPa 之间（以 20MPa、30MPa 的高压模拟系统为主），工作温度变化范围在 −50～200℃ 之间（根据实际天然气水合物藏的温度条

件，高压模拟系统模拟温度一般在 $-20 \sim 150℃$ 之间）。天然气水合物高压模拟系统技术参数统计见表 3-12。

表 3-12　天然气水合物高压模拟系统技术参数（据赵仕俊等，2013；周守为等，2016）

模型	模型外观	模型尺寸范围（mm）	主要技术参数	
			高压反应釜最大工作压力（MPa）	反应釜温度范围（℃）
一维	竖直放置	$\phi15 \times 314 \sim$ $\phi200 \times 1005$	15、20、25、30、40，以 20、30 为主	$-15 \sim 100$ $-20 \sim 120$ $-50 \sim 150$
	水平放置	$\phi38 \times 250 \sim$ $\phi252 \times 1000$	20、25、30	$-15 \sim 100$ $-20 \sim 120$ $-50 \sim 150$
二维		$350 \times 350 \times 60$ $380 \times 380 \times 18$	15、20	$-20 \sim 150$
		$\phi150 \times 100$	16.9	$-20 \sim 150$
三维		$180 \times 180 \times 180$	25	$-20 \sim 200$
		$\phi250 \times 180 \sim$ $\phi600 \times 1500$	16、20、25、30、32，主要为 25～32	$-2 \sim 15$ $-15 \sim 15$ $-20 \sim 100$

近年的热点和前沿是三维系统水合物开采实验仿真模拟技术，研发了几项新分支。

1. 三维可视天然气水合物开采综合模拟系统与技术

三维可视天然气水合物开采综合模拟系统由中海油研究总院和广州能源研究所联合研制，主要由彼此互相独立、接口交换数据的七大模块组成：（1）模型主体，包括天然气水合物生成与开采模拟模块（高压反应釜）、电极、测压点、测温点、超声探头、观察窗等；（2）稳压供液模块，包括注入泵、活塞容器、加液泵、气动阀等；（3）稳压供气模块，包括空气压缩机、气瓶、气体增压泵、压力调节器、流量计等；（4）温度（环境）控制模块，包括水夹套、制冷机组、冷箱、电加热器、循环泵及步进式低温恒温室等；（5）回压控制模块，包括回压控制阀、回压缓冲容器等；（6）测量模块，包括温度传感器、压力传感器、差压传感器、流量控制器及二次仪表、电阻测量仪、超声波发生器、光纤内窥镜、气液分离计量系统等；（7）数据采集处理模块，包括计算机、打印机、A/D

采集卡、I/O 控制板、软件、系统电路（周守为等，2016）。

三维可视水合物开采综合模拟系统设置压力、压差、光纤、声波测试等多种先进测试手段，可进行水合物生成与分解过程水合物藏特征参数的动态测量，从而较为系统地反映天然气水合物开采过程的特征。该装置能够实现降压法、热激法、注化学剂法、联合开采方法及新型开采方法研究，气体开采量可达到 494L/h（标况），主要技术指标总体处于国际先进水平，为大尺寸水合物藏试验开采技术方案模拟以及商业开采模拟奠定了实验研究基础。

2. 海洋非成岩水合物固态流化开采大型物理模拟实验系统与技术

海洋非成岩水合物固态流化开采大型物理模拟实验系统由中国海洋石油集团有限公司、西南石油大学、四川宏华石油设备有限公司等联合研制，全球首个，并成功开展了全球首次水合物固态流化试采。该技术的要素组成包括：（1）水合物大样品快速制备、高效破碎、浆体调制"三位一体"实验，20h 内可制备 1062L 目前世界最高产量的水合物样品；（2）水合物浆体保真运移方法和技术；（3）水平段 56m 垂直段 30m 分段组合、逐点加密、多次循环、多次降压、多次升温的水合物颗粒、泥沙、分解气、配制海水复杂浆体管输模拟实验（赵金洲等，2018）。

其包括以下四项关键实验方法和技术：

（1）海洋非成岩水合物大样品快速制备与破碎模拟实验方法与技术。一是突破了水合物大样品快速原位制备的技术瓶颈，模拟压力介于 0～16MPa、温度介于 −10～5℃ 环境，采用"三位一体"（搅拌法—鼓泡法—喷淋法）的方法，最大样品制备量达 1062L、制备时间小于 20h。二是突破了水合物原位破碎的技术瓶颈，发明了上、下可移动和旋转的破碎工具，实现了水合物原位破碎模拟。三是突破了水合物浆体调制的技术瓶颈，定量混合海水及泥沙，精确调制水合物浆体。

（2）海洋非成岩水合物浆体高效管输模拟实验技术。利用稳压、制冷系统向管输系统循环高压、低温海水，使管道内的温度和压力与制备釜的温度和压力相同；利用稳压系统对制备釜进行自动补压；利用滤网系统保证水合物粒径为实验所需的粒径；利用压差解堵系统自动解堵，以保证水合物浆体的安全运移。

（3）海洋非成岩水合物浆体高效管输模拟实验方法。一是突破了物质平衡条件下温度、压力连续调节全过程模拟的技术瓶颈，采用水平段 56m、垂直段 30m 多次循环（每次模拟水合物浆体向上管输的高度）、多次降压（由海底高压逐级降低至海面低压条件）、多次升温（由海底低温逐级升高至海面常温环境）模拟实验方法，实现了 1500m 水深、4500m 管长海洋非成岩水合物固态流化开采管输全过程模拟（海底至海面）。二是突破了相变非平衡模拟的技术瓶颈：模拟水合物自然解析、气态举升，实现了多相复杂浆体非平衡分解及对其相变规律的研究。三是突破了保温保压相含量测试的技术瓶颈：采用保温保压直接取样，实现了对水合物及其分解产物的分离、计量和分析。四是突破了混输泵高滑脱、高固相、高吸入口压力的技术瓶颈：采用螺杆泵降低滑脱、高偏心定一转子实现大粒径高固相含量输送、机械与旋转密封提高入口压力，满足了水合物 1500m 水深管输的要求。

（4）动态图像捕捉、数据采集及安全控制模拟实验方法与技术。突破了水合物大样品快速制备与成藏物理模拟、水合物破碎与浆体保真运移模拟、水合物浆体高效管输特性与分离模拟等技术瓶颈，实现了动态图像的自动采集与存储，以及不同模拟环境下实验所需压力、压差、温度、排量、流速、质量流量、体积流量、相含量、钻压、扭矩、转速等数据精确模拟。

3.二氧化碳置换开采天然气水合物实验模拟技术

近年来，提出了纯 CO_2 置换法开采水合物实验模拟技术和 CO_2 混气置换法开采水合物实验模拟技术两大研究热点和前沿。

纯 CO_2 置换法开采水合物实验模拟技术，主要集中于利用纯 CO_2 气体、液体 CO_2 以及 CO_2 乳化液注入水合物层的置换实验模拟（徐纯刚等，2013）。实验表明，水合物粒径、存在环境和 CO_2 相态、注入压力、温度对水合物的采收率具有重要影响，在制定 CO_2 开采水合物方案时，应充分考虑这些主控因素（柏明星等，2024）。

CO_2 混气置换法开采水合物实验模拟技术，主要集中于 CO_2 混合 H_2 置换水合物提高 CH_4 采收率、CO_2 混合 N_2 置换水合物提高 CH_4 采收率、CO_2 混合 H_2 和 N_2 置换水合物提高 CH_4 采收率、地热辅助 CO_2 置换水合物提高 CH_4 采收率四个实验模拟。实验表明，混入 H_2 被认为是提高 CO_2 置换开发水合物效果的重要途径。

纯 CO_2 及其混合气注入天然气水合物藏提高 CH_4 采收率的技术研究当前仍停留在室内实验阶段，现场应用较少。已知最早且唯一的注 CO_2 与 N_2 混合气置换开采天然气水合物藏的项目是 2011 年在美国阿拉斯加北部的普拉德霍湾水合物藏进行的先导性现场实验。分析发现，70% 的注入 N_2 在回采混合气时被采出，而注入水合物藏中的 CO_2 仅被回采 40%，这表明将 CO_2 注入水合物藏中进行 CH_4 的置换能够有效对 CO_2 埋存（李清平等，2022）。

（二）天然气水合物开采数值模拟技术

天然气水合物开采数值模拟技术充分利用野外钻孔和室内实验数据，通过适用的数值模型和软件模拟器模拟水合物开采过程，定量计算压力、温度和水合物的动力学转换关系，预测复杂系统的热—物理动力过程、产能与动态分析，定量评价水合物的开采效果、参数敏感性和开采方案（胡立堂等，2011；张乐等，2021）。

该技术的核心内涵主要集中于数学模型优化、数值模拟应用研究两个方面。水合物开采数值模型要能够准确模拟水合物的分解和再形成，水合物分解和产物运移受温度、压力、组分、储层物性等众多因素控制和影响，同时也会引起地层孔隙率、渗透率等参数的动态变化。水合物开采数学模型的研究关键是实现水合物的分解多相多组分在微纳多孔介质内流动传热与相态变化规律的精准数学描述，需针对目标区块水合物藏特征不断优化、建立数值模型。

水合物开采数值模拟技术主要是利用建立的数值模型和软件模拟器开展不同开采方式（如降压、注热、抑制剂法、组合方法等）的水合物藏开采的数值模拟，通过井型、井网井距、降压幅度、加热功率等开采方式和工艺参数的调整优化，形成优化的目标水合物藏开采方案，支撑试采项目（张乐等，2021）。

该技术的关键基础是水合物分解反应模型、系统质量守恒方程、能量守恒方程，关键流程和环节包括水合物藏开采过程的数学描述（上述 1 个模型 2 个方程）、水合物藏开采数学模型优化研究、基于数值模拟的水合物开采规律研究等。

研究者通常针对不同的开采方式（降压法、加热法、注化学剂法、CO_2 等气体置换法及综合法），创建或选用相适应的数值模型和软件模拟器。当前全球范围内有多种水合物数值模拟器，可分为研究型程序与商业软件，使用最广泛的是研究型模拟器 TOUGH+HYDRATE 系列程序（卢海龙等，2021）。

三、天然气水合物开采模拟技术发展现状与趋势

国外水合物开采数值模型经历了 30 多年的发展，包括最初的降压开采模型、加热开采模型到后来的抑制剂开采模型等多种开采方法的数学模型（周守为等，2016；张乐等，2021），重点模拟水合物的分解、运移和产出。水合物开采模拟计算数学模型大都考虑降压或加热开采，从简单的能量平衡模型、一维单相气体降压和解析数学模型（Holder，1982）、一维降压数学模型，到复杂的三维单相气体降压模型、三维气水两相对流传热模型（Burshears，1986）、三相（气、水、水合物）一维解析数学模型（Yousif，1991），向多元化复杂三维三相数值模型逐渐升级，在 TOUGH2 非等温多相多组分渗流传热模拟器中加入了水合物分解模块，并进一步完善数学模型，已经可以实现降压、加热、注化学剂等多种开采方法和复杂影响因素作用下水合物藏开采过程的准确描述和模拟（张乐等，2021）。已开发出 TOUGH+HYDRATE、HydrateResSim、STOMP-HYD、MH21-HYDRES 和 Hydrsim Simulator 等天然气水合物模拟软件，可用于评价降压、热激法、抑制剂影响等条件下的水合物开采过程。已运用数值模拟手段对加拿大 Mallik 地区、美国阿拉斯加 Elbert 地区、墨西哥湾 Tigershark 地区和日本 Nankai 区等水合物场地开展了开采潜力评价（金光荣等，2015）。

中国水合物开采数学模型和水合物藏开发数值模拟研究起步较晚，经历 20 年发展，获得了降压法开采水合物地层中压力和温度的分布方程和天然气产量方程，先后建立了考虑气、水、水合物三种组分和气水两相渗流过程的一维降压数学模型、一维解析数学模型、三维气水两相渗流传热过程的数学模型，包括物质守恒方程、能量守恒方程、分解动力学方程及辅助方程的水合物注热开采数学模型，进行了降压法开采海洋水合物藏的数值模拟、加热开采水合物数值模拟。近年在模型中引入了多相渗流、水合物分解动力学、水合物相变、热传导、热对流以及储层渗透率变化等因素，建立了分解区和水合物区的传热模型，进一步考虑了加热开采、渗流过程中水的流动和水合物二次生成的影响以及水合物储层与上下围岩的能量交换（李淑霞，2018；孙嘉鑫等，2021）。模拟器的研发也有了一些进展，推出了改进的模拟器 TOUGH2Biot、热—流—力（THM）模拟器、QIMG-THMC 模拟器、基于非结构化网格和有限元求解的热—流—固—化（THMC）四场耦合数学模型（张乐等，2021），形成了一套改进 TOUGH2 的水合物藏开采数值模拟

软件（庞维新等，2015）。

近年依托一维、小三维、三维—可视开采模拟实验系统，采用填砂模型，开展了100多组不同模拟尺寸的天然气水合物藏降压、注热（单井吞吐、驱替）、注剂（醇类、盐水）等单项模拟以及联合开采实验模拟，分析了实验条件下各种开采方法所对应的模拟水合物藏产气率、产水率、温度、压力等相态变化，并进行了参数敏感性分析，为深化实验研究和数值模型的建立、验证以及试验开采方案制定等奠定了基础（周守为，2016）。模型向多维度、多项态、精细化发展，模拟多孔介质中天然气水合物的合成和降压、加热、注化学剂等各种分解实验研究，进一步考虑水合物降压分解过程中地层绝对渗透率变化，提出盐相和冰相对分解过程的影响。系统开展天然气水合物开采跨尺度仿真模拟，涉及了多物理场演化、三维模拟、钻采一体化模拟、井筒工艺参数仿真和开采数值模拟等方面，进行开采产能潜力评价，研究开采过程中储层多物理场演化规律，剖析地质、开采工艺和井型结构等因素对开采产能的影响，出版了《海洋天然气水合物开采基础理论与模拟》等相关专著（吴能有等，2021）。

分析该技术的发展趋势：一是水合物开采实验仿真模拟技术的模拟实验综合性强，功能齐全，实验模型将向大型、多维、一体化发展；测试手段多样化，检测精度越来越高，激光光谱分析、核磁共振成像等先进分析测试技术开始应用；提高可视化程度，增强智能化与自动化，实现人机互动；环境模拟日益真实，更加接近大洋深处或永冻层底部地质环境；安全与可靠性要求越来越高（赵仕俊等，2013）。二是水合物开采数值模拟技术进一步建立完善多尺度下多相多组分的分解反应—热—流—力多物理场全耦合数学模型和高效求解方法，研发天然气水合物地层变形模块、储层改造模块、出砂预测模块等，形成适用于大尺度、非均质、支持复架三维地质模型和井型开采的天然气水合物动态开发数值模拟软件技术；精细化三维地质模型，实现精准刻画非均质天然气水合物动态开发数值拟合和高效求解技术的突破；加快发展地质工程一体化进程，开发储层水合物储层、井筒和管道全流程数值模拟技术，实现天然气水合物试开采一体化方案优化（张乐等，2021；孙嘉鑫等，2021）。

四、天然气水合物开采模拟技术应用范围与前景

天然气水合物开采模拟技术主要用于深海沉积物和陆上冻土带中天然气水合物开采的实验仿真模拟、数值模拟，已应用于中国南海海域、中国东海海域、青藏高原冻土区的水合物开采室内实验研究和中国南海神狐海域、中国南海北部荔湾3站位的水合物试采试验，全球范围内尚无实现稳定商业开发的应用。

未来，该技术有望在下述方向攻关突破：一是水合物地质—储层系统的精细刻画与"甜点"评价，准确获取和表征水合物储层饱和度、渗透率、厚度等关键物性参数；二是基于开采实验仿真模拟和开采数值模拟的水合物储层原位增产改造技术研发，结合高精度储层参数实现室内实验验证和数值模拟评价的准确性；三是不同增产井型工程施工技术瓶颈攻关，加速突破实验模拟技术方法，引入多层次、多元化、高精度影响因素指标，明确模拟实验中可能出现的变量因素（孙嘉鑫等，2021）。

第十三节　非常规油气地质工程一体化技术

一、非常规油气地质工程一体化技术原理与用途

非常规油气地质工程一体化技术是以非常规油气"甜点"体高产稳产和提高勘探开发效益为目标，以地质—储层综合研究和"甜点"区（段）识别评价为基础，通过优化钻完井设计、应用先进技术工艺全方位进行项目管理和组织施工，最大限度提高单井产量、降低成本，从而实现勘探开发效益最大化的一项综合性前沿技术。

该技术的主要原理是：基于非常规油气近源或源内聚集、水平井平台工厂化开发地质理论，以"甜点"层段地质—储层综合研究和"甜点"区/带识别评价为基础，以三维模型为核心，开展丛式水平井平台工厂化开发方案与钻完井设计优化、先进技术工艺应用等的动态研究和及时应用，配合全方位的地质设计与工程实践一体化高效组织管理和作业实施，对钻井、压裂等工程技术方案进行不断调整和完善，在区块、平台和单井三种尺度分层次、动态地优化工程效率与开发效益，实现经济开发和效益开发。面对不同类型的非常规油气藏和不同油田实际情况，地质工程一体化技术及其应用模式也各有不同的针对性。其中，"地质"是泛指以非常规油气富集"甜点"区为中心的地质—油藏表征、地质建模、地质力学、油气藏工程评价等综合研究，而不是特指科学意义上的地质学科；"工程"是指在勘探开发过程中，对从钻井到生产等一系列钻探与开发生产工程技术及解决方案进行针对性的筛选、优化并指导作业实施（吴奇等，2015；胡文瑞，2017；杨智等，2020；赵福豪等，2021）。

该技术的主要用途：一是推动非常规油气资源的经济有效开采和规模效益开发；二是提高非常规油气勘探地质工程技术的整体性、科学性和高效性；三是确保水平井成功率，实现水平井平台工厂化开发；四是完善地质工程一体化服务方式，提升工程服务企业整体经济效益。

二、非常规油气地质工程一体化技术内涵与特征

非常规油气地质工程一体化的技术内涵就是以提高"缝网控制率、油气采收率与投资回报率"为目标，依托新的工作流程，实现跨学科协作，从而更快地做出更好、更有效的决策（胡文瑞，2017）。具体是针对非常规油气储层，以"甜点"区（段）识别评价为基础，以"甜点"体高产稳产为目标，以"逆向思维设计、正向作业施工"为工作指南，坚持地质设计与工程实践全方位的一体化组织管理和作业实施，把原来若干个相对独立、相互分散的研究、组织单元和要素，运用一体化的理念整合到一个平台，消除组织上的工作障碍和技术上的人为切割，工况得到及时准确的监测和控制，相互促进、协同互动，做好"甜点"区（段）评价刻画和"人工油气藏"制造开发，最终把蓝图设计转化为工程作业、转化为效益产量的系统工业过程（杨智等，2020）。

基于中国南方海相页岩气等经济有效开发的实践经验，提出了非常规油气地质工

程一体化技术路线和操作流程，具有一定的普适性和借鉴意义（图3-12；陈中普等，2020）。

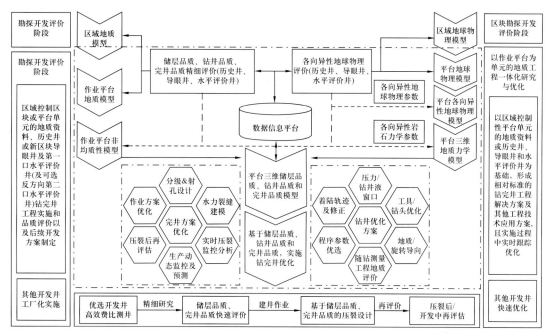

图3-12　非常规油气地质工程一体化技术路线参考模型（据陈中普等，2020年）

流程操作分三步：（1）利用既有资料开展区域地质、储层品质评价和各向异性地球物理评价，获得目标层位储层信息、轨迹经历层位地质信息和地球物理各向力学信息，构建三维地质及地质力学模型，为工程设计提供地质信息，制定勘探开发方案和实施计划；（2）根据方案和实施计划，选取具有控制性或风险性的平台，开展先导性钻探和再评价，更新地质和物性模型，评估地质工程风险，以虚拟井技术优化批量开发井布井，标准化钻完井设计与施工方案；（3）以标准化方案为基础布局平台开发井工厂化作业，并针对风险或不确定性，优选技术获取必要资料，实时动态更新平台三维综合模型（吴奇等，2015；陈中普等，2020）。

地质工程一体化技术的主体要素包括：地质—油藏—方案研究一体化、钻井和完井设计—施工工艺一体化、质量—安全—环保—评价全过程管理一体化三个方面（胡文瑞，2017），核心是地质—储层综合研究。具体是通过精细构建"构造、储层属性、地质力学和离散裂缝"一体化共享模型，从单井到油气藏多尺度评价储层品质、完井品质和钻井品质，支撑钻完井、压裂改造和开发等工程应用，将开发工程融入地质工程一体化研究和作业中；同时不断利用现场施工过程及时反馈的钻探工程、压裂改造、生产动态等资料对一体化共享模型进行实时更新，通过地质指导钻井提高油气层钻遇率，通过地质指导分段压裂提高测试产量，寻求勘探突破（王光付等，2022）。

地质工程一体化的必备条件：一是具有一体化理念和决心的决策者及团队，二是协同作战的管理构架，三是必要的多学科数据基础与工作平台。

其关键技术由下述四大系列组成：

一是非常规油气地质评价预测技术系列，包括沉积相带分析与储层评价技术、地质特征与富集主控因素分析技术、实验数据约束的测井与岩石物理结合"七性"评价技术、多参数融合的地质—工程双"甜点"定量评价技术（天然裂缝测井识别评价与地震预测、岩相约束下页岩 TOC 评价、含气性定量评价、四孔隙度高精度评价；脆性指数评价、地应力大小及方向评价）等、三维地质—工程建模技术及"甜点"定量预测技术（岩相建模技术、裂缝建模技术、属性建模技术；针对性能量补偿技术、叠前相对保持提高分辨率处理技术、针对储层地震响应目标处理技术；地震复波识别和波形约束地质统计反演技术等）。

二是非常规油气关键工程技术系列，包括地质工程一体化水平井设计技术、山地复杂地表井工厂设计施工技术、薄油层水平井轨迹跟踪技术、水平井钻井地质导向技术、（二开浅表套）水平井钻完井技术、一体化水力压裂模拟技术（定量化复杂裂缝扩展模拟、定量化压裂裂缝调控模拟技术）、（大排量大规模改造的）"甜点"段 + 密切割体积压裂技术、直井大规模压裂技术、多类型压裂液和多粒径支撑剂体系、压裂效果评价技术、开发前期试验技术、试验区大平台及细分层系开发试验技术等（杨智等，2020；王光付等，2022）。

三是地质工程一体化联合组织与协同管理技术包括：打破条块化传统管理模式，创新一体化管理模式，降本增效；分解单井投资构成，市场化运作，降低双方运行成本，达到双赢等。建立和保持强有力领导机制和高效决策体制，建立和保持高效率的协调协同机制，保持双向畅通的成果及时应用及信息反馈机制，是地质工程一体化成功实施的必要条件（吴奇等，2015）。

四是以信息服务为枢纽的新型地质工程一体化软件平台，包含现场数据平台、中心数据库平台、数据共享管理平台、中心数据应用平台四个子平台（图 3-13）。信息服务平台借助大数据技术，从现场数据库或既有数据库中实时抽取清洗出数据项被不同专业使用频率高、参数值经不断优化后数据准确度高的"金数据"，形成统一的底层数据库，进而再形成专业数据库和知识库，集成各专业常用接口或软件工具，为一体化人机交互、智能检索、高效共享共用构建快速通道（李国欣等，2019；陈中普等，2020）。

总之，该技术主体特征是涉及众多学科（地震勘探、测井、地质录井、岩石矿物学、构造地质、储层评价、地质力学、油气工程等）及众多工程技术应用领域（钻井、固井、压裂、井下作业、投产测试等），作业上涉及建设方、作业方和服务方众多部门，实施上涉及多学科研究团队与多部门的互动与管理协调，同时还要兼顾整体与局部、中长期与短期等技术及经济费用问题的平衡及优化，项目研究和组织实施的难度、复杂性都非常高（吴奇等，2015）。

三、非常规油气地质工程一体化技术发展现状与趋势

国外于 2011 年首次提出非常规储层开发的"从地震至模拟"一体化工作流程，无缝整合了从地震数据解释至产能模拟的全过程研究方法（Cipolla 等，2011），斯伦贝谢、哈里伯顿等油服企业较早攻关研究，从工程地质技术与工具上集研发、设计、制造、销售、

服务于一体，2012—2016 年在参与美国 Marcellus、EagleFord 等页岩油气的大规模勘探开发中，广泛应用地质工程一体化方法开展方案设计、参数优化等工作，促使地质工程一体化机制空前发展。

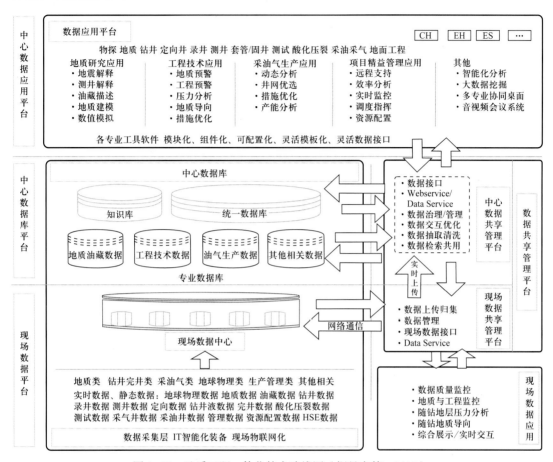

图 3-13　地质工程一体化技术路线图（据吴奇等，2015）

国内近十年来，中国石油、中国石化、中国海油三大油公司、相关高校和研究机构，持续实践和探索地质工程一体化模式与经验。中国石油探区以四川盆地页岩气、准噶尔盆地玛湖致密油、鄂尔多斯盆地苏里格致密气、渤海湾盆地页岩油、沁水盆地南部煤层气等为对象，在地质评价预测技术、工程关键技术、一体化结合组织与协同管理技术、一体化软件平台设计等方面取得进展（杨智等，2020；陈中普等，2020；王瑞杰等，2022；蒋廷学等，2023；龚斌等，2023；张聪等，2024）。中国石化探区形成非常规气藏地质工程一体化增产关键技术体系和平台，建立了区域气藏三维地质—工程模型，以非常规气藏效益开发为目标的"逆向设计、正向实施"的地质工程一体化技术体系、方法流程及增产改造工作模式，实现了地质工程综合"甜点"评价、压裂选井选段、非均匀应力下裂缝扩展模拟、产能预测、压后评价一体化模拟，在涪陵、普光、元坝、中江等非常规天然气藏开发中取得了很好效果（王海波等，2021；王光付等，2022）。

提出煤层气地质工程一体化平台的理论构想，规划设计平台的业务架构与功能架构，集成 Petrel 地质建模、Compass 钻完井设计、MFrac 压裂设计、CBM-SIM 储层数值模拟等各类专业软件工具，建立地质工程一体化共享数据库、产气贡献监测平台和智能排采远程控制平台，固化标准的地质工程一体化技术工作流程，并建立相应的专业知识库（李贵红等，2022）。

以区域数据湖及气藏精细描述研究成果为基础，运用人工智能技术对煤层气藏综合数据进行深度挖掘，构建了基于大数据分析算法的煤层气地质工程一体化智能决策系统，建立了煤层气地质—气藏—工程一体化数据的集成和管理、大数据驱动下的煤层气单井产量快速预测及主控因素分析、融合地质及工程因素各参数的煤层气储层综合"甜点"分析、基于煤层气井压后产量主控因素分析的压裂参数优化等关键技术，并在大宁—吉县试用（龚斌等，2023）。

总体上，与北美相比，中国尚缺乏利用三维地质工程模型开展压裂定量模拟优化及自主知识产权软件等核心技术（王光付等，2022）。

分析该技术的未来发展趋势和方向：一是加快和深化地质工程一体化技术研发，例如多层系立体"人工油气藏"的地质工程一体化技术、针对性建立不同类型非常规油气地质工程一体化参考模板、地质工程一体化软件平台的构建与完善、地质力学在地质工程一体化中的应用。二是加快和拓展地质工程一体化技术应用，如形成统一的地质工程一体化思想，扩大应用领域和规模；应用学习曲线，不断提升"最"短板；集成实用性技术工艺，不断提高单井产能；创新管理模式，建立健全地质工程一体化运行机制，实现目标归一化、考核针对化；突破体制界限，市场化及多元企业协同，整合技术优势；培养地质工程一体化复合型人才（胡文瑞，2017；赵福豪等，2021）。

四、非常规油气地质工程一体化技术应用范围与前景

非常规油气地质工程一体化技术应用领域较广泛。虽然对于地质工程一体化的探索起始于非常规油气藏的早期开发阶段，但是其应用领域其实可以拓展到整个油田、区块、井组以及单井的全生命周期。从勘探、评价，到开发、稳产以及提高采收率，地质工程一体化都具有用武之地。当然，针对不同的挑战，需要进行具体的分析研究，制定不同的地质工程一体化工作流程，建立具有针对性、创新性的工作方法，以及运用具有实用性的工程技术、配套工艺，并且伴随着这一过程，多学科一体化的团队可以摸索出更多科研及工程技术的新成果（胡文瑞，2017）。

非常规油气地质工程一体化技术具有较好的应用前景。一是该技术配合高效的组织管理和作业实施，不但可以实现多学科的融合，加快勘探开发的进程，同时可以实现对非常规油气的经济开发和效益开发。二是由于勘探开发对象越来越复杂，大数据应用等技术发展日益加快，现在及未来都必须通过非传统的思维及方法来实现新的突破。三是在常规油气领域的应用研究初见成效，让地质工程一体化被更广泛的认可和接受（胡文瑞，2017）。四是地质工程一体化技术，将引领油气勘探开发向数字油田、智慧油气田、数字生态环境迈进，为技术人员和管理人员提供了便捷高效的研究、设计、优化施工平台。

参 考 文 献

白斌，朱如凯，吴松涛，等，2013.利用多尺度 CT 成像表征致密砂岩微观孔喉结构［J］.石油勘探与开发，40（3）：329-333.

白斌，朱如凯，吴松涛，等，2014.非常规油气致密储层微观孔喉结构表征新技术及意义［J］.中国石油勘探，19（3）：78-86.

柏明星，张志超，陈巧珍，等，2024.二氧化碳置换法开采天然气水合物研究进展［J］.石油与天然气地质，45（2）：553-564.

毕彩芹，胡志方，汤达祯，等，2021.煤系气研究进展与待解决的重要科学问题［J］.中国地质，48（2）：402-423.

陈昌，2014.叠前储层预测技术在清水地区致密砂岩油气勘探中的应用［J］.化学工程与装备，3：104-152.

陈贵武，董守华，吴海波，等，2014.高丰度煤层气富集区地球物理定量识别技术研究与应用［J］.地球物理学进展，29（5）：2151-2156.

陈国飞，石颖，高兴友，等，2023.NBR 油田优质储层叠前叠后联合反演与应用［J］.地球物理学进展，38（1）：159-170.

陈鹏，齐兴国，胡正涛，2014.叠前同时反演在吐哈盆地致密油气有利储层预测中的应用［J］.中外能源，4：35-40.

陈松，周扬，丁会敏，等，2016.国内油页岩产业现状和发展思路［J］.化学工程师，30（12）：61-62，75.

陈晓智，汤达祯，许浩，等，2012.低、中煤阶煤层气地质选区评价体系［J］.吉林大学学报（地球科学版），42（S2）：115-120.

陈信平，霍全明，林建东，等，2013.煤层气储层含气量与其弹性参数之间的关系——思考与初探［J］.地球物理学报，56（8）：2837-2848.

陈秀娟，刘之的，刘宇义，等，2022.致密储层孔隙结构研究综述［J］.物探与化探，46（1）：22-31.

陈彦华，刘莺，1994.成岩相——储集体预测的新途径［J］.石油实验地质，16（3）：274-281.

陈勇，董清源，刘小民，等，2019.页岩气高精度地震成像及"甜点"预测技术进展［C］//中国石油学会石油物探专业委员会，中国地球物理学会勘探地球物理委员会.中国石油学会 2019 年物探技术研讨会论文集.中国石化石油物探技术研究院：4.

陈中普，王芳，苏沛强，等，2020.油气勘探开发新型地质工程一体化平台构建思考［J］.录井工程，31（4）：1-9.

崔景伟，朱如凯，侯连华，等，2018.页岩原位改质技术现状、挑战和机遇［J］.非常规油气，2018,5（6）：103-114.

丁圣，钟思瑛，周方喜，等，2012.高邮凹陷成岩相约束下的低渗透储层物性参数测井解释模型［J］.石油学报，33（6）：1012-1017.

董大忠，梁峰，管全中，等，2022.四川盆地五峰组—龙马溪组页岩气优质储层发育模式及识别评价技术［J］.天然气工业，42（8）：96-111.

董银萍，申有义，杨晓东，2020.基于最优 Zoeppritz 方程叠前地震反演的煤层气甜点预测［C］//中国地球物理学会、中国地震学会、全国岩石学与地球动力学研讨会组委会、中国地质学会构造地质学与地球动力学专业委员会、中国地质学会区域地质与成矿专业委员会、国家自然科学基金委员会地球科学部.2020 年中国地球科学联合学术年会论文集（十六）.北京：伯通电子出版社：2046-2049.

窦立荣，李大伟，温志新，等，2022.全球油气资源评价历程及展望［J］.石油学报，43（8）：1035-1048.

杜飞，姚宗全，刘勇，等，2021. 疏松砂岩储层成岩相划分与定量表征——以准噶尔盆地东部三台油田北10井区为例 [J]. 断块油气田，28（4）：481-486，503.

樊爱萍，杨仁超，李义军，2009. 成岩作用研究进展与发展方向 [J]. 特种油气藏，16（2）：1-9.

范恒瑞，李永菊，刘卉昇，等，2019. 油页岩渣综合利用研究进展 [J]. 北方建筑，4（3）；62-64.

封猛，2018. 吉木萨尔凹陷芦草沟组致密油优质储层评价新方法及应用 [J]. 新疆石油天然气，14（4）：14-20.

冯铮，万应明，闫有平，等，2024. 基于地质学统计反演煤层厚度预测 [C] // 中国石油学会石油物探专业委员会. 第二届中国石油物探学术年会论文集（中册）. 中石化石油工程地球物理公司华北分公司：4.

傅雪海，齐琦，程鸣，等，2022. 煤储层渗透率测试、模拟与预测研究进展 [J]. 煤炭学报，47（6）：2369-2385.

傅雪海，张小东，韦重韬，2021. 煤层含气量的测试、模拟与预测研究进展 [J]. 中国矿业大学学报，50（1）：13-31.

高豆豆，2020. 低阶煤煤层气开采及含气量测定方法现状分析 [J]. 能源技术与管理，45（1）：157-158.

高福亮，鲁红峰，王海鹏，2014. 中国低煤阶煤层气资源区块评价方法讨论——以准噶尔盆地为例 [J]. 地质与资源，23（S1）：142-144.

高秋菊，谭明友，张营草，等，2019. 陆相页岩油"甜点"井震联合定量评价技术——以济阳坳陷罗家地区沙三段下亚段为例 [J]. 油气地质与采收率，26（1）：165-173.

龚斌，王虹雅，王红娜，等，2023. 基于大数据分析算法的深部煤层气地质—工程一体化智能决策技术 [J]. 石油学报，44（11）：1949-1958.

苟启洋，徐尚，郝芳，等，2018. 纳米CT页岩孔隙结构表征方法——以JY-1井为例 [J]. 石油学报，39（11）：1253-1261.

顾雯，杨晓，邓小江，等，2019. 基于5D地震数据的页岩油甜点地震预测技术 [C] // 中国地球物理学会油气地球物理专业委员会，中国石化石油物探技术研究院，江苏省地球物理学会. 2019年油气地球物理学术年会论文集. 中国石油东方地球物理公司西南物探研究院：4.

管全中，董大忠，王玉满，等，2015. 层次分析法在四川盆地页岩气勘探区评价中的应用 [J]. 地质科技情报，34（5）：91-97.

郭秋麟，白雪峰，何文军，等，2022. 页岩油资源评价方法、参数标准及典型评价实例 [J]. 中国石油勘探，27（5）：27-41.

郭秋麟，陈宁生，刘成林，等，2015. 油气资源评价方法研究进展与新代评价软件系统 [J]. 石油学报，36（10）：1305-1314.

郭秋麟，陈宁生，吴晓智，等，2013. 致密油资源评价方法研究 [J]. 中国石油勘探，18（2）：67-76.

郭秋麟，周长迁，陈宁生，等，2011. 非常规油气资源评价方法研究 [J]. 岩性油气藏，23（4）：12-19.

郭旭光，何文军，杨森，等，2019. 准噶尔盆地页岩油"甜点区"评价与关键技术应用——以吉木萨尔凹陷二叠系芦草沟组为例 [J]. 天然气地球科学，30（8）：1168-1179.

韩文龙，王延斌，倪小明，等，2019. 深部低阶煤层气富集高产评价体系构建——以神府地区为例 [J]. 江苏南京：2019年煤层气学术研讨会论文集.

何晋译，蔡进功，雷天柱，等，2019. 东营凹陷古近系泥页岩中可溶有机质特征与页岩油"甜点"预测 [J]. 油气地质与采收率，26（1）：174-182.

何琰，彭文，殷军，2001. 利用地震属性预测渗透率 [J]. 石油学报（6）：34-36，4-5.

侯昕晔，2019. 致密砂岩气地震识别研究 [D]. 北京：中国石油大学（北京）：49-77.

胡立堂，张可霓，高童，2011. 南海神狐海域天然气水合物注热降压开采数值模拟研究 [J]. 现代地质，25（4）：675-681.

胡文瑞. 2017. 地质工程一体化是实现复杂油气藏效益勘探开发的必由之路 [J]. 中国石油勘探，22（1）：

1—5.

黄波, 郑启明, 秦勇, 等, 2020. 基于底板构造曲率的煤层高渗区预测 [J] . 河南理工大学学报 (自然科
学版), 39 (6): 43—50.

黄旭楠, 董大忠, 王玉满, 等, 2016. 非常规油气资源经济性评价方法与案例 [J] . 天然气地球科学, 27
(9): 1651—1658.

姜秀民, 韩向新, 闫澈, 等, 2012. 油页岩资源高效清洁综合利用技术 [R] . 上海交通大学, 吉林成大
弘晟能源有限公司.

姜雪, 2014. 油页岩原位开采对地下水环境的影响研究 [D] . 长春: 吉林大学.

姜在兴, 2012. 层序地层学研究进展: 国际层序地层学研讨会综述 [J] . 地学前缘, 19 (1): 1—9.

蒋廷学, 卞晓冰, 孙川翔, 等, 2023. 深层页岩气地质工程一体化体积压裂关键技术及应用 [J] . 地球科
学, 48 (1): 1—13.

蒋裕强, 陈林, 蒋婵, 等, 2014. 致密储层孔隙结构表征技术及发展趋势 [J] . 地质科技情报, 33 (3):
63—70.

焦堃, 姚素平, 刘树根, 2015. 煤和泥页岩纳米孔隙的图像学定量表征技术 [C] // 中国地质学会. 中国
地质学会 2015 学术年会论文摘要汇编 (中册): 3.

匡立春, 侯连华, 杨智, 等, 2021. 陆相页岩油储层评价关键参数及方法 [J] . 石油学报, 42 (1): 1—14.

赖锦, 王贵文, 黄龙兴, 等, 2015. 致密砂岩储集层成岩相定量划分及其测井识别方法 [J] . 矿物岩石地
球化学通报, 34 (1): 128—138.

赖锦, 王贵文, 王书南, 等, 2013. 碎屑岩储层成岩相研究现状及进展 [J] . 地球科学进展, 28 (1):
39—50.

郎岳, 张金川, 王焕第, 等, 2022. 页岩气地质评价智能化的应用与展望 [J] . 大庆石油地质与开发, 41
(1): 166—174.

李昂, 张丽艳, 杨建国, 等, 2021. 松辽盆地三肇凹陷青山口组页岩油地震甜点预测方法及应用 [J] . 地
质与资源, 30 (3): 366—376, 305.

李贵红, 赵佩佩, 吴信波, 2022. 煤层气地质工程一体化平台的建设构想 [J] . 煤田地质与勘探, 50 (9):
130—136.

李国欣, 王峰, 皮学军, 等, 2019. 非常规油气藏地质工程一体化数据优化应用的思考与建议 [J] . 中国
石油勘探, 24 (2): 147—152.

李红进, 张道勇, 葛云锦, 等, 2019. 甘泉—富县地区长7致密砂岩储层成岩相的定量识别及其对含油
性的控制作用 [J] . 吉林大学学报 (地球科学版), 49 (6): 1529—1539.

李洪玺, 吴蕾, 陈果, 等, 2013. 成岩圈闭及其在油气勘探实践中的认识 [J] . 西南石油大学学报 (自然
科学版), 35 (5): 50—56.

李吉, 李占东, 张海翔, 2018. 深海天然气水合物分解实验模拟研究方法综述 [J] . 海洋工程装备与技术,
5 (S1): 30—33.

李建忠, 吴晓智, 郑民, 等, 2016. 常规与非常规油气资源评价的总体思路、方法体系与关键技术 [J] .
天然气地球科学, 27 (9): 1557—1565.

李玲, 姚海鹏, 李正, 等, 2019. 二连盆地低阶煤储层物性特征及评价体系研究 [J] . 中国煤炭, 45 (4):
43—51.

李茂成, 2014. 世界油页岩发技术新进展 [J] . 中国石油和化工标准与质量, 34 (2): 164—165.

李年银, 王元, 陈飞, 等, 2022. 油页岩原位转化技术发展现状及展望 [J] . 特种油气藏, 29 (3): 1—8.

李清平, 周守为, 赵佳飞, 等, 2022. 天然气水合物开采技术研究现状与展望 [J] . 中国工程科学, 24 (3):
214—224.

李守定, 李晓, 王思敬, 等, 2022. 页岩油化学生热原位转化开采理论与方法 [J] . 工程地质学报, 30 (1):

127-143.

李淑霞，刘佳丽，武迪迪，等，2018.神狐海域水合物藏降压开采的数值模拟［J］.科学技术与工程，18（24）：38-43.

李文举，曹贵，李波，2022.油页岩半焦作为水泥混合材的可行性研究［J］.硅酸盐通报，41（2）：649-656，666.

李云飞，2015.循环流化床锅炉技术的现状及发展前景［J］.民营科技（12）：9.

李志强，鲜学福，徐龙君，等，2009.地应力、地温场中煤层气相对高渗区定量预测方法［J］.煤炭学报，34（6）：766-770.

廉桂辉，朱亚婷，王晓光，等，2022.叠前反演技术在玛湖油田储层预测中的应用［J］.特种油气藏，29（1）：80-84.

梁爽，高昉星，岳刚，等，2021.水合物法油页岩干馏气制备民用天然气研究［J］.新疆石油天然气，17（4）：55-61.

林春明，张霞，赵雪培，等，2021.沉积岩石学的室内研究方法综述［J］.古地理学报，23（2）：223-244.

林建东，任森林，薛明喜，等，2012.页岩气地震识别与预测技术［J］.中国煤炭地质，24（8）：56-60.

刘长春，杨永兴，方铁园，等，2023.鄂尔多斯盆地页岩油优质储层评价方法［J］.录井工程，34（3）：49-54，62.

刘富杰，于佳成，李永吉，等，2021.油页岩渣制备建筑材料的研究综述［J］.北方建筑，6（5）：42-48.

刘国强，2021.非常规油气勘探测井评价技术的挑战与对策［J］.石油勘探与开发，48（5）：891-902.

刘海洋，朱玉雯，王愿洁，等，2021.活化过程中煤基活性炭的孔结构特性及分形特征［J］.电力科技与环保，37（5）：15-21.

刘宏坤，艾勇，王贵文，等，2023.深层、超深层致密砂岩储层成岩相测井定量评价：以库车坳陷博孜—大北地区为例［J］.地质科技通报，42（1）：299-310.

刘强，辛萌，张涛，等，2021.油页岩干馏废料与含油污泥处理的技术分析［J］.当代化工，50（7）：1667-1670.

卢晨刚，张遂安，毛潇潇，等，2017.致密砂岩微观孔隙非均质性定量表征及储层意义——以鄂尔多斯盆地X地区山西组为例［J］.石油实验地质，39（4）：556-561.

卢海龙，尚世龙，陈雪君，等，2021.天然气水合物开发数值模拟器研究进展及发展趋势［J］.石油学报，42（11）：1516-1530.

卢振东，刘成林，臧起彪，等，2022.高压压汞与核磁共振技术在致密储层孔隙结构分析中的应用：以鄂尔多斯盆地合水地区为例［J］.地质科技通报，41（3）：300-310.

罗胜元，李培军，陈孝红，等，2022.鄂西宜昌地区寒武系页岩测井评价及优质储层识别［J］.华南地质，38（3）：417-430.

罗万江，兰新哲，宋永辉，2014.油页岩开发利用技术进展［J］.化学工业，32（9）：25-30，37.

罗忠琴，刘鹏，孟凡彬，2021.低阶煤煤层气富集区预测方法研究与应用［J］.煤田地质与勘探，49（6）：251-257. DOI：10.3969/.issn.1001-1986.2021.06.030.

马琦琦，孙赞东，杨柳鑫，2019.改进的贝叶斯迭代反演方法及其在白云岩致密储层识别的应用［J］.物探与化探，43（2）：234-243.

马跃，向卿谊，丁康乐，2024.国内外油页岩工业发展现状［J］.世界石油工业，31（1）：16-25.

米悦，陈朝兵，王江涛，2021.致密砂岩储层微观孔喉结构表征方法综述［J］.地下水，43（6）：203-204，216.

闵华军，贾祥金，田建军，等，2019.哈拉哈塘奥陶系缝洞型成岩圈闭及其成因［J］.西南石油大学学报

（自然科学版），41（5）：33-44.

聂海宽，张金川，2011. 页岩气储层类型和特征研究——以四川盆地及其周缘下古生界为例［J］. 石油实验地质，33（3）：219-225，232.

宁方兴，王学军，郝雪峰，等，2015 济阳坳陷页岩油甜点评价方法研究［J］. 科学技术与工程，15（35）：11-16.

潘仁芳，陈美玲，张超谟，等，2018. 济阳坳陷渤南洼陷古近系页岩油"甜点"地震预测及影响因素分析［J］. 地学前缘，25（4）：142-154.

庞维新，李清平，孙福街，等，2015. 天然气水合物藏开采数值模拟研究［J］. 中国煤田地质，27（8）：31-37，82.

庞雄奇，贾承造，郭秋麟，等，2023. 全油气系统理论用于常规和非常规油气资源评价的盆地模拟技术原理及应用［J］. 石油学报，44（9）：1417-1433.

彭苏萍，杜文凤，殷裁云，等，2014. 高丰度煤层气富集区地球物理识别［J］. 煤炭学报，39（8）：1398-1403.

秦勇，吴财芳，韦重韬，等，2010. 基于动力学条件的煤层气富集高渗区优选理论与方法［C］// 中国石油学会石油地质专业委员会，中国煤炭学会煤层气专业委员会. 煤层气勘探开发理论与技术——2010年全国煤层气学术研讨会论文集：7.

秦勇，吴建光，申建，等，2018. 煤系气合采地质技术前缘性探索［J］. 煤炭学报，43（6）：1504-1516.

秦勇，杨兆彪，2018. 叠置含气系统煤层气开发地质单元与开发方式［R］. 成都：国家科技重大专项课题年度报告会.

邱振，邹才能，李建忠，等，2013. 非常规油气资源评价进展与未来展望［J］. 天然气地球科学，24（2）：238-246.

任青春，文一华，郑雷清，等，2012. 叠前反演的致密砂岩储层预测和含油气性检测［J］. 吐哈油气，17（1）：18-21.

尚飞，解习农，李水福，等，2018. 基于地球物理和地球化学数据的页岩油甜点区综合预测：以泌阳凹陷核三段5号页岩层为例［J］. 地球科学，43（10）：3640-3651.

申小龙，蔺亚兵，刘军，等，2020. 黄陇煤田低阶煤层气高渗富集区优选预测及开发建议［J］. 中国煤炭地质，32（11）：21-25.

石玉江，肖亮，毛志强，等，2011. 低渗透砂岩储层成岩相测井识别方法及其地质意义——以鄂尔多斯盆地姬塬地区长8段储层为例［J］. 石油学报，32（5）：820-828.

宋国奇，刘鑫金，刘惠民，2012. 东营凹陷北部陡坡带砂砾岩体成岩圈闭成因及主控因素［J］. 油气地质与采收率，19（6）：37-41，113.

宋岩，柳少波，马行陟，等，2016. 中高煤阶煤层气富集高产区形成模式与地质评价方法［J］. 地学前缘，23（3）：1-9.

宋振响，邱岐，赵琳洁，等，2020. 基于存滞系数的页岩气资源评价方法［J］. 天然气工业，40（10）：12-19.

孙东盟，孙灵辉，萧汉敏，等，2021. 页岩储层微观孔隙特征及连通性表征综述［J］. 天然气与石油，39（6）：95-101.

孙粉锦，田文广，陈振宏，等，2018. 中国低煤阶煤层气多元成藏特征及勘探方向［J］. 天然气工业，38（6）：10-18.

孙嘉鑫，张凌，宁伏龙，等，2021. 天然气水合物藏增产研究现状与展望［J］. 石油学报，42（4）：523-540.

孙键，王擎，孙东红，等，2007. 油页岩综合利用集成技术与循环经济［J］. 现代电力（5）：57-67.

孙金声，刘克松，金家锋，等，2023. 中低熟页岩油原位转化技术研究现状及发展趋势［J］. 钻采工艺，

46（6）：1-7.

孙友宏，郭威，邓孙华，2021.油页岩地下原位转化与钻采技术现状及发展趋势［J］.钻探工程，48（1）：57-67.

孙友宏，郭威，李强，等，2023.中国油页岩原位转化技术现状与展望［J］.石油科学通报，4：475-490.

谭丽泉，胡相红，余梅，等，2016.油页岩灰渣的应用研究进展［J］.化学工程师，30（10）：44-47.

陶士振，邹才能，高晓辉，等，2010.连续性油气聚集的地质特征与评价方法［J］.中国地球物理2010年年会：131-132.

万金彬，李庆华，白松涛，2012.页岩气储层测井评价及进展［J］.测井技术，36（5）：441-447.

汪贺，师永民，徐大卫，等，2019.非常规储层孔隙结构表征技术及进展［J］.石油地质与采收率，26（5）：21-30.

汪友平，王益维，盂祥龙，等，2013.美国油页岩原位开采技术与启示［J］.石油钻采工艺，35（6）：55-59.

汪友平，王益维，盂祥龙，等，2014.流体加热方式原位开采油页岩新思路［J］.石油钻采工艺，36（4）：71-74.

汪玉玲，解建建，刘恋，等，2023.约束稀疏脉冲反演在煤层厚度预测中的应用［J］.山西煤炭，43（4）：115-121.

王安民，曹代勇，魏迎春，2017.煤层气选区评价方法探讨——以准噶尔盆地南缘为例［J］.煤炭学报，42（4）：950-958.

王大兴，于波，张盟勃，等，2007.地震叠前储层预测方法［J］.天然气工业，27（增刊A）：314-317.

王光付，李凤霞，王海波，等，2022.四川盆地非常规气藏地质—工程一体化压裂实践与认识［J］.石油与天然气地质，43（5）：1221-1237.

王海波，李凤霞，李令喜，等，2021.非常规气藏地质工程一体化增产关键技术研究与规模应用［R］.中国石油化工股份有限公司石油勘探开发研究院2021年登记成果.

王海柱，李根生，刘欣，等，2020.油页岩开发研究现状及发展趋势［J］.中国基础科学，22（5）：1-8.

王红军，马锋，童晓光，等，2016.全球非常规油气资源评价［J］.石油勘探与开发，43（6）：850-862.

王红岩，刘德勋，蔚远江，等，2022.大面积高丰度海相页岩气富集理论及地质评价技术进展与应用［J］.煤田地质与勘探，50（3）：69-81.

王红岩，周尚文，刘德勋，等，2020.页岩气地质评价关键实验技术的进展与展望［J］.天然气工业，40（6）：1-17.

王慧欣，蒋浍，2023.含煤地层优质储层识别［C］//中国地球物理学会油气地球物理专业委员会.第五届油气地球物理学术年会论文集中石化上海海洋油气分公司研究院：5.

王静，张军华，谭明友，等，2019.砂砾岩致密油藏地震预测技术综述［J］.特种油气藏，26（1）：7-11.

王明磊，刘玉婷，张福东，等，2015.鄂尔多斯盆地致密油储层微观孔喉结构定量分析［J］.矿物学报，35（3）：318-322.

王瑞杰，王永康，马福建，等，2022.页岩油地质工程一体化关键技术研究与应用——以鄂尔多斯盆地三叠系延长组长7段为例［J］.中国石油勘探，27（1）：151-163.

王社教，蔚远江，郭秋麟，等，2014.致密油资源评价新进展［J］.石油学报，35（6）：1095-1105.

王淑娟，董娜娜，2023.利用油页岩废渣制备多孔陶瓷的研究［J］.北方建筑，8（4）：14-18.

王涛，王树威，张宪旭，等，2023.基于多参数融合的煤层气富集区预测方法［J/OL］.煤炭科学技术［2023-09-29］.https：//doi.org/10.13199/.cnki.cst.2022-1624.

王绪本，陈进超，郭全仕，等，2013.沁水盆地北部煤层气富集区CSAMT勘探试验研究［J］.地球物理学报，56（12）：4310-4323.

王延光，2017.地震叠前深度偏移技术进展及应用问题与对策［J］.油气地质与采收率，24（4）：1-7，29.

王震宇，刘俊州，2019.岩石物理建模技术在致密砂岩储层预测中的应用——以鄂尔多斯盆地北部H区块为例［J］.物探化探计算技术，41（1）：34-40.

蔚远江，王社教，张洪，等，2016.伊犁盆地致密油形成地质条件及资源潜力［J］.天然气地球科学，27（9）：1709-1720.

魏钦廉，卢帆雨，淡卫东，等，2020，致密砂岩储层成岩相类型划分——以鄂尔多斯盆地环县西部地区长33储层为例［J］.断块油气田，27（5）：591-596.

吴财芳，刘小磊，张莎莎，2018.滇东黔西多煤层地区煤层气"层次递阶"地质选区指标体系构建［J］.煤炭学报，43（6）：1647-1653.

吴凯，王雪峰，林国梁，等，2019.油页岩废渣综合利用研究进展［J］.环境保护与循环经济，39（7）：9-11.

吴能友，李小森，黄丽，等.2021.海洋天然气水合物开采基础理论与模拟［M］.北京：科学出版社.

吴奇，梁兴，鲜成钢，等，2015.地质—工程一体化高效开发中国南方海相页岩气［J］.中国石油勘探，20（4）：1-23.

吴晓智，王社教，郑民，等，2016.常规与非常规油气资源评价技术规范体系建立及意义［J］.天然气地球科学，27（9）：1640-1650.

徐长伟，张宇，谢锐，2023.油页岩残渣制备建筑陶粒的关键技术［J］.沈阳建筑大学学报（自然科学版），39（1）：147-154.

徐纯刚，李小森，蔡晶，等，2013.二氧化碳置换法模拟开采天然气水合物的研究进展［J］.化工学报，64（7）：2309-2315.

徐金泽，陈掌星，周德胜，等，2021.油页岩原位转化热解反应特征研究综述［J］.西南石油大学学报（自然科学版），43（5）：220-226.

徐良伟，杨克基，鲁文婷，等，2022.富有机质泥页岩微纳米孔隙系统演化特征及模式研究新进展［J］.沉积学报，40（1）：1-21. DOI：10.14027/j.issn.1000-0550.2020.085.

徐宁宁，王永诗，张守鹏，等，2021.鄂尔多斯盆地大牛地气田二叠系盒1段储层特征及成岩圈闭［J］.岩性油气藏，33（4）：52-62.

徐旭辉，申宝剑，李志明，等，2020.页岩气实验地质评价技术研究现状及展望［J］.油气藏评价与开发，10（1）：1-8.

杨金华，2019.浅析石油工程采油技术现状及展望［J］.中国石油和化工标准与质量，39（14）：251-252.

杨庆春，周怀荣，杨思宇，等，2016.油页岩开发利用技术及系统集成的研究进展［J］.化工学报，67（1）：109-118.

杨兆彪，秦勇，李洋阳，等，2020.煤层气多层合采开发地质评价技术［M］.徐州：中国矿业大学出版社：85-139.

杨智，侯连华，陶士振，等，2015.致密油与页岩油形成条件与"甜点区"评价［J］.石油勘探与开发，42（5）：555-565.

杨智，唐振兴，陈旋，等，2020."进源找油"：致密油主要类型及地质工程一体化进展［J］.中国石油勘探，25（2）：73-83.

杨智，唐振兴，李国会，等，2021.陆相页岩层系石油富集区带优选、甜点区段评价与关键技术应用［J］.地质学报，95（8）：2257—2272. DOI：10. 19762/j. cnki. dizhixuebao. 2021177.

姚艳斌，刘大锰，刘志华，等，2008.煤层气储层综合评价要素与评价体系［C］//中国煤炭学会煤层气专业委员会，中国石油学会石油地质专业委员会.2008年煤层气学术研讨会论文集.中国地质大学能源学院：15.

尹继尧，谢宗瑞，王小军，等，2015.叠前地质统计学反演技术在玛北斜坡区致密砂砾岩有效储层预测中的应用［C］．//中国石油学会石油物探专业委员会．中国石油学会2015年物探技术研究会论文集．中国石油新疆油田公司勘探开发研究院：1-4.

印兴耀，刘欣欣，2016.储层地震岩石物理建模研究现状与进展［J］．石油物探，55（3）：309-325.

印兴耀，马正乾，向伟，等，2022.地震岩石物理驱动的裂缝预测技术研究现状与进展（Ⅰ）——裂缝储层岩石物理理论［J］．石油物探，61（2）：183-204.

印兴耀，宗兆云，吴国忱，2013.非均匀介质孔隙流体参数地震散射波反演［J］．中国科学：地球科学，43（12）：1934-1942.

于江龙，陈刚，吴俊军，等，2022.玛湖凹陷风城组页岩油地质工程甜点地震预测方法及应用［J］．新疆石油地质，43（6）：757-766.

俞雨溪，王宗秀，张凯逊，等，2020.流体注入法定量表征页岩孔隙结构测试方法研究进展［J］．地质力学学报，26（2）：201-210.

张晨林，2022.约束稀疏脉冲反演在煤层厚度预测中的应用［J］．中国煤炭地质，34（9）：68-72，81.

张传文，孟庆强，唐玄，2021.油页岩开采技术现状与展望［J］．矿产勘查，12（8）：1798-1805.

张聪，胡秋嘉，冯树仁，等，2024.沁水盆地南部煤层气地质工程一体化关键技术［J］．煤矿安全，55（2）：19-26.

张金然，王擎，孙树刚，等，2015.油页岩综合利用技术［R］．汪清县龙腾能源开发有限公司、东北电力大学．

张军建，韦重韬，陈玉华，等，2017.多煤层区煤层气开发优选评价体系分析［J］．煤炭科学技术，45（9）：13-17.

张乐，贺甲元，王海波，等，2021.天然气水合物藏开采数值模拟技术研究进展［J］．科学技术与工程，21（28）：11891-11899.

张磊，韩向新，王忠存，等，2012.油页岩综合利用技术的研究进展［J］．中国矿业，21（9）：50-53.

张盼盼，刘小平，王雅杰，等，2014.页岩纳米孔隙研究新进展［J］．地球科学进展，29（11）：1242-1249.

张琪，刘俊田，蒲振山，等，2014.基于叠前反演的致密砂岩储层预测和含油气性检测［J］．新疆石油天然气，10（4）：20-23.

张文永，丁海，吴海波，等，2023.煤系天然气优质储层精细识别技术研究与示范［R］．

张晓祎，郭和坤，沈瑞，等，2021.页岩油气储层孔隙结构表征技术研究进展［J］．应用化工，50（2）：444-449.

张岩，李键，姜勇，等，2021.叠前密度直接反演在东海致密储层物性预测中的应用［C］//2021年中国地球科学联合学术年会论文集（十）.中海石油（中国）有限公司上海分公司：3.

张亦楠，2013.张韩地区长2储层微观孔隙结构和渗流机理特征研究［D］．西安：西北大学．

张哲娜，梁仁刚，金兆迪，等，2022.小颗粒油页岩综合利用技术进展［J］．辽宁化工，51（1）：68-71.

赵福豪，黄维安，雍锐，等，2021.地质工程一体化研究与应用现状［J］．石油钻采工艺，43（2）：131-138.

赵金洲，李海涛，张烈辉，等，2018.海洋天然气水合物固态流化开采大型物理模拟实验［J］．天然气工业，38（10）：76-83.

赵萌，陈珍，2022.CT成像技术对煤层气储层孔裂隙的技术综述展望［C］//北京力学会．北京力学会第二十八届学术年会论文集（上）.中国矿业大学（北京）：4.

赵仕俊，安莹，余宵鹏，2013.天然气水合物开发模拟实验技术与方法［J］．海洋地质前沿，29（5）：56-63.

赵爽，王琨瑜，邓虎成，2021. 川西坳陷中侏罗统沙溪庙组致密砂岩成岩相［J］. 天然气勘探与开发，44（2）：113-120.

赵万金，杨午阳，赵伟，2014. 地震储层及含油气预测技术应用进展综述［J］. 地球物理学进展，29（5）：2337-2346. Doi：10.6038/pg20140552.

赵文智，胡素云，侯连华，2018. 页岩油地下原位转化的内涵与战略地位［J］. 石油勘探与开发，45（4）：537-545.

赵文智，赵阳升，李根生，等，2023. 陆相中低熟页岩油富集与原位转化科学问题及关键技术［J］. 中国科学基金，39（14）：276-284.

郑建东，王春燕，章华兵，等，2021. 松辽盆地古龙页岩油储层七性参数和富集层测井评价方法［J］. 大庆石油地质与开发，40（5）：87-97.

郑剑锋，陈永权，倪新锋，等，2016. 基于CT成像技术的塔里木盆地寒武系白云岩储层微观表征［J］. 天然气地球科学，27（5）：780-789.

郑民，李建忠，吴晓智，等，2018a. 我国常规与非常规天然气资源潜力、重点领域与勘探方向［J］. 天然气地球科学，29（10）：1383-1397.

郑民，李建忠，吴晓智，等，2018b. 我国常规与非常规石油资源潜力及未来重点勘探领域［J］. 海相油气地质，24（2）：1-13.

周德华，焦方正，2012. 页岩气"甜点"评价与预测——以四川盆地建南地区侏罗系为例［J］. 石油实验地质，34（2）：109-114.

周守为，李清平，陈伟，等，2016. 天然气水合物开采三维实验模拟技术研究［J］. 中国海上油气，28（2）：1-9.

周晓莹，关冰，于国庆，等，2020. 油页岩废弃物综合利用现状及其农业应用的潜力分析［J］. 农业开发与装备（2）；146-147.

周梓欣，张伟，2022. 准噶尔盆地南缘煤层气地质研究及技术进展［J］. 中国煤层气，19（2）：8-12.

邹才能，陶士振，袁选俊，等，2009a. "连续型"油气藏及其在全球的重要性：成藏、分布与评价［J］. 石油勘探与开发，36（6）：669-682.

邹才能，陶士振，袁选俊，等，2009b. 连续型油气藏形成条件与分布特征［J］. 石油学报，30（3）：324-331.

邹才能，陶士振，袁选俊，等，2009c. "连续型"油气藏形成条件与分布特征［J］. 石油学报，30（3）：324-331.

邹才能，陶士振，周慧，等，2008. 成岩相的形成、分类与定量评价方法［J］. 石油勘探与开发，35（5）：526-540.

邹才能，杨智，张国生，等，2014. 常规—非常规油气有序聚集理论认识及实践意义［J］. 石油勘探与开发，41（1）：14-27.

邹才能，朱如凯，白斌，等，2011. 中国油气储层中纳米孔首次发现及其科学价值［J］. 岩石学报，27（6）：1857-1864.

邹才能，朱如凯，白斌，等，2015. 致密油与页岩油内涵、特征、潜力及挑战［J］. 矿物岩石地球化学通报，34（1）：3-17，1-2.

Burshears M，1986. A multi-phase，multi-dimensional，variable composition simulation of gas production from a conventional gas reservoir in contact with hydrate［C］//The Proceedings of SPE Unconventional Gas Technology Symposium. Louisville：Society of Petroleum Engineers，SPE15246.

Cipolla C L，Fitzpatrick T，Williams M J，et al.，2011. Seismic-to-simulation for unconventional reservoir development［C］//SPE Reservoir Characterizations and Simulation Conference and Exhibition，Abu Dhabi，UAE. DOI：10.2118/146876-MS.

Holder G D, 1982. Simulation of gas production from a reservoir containing both gas hydrate and free natural gas[C]//The Proceedings of SPE Annual Technical Conference and Exhibition. New Orleans Society of Petroleum Engineers, SPE11105.

Olea R A, Cook T A, Coleman J L, 2010. A methodology for the assessment of unconventional(continuous) resources with an application to the greater natural buttes gas field, Utah[J]. Natural Resources Research, 19(4): 237-251.

Railsback L B, 1984. Carbonate diagenetic facies in the Upper Pennsylvanian Dennis Formation in Iowa, Missouri, and Kansas[J]. Journal of Sedimentary Petrology, 54(3): 986-999.

Schmoker J W, 2002. Resource-assessment perspectives for unconventional gas systems[J]. AAPG Bulletin, 86(11): 1993-1999.

Schmoker J W, 2005. U. S. Geological Survey assessment concepts for continuous petroleum accumulations [EB/OL]. http://certmapper. cr. usgs. gov/data/noga00/natal/text/CH13. pdf.

Yousif M H, 1991. Experimental and theoretical investigation of methane-gas-hydrate dissociation in porous media[J]. SPE Reservoir Engineers, 6(1): 69-76.

第四章 油气地质勘探前沿技术测评优选与示例

油气（地质勘探）前沿技术从跟踪分析、识别表征，到筛选测评、优选排序，再到发展战略与攻关策略，是一个不断深化、反复迭代优选的研究过程。在第一章对油气前沿技术的跟踪分析方法研究、跟踪分析与识别初选，第二章、第三章对常规、非常规油气地质勘探前沿技术分析表征的基础上，本章重点讨论初选油气前沿技术系列的筛选测评、优选排序。

第一节 油气地质勘探前沿技术（未来）需求分析

一、油气地质勘探前沿技术（未来）需求的来源和依据

油气前沿技术（未来）需求的构成主要包括以下五个信息来源：

（1）近五年油气科技规划确定的超前技术重点研究方向；

（2）现有油气重大项目的前沿领域相关新技术、新方法；

（3）一线专家和科研骨干基于各种跟踪手段得到的前沿技术或超前技术新方向、新设想；

（4）基础研究和课题组基于各种跟踪手段产生的前沿技术或认识；

（5）当前国内外高度关注、具有极高学术和应用价值，或者中国独具优势的油气前沿科学技术。

以本书笔者团队的前沿技术（未来）需求研究为例。

（1）资料收集方面：一是开展了广泛的勘探技术需求调研。制定了勘探技术需求分析详细工作计划和操作流程，设计了勘探板块生产与技术需求调研问卷、梳理大表，由集团公司科技管理部、项目单位科研处分别下文，采取呈送上门、邮寄、发送电子信件等形式，向相关生产与科研管理部门领导和专家、总部院所/分院、油田单位发送调查问卷，收集返回问卷。二是通过专家访谈和需求调研，初步建立起勘探技术需求调研的专家库。包括公司管理层领导与相关处室、勘探专业国家级与集团公司级科技专家及相关知名专家、研究院所/分院专家、油田企业勘探专业领导与研究所专家、科学院与高校部分专家，系统内、外专家300余人，扩大了专家参与研讨范围。三是通过参加会议、领导协调、文献查阅、资料购买、信息订阅、委托查新与调研等多种渠道收集和归档，初步建立起勘探技术需求研究基础资料库。包括公司五年期勘探科技各类规划、重要项目、主要课题、重大专项的开题及验收、计划及运行表，国家油气重大专项开题，重要学术

讲座和专题报告、中国石油年会、AAPG年会等重大会议资料数百份/篇。

（2）会议研讨方面：一是以约见面谈、电话、电子邮件、会间访谈、听取专题会议发言形式访谈专家，并做了访谈记录和汇总集成。二是召开专题座谈讨论、大型研讨交流会，包括技术需求调研协调会、调研形式讨论会、技术需求大表改进讨论会、需求调研座谈分工会、专家需求表修改研讨会和阶段总结会、技术需求调研工作进展交流会议、技术需求梳理总结研讨会等。通过会议研讨，进一步明确了技术需求调研的方法、内容、目标，明确了技术需求的梳理流程、需求重点和级别、需求层次和结构。

（3）资料整理方面：一是针对勘探技术需求调研最终返回的调查问卷，进行了生产、技术需求的全面梳理汇总和系统分析。总体上，油田从各自的业务领域和规划目标、结合盆地/矿权区块特点出发提出的技术需求紧扣生产需求，突出了实用性、地区性，未做明确的领域性划分。为便于分析、对比，课题组按勘探技术领域的界定进行了技术领域归并和需求时间段划分。技术（未来）需求主要集中在成熟探区精细勘探、岩性地层油气藏、新技术新方法领域，次为大中型气田、火山岩勘探领域，受业务领域和生产区域限制在海域油气勘探领域没有提出技术（未来）需求，大中型气田勘探、地质综合评价领域没有提出未来五年技术经济指标。

公司总部研究院所、分院的生产、技术需求主要从各自的业务方向和重大课题出发，结合研究领域和研究方向，突出了方向性、生产结合性。专项技术较多，部分需求没有标注时间段，整理中重新进行了技术领域归并和需求时间段划分。各所、分院的需求主要集中在新技术新方法、海相碳酸盐岩勘探领域，次为岩性地层油气藏勘探领域，其余领域需求较少，部分原因是院所单位依据各自相关的领域填表，返回代表性不足，如前陆领域只有一家填写。除岩性地层油气藏领域外，均未提出技术经济指标。

公司总部领导、专家返回的生产、技术需求主要从各自的专业领域和研究方向出发、结合相关课题，突出了研究性、学科性；个别专家非常认真，提出了前沿性需求，叙述也较细致；多名专家对岩性地层油气藏领域提出了共同性技术需求；未提出"十三五"成熟探区精细勘探领域的生产需求。专家的生产、技术需求主要集中在海相碳酸盐岩、新技术新方法、火山岩、地质综合评价与岩性地层油气藏勘探领域，其他领域相对较少。未提出成熟探区精细勘探领域"十三五"技术经济指标、地质综合评价领域的技术经济指标。

二是在进行技术需求调研、等待问卷返回的同时，课题组自身也开展了勘探技术需求研究。主要从公司业务发展目标、重大勘探领域出发，结合五年期规划与综合研究成果，按照"十一五"后三年（2008—2010年）、"十二五"（2011—2015年）、"十三五"（2016—2020年）、"十四五"（2021—2025年）等多个时间段来研究实现生产规划目标面临的重要生产难题，按照九大勘探领域分别探讨生产需求，对分领域的业务目标尽可能分解，提出生产需求、技术需求、技术指标、技术经济指标，突出了系统性、战略性和延续衔接性，是对油田企业、院所单位、相关专家返回生产、技术需求的很好补充和完善。

三是通过综合研究、集成汇总，将油田、院所、专家、课题四表合一，综合优化提出生产需求、技术需求、技术指标、技术经济指标，厘定形成了勘探板块技术需求表（征求意见稿）。在此基础上，经两轮研讨，根据技术需求研究专题讨论会、大型技术需求研讨会上领导、专家们的意见，按照公司科技管理部要求格式和程序，深刻领会、深入研究后进一步修改完善和梳理优化技术需求大表，形成最终生产需求、技术需求、技术指标、技术经济指标。

四是研制了勘探前沿技术需求模板。通过邀请专家对汇总的各项技术进行"非常重要、重要、一般"三级特性打钩测评，根据专家论证意见修改补充、基于测评结果优化筛选，再统一按照科技规划项目的设立原则和"项目—课题—专题—子专题"的层次结构将技术需求归纳和整理为"技术领域—技术群—专项技术"三层次技术需求模板。

五是编制了业务目标—生产需求—技术需求对标分析大表。根据前期勘探技术需求调研汇总表和专家打钩意见，优选主体技术，建立业务目标—生产需求—技术需求模板和业务目标—生产需求—技术需求对标分析大表格式内容。通过总部研究院科研处组织、下文，向各所/分院分别发送勘探前沿技术—技术需求国内外对标分析专题调研表格，收回相应技术的描述。对回收的"十二五"勘探技术需求对标调研表全面梳理汇总，同时通过勘探技术需求研究基础资料库查阅相关文献资料，结合课题组研究认识修改完善对标大表。按三个层次梳理，形成了技术领域、技术群、专项技术三级前沿技术体系，综合凝练出适宜于集团公司层次的勘探专业技术需求，以及其技术和技术经济指标。分技术指标、技术经济指标、研发阶段、研发团队四项内容，描述公司技术和国际先进水平技术现状，分析优劣势与技术获取方式。

二、油气前沿技术的生产和科研需求分析原则和内容

相对来说，从上述五个来源渠道初步收集到的前沿技术是比较散乱的、单个的、技术级别不一定对等的、不成系统的，类似于前沿技术需求的素材，需要进一步汇总、梳理和分析。

前沿技术战略研究者、制定者通常利用专业知识和一定分析方法，为保证科学性、实用性和正确性，对油气前沿技术进行汇总梳理和初步分析。

一是开展前沿需求技术的对照分析和优化完善，遵循可操作性、实用性、可比性、层次性、动态性原则，删除与公司油气主营业务、发展战略不吻合的，或目前研发力量无法实施的技术，形成初步优化的油气前沿技术清单，进而构建地质勘探前沿技术架构/体系框架。

二是基于油气前沿技术最新进展或创新成果、所起作用或应用成效、面临生产问题与技术挑战，遵循战略驱动、生产导向、突出重点、绝对指标与相对指标相结合原则，描述和表征油气前沿技术的需求内容和方向。

三、油气地质勘探前沿技术需求分析主要方法

中国油气企业的（前沿）技术开发与应用大多秉持业务驱动、需求导向理念，以"市场/生产需求"为导向，以"解决问题"为切入点，主要基于油气前沿技术需求调研分析法、面向需求的前沿技术预见分析法、需求和技术联合驱动的技术机会分析法、油气前沿技术的逻辑树（/问题树）分析法四种方法，开展油气前沿技术（未来）需求分析。

（一）油气前沿技术需求调研分析法

1.技术需求调研内容

第一是重点了解企业的业务目标、当前调研技术或同类型/学科技术的现状、水平以及实现业务发展目标存在的生产问题和对应的技术难点。科学的起点是问题，问题就是对已有知识的挑战。许多科学家认为，正确的提出问题，研究任务就完成了一半（傅诚德，2010）。为实现业务目标，必须克服生产难题，解决技术需求。所确立的技术问题或难点，往往就是技术需求，是技术研究的目标和主攻方向。

第二是结合技术跟踪和文献分析，总结某项技术取得的最新进展或创新成果、在油气发现与规模储量提交中所起作用或应用成效、勘探开发面临的生产问题与技术挑战（难点），重点聚焦和客观分析生产问题与不同学科领域、不同层面的技术难题，从中抽提出对该项技术的需求分析和攻关发展方向。

第三是国内外技术现状、本企业技术优势和差距分析，用下列三种方法文字或列表分析：

（1）宏观对比法：从科技成果的数量、水平（获奖项目、专利项目）与应用效果以及科技投入、研发队伍、领军人物、研发条件等方面宏观分析研究，从大的方向、领域等方面综合判断企业的优势和差距。

（2）价值链分析法：应用价值链分析法将企业当前已投入工业化应用的新技术、今后5～10年拟应用的可实现工业化新技术，按室内理论研究、技术发明与开发、中试与工业化试验三个阶段逐项进行源头追踪。追踪的源头可有四个方面：企业已大规模应用的新一代技术，其室内方法和技术发明来自直属院所、中试和现场试验，形成标准规范后在企业大规模应用并产生了重大效益；企业已大规模应用的新一代技术，源头在企业的研究院；源头在国内本企业以外的研发单位；源头在国外。通过因果关系的分析研究，可以明确优势并找出问题和差距。

（3）重大指标对比法：国内外相关专业（学科）主要技术经济指标综合对比，分析优势与差距。

生产难题分析。如油气勘探进入7000～8000m深层、3000m以下深海和非常规油气藏新领域，油气田开发进入超低渗透（0.1mD）、超稠油黏度大于10×10^4mPa·s以及深层、页岩油气开发等新领域……。这种形势下生产要取得油气资源的规模发现和有效勘探开发、要降低成本和提升效益、要获得勘探成功率提高与竞争发展优势，会面临哪些重大难题或生产需求？

技术需求分析。如油气勘探进入7000～8000m新领域，地质精细评价、定量评价、综合评价与地震勘探、地震资料采集、成像精度提出的新指标等，还需分析重大技术难题对生产发展的制约作用和影响，及解决难题的可行性。

研究实现业务目标需解决的生产瓶颈和技术难题是一组逻辑性很强的解决方案细化过程，也是规划编制的基础。

2.技术需求调研途径

一是由企业科技管理部门组织向油气田公司及工程服务公司等、由调研机构或科技规划项目组织向业界专家、服务公司技术专家等发放和回收（前沿）技术需求调研表，从基层技术应用部门、研发人员和生产经营管理部门多方面了解需求信息，见表4-1至表4-3。

表4-1　油气领域××专业前沿技术需求调查表（示例）

专家姓名		专业	
生产需求	（说明：按当前、近5年、近10年三个时间段描述本单位实现生产规划目标将遇到的重要生产难题）		
技术需求概述	（说明：需求的技术应尽量采用技术指标、技术经济指标或技术特性加以描述，避免用"领域""方向"代替技术需求；如"低渗透油藏开采技术"是一个领域，也是一项多年来需不断发展的技术，统称"低渗透油藏开采技术"太宏观，应当围绕"低渗透"的生产规划目标，用"××毫达西渗透率油藏××开采技术"加以表述）		
该技术对促进生产发展的作用			
该技术国内外掌握情况			
其他说明		填表日期	

表4-2　针对油田（地区）的调查问卷（示例）

企业名称	油气勘探开发目标	生产需求	技术需求
××油田	为××原油××稳产和中浅层石油勘探的持续发展奠定基础；××—××年在××、××地区落实××亿吨原油探明储量	三维地震资料应用不足，井间预测精度低，虽已达到纵向细化，但未实现平面放大，达不到大比例尺沉积微相工业制图的精度，不能满足部署需求	高密度三维地震技术、三维连片叠前地震处理技术……
××油田	高效开发××油田，实现××油田的持续稳定发展，到××年建成千万吨级油田	探区岩性与地层油气藏埋藏深，勘探难度大，迫切需要适合××探区复杂断块盆地岩性与地层油藏的一套行之有效的技术和方法系列	高分辨率层序地层研究技术、三维可视化解释技术、三维定量油藏建模技术
…	…	…	…

表4-3　针对××领域/××专业的油气前沿技术需求问卷（示例）

地质目标	生产问题	技术需求	技术差距	技术发展方向
岩性地层油气藏：发现大型/大规模三角洲、大沙坝、大型地层岩性圈闭，开展砂体整体评价，提高储层预测精度；目标区××地区，中浅层××地区富油气凹陷、××地区中生界等	● 地表以丘陵山地沙漠、巨厚黄土源为主，低降速带厚，提高分辨率难 ● 沉积相带复杂多变，储层非均质性强，有效储层预测难 ● 单层厚度薄，低孔低渗，气水关系复杂，有效圈闭综合评价困难	● 提高分辨率：地震主频东部再提高10～15Hz，能分辨3～5m储层、5～10m断层；西部再提高10Hz左右，能分辨5～10m储层、10m以上断层 ● 提高储层预测精度：有效储层预测精度提高10% ● 提高含油气性预测精度：岩性圈闭落实成功率提高20%	目前地震勘探技术水平仅能分辨东部5m以上、西部10m以上岩性储层，有效储层预测符合率平均70%左右，烃类检测符合率较低	● 大面积高精度三维地震技术，开展区带整体评价 ● 较高密度地震勘探技术，提高分辨率 ● 连片时间/深度偏移处理技术，提高成像精度 ● 叠前储层地震预测技术，提高有效储层识别精度 ● 烃类检测技术，提高有效圈闭综合评价精度

前人对中国石油渤海湾盆地和中国石化的物探技术需求做了很好的分析（表4-4；赵邦六等，2014；马永生等，2016）。

表4-4　中国石化油气物探技术难点与需求分析部分示例（摘自马永生等，2016）

领域	类型	问题及难点	物探技术需求
地表	东部地区	经济发达，地表城镇、川、矿等障碍物多，工业干扰问题较大，部分地区水网密布，施工难度增加、成本投入大，降低了地震资料品质	（1）高精度小面元、高覆盖次数、宽方位的开发地震技术；（2）灵活的观测系统及正演模拟技术
	沙漠覆盖区	沙漠地表地震波吸收衰减严重，次生干扰、静校正问题突出	（1）高精度三维地震采集及沙漠区可控震源激发技术应用研究；（2）适合沙漠地表的静校正处理技术
	南方及西部山前带	（1）地表地形陡峭，高差大，地表岩性复杂多样，石灰岩出露；（2）高陡山地施工难，观测系统偏移距不合适，照明不均匀，能量差异大，导致深层能量小，信噪比低	（1）复杂条件下的野外施工方法及双复杂地区采集处理技术一体化攻关；（2）针对高陡山地的静校正技术及偏移成像技术；（3）针对复杂地表的层析静校正及多域联合压噪技术
	黄土塬区	（1）巨厚黄土塬区、斜坡带的信噪比还有待进一步提高；（2）针对黄土塬复杂地表的剩余中长波长校正问题	（1）巨厚黄土塬区三维地震采集关键技术研究；（2）针对黄土塬区静校正处理技术
储层	碳酸盐岩	（1）塔河碳酸盐岩小规模缝洞储层识别与评价难、油气检测难；（2）川西海相储层埋藏深、厚度薄、非均质性强、有效储层预测难	（1）塔河碳酸盐岩储层成因、识别模式及储层预测研究；（2）深层中、薄层颗粒滩储层识别与多波多尺度裂缝检测技术研究
	致密砂岩	（1）致密薄储层单砂体精细描述难度大；（2）致密砂岩储层的有效裂缝及高产富集带预测难	（1）微断裂识别、裂缝发育区预测技术；（2）可靠性的致密砂岩含油气性预测技术；（3）深层致密气藏全波属性含气性识别及储层预测技术研究
	薄互层	地震分辨率有限，薄互层储层预测难度大	（1）薄互层砂体预测的高分辨率地震处理技术；（2）薄储层识别、高精度的单砂体精细描述技术
非常规油气	非常规页岩气	（1）页岩气"甜点"预测精度问题；（2）压力预测、含气量定量预测、脆性矿物预测、裂缝体预测、应力场的分析等可靠性问题	（1）"三高、三保"高精度成像处理、各向异性处理技术；（2）提高完善页岩气"甜点"地震预测水平；（3）开展页岩气富集岩石物理研究；（4）开展储层脆性、储层TOC、裂缝、地层压力等预测研究

二是将不同角度调查的生产难题和相应的技术需求进行综合整理，先分大技术（某领域技术）、中技术（某群技术）、小技术（某单项技术）归纳成技术体系，再对技术来源和"叠加"状况进行分析，如基层工程师反映的往往代表生产应用所急需，研发人员反映的往往代表下一代技术等，基层工程师、研发人员和生产管理人员共同反映的问题最为重要，应十分重视。

生产需求分析中应突出重点，分清层次（技术体系中的大、中、小技术），需求和差距应尽量用指标量化表达。从不同角度、不同数量级用文字综合表述，为下一步建立油气前沿技术模板和开展油气前沿技术测评打下基础。

（二）面向需求的前沿技术预见分析法

近年来，需求研究在技术预见实践中的应用逐渐加强，关键技术是否能够满足未来经济社会发展愿景成为重要标准，因此提出了更强调面向需求的技术预见分析方法（庄芹芹，2022）。

技术需求分析的实施路径有三条（图4-1）：一是描绘出未来经济社会发展愿景，基于未来多维度经济高质量发展和人民生活的重点需求，提炼、分析未来经济社会发展对油气前沿技术的需求；二是结合国家重大战略导向，分析常规油气、非常规油气、大数据分析、信息技术等行业发展的目标定位和发展约束，分析各行业发展对油气前沿技术的需求方向；三是基于未来常规油气、非常规油气、大数据分析、信息技术等行业发展规模及其研发投入、生产效率等预测未来油气产业重点领域的发展，提炼促进未来油气重点领域发展、解决关键现实问题的重点需求，进而分析未来发展对油气重点领域前沿技术的需求。由此，结合经济社会发展愿景、国家重大战略导向以及油气行业重点领域发展预测等多种判断方法，综合界定常规油气、非常规油气、大数据融合分析、信息技术融合分析等领域油气相关前沿技术的需求方向。

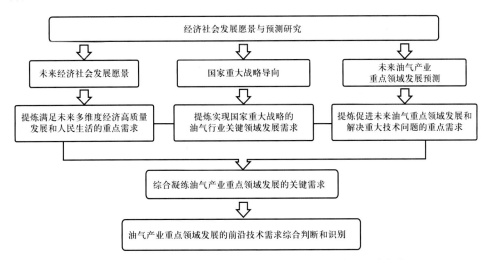

图 4-1　未来油气产业重点领域发展对前沿技术需求的研究框架

在具体实施中，要将未来经济社会发展愿景、国家重大战略导向与油气产业重点领域的目标定位和发展约束三者相结合。一是要基于前沿技术的前瞻性特点，立足于短期、中期、长期发展目标，联合技术专家与经济、社会管理专家进行全面多维度愿景分析，结合未来目标时间段对国民经济、社会生活、油气生产的潜在重要性、影响性，提炼满足未来多维度高质量发展与国计民生需要的重点需求。二是基于国家、公司重大战略，强调战略导向性，结合中国国情、油气资源状况和发展要求，针对未来油气产业重点领域技术方向，涵盖国家和公司油气重大专项、油气高科技/高技术发展（973计划或863计划等）计划、油气中长期发展规划中的前沿技术分析，提炼实现国家重大战略的关键领域前沿技术发展需求。三是立足油气产业可持续发展，强调紧密贴近市场、油气业务驱动和各类需求（增储上产、降本增效、竞争发展优势等）导向，按照油气相关"产业—企业—产品—技术"的需求侧路径，着眼于油气产业和重点油气领域发展的重大问题与主要需求，提炼促进未来发展和解决突出现实问题的关键前沿技术需求。基于多方提炼与综合凝练，实现对油气产业重点领域发展的前沿技术需求的综合判断和识别。

在相关研究中，可采用专家访谈法、情景分析法、德尔菲法等多种方法组合的综合研究方法。一是在问卷设计方面，要以经济社会发展愿景、国家重大战略目标定位和油气行业重点领域发展预测为前提，针对实现时间、重要程度、预期效果、国际比较、现实制约因素、技术研发途径、技术研发主体、应采取措施等内容进行设计。调查问卷设计是决定德尔菲法成败的关键，要有针对性地设计符合研究特点的调查问卷。二是对行业专家、技术专家、企业专家、经济学家、社会学家和其他利益相关者进行多层次降维访谈调查，其中多层次专家的筛选和过程管理是关键问题。三是结合社会发展愿景、油气行业重点领域发展、国家重大战略，分析各油气领域发展对前沿技术的需求，运用综合分析方法将上述不同维度的前沿技术需求预测结果整合，提炼油气产业重点领域发展对前沿技术的具体需求。

（三）需求和技术联合驱动的技术机会分析法

近年情报学、管理学界研究比较热点和前沿的是需求和技术联合驱动的技术机会分析法，提出了需求和技术联合驱动策略（Market and Technology Driven Strategy，MTDS），结合专家访谈法、专家调查法及隐含狄利克雷分布（Latent Dirichlet Allocation，LDA）去挖掘前沿政策文本及海量专利信息，以更精准及有效地识别技术机会，关注其中的新兴前沿技术识别（图4-2）。

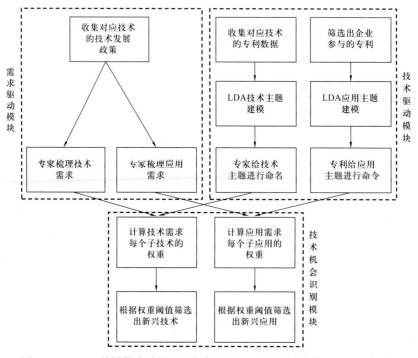

图4-2 MTDS前沿技术分析法的架构和流程（据刘招斌等，2022；修改）

建立的需求和技术联合驱动策略（MTDS）模型，包括需求驱动模块、技术驱动模块和技术机会识别模块三个模块。在需求驱动模块中，将从技术发展政策中获取技术需求和应用需求；在技术驱动模块中，将从所有专利数据中抽取技术主题以及从企业参与研发的专利中抽取应用主题；在技术机会识别模块中，将识别出新兴技术和新兴应用，并将其作为技术机会。

该方法包括七个流程步骤：（1）收集技术发展政策以及对应技术的专利信息。（2）利用专家知识去解读技术发展政策并梳理出技术和应用需求。（3）筛选出企业参与研发的专利。（4）结合专家知识，分别对所有专利摘要和企业参与研发的专利摘要进行LDA主题抽取。其中，LDA主题模型是一种能够有效挖掘和发现文本数据中潜在主题的非监督学习方法，可开展海量文本的核心主题及新兴主题识别、技术机会分析。（5）利用专家知识分别给予技术和子应用主题进行命名。（6）结合技术需求和技术主题，计算出技术需求里每个子技术的权重。其中，技术需求里的部分子技术可能不会出现在技术主题中。根据主题概率分布法，这些未出现的子技术是新兴的，其对应主题概率很低，从而导致在有限的主题数目挖掘中这些新兴主题没有出现，因此将此部分子技术的权重近似为0，应用主题同理。（7）利用专家知识为权重序列设定一个阈值，然后根据阈值筛选出新兴技术和新兴应用（刘招斌等，2022）。

技术发展政策是由诸多专家学者、企业领袖等参与制定，因此政策本身就具有比较强的未来导向，政策内容即为国家未来技术发展的需求。该技术弥补了单纯技术驱动、市场驱动策略下缺乏需求预测导向及忽略前沿技术机会的不足。目前见到情报学、管理学研究者应用于区块链技术、石墨烯领域（刘招斌等，2022；伊惠芳等，2024），但尚未见到油气领域的应用报道，有望成为今后油气前沿技术研究的发展方向之一。

（四）油气前沿技术的逻辑树（/问题树）分析法

勘探前沿技术需求的主体源于生产实际需求、重大基础科学问题、技术难点和问题的准确梳理、正确分析。许多科学家认为，正确的提出问题，研究任务就完成了一半。由此提出了逻辑树（/问题树）分析方法。

逻辑树是国际著名管理咨询公司麦肯锡分析问题时经常使用的方法。逻辑树又称问题树、演绎树或分解树等，是将问题的所有子问题分层罗列，从最高层开始，逐步向下拓展，且横向分解的问题要保持一致性，纵向分解的问题要与树干问题保持相关性（孟凤兰，2012）。

逻辑树分析是一种建立在逻辑思维基础上的结构化分析方法，是指在分析问题过程中，把一个已知问题当成"树干"，然后考虑这个问题和哪些相关问题或子任务有关，每想到一点，就给这个问题（也就是"树干"）加一个"树枝"，并标明这个"树枝"代表什么问题，一个大的"树枝"上还可以有小的"树枝"。如此类推，找出问题的所有相关联问题，将复杂问题分解，分解后的所有子问题分层罗列，从最高层开始，逐步向下拆解拓展，最终形成逻辑树。逻辑树模拟的是将来发生事件的性质或特征的不确定性，主要是用来理清思路，不进行重复和无关的思考。如用于油气前沿技术的未来需求分析，即模拟未来某一时刻／时间段需求技术的性质或特征。

逻辑树方法最大特点在于分析问题时，将庞大、复杂问题分解为一系列简单问题，从简单问题着手，找到为了解决问题而需要进行的基本工作内容，建立起需要解决的问题结构。一般通过问题驱动分析、假设驱动分析两种分析方式建立问题结构，在解决问题的不同阶段二者可以同时使用。相应的逻辑树类型，包括问题树、假设树和是否树三种（孟凤兰，2012）。

在油气前沿技术未来需求分析中，主要以问题驱动分析为主，以"问题树"形式展现。所谓问题驱动分析，是指通过深入分析问题，找出解决该问题需要解决的若干子问题，对其若干子问题继续分析，找出解决每个子问题需要考虑的相关问题，依此类推，直到找出所有需解决的小问题为止。以上下关联问题分析为驱动，分析进程缓慢，但最终形成的问题结构科学可靠。逻辑（／问题）树分析方法适用于在对问题了解不多的情况下使用，能使问题化繁为简，且问题结构针对整个解决方案，如问题树。

问题树是指将待解决的问题作为树干，将其细分出有内在逻辑联系的若干子问题作为枝节。在解决问题过程的初期，当对问题情况了解不多，还不能形成合理的假设时，经常使用问题树，其可以将问题分解成利于解决的若干小问题，通过问题树可以较快找到解决问题的方向和工作的重点。

逻辑（／问题）树结构清晰反映了所界定问题与分解问题（工作任务）之间的纽带，通过直观的逻辑树，对解决问题的方式细化为可操作、可执行的部分。逻辑树（／问题树）分析有助于理清思路、找到抓手、落实具体责任、达成共识，有利于提供给各级管理部门优选、决策参考，可供研究部门和科研人员跟踪分析和研究之用。

四、油气前沿技术对业务覆盖与生产需求支撑能力分析

通常来说，油气前沿技术往往包含在由政府部委组织实施的油气科技规划、战略、路线图中，刚刚部署／启动或者即将部署，尚未有研究出成果；以及由各类石油公司、基金会等资助机构通过各类油气计划、项目最新资助的油气战略投资重点领域，已经部署、正在进行之中，但尚未完成并产生了一定的研究成果，这些前沿技术大多处于研发初期、并不是很成熟，但往往具有发展前景。

针对前沿技术专项调研、主题技术调研测评汇总得到的油气前沿技术清单，还要具体分析各类别、各级别前沿技术的需求度及其大小，剖析清单中的现有前沿技术能否全面覆盖勘探业务、支撑生产需求，目的是提升油气前沿技术与实际需求的契合度，紧密结合勘探业务与生产需求，优化和调整油气前沿技术构成，对需求度较高的技术优先安排跟踪分析和研究攻关。

具体分析中，可基于未来某种／几种可能情景的设定，分析油气前沿技术对企业未来发展造成的影响及控制因素、可能出现的各种状态及其概率大小，并针对未来出现概率最高的油气业务与生产需求，开展油气前沿技术支撑能力的分析。包括有无足够的研发基础和积累、有无匹配的研发力量、技术突破潜力及可能里程碑节点、在哪些方面或多大程度能满足生产需求、对未来生产发展的影响大小等。

在长期或远景分析时尤需注意，要以公司内外部相关人员为主体，运用想象力对未来油气业务覆盖与生产需求的各种可能性进行挖掘、归类，从而提高前沿技术对实际需求支撑能力，提前预测油气业务覆盖与生产需求可能的发展趋势和建议，趋向更积极、更坦率、更真诚，使决策者的固有思维和心智模式更容易接受相关分析和建议，进而对未来做好多种准备。

第二节　油气地质勘探前沿技术筛选与测评方法

在前述第一章对前沿技术多途径的充分调研、初步识别基础上，往往还需要根据资料情况、研究要求对油气（地质勘探）前沿技术进行分析筛选和测评优选。油气前沿技术筛选主要目的是解决技术遴选的准确性、实用性、可行性、风险可控性。油气前沿技术测评与优选是在一定技术环境里，选择能有效利用现有要素资源、具有发展潜力的油气前沿技术，并为油气前沿技术选择主体获取持续技术竞争优势的过程。油气前沿技术优选主要解决在既定的环境下，选择何种水平、类型的技术以及采取何种方式获得技术以实现既定目标的问题。

一、油气地质勘探前沿技术初步筛选方法

油气前沿技术初步筛选的主要原则和思路，是技术有用、技术可研、技术可控三个方面。所谓"技术有用"，主要是指拟选的目标技术重要且有价值，其对社会经济发展、国家能源安全、公司业务发展有重大战略意义或重要影响，可能引领或带来油气生产领域重大技术变革、应用价值显著，有利于油气产业技术的迭代升级或相应业务的跨越发展。所谓"技术可研"，主要是指公司具备一定的人才队伍和研究开发基础，具备实施攻关可行性，投入回报可期。所谓"技术可控"，主要是指技术未来具有极大发展潜力和创新价值，公司研发能力和水平与外部虽有差距，但总体研发风险可控、风险性不大。

中国石油和本书著者团队在中长期科技规划编制和前沿技术跟踪研究实践中，提出了一套油气前沿技术筛选评价方法。基于上述初步筛选三个原则，油气前沿技术主要以技术重要性、可行性和风险性为基准进行筛选初评（表4-5），按以下三个指标综合评判：

表4-5　油气前沿技术筛选初评表

技术名称	技术对公司业务发展影响（权重0.4）				技术研发能力（权重0.3）				技术研发风险（权重0.3）			
	很大（5分）	大（4分）	一般（3分）	较小（2分）	强（5分）	一般（4分）	较差（3分）	很差（2分）	小（5分）	一般（4分）	大（3分）	很大（2分）

（一）技术对公司业务发展影响

主要根据该技术当前国内外现状及发展趋势，预测未来10～20年该技术对本企业业务发展的影响。影响程度可分为很大、大、一般、较小四个指标级别，界定如下：

（1）很大：为新兴业务领域所需技术或可推动原领域技术更新换代，且覆盖资源或市场潜力巨大；

（2）大：为新兴业务领域所需技术或推动原领域技术改进较大，覆盖资源或市场潜力较大；

（3）一般：推动原领域技术改进较大，对公司业务发展有一定促进作用；

（4）较小：技术适用范围有限，对公司业务发展推动作用不明显。

（二）技术研发能力

基于本公司目前在该技术方面的研发资源，评估本公司或战略合作伙伴开发该技术的能力。指标级别可分为强、一般、较差、很差四级，界定如下：

（1）强：本公司或战略合作伙伴已经具备研发人力和装备资源条件；

（2）一般：本公司或战略合作伙伴当前虽不具备研发条件，但通过培训或少量人才引进，可较快组织研发团队；

（3）较差：本公司或战略合作伙伴当前不拥有研发人才，所需求的高级人才可在2～3年内通过引进或培训解决；

（4）很差：本公司或战略合作伙伴当前不拥有研发人才，且难以在5年内通过引进人才或培训方式组织研发队伍。

（三）技术研发风险

根据该技术在国内外发展现状、技术难度，评估本公司或企业战略合作伙伴研发该技术的风险性。指标级别可分为很大、大、一般、小四级，界定如下：

（1）很大：国内外尚未有同类研究，或虽有同类研究，但近10年难重大突破；

（2）大：国内外已有同类研究，但近5年难重大突破；

（3）一般：国内外同类公司已经实现中试、现场试验；

（4）小：国内外同类公司已经规模化应用。

在对单项前沿技术按表4-5中评价分值和权重打分的基础上，得出各单项前沿技术的总分值，再按由大到小顺序给出前沿技术优选排序表。

技术筛选过程中，要在长期跟踪国内外石油科技进展的基础上，融合近20年来的国际石油科技十大进展评选结果进行分析。同时，一要结合开展发散式调研，开展广泛调查问卷和多次迭代分析，信息源包括国内外科技信息监测、石油科技十大进展评选、基于专利地图的专利分析等；二要注重多角度需求分析，包括应对低油价、引领未来、支撑生产等方面；三要开展收敛式分析筛选，开展专家研讨和多次迭代分析，形成近五年最具影响力或未来十年最具潜力的油气地质勘探前沿技术，供决策时参考。

中国石油经济技术研究院在长期跟踪国内外石油科技进展的基础上，通过多角度需求（应对低油价的技术需求、引领未来的技术需求、支撑生产的技术需求）分析，调查问卷和多次迭代的发散式调研（包括国内外科技信息监测、20年来的国际石油科技十大进展评选结果、专利地图等大数据手段）分析，专家研讨结合多次迭代的收敛式优选分析，形成近五年最具影响力15项油气勘探开发技术、未来十年最具潜力15项油气勘探开发技术（图4-3）。这一方法和筛选流程，基本也可应用于油气（地质勘探）前沿技术的筛选研究。

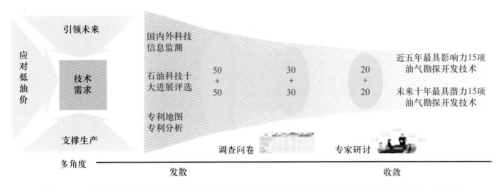

图4-3　油气前沿技术筛选方法和流程示意图（据中国石油经济技术研究院，2023）

二、油气地质勘探前沿技术测评与优选方法

实际工作中，往往会根据项目性质、研究目标和要求，开展油气前沿技术的专项调研直接分析，或全部技术的整体调研和前沿技术细项分析，由此产生了相应两类测评优选方法。

（一）基于德尔菲法的油气前沿技术直接测评与排序优选方法

德尔菲法就是在针对油气前沿技术的专项跟踪、调研、识别、梳理基础上，组织相关领域的专家进行油气前沿技术的直接测评、统计和优选，确定符合中国国情和油公司的油气领域前沿技术，给出前沿技术的优选排序，以便给石油公司和国家层面前沿技术研究计划、超前储备及应用基础研究内容筛选提供有效的参考依据和建议方案。

油气前沿技术的优选必须考虑几个重要方面：一是紧密围绕中国经济、社会、环境发展的系统需求，符合中国能源发展的战略需求，满足公司业务发展战略和目标的需求，力求能够推进该技术的发展。二是当前能力许可，即必须依据技术研发主体或石油企业所具备的人力、物力、财力和技术能力，有可靠的资源保障能力，有利于大规模开发利用。三是发展潜力或未来效益良好，即必须考虑投资回报率，可以实现商业化或具有商业化发展前景，要注重近期实效，兼顾长远利益。四是科学发展，必须尊重科学技术发展规律，考虑世界范围内的技术发展趋势。

有鉴于此，首先对筛选出的前沿技术在与企业未来业务领域相关性及技术重要性、技术成熟度、研发难易程度、石油企业目前研发基础四项指标方面分别进行德尔菲法专家测评（表4-6）。同时给予四项指标不同的权重，进行打分。

表4-6中权重计算模型为

$$W_j = \frac{\sum\limits_{i=1}^{m} C_{ij}}{\sum\limits_{j=1}^{n} \sum\limits_{i=1}^{m} C_{ij}}$$

其中，W_j 为第 j 项指标的权重；C_{ij} 为 i 专家对 j 项指标的评分值；m 为参与评分的专家人数；n 为评价指标的总个数。

表 4-6　前沿技术测评与优选方法

评价参数	指标			备注	参数权重	专家权重
	Ⅰ（1~0.75）	Ⅱ（0.75~0.5）	Ⅲ（0.5~0）			
与企业未来业务领域相关性及技术重要性	高度相关，技术重要，对公司业务产生重要影响	中等相关，对公司业务有一定影响，技术较为重要	相关性较差，技术不重要	技术之间横向对比，酌情归类	0.4	集团公司专家0.4；公司领导0.3；院校专家0.3
技术成熟度	成熟度高，处于工业化生产和商业运作阶段	成熟度中等，处于研发成功和推广阶段	成熟度差，处于萌芽和实验室研究阶段	综合考虑国内、国外技术成熟度，酌情打分	0.2	
研发难易程度	研发难度较小，基本不存在技术瓶颈，需要投入资金少	难度中等，较难获取	研发难度大，容易遇到技术和资金瓶颈，难以获取		0.2	
目前研发基础	公司已有团队进行研究，成果丰富，具有扎实基础	公司已有团队在研究，成果较少，有一定基础	没有团队在研究，处于刚提出或萌芽状态		0.2	

计算各项技术每一项评价指标的得分平均值用如下数理统计模型：

$$\overline{X_j} = \frac{1}{m} \sum_{i=1}^{m} R_{ij}$$

其中，$\overline{X_j}$ 为某项技术第 j 项指标得分的算术平均值；m 为参加某项技术第 j 项指标评分的专家人数；R_{ij} 为 i 专家对某项技术第 j 项指标的评分。

计算各项技术加权得分总值的数理统计模型为

$$Y = \sum_{j=1}^{n} W_j \overline{X_j}$$

其中，Y 为某项技术的加权得分总值；$\overline{X_j}$ 为某项技术第 j 项指标得分的算术平均值；W_j 为第 j 项指标的权重；n 为评价指标的总个数。

按上述方法，邀请相关领域的多位专家，根据专家对技术的熟悉程度与对应的权重系数相乘再求和，并给予"与企业未来业务领域相关性及技术重要性、技术成熟度、研发难易程度、目前研发基础"四项指标不同的权重，对每项技术四项指标求积后获得每项技术的最终加权得分总值。据此给出前沿技术的优先级排序，进而根据需要进行一定排序下的优选。

在生产可行、经济合理、社会有益、资源节约、改善环境等基本原则之下，就可以根据现状和具体需求，针对性选择一定数量的油气前沿技术。

（二）基于数据挖掘的前沿技术识别与优选方法

前沿技术识别方法主要包括基于专家知识的主观识别和定性分析、基于数据分析的客观识别方法，尤其以基于数据分析的客观识别方法（包括文献计量法、专利计量分析法、文本挖掘法、多指标识别法以及机器学习法等）研究成为热点（关陟昊等，2022）。最近有学者提出了基于数据挖掘的前沿技术识别与优选方法，依据表征前沿技术特征的指标体系筛选文献数据和专利数据，在此基础上识别前沿技术主题，优选出相应的前沿技术（苗红等，2024）。

1. 方法框架和研究流程

前沿技术成果会以不同的形式被记录和分享，最容易获得的系统性、连续性的知识载体为文献和专利，以工程索引（Engineering Index，EI）、德温特创新平台（Derwent Innovation，DI）数据库为数据源，参考权威网站、已有研究成果，结合专家论证制定文献和专利的检索表达式，进行主题检索，过滤缺少标题字段和摘要字段的数据，得到文献、专利数据。

研究框架包括五个核心模块：模块一是运用专利数据进行技术主题聚类，对所要研究的技术领域进行子领域划分，由此形成技术脉络，明确技术的发展方向。即通过制定检索策略，在 DI 数据库中检索并筛选清洗专利数据，基于自然语言处理（Natural Language Processing，NLP）的全局词向量（Global Vectors for Word Representation，GLoVe）模型和 K 均值聚类算法（K-means clustering algorithm，K-means）得到技术主题，分析并划分技术子领域。模块二是依据文献、专利数据在技术生命周期不同阶段的特征规律分析，选择处于萌芽期或成长期的潜在前沿技术子领域。即在 EI 数据库与 DI 数据库中分别确定检索策略，得到子领域的文献、专利数据，根据技术生命周期发展阶段特征进行计算，排除已经处于成熟期的技术子领域。模块三是筛选符合前沿技术特征的文献、专利数据，即基于模块二的筛选结果，获取潜在前沿技术子领域的文献、专利数据，根据前沿技术识别指标体系进行筛选，分别得出符合前瞻性、先导性、探索性、颠覆性前沿技术特征的数据集。模块四是识别前沿技术主题，鉴于前沿技术可能来源于科学原理的重大发现，也可能来源于技术发展，将模块三得到的文献、专利数据进行合并，运用 K-means 聚类算法得到技术主题清单。模块五是验证识别结果并提出建议。技术路线和框架流程如图 4-4 所示。

2. 前沿技术特征指标与识别优选指标体系构建

按照前述和《国家中长期科学和技术发展规划纲要》中前沿技术的定义，前沿技术具有前瞻性、先导性、探索性的基本特征，颠覆性特征则从发挥效应方面考量技术可能带来的应用价值（中国政府网，2023）。它们既具有内在联系，又具有不同侧重，可作为

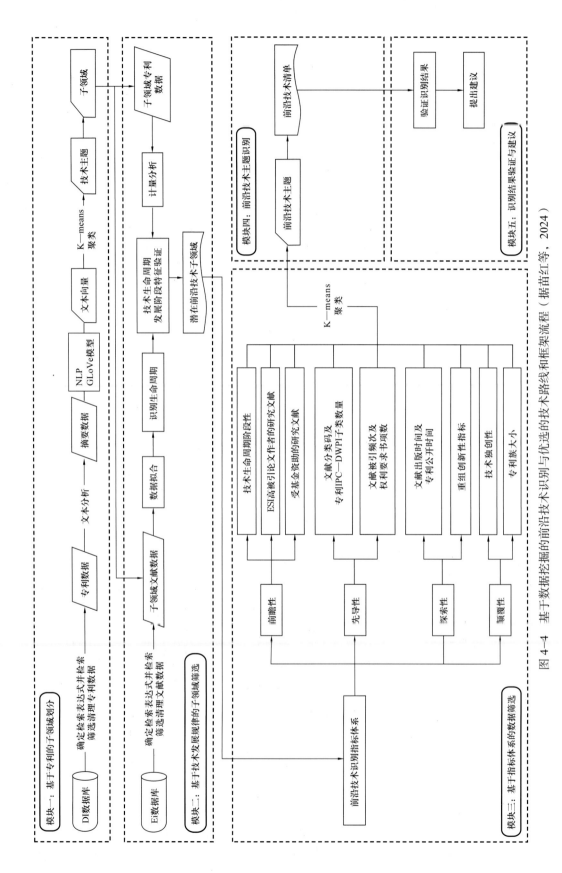

图 4-4 基于数据挖掘的前沿技术识别与优选的技术路线和框架流程（据苗红等，2024）

前沿技术识别的依据。由此建立前瞻性、先导性、探索性、颠覆性四项指标，各具内涵，由三级指标构成识别优选指标体系（表4-7）。

表4-7　前沿技术识别优选指标内涵及指标体系（据苗红等，2024）

一级指标	二级指标	三级指标	指标含义／数据源／阈值
前沿性	前瞻性	阶段性	处于技术生命周期曲线萌芽期、成长期（文献、专利）
		引领性	以 ESI 高被引论文作者的研究文献表征关键学者的关注方向（文献）；基金资助文献表征关键组织的关注方向（文献）
	先导性	关联性	分类码数量表征学科多样性（文献，阈值：大于平均值）；IPC 数量表征技术领域多样性（专利，阈值：大于平均值）
		影响力	文献被引频次（文献，阈值：大于平均值）；权利要求书项数（专利，阈值：大于平均值）
	探索性	新颖性	文献平均出版时间（文献，阈值：大于平均值）；专利平均公开时间（专利，阈值：大于平均值）
		创新性	对某领域文献的所有关键词进行成对组合，如果这种组合在之前的文献中没有出现，说明产生了新组合，该组合被认为是具有创新性（文献，阈值：大于 0.5）；对某领域专利的所有 IPC 大组进行成对组合，如果这种组合在之前的技术中没有出现，说明产生了新组合，该组合被认为是具有创新性（专利，阈值：大于 0.5）
	颠覆性	独创性	借助专利引用领域的多样性，即专利的后向引用是否属于其他技术领域，对技术的突破性程度进行判断（专利，阈值：大于 0.5）
		潜在价值	目标专利在不同国家或地区专利申请的数量（专利，阈值：大于平均值）

1）前瞻性及其指标

前瞻性指所遴选的技术代表未来世界前沿科技的发展方向，是处于技术生命周期的萌芽期、成长期，且是从事相关研究的关键学者、关键组织所关注的技术方向。

前瞻性是前沿技术识别的核心指标之一，强调技术的先进、引领性特征，反映着技术的阶段性特征，即技术处于非成熟阶段。创新主体的引领能力也影响着技术前沿的形成。已有研究表明，全球顶尖科学家的学识和问题发现能力使其具有高瞻远瞩的眼光而关注前沿领域。其创造的研究成果也具有前沿性。学术共同体的集体智慧也是识别技术前沿前瞻性的重要依据。技术的先进程度及对未来的引领作用，通过学术同行的共同判断，其结果的可信性更强，受到各类基金资助的研究成果具有前瞻性、高水平和创新性。

前瞻性指标可通过分析技术生命周期曲线拟合确定其所处阶段、选择基本科学指标（Essential Science Indicators，ESI 数据库）高被引论文作者的研究文献、受基金资助的研究文献进行衡量和表征。技术生命周期阶段性体现技术的发展程度，选择生命周期处于萌芽期、成长期的技术领域，作为具备前瞻性的首要条件。首先，以文献数据为数据源，对清洗后的数据进行 S 曲线拟合，综合技术发展历程，分析技术发展趋势，并确定技术生命周期阶段。其次，结合技术生命周期理论，基于文献数据和专利数据分析验证技术的生命周期阶段。即参考已有研究提出的多视角的技术发展趋势预测研究框架，构建技术生命周期发展阶段特征验证表（表4-8），判断子领域在技术生命周期中所处的阶段。

表4-8 技术生命周期发展阶段特征验证表（据苗红等，2024，修改）

阶段	特征							
	文献数量 a	文献增长率 b	专利数量 c	专利增长率（平均）d	专利权人数量 e	IPC数量 f	IPC聚集度 g	参考文献数量 h
萌芽期	少，$a=c$	低	少，$a=c$	低	少	少	低	多
成长期	多，$a>c$	高	多，$a>c$	高	多	多	高	多
成熟期	$a<c$	低，$b>0$	$a<c$	低，$d>0$	少	$d_f>d_g$	$d_f>d_g$	少

ESI高被引论文作者的研究文献可以表征关键学者关注的研究方向，体现关键学者的预判能力；故将ESI高被引论文作者界定为关键学者，则在文献库中检索关键学者所发表的文献，可作为指标筛选标准。受基金资助的研究文献可以表征关键组织关注的研究方向，体现关键组织的预判能力。以文献数据为数据源，将是否受基金资助作为指标筛选标准之一。

2）先导性及其指标

先导性指所遴选的技术对其他关联技术具有较强的带动作用，是与多个领域的知识、技术相关联，并与关联技术融合发展，产生广泛影响力的技术方向。

先导性是前沿技术识别的第二个关键指标。伴随技术交叉融合发展的趋势，多学科、多技术领域交叉可能带来意想不到的新兴技术。从知识的视角看，知识的关联、融合规律及特征可以作为判断"先导性"的重要依据。为此，可用关联性和影响力考量前沿技术的先导性。

先导性指标可通过文献分类码数量、专利/国际专利分类（International Patent Classification，IPC）数量测量技术关联领域的广度，通过文献被引频次、权利要求书项数表征技术影响程度。文献分类码及专利/国际专利分类—德温特世界专利索引数据库（International Patent Classification-Derwent World Patents Index，IPC-DWPI）子类的数量可以表征学科、技术领域的多样性，体现技术的关联、融合特征，二者数值越高，技术的关联广度越强；故以文献、专利为数据源，分别计算文献分类码数量、专利IPC-DWPI子类数量的平均值，将阈值大于平均值作为指标筛选标准。文献被引频次及权利要求书项数体现受到相关主体高度关注并产生作用的程度。文献被引频次表征其研究价值、权利要求书项数表征技术保护领域及范围，二者数值越大，技术引领作用越深远，具有更高的研究价值、更大的影响力。

3）探索性及其指标

探索性指所遴选的技术强调研究主题的新颖性、结果的不确定性、技术路径的差异性，是研究主题新近出现，研究视角、方法等具有创新性的技术方向。

探索性是识别前沿技术的第三个关键指标，其不仅有时间维度的新，也有主题维度的与以往不同。因此，可以用新颖性和创新性进行考量。

探索性及其指标可以通过计算文献平均出版时间、专利平均公开时间测度研究主题的新颖性，通过重组创新性指标测算技术的创新程度。文献出版时间、专利公开时间可以体现研究主题是否为新近出现，越是新出现的研究主题越容易包含新的研究内容，越可能具有新颖性。以文献数据、专利数据为数据源，计算文献平均出版时间、专利平均公开时间，将阈值大于平均值作为识别标准。借鉴 Verhoeven 研究使用的重组创新性指标进行计算，公式为

$$\text{novelty} = \frac{NC_p}{c_p}; NC_p \leqslant c_p$$

式中　NC_p——专利 p 自身在其申请年之前从未出现的 IPC 大组组合数目；

　　　c_p——专利 p 自身的 IPC 大组组合数目。

将专利进行组合并与申请年之前的 IPC 大组的组合进行对比，以此衡量创新性。指标得分越高，专利的创新程度越高。同理，对文献的关键词进行成对组合，如果某种组合在之前的文献中未出现，说明产生了知识的新组合，具有创新性。

4）颠覆性及其指标

颠覆性指所遴选的技术通常可以形成技术轨道跃迁，在功能实现上取代主流技术，是具有突破性、改变市场竞争格局的技术方向。

颠覆性为识别前沿技术的第四个关键指标。识别颠覆性技术的方法很多，但能够产生颠覆作用的技术应是领域内非依据技术迭代形成的，而且其影响不是局部的或区域的。为此，运用独创性和潜在价值进行考量。增加该指标更能充分反映前沿技术的本质含义，即前沿技术不仅新颖、先进、引领，还要具有创造未来的潜力。

颠覆性（指标）可通过技术独创性指标、专利族大小进行测量。衡量科学技术的突破性进展是颠覆性技术的主要动力来源，借鉴经济合作与发展组织（Organization for Economic Co-operation and Development，OECD）等使用的独创性指标，用专利技术所属的 IPC 大组代表技术领域，依据测度引用结构与其自身结构的相似性，衡量专利的独创程度，公式为

$$\text{uniqueness} = \sum_{j}^{n_p} \frac{CT_j}{n_p}; \text{IPC}_{pj} \neq \text{IPC}_p$$

式中　p——原始专利；

　　　j——专利 p 的后向引用专利；

　　　CT_j——专利 j 排除原始专利 p 本身包含 IPC 号后 IPC 大组的数目（IPC_{pj}）；

　　　n_p——原始专利 p 的全部后向引用中 IPC 大组的数量。

专利族大小体现了技术潜在市场价值对主流市场的影响，即以目标专利在不同国家或地区专利申请的数量为计算依据进行指标筛选（表4-7）。

3. 前沿技术主题识别与技术清单集成

1）基于专利的子领域划分

首先，提取专利摘要数据。结合权威网站、已有研究、专家论证制定检索表达式，对专利数据进行去空、去除停用词、词形还原等预处理操作后获取摘要字段，主要步骤包括：第一，去除空值，删除对后续分析无法提供价值的信息；第二，对文本统一小写、去除停用词。数据中存在着高频出现但是无意义的词汇，因此需要根据研究需求、依据停用词表删除数据中的停用词来构建停用词表；第三，运用词形还原对单词进行归一化处理操作，筛选清理专利数据后，获得摘要数据。其次，利用自然语言处理中的 GLoVe 模型获得文本向量。最后，利用 K-means 聚类算法对主题词聚类分析，得到技术主题，根据技术主题划分子领域。

2）基于技术发展规律的潜在前沿技术子领域筛选

首先，运用 Fisher-pry 模型对子领域文献数据（数据预处理过程同专利）进行拟合，获得生命周期曲线，确定萌芽期、成长期和成熟期的年份区间；其次，运用技术生命周期发展阶段特征验证表对子领域的文献数据和专利数据进行统计分析；最后，判断子领域是否处于萌芽期或成长期。若验证子领域处于萌芽期或成长期，则保留该子领域；若经过验证，发现该子领域处于成熟期，则为了满足前瞻性的首要条件，剔除该子领域，所有子领域均验证后，得到潜在前沿技术子领域。

3）基于前沿技术识别指标体系的数据筛选

根据前沿技术识别指标体系，对潜在前沿技术子领域的文献数据和专利数据进行筛选。经前沿技术指标筛选，分别得到符合指标体系筛选标准的文献数据集及专利数据集。步骤如下：首先，在 ESI 中获取相关领域高被引论文的作者列表，据此得到关键学者的文献；其次，选择受基金资助信息的研究成果；最后，根据指标体系中指标测算方法进行筛选，获得满足前沿技术不同特性的文献、专利数据集。

4）识别领域前沿技术主题

对筛选后满足不同特性的文献、专利数据进行文本挖掘，识别前沿技术主题。步骤如下：首先，运用轮廓系数法和手肘法确定聚类个数；其次，使用 K-means 算法对筛选后的文献及专利数据进行文本挖掘，获得技术主题。数据挖掘中的文本挖掘是从语言文本中提取重要信息的过程，包括文本分类、文本聚类、主题建模、信息提取和文本摘要等，可以在有限的时间内探索大量的文本数据，分配有限的资源，以生成易于理解的知识。作为文本挖掘方法的一种，K-means 聚类算法简单高效，广泛应用于科学、工业等诸多领域。

5）识别结果验证与建议

基于专家观点、研究进展及趋势，对识别结果进行验证。得到聚类结果后，根据词汇含义，人工查阅文献、新闻等资料后归纳分析并命名技术主题，结合专家提供的技术点和研究进展进行对比分析，验证此方法是否具备客观性和科学性，基于技术主题清单，结合领域发展状况提出建议。

该方法创新之处：一是深入探讨前沿技术的内涵特征，并在此基础上构建前沿技术识别指标体系；二是关注前沿技术的应用效应，将颠覆性这一特征纳入前沿技术识别指标体系；三是基于多视角技术发展规律对技术生命周期判断进行验证，以提升识别过程的准确性。

应当指出，该方法目前主要在量子计算、国防军工领域应用，油气和能源领域尚未见报道。也还存在不足之处：一是目前所述的技术主题清单是基于文献数据和专利数据合并后识别获得，未来可以对不同数据源识别主题进行对比分析；二是未来可运用科技报告、新闻、科技政策、项目等多源数据进行技术、经济、应用场景等多维度分析。

（三）基于德尔菲法的技术结构模板—技术特征测评与前沿技术优选方法

基于德尔菲法的技术结构模板—技术特征测评与前沿技术优选方法主要是在通常情况下全部技术的德尔菲法整体调研基础上，应用技术结构模板测评技术成熟度、技术水平以及技术对生产力影响等技术特征、厘定技术测评指标级别，针对超前技术特性和矩阵评价分析优选整体技术中的前沿技术及其优先级排序。

该方法的主要流程是：德尔菲法全部技术整体调研与资料回收整理→建立技术结构模板→技术特征测评→超前技术特性与技术合理性分析→专项技术的单矩阵和双矩阵分析→优选产生前沿技术清单与优先级排序。其在油气中长期科技规划研究中较为常用，在全部技术整体测评研究的同时，关注优选前沿技术，效果较好。主要的具体方法和应用步骤简述如下：

1.德尔菲法全部技术整体调研与资料回收整理

德尔菲法又称专家调查法，是由调查组织者拟定调查表，采用测评会议、通信、电子邮件、传真等方式分别向专家组成员征询调查，发放技术测评问卷表（表4-9），专家组成员之间通过组织者的反馈材料匿名交流意见，经过几轮征询与反馈，专家们的意见逐渐集中，最后获得有统计意义的专家集体判断结果。

表4-9　技术测评问卷表

专项技术名称	编号	技术竞争性			技术水平					技术对生产力影响			技术实现方式		
		潜在（3分）	增强（2分）	减弱（1分）	国际领先（4分）	国际先进（4分）	国内领先（3分）	国内一般（2分）	薄弱（1分）	关键（3分）	重要（2分）	一般（1分）	自主研发	合作研发	引进研发

德尔菲法调研的基本程序是：确定预测（重大技术及相关/其中前沿技术领域）主题、编制调查表→选择专家→调查及反馈→调查结果的处理、表达和分析。

需要注意专家的选择质量和数量，一是理论基础扎实、实践经验丰富、了解企业发展历史现状；二是保持产业部门、研究单位、高等院校和决策机关专家的适当比例，并以本企业为主，有精力、有兴趣；三是专家的人数通常在25～35人之间。随表附上相关各项术语的内涵、界定，供专家填写时参考；专家根据规定的测评指标级别划分原则，对问卷表中各专项技术的每项测评指标选择级别（打钩或画圈）；回收获得测评问卷调查表。

技术测评结果汇总，首先对每项测评指标级别给定分数（表4-9表头数字），采用算术平均求得各专项技术的每项测评指标的平均分数，根据每项测评指标的平均分数与上述对应关系，确定各专项技术的每项测评指标级别。最后，编制技术测评结果表，作为专项技术评价优选的基础资料（表4-10）。

表4-10　技术测评结果表

专项技术		技术竞争性		技术水平		技术对生产力影响		技术实现方式
名称	编号	平均分	级别	平均分	级别	平均分	级别	级别

2.建立技术结构模板

专业技术结构模板是全面、系统反映企业或部门生产应用技术的技术结构与层次架构的表现形式。建立专业技术结构模板，就可从整体上了解包括量大面广的产生生产力的常规技术、当前具有竞争力优势的核心技术、正在进行前期研究尚未投入工业化应用的前沿技术或超前储备技术，从而关注企业的相关前沿技术构成、地位与作用，为后续发展战略提供依据。

由于德尔菲法调研通常由科技管理部门协调组织，需要耗费较大的组织、人力和物力资源。调研通常都以宽泛技术为主题设计，涵盖前沿技术的调查内容。可视研究性质和目标，基于调研资料返回情况、梳理总结，通过识别和初筛选择候选技术，将近期和长远能够形成企业生产力的主体技术分层次建立主体技术结构模板或前沿技术结构模板（表4-11），以便后续进行分类和测评优选。

表4-11　油气前沿技术结构模板

专业（板块）	技术领域	技术群	专项技术
常规油气			
非常规油气			
新能源			

技术结构模板构成一般按四个层次，即专业（板块）、技术领域、技术群和专项技术。技术领域划分是以本专业特征为主线，涵盖了本专业全部领域，技术群是指专项技术的集成技术。从技术结构模板看，技术的层次比较清晰，为真实、客观地反映各单项技术、专业领域的地位，学科交叉的关系和作用，在进行技术测评时，根据需要可以对

大的技术群进行综合测评，反映该技术领域的技术特点，如技术成熟度、技术竞争性等，但主要还是对专项技术测评，优选出最具发展前景的该领域的前沿技术，它是制定科技规划、确定技术发展方向和重大项目优选的基础。

3. 技术特征测评

技术特征测评阶段，主要是针对某企业主题技术或某个技术领域，基于德尔菲法组织对相关领域非常熟悉的专家，对技术的生产重要性/技术对生产力影响、技术竞争性（分类）/技术竞争力影响、技术水平三项技术特性进行研讨、测评和分析。

1）技术对生产力影响

技术对生产力影响是指技术对生产的重要性大小，是一项技术对企业生产业务活动的整体性重要程度，反映技术对形成生产力的作用与贡献。根据影响力或重要性大小，通常可以分为三个相对性的级别，即"高/非常重要""中/重要""低/一般"（表4-12）。具体内涵是：

表4-12 油气技术对生产重要性评价模板表

技术领域	需求技术	需达到指标	解决难题	技术对生产力影响/技术对生产重要性		
				高/非常重要	中/重要	低/一般

高/非常重要：对企业生产业务活动的影响至关重要；

中/重要：对企业生产业务活动的影响十分重要；

低/一般：对企业生产业务活动有一些影响。

"技术对生产力影响"越高，一项技术对企业的用途越大。可以根据技术的生产重要性，确定本领域技术的优先顺序。因此该指标对于确定需求技术的优先级、制定技术获取策略都很重要。但是该指标是一个相对性指标，同一项技术对不同的企业其重要性可以完全不同（表4-13）。

表4-13 油气技术对生产力影响分析示例

技术举例	技术对生产力影响	原因
设计用于穿过中渗透率、高纹层油层中地质伤害层的水力压裂处理技术	高（对bp）	中渗透率、高纹层油藏在bp的业务中占很大比例，而这种油藏在钻井过程中容易受到破坏，导致产油量减少达约60%
	低（对ENI）	中渗透率、高纹层油藏在ENI的业务中占很小比例（该企业只有一个这样的油田）
开发更好的用于将合成气转化为中段馏出液的费托法催化剂	中（对Shell）	该技术是该企业开发更低成本气液转化技术（GTL）目标的关键部分，而GTL技术在该企业未来液态碳氢化合物产量中所占的比例相对来说为中等

技术对生产力影响通常基于讨论得出，从以下几个方面进行考虑：

（1）该技术对目前企业业务的重要程度（如经济效益、相关装置、产品或流程等）；

（2）该技术对企业规划的未来战略性业务的重要程度；

（3）企业如果无法拥有这项技术会产生的后果。

技术对生产力的影响，是对企业整体业务面的影响程度，一般情况，技术对生产力影响级别为"高"的技术只占总体技术的 20% 以下。

2）技术竞争力影响

技术竞争力影响是指某项技术对一个企业在特定行业内竞争力的影响，一般分为"常规技术、核心技术、超前技术"三类。技术竞争力影响与企业自身情况基本无关，而与其被应用的行业有密切关系（表 4-14）。技术竞争力影响具有自然发展过程。随着时间推移，一项技术从超前技术转变为核心技术，再发展成为常规技术，其对企业的竞争力影响也随之发生变化。竞争力影响表明了一项技术能给企业带来的竞争能力的差异性，对制定技术发展决策有极大帮助。具体来说，技术竞争力影响有助于科技管理者理解进一步发展该项技术的价值和不确定性，确定合理的技术获取路径。

表 4-14　油气技术竞争力影响的特征描述与技术示例

技术竞争性（分类）	技术特征描述	技术示例
常规技术	<ul><li>是业务所必需的技术</li><li>已经广泛为行业内的竞争对手所使用</li><li>对企业竞争力差异性影响很小</li><li>是"过去"的竞争优势的来源</li></ul>	<ul><li>断块油气藏综合评价技术</li><li>二维地震数据采集和解释</li><li>气举采油</li></ul>
核心技术	<ul><li>已经可以广泛应用在产品或流程之中，但使用者有限</li><li>竞争力影响很大</li><li>是"今天"的竞争优势的来源</li></ul>	<ul><li>油气资源与勘探目标一体化技术</li><li>三维地震数据采集和解释</li></ul>
超前技术	<ul><li>在本行业中处于研发早期阶段，某些竞争对手正在试用该项技术</li><li>竞争力影响很可能很大，有潜在商业应用价值</li><li>是"明天"的竞争优势的来源</li></ul>	<ul><li>连续型油气藏形成分布理论与评价技术</li><li>微生物采油</li><li>天然气水合物勘探技术</li></ul>

根据石油石化行业历史和现状分析，总体技术系列中，一般常规技术占 70% 左右，核心技术占 20% 左右，超前技术占 10% 左右。测评时需提醒专家，三类技术的比例一般不得超标。

3）技术水平

技术水平是指企业相对于其他竞争对手在一项技术上的实力高低，它定性地说明了企业在该项技术上的相对技术地位。通过对自身技术水平的准确评价，可以做到"知己知彼"，从而更有利于科学决策。通常将技术水平由高到低分为五类（表 4-15）。

在评价技术水平时，可以从以下几个方面进行考虑：

（1）企业针对该技术的主要技术指标相对其他竞争对手的高低；

（2）企业是否拥有或控制发展本技术的关键技术人员；

（3）企业是否拥有或控制发展本技术的关键设备和仪器；

（4）企业是否拥有发展本技术的实践经验从而积累了足够技术诀窍"Know-how"。

测评时要注意，如果有的技术获得过科技奖励，则按照国家奖励条例的标准，国家一等奖总体技术水平标定为"国际领先"；二等奖为"国际先进"等，不应有过大的随意性。

表4-15　油气技术水平分类与特征描述

技术成熟度	技术特征描述
国际领先	● 拥有引领技术发展步伐和方向的能力 ● 具有全行业认可的领先地位 ● 明显领先于国际同行业大多数
国际先进	● 能够从事独立的技术活动并确定新的技术发展方向 ● 与国际上其他主要企业能力相当
国内领先	● 能够从事独立的技术活动并确定新的技术发展方向 ● 与国内其他企业相比能力高于平均水平 ● 明显领先于国内同行业大多数
国内一般	● 总的来说能够维持技术竞争力 ● 局部领域技术领先 ● 与国内其他主要企业能力相当
薄弱	● 不能制定独立的技术路线 ● 技术能力落后于大多数其他竞争对手 ● 或缺少该技术，自身没有可靠的技术能力，依赖于供应商或合作伙伴

4. 超前技术特性与技术合理性分析

超前技术特性与技术合理性分析这一个步骤也是综合测评结果的分析与单矩阵法应用。通过"技术竞争性影响"和"技术对生产重要性/技术对生产力影响"两个特征的测评，建立技术合理性矩阵，来确定需求技术优先级。"技术水平"特征因为某种原因难以确定或不能获得，也可采用本方法。

1）建立综合测评总表，分析超前技术特性

按三项技术特性用专家打分结果（模板中B、C级技术）建立综合测评总表（表4-16）。

综合测评总表十分重要，针对油气前沿技术研究而言，需要重点关注对生产力影响高的"超前技术"的测评结果，往往具有前沿技术之特性，代表了前沿技术的发展现状和趋势。应用总表的测评结果，可以分别进行"超前技术"的技术合理性、技术优先级排序分析，也为其实力与差距分析、目标确定和技术获取策略分析提供依据。

2）技术合理性分析

技术合理性分析方法是运用技术合理性矩阵，对经过专家选出的专项技术进行分析的一种简便易行的方法。其目的在于分析技术结构的合理性，考察提升企业竞争力的核心技术是否得到应有的重视、审视超前技术储备是否满足企业中长期发展的需要。

表 4-16　油气技术综合测评总表

技术领域		技术竞争力影响（常规技术△、核心技术○、超前技术◇）			技术水平（国际领先▲、国际先进▼、国内领先■、国内一般●、薄弱◆）			技术对生产力影响（高△、中○、低◇）			技术获得策略（自主研发△、合作研发○、引进研发◇）		
		当前	5年后	10年后	当前	5年后	10年后	当前	5年后	10年后	△	○	◇
技术领域A	数量（个）												
	比例（%）												
技术领域B	数量（个）												
	比例（%）												
技术领域C	数量（个）												
	比例（%）												
…	…	…	…	…	…	…	…	…	…	…	…	…	…
合计	数量（个）												
	比例（%）												

技术合理性分析方法步骤如下：

（1）将经过专家筛选出的专项技术进行统一编号；

（2）按照各个专项技术当前的竞争力影响特征（常规技术、核心技术、超前技术），重点关注超前技术，对其不同技术水平（国际领先、国际先进、国内领先、国内一般、薄弱）进行分类；

（3）将相应的技术编号分别填入技术合理性矩阵；

（4）分析评判专项技术在技术合理性矩阵图的分布情况，并指出存在主要问题（图4-5）。

技术竞争性（分类）	技术水平				
	国际领先	国际先进	国内领先	国内一般	薄弱
常规技术					
核心技术					
超前技术					

图 4-5　技术合理性矩阵形式

5. 专项技术的单矩阵和双矩阵分析

专项技术的单矩阵分析是组织专家对需求技术的"技术竞争性（分类）""技术对生产重要性/技术对生产力影响"进行评估（表4-17）。

将每项技术编号置入"技术竞争性（分类）—技术对生产重要性"矩阵表中，不同位置代表不同技术优先级别（分为A、B、C、D四级；表4-18），优先选择级别高的技术，并根据各专业实际情况进行必要的调整。

表 4-17 "技术竞争性（分类）""技术对生产重要性"评估模板表

技术领域	需求技术	需达到指标	解决难题	技术对生产重要性/对生产力影响			技术竞争性（分类）		
				非常重要/高	重要/中	一般/低	超前	核心	常规

表 4-18 "技术竞争性（分类）—技术对生产重要性"矩阵表

技术竞争性（分类）	技术对生产重要性		
	一般	重要	非常重要
常规技术	D	C	B
核心技术	C	B	A
超前技术	D	C	B

双矩阵分析方法是对"技术竞争性""技术水平"和"技术对生产力影响"三项技术特征，通过两两对应坐标的双矩阵进行交义分析。通过对技术特征的量化，进行数学处理，解决技术需求优先级排序问题。该方法对专项技术三项特征进行量化计算，既操作简单方便，又突出考虑了技术需求的特点和企业的技术能力。

方法首先根据统计测评结果确定所有专项技术的技术特征，再根据"竞争力影响—技术对生产力影响"矩阵和"竞争力影响—技术水平"矩阵所列的分值对各专项技术评分，然后将两个得分分值相乘，按乘积的大小进行排序，确定技术发展优先级，并作为下一步技术发展战略和攻关方向、技术组合项目的基础和依据。操作步骤如下：

步骤 1：编制需求技术特征评价表，并组织专家（根据其熟悉领域）分领域评价，将每个专家评价结果进行汇总，得出每项技术的具体特征指标（表 4-19）。

表 4-19 需求技术特征评价表（示例）

技术领域	需求技术	需达到指标	解决难题	技术水平				技术对生产重要性			技术竞争性（分类）		
				国际领先	国际先进	国内领先	一般	非常重要	重要	一般	超前	核心	常规

步骤 2：根据每项技术的"竞争力影响"和"技术对生产力影响"特征，依照"技术竞争性（分类）—技术对生产重要性"矩阵表（表 4-20）给出的分值打分。

步骤 3：根据该项技术的"技术竞争力影响"和"技术水平"特征，依照"技术竞争力影响—技术水平"矩阵表（表 4-21）给出的分值打分。

表 4-20 "技术竞争力影响—技术对生产力影响" 矩阵表及分值

技术竞争性（分类）/ 技术竞争力影响	技术对生产力影响 / 技术对生产重要性		
	低 / 一般	中 / 重要	高 / 非常重要
常规技术	1	2	3
核心技术	2	3	4
超前技术	1	2	5

表 4-21 "技术竞争力影响—技术水平" 矩阵表及分值

技术竞争性（分类）/ 技术竞争力影响	技术水平			
	国际领先 / 国际先进	国内领先	国内一般	薄弱
常规技术	1	1	1	3
核心技术	1	1	2	3
超前技术	1	1	2	2

6. 优选产生前沿技术清单与优先级排序

将以上步骤 2 和步骤 3 两项得分相乘，得出该技术的优先级得分。在所测评的某企业油气勘探领域内，对非常重要又很薄弱的核心技术，应以表 4-20 对应的 4 分乘以表 4-21 对应的 3 分可得 12 分。对非常重要又很薄弱的超前技术，应以表 4-20 对应的 5 分乘以表 4-21 对应的 2 分可得 5×2=10 分。对各项技术均如此操作，然后按各自所得的乘积（表 4-22）由大到小进行技术需求优先级排序。

表 4-22 需求技术测评的优先级打分表

两矩阵得分乘积	≥9	6～8	3～5	1～2
优先级分数	A	B	C	D

针对前沿技术研究而言，可重点关注超前技术的"技术竞争力影响—技术对生产力影响"矩阵、"技术竞争力影响—技术水平"矩阵评价结果，与前沿技术专项调研测评结果合并或结合，产生前沿技术清单。按超前技术两项矩阵得分的乘积大小、前沿技术专项调研测评结果，并综合考虑研究性质和目标要求、技术水平和其他因素（如业务需求、技术储备等），进行前沿技术优选和优先级排序。

前沿技术优先级排序应以市场需求为导向、"以解决问题为切入点"，突出提高技术水平、解决勘探难题，满足生产需求，降低生产成本，提高生产效率。对油气勘探领域内排序在前的前沿技术，在下一步进行发展战略与项目组合时，应当处于重中之重的位置。

要注意对以上得分进行比较和分析，查看是否存在个别不合理的分数，如存在对某些技术的打分不能完全反映实际情况的问题，需根据实际情况做出必要调整。

（四）基于德尔菲法的技术结构模板—区间定位测评与前沿技术优选方法

基于德尔菲法的技术结构模板—区间定位测评与前沿技术优选方法是组织专家应用德尔菲法程序和技术结构模板提供的备选技术分别对"技术重要性"和"技术可行性"进行矩阵定位测评，矩阵右上方的投点（/技术编号）为最优者（图4-6、图4-7；傅诚德，2010），编入技术清单，用于发展战略制定与项目组合。

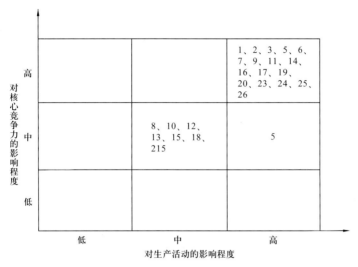

图 4-6　技术重要性分析矩阵示意图

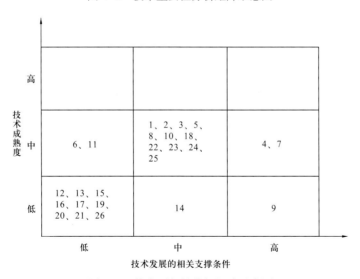

图 4-7　技术可行性分析矩阵示意图

操作步骤如下：

步骤1：技术调查表设计、核定专家发放、反馈情况与整理汇总。

步骤2：计票统计。统计原则是：先严格按票数，书面意见在以后统一考虑，一人一票，未打钩的算0票，按范围打钩的各算半票。

步骤3：调查结果归并。归并原则为同类项中少数服从多数，同类项中票数相同时，结合著名专家意见和研究组意见决定。

步骤 4：德尔菲法筛选。一是技术重要性筛选。原则是：保留对竞争力和生产活动影响都高的技术，剔除竞争力和生产活动影响都低的技术若干项，完成第一轮筛选。二是可行性筛选。原则是：保留应用范围广、相对较成熟的技术，剔除支撑条件差／应用范围窄、技术成熟度低的若干项，完成第二轮筛选。其中针对专家在调研表内容以外添加技术等意见，可以适当增补和调整。

步骤 5：生产需求与技术需求对应性分析。若有不符合生产需求的，进行微调；完全符合的，则形成前沿技术的测评优选清单。

（五）基于 IRD 的前沿技术研判优选方法

基于 IRD 的前沿技术研判优选方法基于 I（Identity/ 识）—R（Research/ 研）—D（Decision/ 决）前沿技术预测总体思路，构建基于"技术概率 + 技术影响"的前沿技术研判矩阵，研判和优选前沿技术，为前沿技术战略发展提供参考和借鉴（李晓松等，2020）。

其主要包括三个步骤：（1）构建技术体系树，在借鉴世界主要国家技术体系的基础上，构建树状结构的技术体系树，主要包括类别、领域、技术和研究方向（技术下的具体研究方向或涉及该技术的关键词）四个层次。（2）确定重点，由专家根据国家和企业油气科技发展规划和能力建设目标，以及潜在对手可能存在的"技术突袭"等为重点，以技术体系为基础，分析前沿技术预测的重点领域或潜在技术。（3）精准跟踪潜在技术，根据专家遴选的油气重点领域或潜在技术，针对相关管理机构、学术团体、文献资料等进行全面采集和跟踪，重点跟踪该技术涉及的发展规划、项目信息、学术成果和专利等。

该方法的核心内涵是构建前沿技术研判矩阵，预测某项技术在经济社会和油气领域的应用前景，判断技术是否为前沿技术，以及隶属于前沿技术的程度。该矩阵通过构建技术概率（q）和技术影响（p）两个维度的"研判矩阵（q, p）"，对技术进行研判，得到最终技术属于前沿技术程度的结论 z（q, p）。主要方法和指标简述如下。

1. 技术概率

技术概率是指该项技术在经济社会和油气领域应用的潜在概率大小。可分为概率很高、较高、一般、低和无五个层次。技术概率在分析影响技术概率因素的基础上，构建技术概率分析模型，并根据本领域相关技术发展周期概率，进行拟合计算得到。

一是分析影响因素。分析影响技术在经济社会和油气领域应用概率的因素，主要包括该技术涉及的规划设计、项目投入、学术趋势和专利情况等。其中，规划计划是指该项技术在世界主要技术强国和中国科技发展规划计划中出现的频率和变化趋势；项目投入是指该项技术在世界主要技术强国项目投入的规模和变化趋势；学术趋势是指该项技术在权威期刊、会议发表学术观点的频率和变化趋势；专利情况是指该项技术的专利申请数量和变化趋势情况。

二是构建概率分析模型。主要包括计算第 i 种技术概率、计算领域概率、建立概率曲线和计算潜在技术概率分值等步骤。最终第 j 项待预测技术在 t_1 时刻的经济和社会、油气相关领域应用潜在概率得分 q_j（t_1），由 t_1 时刻该技术的概率与该领域的拐点概率的比值计算得

$$q_j(t_1) = \frac{q(t_1 - t_0)}{\max\big[q(t)\big]}$$

概率级别计分规则：技术概率得分对应的层次界定，$0.8 \leq q_j(t_1) \leq 1$，界定为概率很高；$0.6 < q_j(t_1) < 0.8$，为概率较高；$0.4 \leq q_j(t_1) \leq 0.6$，为概率一般；$0.2 < q_j(t_1) < 0.4$，判定为概率低；$0 \leq q_j(t_1) \leq 0.2$，判定为概率无。

2. 技术影响

技术影响是指该项技术对中国油气供应、经济和社会建设产生的潜在影响程度。可分为影响程度很高、较高、一般、低和无五个层次。技术影响主要采取"以人为主、以机器为辅"方式进行计算。主要通过构建影响程度评价指标和模型，进行综合计算得到。

一是评价指标选定。其判断技术对中国经济和社会建设产生潜在影响程度的指标，具体包括技术提高产业发展程度、技术提升产品性能程度、技术突破关键瓶颈程度、技术降低成本程度等评价指标。

二是评价模型构建。其包括机器赋值和专家评价两个步骤。机器赋值是在人工标注主题词的基础上，通过自然语言处理技术挖掘和分析涉及技术的项目、规划、学术文献和专利等文本，统计 t_1 时刻人工标注主题词（含相似主题词）在文本上下文出现频率，计算得到 t_1 时刻技术影响程度第 i 个评价指标的机器赋值。专家评价需为专家提供该技术可能应用的场景、重点方向、应用频率等资源文献，专家结合领域知识，采取层次分析法、德尔菲法和加权平均等方法，根据技术影响程度评价指标和机器计算的初步分析结果，专家判断得到 t_1 时刻技术影响程度评价指标得分（细分包括技术提高产业发展程度、技术提升产品性能程度、技术突破关键瓶颈的程度、技术降低成本程度）。

最终，第 j 项潜在技术在 t_1 时刻，对中国经济和社会建设的影响程度 $p_j(t_1)$ 由下式计算：

$$p_j(t_1) = \sum_{i=1}^{n} w_i \times d_i(t_1) \times y_i(t_1)$$

式中　w_i——技术影响程度评价指标 i 权重；

　　　$y_i(t_1)$——t_1 时刻专家对于技术影响程度评价指标 i 的评价值；

　　　$d_i(t_1)$——t_1 时刻指标 i 机器赋值。

技术影响程度级别计分规则：技术影响程度得分对应的层次界定，$0.8 \leq p_i(t_1) \leq 1$，界定为影响程度很高；$0.6 < p_i(t_1) < 0.8$，为影响程度较高；$0.4 \leq q_i(t_1) \leq 0.6$，为影响程度一般；$0.2 < p_i(t_1) < 0.4$，判定为影响程度低；$0 \leq p_i(t_1) \leq 0.2$，判定为影响程度无。

3. 技术隶属度

技术隶属度，是指潜在技术 j 在 t_1 时刻隶属于前沿技术的程度 $z_j(t_1)$，根据技术概率 $q_j(t_1)$ 和技术影响程度 $p_j(t_1)$ 对应的层次，通过技术研判矩阵得到（表4-23）。可分为重要前沿技术、一般前沿技术、非前沿技术三类，据此优选出符合项目或企业需求的前沿技术。

表 4-23　前沿技术的技术概率与技术影响程度研判矩阵（据李晓松等，2020）

技术影响	技术概率				
	很高	较高	一般	低	无
很高	重要前沿技术	重要前沿技术	一般前沿技术	一般前沿技术	一般前沿技术
较高	重要前沿技术	一般前沿技术	一般前沿技术	一般前沿技术	非前沿技术
一般	一般前沿技术	一般前沿技术	一般前沿技术	非前沿技术	非前沿技术
低	一般前沿技术	一般前沿技术	非前沿技术	非前沿技术	非前沿技术
无	非前沿技术	非前沿技术	非前沿技术	非前沿技术	非前沿技术

　　根据技术研判结果，国家和油气企业科技管理部门就可以根据油气科技战略安排，开展科学可行的技术决策，决策方案包括放弃跟踪、继续跟踪、列入候选库、探索投入和全力投入等（李晓松等，2020）。

三、油气地质勘探前沿技术优选质量要素分析

　　一是要开展油气前沿技术优选合理性或者准确度分析。即油气前沿技术的优选要有合理依据，通过一系列指标判断是否符合前沿技术的特征。如前沿技术特征之一就是主体技术成熟度低、技术水平薄弱。但根据中国/国内石油公司实际情况，前沿技术也包括国外技术比较成熟但中国/国内石油公司研发薄弱、技术水平不高的技术，因此，在判断优选出的前沿技术是否合理时，应该通过技术对标来综合确定。

　　要综合根据前沿技术需求情况（主要包括经济效益需求、社会效益需求、生态效益需求）、技术供给情况（主要包括技术先进性、技术适用性、技术成熟度、技术创新力）以及受综合环境（主要包括经济环境、社会环境、生态环境）影响情况等的分析判断，来实现有效选择。

　　二是要开展油气前沿技术优选可靠性或者认可度分析。应当指出，油气前沿技术跟踪筛选目前主要依靠油气行业的主要技术会议、技术期刊文献/专利数据库等方式进行，跟踪筛选的技术能否代表未来技术发展趋势，其可靠性或者准确度尚无评价方法，前沿技术的确定有一定的风险。因此，油气前沿技术的测评和优选应当尽量广泛地征求各级专家和科研管理部门的意见，尽量获得较广的代表性和认可度。同时建议今后进一步建立前沿技术跟踪筛选可靠性评价及风险评价方法，成立油气前沿技术发展战略的专门机构，根据公司未来业务发展战略和目标准确厘定公司未来的油气科技发展方向，增强公司在国际行业竞争中的核心竞争力。

　　三是油气前沿技术优选中，要进行相关综合影响因素分析，例如技术产业特征、消费行为、政策导向、资源禀赋、创新能力、风险因素、国际趋势、发展规划的影响等。

　　上述几个方面问题，也是需要今后进一步深化研究的方向和关注的重点。

第三节　油气地质勘探前沿技术结构模板构建与示例

技术结构模板是将近期和长远能够形成企业生产力的主体技术（群）从纵向、横向分层次建立起的二维专业技术系统（模板为系统的表现形式）。以此为平台，可以真实客观地评估和反映各单项技术、专业领域的地位，学科交叉关系和作用。技术结构模板通常以应用的范围为边界，包含了被调研企业已拥有的相关技术、未来油气勘探业务的主体技术（需求技术、在研／攻关技术、前沿技术），是核心技术优选的基础，是前沿技术优选的来源之一。

由前述可知，开展油气地质勘探全部技术的整体调研和前沿技术细项分析的情况下，通常采用基于德尔菲法的技术结构模板—技术特征测评与前沿技术优选、基于德尔菲法的技术结构模板—区间定位测评与前沿技术优选方法，均会涉及技术结构模板构建。

基于本章和本书的"油气地质勘探前沿技术"主题，本节不拟过多涉及整体调研中的其他技术，主要以专题调研和表征的第二章常规油气地质勘探前沿技术、第三章非常规油气地质勘探前沿技术为例简述。

一、技术结构模板构建的层次结构及组成

技术结构模板可分为四个层次：第一层次为 A 级，技术专业（／专业板块）；第二层次为 B 级，技术领域；第三层次为 C 级，技术群；第四层次为 D 级，专项技术（专项技术通常也是由一项以上技术构成的"群"或"系统"）。此结构纵向上层次分明、横向上关系清晰，形成比较完整的且具有内在联系的技术体系，反映现在或将来生产业务领域涉及的技术。

技术划分原则是简单实用、科学合理、领导层和生产研究单位容易认可、便于推广应用、延续性与创新性结合，技术群按"单因素"分类。因此模板以"技术"和"技术系统"为基本内容，以技术领域—技术群—专项技术三个层次为基本结构。"技术领域""技术群"和"专项技术"都是具有不同层次结构和相对独立性的技术系统，可以按生产组织系统、盆地类型、学科等不同体系划分。

技术领域是指人们在油气勘探、开发过程中针对某一业务领域或范围所形成、掌握的各种技术方式、手段和方法的总和。习惯上按生产组织系统的勘探领域划分出相应技术领域。本书中，前沿技术的领域归属和划分，和勘探领域未必一一对应，某些前沿技术领域分布的技术多少不均、甚或缺失。

技术群是指涉及技术领域中若干方面的同类技术组合或某一方面的一类技术集群，其划分主要根据大的学科、技术类型、技术用途和技术相似性界定。

专项技术是指专门针对某一具体方面形成的具体技术方式、手段和方法。技术群和专项技术可以用技术性能指标、技术经济指标两类指标来定性或定量化地表征其技术特性。

技术群、专项技术是技术结构模板的核心成分，重点是当前的核心技术、关键技术，以及反映技术发展方向和趋势的前沿技术。此外，勘探技术结构模板中涉及的物探、测井等工程技术，主要是偏重于物探、测井资料的解释和地质应用技术，模板中基本不出

现纯物探、纯测井方面的技术名词术语，以避免与工程技术结构模板的重复。

构建技术结构模板是一个不断迭代优化和完善的过程，要重点关注和把握好以下几点：

（1）技术结构模板大表中，尽量不使技术群或专项技术的名称产生多解性。要注意根据"生产需求—技术需求—对标分析调研"中反馈的最新信息进行微调、修改，为分析和研究技术的定位和作用提供一个公用的互动平台。

（2）技术结构模板的内容反映了当前和今后一定时期的生产对技术的需求，并以产生经济效益为标准，这点不同于学科分类。

（3）技术结构模板是技术评估的综合平台，以平台为"整体"量化评估出不同时间段的不同技术的特性，为决策提供科学依据。

（4）技术结构模板以应用的范围为边界，由油气勘探涉及的相关技术、当前重要的常规技术、核心技术和尚未进入工业化应用的前沿（/储备）技术构成，建立模板时要充分考虑企业中远期的技术需求（当然要包含企业的在研技术）和可借鉴的前沿技术或国际前瞻性技术。

（5）技术结构模板的建立要注意边界条件，如针对某企业2020—2025年科技发展规划的技术结构模板，就应以2020—2025年的时间段和业务范围作为边界条件，2025年以后的和企业业务范围外的预期技术就不能进入模板。

（6）专业技术结构模板纵向上反映了"大技术""中技术""小技术"的关系，也可作为计算经济效益的标准层次结构。

二、油气地质勘探前沿技术结构模板示例

油气勘探评价技术通常按照勘探领域划分出相应的技术领域，如地质评价技术包括十个技术领域：（1）岩性地层油气藏勘探；（2）前陆盆地油气勘探；（3）海相碳酸盐岩油气勘探；（4）火山岩油气勘探；（5）成熟探区精细勘探；（6）大中型天然气田勘探；（7）海域油气勘探；（8）油气勘探新技术、新方法；（9）油气勘探战略与规划决策；（10）油气地质综合评价。

根据调研企业生产需求、前沿技术发展现状和层次结构、延续性、对应性分析结果，参照前述思路和方法研究构建了常规与非常规油气地质勘探前沿技术结构模板（表4-24）。

需要指出，在技术结构模板研究中，关于技术（技术领域、技术群）的分类标准和体系划分、技术领域的内涵与范畴界定等，尚存在一些争议和不同观点。一是区分与理解不一，分类标准不统一，有的按生产系统区分，有的按技术体系区分，有的按科研项目区分。二是部分专家意见分歧，例如几大勘探领域和技术领域的划分、界定、设置；可能形成领域重复与技术重复；物探、测井等工程技术与勘探地质技术领域的关系等。三是实际分类不统一，技术具有不同层次结构和相对独立性的技术系统，可以按生产组织系统分，也可按学科分，如石油地质按生产组织系统可分为岩性、前陆、海相、海洋、老区等，按学科可分为有机地球化学、构造、沉积、成藏等。为免生歧义，仅就本书的勘探技术相关名词内涵与范畴说明如下：

表 4-24　常规与非常规油气地质勘探前沿技术结构模板示例

专业/板块	技术领域	技术群	专项技术
常规油气勘探	岩性地层油气藏勘探评价技术	地震沉积学分析技术	90°相位转换/调整技术
			地层切片技术
			分频处理与频谱分解技术
			RGB地震属性融合技术
		定量地震地貌学分析技术	系统地质研究与地貌特征定量分析技术
			关键地震属性分析技术
			沉积单元交汇和沉积体系影响因素分析技术
			多数据融合及沉积单元形态数据定量分析技术
		碎屑岩储层物性定量表征及预测技术	碎屑岩储层物性地质分析预测技术
			碎屑岩储层物性地震分析预测技术
			碎屑岩储层物性测井分析预测技术
			碎屑岩储层物性人工智能综合预测技术
	前陆冲断带勘探评价技术	复杂构造地质建模与圈闭定量评价技术	复杂构造叠前深度偏移成像和应变恢复重建技术
			地表大视角构造观测描述与轴面分析技术
			复杂构造三维立体模型与综合建模技术
			圈闭构造特征类比分析技术
			断层封堵性定量分析技术
			构造圈闭识别与综合定量评价技术
	海相碳酸盐岩勘探评价技术	碳酸盐岩礁滩及缝洞储层评价及预测技术	碳酸盐岩礁滩及缝洞储层地质评价及预测技术
			碳酸盐岩礁滩及缝洞储层地震评价及预测技术
			碳酸盐岩礁滩及缝洞储层测井评价及预测技术
			碳酸盐岩礁滩及缝洞储层综合评价及预测技术
	天然气勘探评价技术	天然气藏地质综合定量评价技术	天然气单项成藏要素定量评价技术
			天然气藏地质综合定量评价技术
		天然气气质检测技术	天然气气质指标与等级判定技术
			天然气气质检测技术手段
			天然气气质检测仪器设备
	海域油气勘探评价技术	海域深水沉积体系识别描述及有利储层预测技术	海域深水沉积体系综合识别描述及储层预测技术
			海域深水沉积体系快速识别描述及直接储层预测技术
		海洋深水油气勘探风险评价技术	海洋深水勘探地质风险识别分析及评价技术
			海洋深水勘探钻井工程风险识别分析及评价技术
			海洋深水勘探经济风险识别分析及评价技术
			海洋深水勘探风险综合判识及多信息融合评价技术

专业/板块	技术领域	技术群	专项技术
常规油气勘探	常规油气勘探评价新方法、新技术	复杂油气成藏分子地球化学示踪技术	含氮化合物分离制备技术
			气相色谱—质谱—质谱分析技术
			分子同位素分析技术
			生物标志物单体烃分离与同位素分析技术
			金刚烷单体烃分离与同位素分析技术
		油气微生物地球化学勘探技术	微生物石油调查技术
			土壤吸附烃技术
		多尺度数字岩石分析与三维可视化表征技术	多尺度数字岩心重构与数据库技术
			多尺度数字岩心图像分析与固体组分评价技术
			多尺度数字岩石建模与物理属性模拟技术
			多尺度数字岩心三维可视化表征与评价技术
		油气地质实验分析新技术	岩性扫描高分辨能谱分析技术
			纳米机器人油气探测与评价技术
			原子介电共振扫描技术
	油气地质综合评价技术	油气资源评价与空间分布预测技术	油气资源与勘探目标一体化评价技术
		深部储层定量评价及油气藏识别预测技术	深部储层多参数、多方法地质评价及类型品级综合划分技术
			深部储层地球物理成像与高温高压储层评价预测技术
		数字露头与近地表地质结构建模技术	数字露头观测与建模技术
			近地表地质结构探测与建模技术系列
非常规油气勘探	非常规资源与目标评价技术	非常规油气资源评价技术	类比法/分级资源丰度类比评价技术
			随机模拟法评价技术
			单井储量估算法评价技术
			油气资源空间分布预测法评价技术
			连续型致密砂岩气藏预测法评价技术
			改进体积法评价技术
			EUR丰度法评价技术
			参数概率统计法评价技术
		致密储层成岩相定量分析与成岩圈闭识别评价技术	致密储层成岩相定量分析技术
			致密储层成岩圈闭识别评价技术

专业/板块	技术领域	技术群	专项技术
非常规油气勘探	非常规储层与地质综合评价技术	连续型油气藏地质评价技术	高分辨率层序地层学工业化应用技术
			成岩相定量评价技术
			非常规储层微观孔隙结构测试技术
			非常规储层物性测试技术
			储层含气性测试技术
		非常规优质储层识别与评价技术	非常规储层沉积结构、微相/纹层识别与表征技术
			非常规储层参数实验测试与表征技术
			非常规优质储层测井识别评价技术
			非常规优质储层地震综合解释及评价技术
			非常规优质储层大数据分析技术
		致密层系叠前储层预测技术	岩石物理分析预测技术
			基于叠前反演的致密储层预测技术
			叠前致密储层裂缝预测技术
		非常规油气"甜点"区评价预测技术	"甜点"（区）地质评价技术
			"甜点"层段测井定量识别评价技术
			"甜点"关键要素地震预测技术
			"甜点"（区）井震联合定量评价技术
		非常规油气地质工程一体化技术	非常规油气地质评价预测技术系列
			非常规油气关键工程技术系列
			地质工程一体化联合组织与协同管理技术
			以信息服务为枢纽的地质工程一体化软件平台
	非常规油气实验测试分析技术	致密储层微纳米级实验分析技术	致密储层微纳米级辐射探测技术
			致密储层微纳米级流体注入技术
			致密储层微纳米级非流体注入技术
	煤层气勘探评价技术	低煤阶煤层气地质综合评价技术	低阶煤层气储层地球物理反演预测及评价技术
			低阶煤层气地质选区及综合评价技术
			低阶煤层气多层合采及煤系共探合采地质评价技术
			低阶煤层气高产"甜点"区地质评价技术
		煤层气高渗富集区精细预测技术	煤层渗透率定量预测技术
			煤层含气量定量评价及预测技术
			煤层气"高渗富集"参数叠合表征与"甜点"区评价预测技术

专业/板块	技术领域	技术群	专项技术
非常规油气勘探	油页岩勘探开发技术	油页岩综合利用技术	油页岩地面干馏技术
			页岩油与干馏气提质技术
			油页岩半焦燃烧技术
			油页岩灰渣综合利用技术
	页岩油勘探开发技术	中低熟页岩油原位转化技术	中低熟页岩油原位高效复合加热技术
			中低熟页岩油精确可控储层改造技术
			中低熟页岩油地下空间封闭技术
			中低熟页岩油催化降本增效技术
			原位转化余热及储层空间综合利用技术
	天然气水合物勘探技术	天然气水合物开采模拟技术	天然气水合物开采实验仿真模拟技术
			天然气水合物开采数值模拟技术

一是若单从学科体系、技术构成等角度看，表4-24可能并不完整，但本书不图大而全，追求少而精，仅仅是地质勘探前沿技术结构模板构建的示例而已。

二是常规油气地质勘探前沿技术领域的界定。岩性地层油气藏勘探评价技术领域，主要是指针对含油气盆地中沉积环境、岩性变化与构造条件联合作用而形成的一类非构造油气藏的勘探技术，特指坳陷型盆地、碎屑岩，包括松辽盆地、鄂尔多斯盆地、四川盆地（须家河组）与其他盆地的岩性地层油气藏等。前陆冲断带勘探评价技术领域，主要指针对中西部塔里木盆地库车和塔西南、准噶尔盆地西北缘和南缘、酒泉盆地祁连山前、吐哈盆地台北凹陷山前带、四川盆地龙门山前和大巴山前、鄂尔多斯盆地西缘等前陆冲断带的勘探评价技术。海相碳酸盐岩勘探评价技术领域，主要针对中国古生界古海洋环境下形成的碳酸盐岩及其碎屑岩夹层的勘探技术，包括四川盆地、鄂尔多斯盆地、塔里木盆地、南方古生界诸盆地。天然气勘探评价技术领域，界定为不包括前陆盆地冲断带在内、针对探明储量大于或等于 $100 \times 10^{12} m^3$ 的大中型天然气田的勘探评价技术。海域油气勘探评价技术领域，是指中国大陆周边近海海域含油气盆地的油气勘探评价技术，包括渤海湾盆地滩海地区。常规油气勘探评价新领域、新方法、新技术领域，新领域是指当前技术经济、地质认识条件下勘探尚未涉及或勘探程度极低的新地区；新技术、新方法是指在研究油气藏形成与分布各项油气地质基础条件过程中，为解决不断涌现出的许多新的重要问题和重要挑战而形成的技术、方法前沿，是对原有技术、方法的延伸、开拓创新和突破。油气地质综合评价技术领域，主要是指有关油气地质综合评价、区域地质战略选区与勘探规划部署、区带评价与目标优选、勘探战略与规划决策等方面。

三是非常规油气地质勘探前沿技术领域的界定。非常规油气资源种类较多，主要包括页岩油、页岩气、煤层气、致密油、致密气、油页岩、天然气水合物、油砂、特稠油、沥青砂岩等。鉴于非常规油气普遍具有储层致密、连续型聚集、大面积非均质分布特征，其勘探开发在中国和世界的发展现状、技术进展、产业规模和储量产量贡献不同，并考虑本章和本书篇幅有限，技术领域并未按资源种类一一划分，而是按前沿相关、特征类似、技术相近、新颖性明显等原则，划分出七大技术领域，包括非常规资源与目标评价技术领域、非常规储层与地质综合评价技术领域、非常规油气实验测试分析技术领域、煤层气勘探评价技术领域、油页岩勘探开发技术领域、页岩油勘探开发技术领域、天然气水合物勘探技术领域。

四是鉴于目前按生产组织系统的勘探技术领域划分已为管理层接受，并在各油田推广应用、认可度较高。为保持一定的延续性，按照前述勘探技术划分原则，主体予以保留。

五是前沿技术结构模板中涉及的物探、测井等工程技术，主要偏重于物探、测井资料的综合解释和地质应用技术，基本不出现纯物探、纯测井机理、方法、装备和仪器等的名词术语。

第四节　油气地质勘探前沿技术测评细则与示例

一、油气地质勘探前沿技术测评指标与级别划分

（一）技术竞争性

技术竞争性是指该技术当时的或与本身以前相比，其竞争能力强弱或变化情况。

技术竞争性级别划分原则主要考虑：一是技术所处研发阶段（里程碑）；二是技术本身完善程度；三是技术应用广泛程度和市场交易限制程度。技术竞争性与技术生命周期（成熟度）和所处研发阶段（里程碑）密切相关（图4-8），以此技术竞争性划分为三个级别：潜在、增强和减弱。

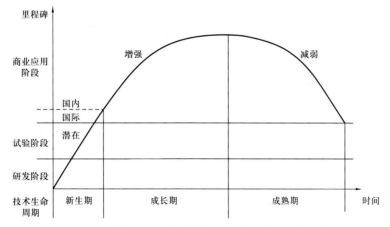

图 4-8　技术竞争性与生命周期、研发阶段关系图

潜在：对应技术处在研发或试验阶段，尚未投入商业应用，但具有潜在商业应用价值；在国外处在商业应用阶段初期，国内尚未研发、试验或正在研发、试验或引进试验

性应用。

增强：对应技术处在商业应用阶段前期，仍具有较大改进发展空间或主要性能参数和技术经济指标具有升级余地；在国外已较广泛地商业应用，但市场上只能有条件地、有限制地交易或引进，国内正在引进应用。

减弱：对应技术处在商业应用阶段后期，技术的主要性能参数和技术经济指标已无较大改进升级余地，而只需维护完善；在国际全行业中广泛应用，技术产品在市场上可随意买卖。

测评计票规则：技术测评结果汇总后，根据专家对每项测评指标各个级别选择票数和前述表 4-9（表头数字）给定分数，采用算术平均求得各专项技术的每项测评指标的平均分数。然后，按下述规则划定平均分数界限与测评指标级别对应关系。

其中，平均分数>2.4 为潜在，2.4≥平均分数>1.6 为增强，平均分数≤1.6 为减弱。

根据每项测评指标的平均分数与上述对应关系，确定各专项技术的每项测评指标级别。

应当指出，技术竞争性及其"潜在、增强、减弱"三级别测评，在"十二五"之前应用较为流行。"十二五"以来，中国石油规划团队提出用"技术竞争力影响"这一术语以更好地表征某项技术对一个企业在特定行业内竞争力的影响，一般分为"超前技术、核心技术、常规技术"三类，基本可与"潜在、增强和减弱"三级对应起来，前面第一节已有论述。通常简称为"技术竞争性（分类）"，以此指标与技术水平、技术对生产力影响指标组合进行三特性测评。

"技术竞争性（分类）"计票规则：1/2 以上票为通过，即>1/2 总票数的级别即确定为所在级别；不超过 1/2（包括 1/2）票的技术，即≤1/2 总票数的级别由项目组自身及其邀请的有关专家协商核定，并考虑总体技术系列中各级别技术的比例关系：常规技术占70%、核心技术占 20%、超前技术占 10% 左右。

（二）技术水平

技术水平是指本企业拥有的技术与国内外企业拥有的同类技术相比，其总体水平、主要性能参数和技术经济指标的先进程度。

技术水平级别划分原则主要考虑：一是技术的总体水平、主要性能参数和技术经济指标相对其他企业的高低；二是是否拥有或控制发展该技术的关键技术人员和关键设备、仪器；三是企业是否拥有发展该技术的实践经验从而积累了足够技术诀窍。

技术水平反映了本企业在国际同行业中该技术上的相对地位或技术实力高低，可划分为国际领先、国际先进、国内领先、国内一般和薄弱五个级别。

国际领先：指本企业独自研发成功的技术、其他企业尚无同类技术，或国际同行业已有的技术但本企业技术的总体水平位居前三名；具有全行业认可的领先地位，拥有引领该技术发展方向的能力。

国际先进：指国际同行业已有的技术，但本企业技术主要性能参数和技术经济指标领先于大多数（三分之二以上）企业；具有全行业认可的主导地位，能够从事独立的技术活动，具有影响该技术发展方向的能力。

国内领先：指国内同行业已有的技术，本企业的总体水平、主要性能参数和技术经济指标与国外同行业大多数企业相当而领先于国内同行业大多数企业；具有国内同行业认可的主导地位，能够从事独立的技术活动，并把握、引领国内该技术的发展方向。

国内一般：指国内同行业已有的技术，本企业的总体水平、主要性能参数和技术经济指标与国内同行业大多数企业相当。

薄弱：指本企业缺少的技术。

测评计票规则：专家打分统计，得 2/3 以上票为通过，即＞2/3 总票数的级别即确定为所在级别；不足 2/3 票的技术降一个档次，即≤2/3 总票数的级别降级一个档次。平均分数≥3.5 为国际先进，3.5＞平均分数＞2.5 为国内领先，2.5≥平均分数＞1.5 为国内一般，平均分数≤1.5 为薄弱。

（三）技术对生产力影响

技术对生产力影响是指该技术与本专业其他技术相比，对本企业业务发展和市场开拓的重要程度以及作用和贡献大小。

技术对生产力影响级别划分原则主要考虑：一是技术对企业业务和市场的未来发展、开拓的重要程度；二是技术对本企业规划的未来战略性业务的重要程度；三是企业如果无法拥有该技术可能产生后果的严重程度；四是同类新技术的替代作用大小。

技术对生产力影响划分为三个级别：关键、重要和一般。

关键：指技术对本企业业务发展和市场开拓具有非常重要作用，且尚未出现替代技术。

重要：指技术对本企业业务发展和市场开拓具有较重要作用，出现了替代技术。

一般：指技术对本企业业务发展和市场开拓具有一般作用；技术已过成熟、替代技术作用较大；技术仍处在研发或试验阶段、尚未投产应用。

根据石油企业对战略技术的要求，技术对生产力影响评估时点定为未来的 10～15 年。要在预测各项技术发展趋势的基础上，分析判断到那时各项技术的状况以及与本企业业务发展和市场开拓的关系，从而评估当时技术对生产力影响程度。

计票规则：专家打分统计，得票 2/3（含 2/3）为通过，即≥2/3 总票数的级别即确定为所在级别；不足 2/3 降一个档次，即＜2/3 总票数的级别降级一个档次。其中，平均分数≥2.6 为关键，2.6＞平均分数≥2.0 为重要，平均分数＜2.0 为一般。

（四）技术实现方式

技术实现方式是指今后时期研发、升级该技术所采用的方式。技术实现方式可划分为自主研发、合作研发、引进研发三类。

自主研发：指技术研发、提升完全依靠本企业独立实现。

合作研发：指技术研发、提升通过本企业与其他企业合作实现。

引进研发：指技术研发、提升通过引进消化吸收来实现。

技术实现方式确定采用德尔菲法，该方法就是组织资深专家对技术实现方式做出快速选择评价。具体实施为：通过召开测评会或者信函邀请有关专家，发放调查问卷表；专家根据规定的技术实现方式分类原则，对问卷表中各专项技术的实现方式选择类别（打钩或画圈）；认为不研发或暂不研发的专项技术可以不选择；从而获得问卷表。

计票规则：每位专家对专项技术实现方式选择结果为一票，按照权衡概率确定各项技术的实现方式，其中超过半数票的或虽未过半数票的但为多数的实现方式，可确定为该专项技术的实现方式。

二、基于德尔菲法的前沿技术结构模板—技术特征测评与优选示例

优选方式采用规定双矩阵测评分析，对"技术竞争性""技术水平"和"技术对生产力影响"等三项技术特征，通过两个矩阵进行交叉分析。通过对技术特征的量化，进行数学处理，解决技术优先级排序问题。测评对象为某企业在油气勘探领域当前的59项专项技术。

（一）技术水平与技术竞争性矩阵评价

根据技术测评结果表，各专项技术的技术水平与技术竞争性的平均分数，编制技术水平与技术竞争性矩阵评价图（图4-9）。该图按照技术水平级别与技术竞争性级别的平均分数界限划分成12个象限。

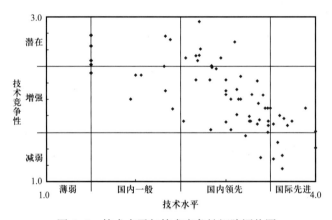

图4-9 技术水平与技术竞争性矩阵评价图

图4-9中显示：越是技术成熟度低、竞争性强的新技术或前沿技术，技术水平较低；越是技术成熟度高、竞争性弱的老技术，技术水平较高。

（二）技术对生产力影响与技术竞争性矩阵评价

根据技术测评结果表，各专项技术的技术对生产力影响与技术竞争性的平均分数，编制技术对生产力影响与技术竞争性矩阵评价图（图4-10）。该图按照技术对生产力影响级别与技术竞争性级别的平均分数界限划分成9个象限，从原点到远端点分成5类象限："一般—减弱"象限（图4-10中标数字1的象限）；"重要—减弱"和"一般—增强"象限（图4-10中标数字2的象限）；"重要—增强""关键—减弱"和"一般—潜在"象限

（图4-10中标数字3的象限）；"关键—增强"和"重要—潜在"象限（图4-10中标数字4的象限）；"关键—潜在"象限（图4-10中标数字5的象限）。

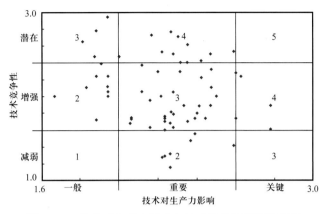

图4-10　技术对生产力影响与技术竞争性矩阵评价图

（三）双矩阵评价优先级排序

以技术对生产力影响与技术竞争性矩阵评价结果为主，并综合考虑技术水平和其他因素（如业务需求、技术储备等），进行前沿技术优选。

图4-10中的象限分类，基本反映了象限的优先排序，编号（图4-10中标注的数字）越大的象限越优先。技术对生产力影响与技术竞争性的平均分数乘积大小，基本反映了同类象限内的专项技术的优先排序，平均分数乘积越大的专项技术越优先。

为此，按照象限分类和平均分乘积双因素进行排序。首先将标数字5、4的象限内专项技术全部优选为核心技术；其次，在标数字3的象限内划定平均分乘积的下限，选定一部分专项技术为前沿技术。上述优选结果作为基础，综合考虑技术水平和其他因素（如业务需求、技术储备等），进行调增或调减。最后，形成前沿技术优选清单、优先排序表和优选出的前沿技术层次结构表。

第五节　油气地质勘探前沿技术合理性分析与示例

本节主要从技术结构和分布角度，关注油气企业为达到生产发展进步、技术竞争有力、企业持续经营目标，前沿技术在全部/主题技术构成中应有的合理结构占比、合理分布范围，从而对前沿技术提出分析意见和发展建议。

一、基于德尔菲法技术结构模板—技术特征测评的前沿技术合理性分析

延续前例，某石油企业在油气勘探领域当前有59项专项技术测评结果。首先，将59项专项技术进行编号。其次，按照各个不同技术领域专项技术的竞争力影响特征（常规技术、核心技术、超前技术）和专项技术的不同水平（国际领先、国际先进、国内

领先、国内一般、薄弱）进行分类；并将专项技术编号分别对位填入技术合理性矩阵（图 4-11）。最后，对专项技术的分布情况进行分析、评估。

技术竞争性（分类）	技术水平			
	国际领先/国际先进	国内领先	国内一般	薄弱
常规技术	①⑥㉖	㉒④⑫⑬⑭⑰⑱⑳ ㉒㉕㊷㊹㊼㊽51 56	⑧⑲㉑㉔㉘㉙㉛㉜㉝ ㊱㊲㊺52 53 57 58 59	㉞㉟㊳ ㊴
核心技术	㉗	⑨⑩⑯㉚㊾55	⑤⑪⑮㉓㊶54	
超前技术			㊻50	③⑦㊵ ㊸

图 4-11　某企业某技术领域技术合理性矩阵

从该合理性矩阵图（图 4-11）可以看出，当前该领域 59 项技术分布不够合理（该企业目标是国际一流油公司）。主要表现为：常规技术中的国际领先、国际先进太少，国内一般太多，在五年规划中需通过技术引进，快速提升技术水平；核心技术是竞争力的主要来源，国际先进水平仅一项，问题突出，在五年规划中需加大力度，提升技术水平；超前技术整体薄弱，国内领先以上水平的储备技术空缺，问题严重，在五年规划中应加强该类技术攻关、加强基础研究，以使企业长远发展保持后劲。

二、“十二五”勘探技术（改进）双矩阵测评与前沿技术合理性分析

本示例为“十二五”勘探技术测评综合分析与前沿技术优选，测评对象为某石油企业在油气勘探领域“十二五”的 84 项专项技术。在德尔菲法技术结构模板—技术特征测评的规定双矩阵分析法基础上，创新提出了改进双矩阵测评方法，并开展了前沿技术合理性分析。

（一）规定双矩阵测评与前沿技术合理性分析

依据 2015 年勘探专项技术在技术水平—技术竞争性合理性矩阵（图 4-12）中的分布情况来看，目前勘探技术的分布并不合理。表现为：“十二五”预期将有 7 项常规技术、7 项核心技术达到国际领先和国际先进水平，占总技术的 16.7%，表明靠勘探技术参与国际竞争将有一定优势，该企业的整体竞争优势将大大提高。“十二五”将有 44 项核心技术、21 项常规技术达到国内领先水平，占总技术的 77.4%，说明该企业在国内同行中的明显竞争优势进一步提高，行业龙头地位不会动摇。到 2015 年（“十二五”末）有 3 项核心技术、1 项常规技术处于“国内一般”水平，需提前谋划，加强攻关、加大生产性投入尽快提升水平或加速获取，以提升技术未来的竞争力。

就前沿技术（/ 超前技术）的合理性来看，从测评结果表和图 4-12 分析，前沿技术（/ 超前技术）的分布极不合理。表现为：处在国际先进、国内领先水平的超前技术缺乏（尚没有 1 项分布），仅有唯一 1 项超前技术（地下稠油分布评价与生物气化技术）处于“国内一般”水平，这对该领域技术未来国际竞争力的提升十分不利，需加强攻关和技术

水平提升。总体上，该企业未来竞争技术储备十分匮乏，急需强化重大前沿技术的跟踪、测评和优选，加强超前技术的储备和研发，才能有效保障企业可持续发展。

技术竞争性（分类）	技术水平			
	国际领先/国际先进	国内领先	国内一般	薄弱
常规技术	C01、C02、C14、C16、C42、C38、C40	C09、C10、C13、C27、C51、C54、C55、C57、C58、C62、C11、C19、C26、C31、C34、C35、C49、C61、C64、C82、C77	C67	
核心技术	C03、C15、C17、C18、C24、C43、C48	C32、C69、C70、C83、C81、C04、C71、C76、C05、C06、C07、C08、C12、C20、C21、C22、C23、C25、C28、C29、C30、C33、C36、C37、C39、C41、C44、C45、C46、C47、C50、C52、C56、C59、C63、C72、C73、C74、C75、C78、C79、C80、C53、C60	C65、C66、C68	
超前技术			C84	

图4-12 2015年/"十二五"末勘探技术水平—技术竞争性合理性矩阵

（二）改进双矩阵测评与前沿技术合理性分析

按照前述德尔菲法技术结构模板—技术特征测评下"规定双矩阵测评法"形成的技术排序，矩阵分值过于集中在3分级别上，难以筛选出符合优先级高、数量适中、代表主体生产和技术需求条件的重大技术。

经过溯本追源式的比较和实践分析发现，按照规定双矩阵测评法中指标级别参数确定的专项技术三个指标的级别拉不开档次、或难以拉开技术优先级档次，技术竞争性集中在"核心技术"，技术对生产力影响集中在"重要"，技术水平集中在"国内领先"。为此提出改进双矩阵测评法，根据专家票数分布情况，对规定双矩阵分析法中指标级别确定原则进行调整。

调整后的计票规则和指标级别确定原则是：

（1）技术竞争性：常规技术、核心技术、超前技术3档次均有票数分布时，>1/2总票数的级别即确定为所属级别；2档次有票数分布且>1/2总票数，当常规技术票数/核心技术票数≥0.8为常规技术，当核心技术票数/超前技术票数≤1为超前技术。≤1/2总票数时：（常规技术票数+核心技术票数）/（核心技术票数+超前技术票数）≥0.5，且常规技术票数/核心技术票数≥0.7为常规技术；（常规技术票数+核心技术票数）/（核心技术票数+超前技术票数）<0.5，且核心技术票数/超前技术票数<1.7为超前技术；其他归为核心技术。

（2）技术对生产力影响：非常重要、重要、一般3档次任一档有票数分布时，≥2/3总票数的级别即确定为所属级别。<2/3总票数时：（非常重要票数+重要票数）/（重要票数+一般票数）≥1.5，且非常重要票数/重要票数≥0.6为非常重要；（非常重要票数+重要票数）/（重要票数+一般票数）≤0.85，归为一般；其他归为重要。

（3）技术水平：根据国际领先、国际先进、国内领先、国内一般、薄弱5档次票数的主峰值分布确定级别。>2/3总票数的级别，即确定为所在级别。≤2/3总票数时：（国

际领先票数 + 国际先进票数）/（国内领先票数 + 国内一般票数 + 薄弱票数）≥1.3 为国际先进；（国际领先票数 + 国际先进票数）/（国内领先票数 + 国内一般票数 + 薄弱票数）＜0.2 为国内一般；其他为国内领先。

按调整后的指标级别和测评结果，勘探技术水平—技术竞争性合理性矩阵如图 4-13 所示。

技术竞争性（分类）	技术水平			
	国际领先/国际先进	国内领先	国内一般	薄弱
常规技术	C01、C02、C14、C16、C38、C40、C42	C34、C35、C48、C10、C11、C19、C26、C39、C50、C55、C61、C62、C64、C75、C77、C80、C31	C49、C67、C69、C82	
核心技术	C03、C09、C15、C17、C21、C24、C25、C43、C47	C37、C05、C06、C07、C20、C30、C36、C45、C46、C52、C73、C54、C79、C22、C29、C44、C12、C13、C28、C33、C41、C51、C58、C59、C63、C74、C78、C56、C72、C57、C27	C32、C65、C70	
超前技术		C60、C23、C18、C08	C04、C66、C68、C71、C84、C53、C76、C81、C83	

图 4-13　改进双矩阵测评后 2015 年勘探技术水平—技术竞争性合理性矩阵

调整指标级别确定规则后，从专项技术在调整后的技术合理性矩阵（图 4-13）中的分布情况来看：处于国际领先和国际先进水平的常规技术有 7 项、核心技术有 9 项，表明靠勘探技术参与国际竞争存在局部优势，仍然缺乏整体优势。当前处于国内领先水平的核心技术与常规技术占据主体，核心技术 31 项占到 36.9%，常规技术 17 项占 20.2%，尚有 4 项超前技术处于国内领先水平，表明在国内同行中竞争优势非常明显，稳居行业主导地位。有 3 项核心技术、4 项常规技术处于国内一般水平，需要强化技术攻关或加速获取，加大生产性投入尽快提升技术水平。

就前沿技术（/超前技术）的合理性来看，从测评结果表和图 4-13 分析，前沿技术（/超前技术）虽仍然不尽合理，但合理性已有所改善。表现为：处在国内领先水平的超前技术由改进双矩阵测评前的零项增加到目前的 4 项，处在国内一般水平的超前技术由改进双矩阵测评前的 1 项增加到目前的 9 项。但是处在国际领先/国际先进水平、国内薄弱水平的超前技术仍然为零项，这仍然是不尽合理之处。总体看，该企业在国际先进水平的前沿技术（/超前技术）十分匮乏，表明前沿技术的国际竞争力较弱，未来竞争技术储备严重不足，需要引起高度重视。

处于"国内一般"水平的 9 项前沿技术（/超前技术），分别是前陆冲断带盐下构造圈闭识别与有效性评价技术、非均质储层成岩相定量分析技术、海域深水沉积体系识别描述及有效储层预测技术、海域深水油气成藏理论与地质评价技术、深部储层定量评价及预测技术、地下稠油分布评价与生物气化技术、数字盆地与数字油田技术、油气成岩模拟与实验技术、复杂含油气构造物理模拟技术，这些技术对未来国际竞争力的提升十分重要，需要特别关注，加强储备和攻关。

对比研究发现，采用改进双矩阵测评法优选技术和分析前沿技术合理性，基本可以拉开技术优先级档次，筛选出符合优先级高、数量适中、代表主体生产和技术需求条件的重大技术。该方法对专项技术三个指标级别确定原则进行了调整和级别参数的细化，而沿用了规定双矩阵分析法的双矩阵分值确定技术所在象限，有继承、有创新，更加适用、有效。

参 考 文 献

傅诚德，2010.石油科学技术发展对策与思考［M］.北京：石油工业出版社：177-246.

关陟昊，单治易，林紫洛，等，2022.技术前沿识别方法综述［J］.情报探索（4）：129-134.

李晓松，雷帅，刘天，2020.基于IRD的前沿技术预测总体思路研究［J］.情报理论与实践，43（1）：56-60.

刘招斌，杨辰，黄晓明，等，2022.需求和技术联合驱动的技术机会分析［J］.情报杂志，41（10）：82-88.

马永生，张建宁，赵培荣，等，2016.物探技术需求分析及攻关方向思考——以中国石化油气勘探为例［J］.石油物探，55（1）：1-9.

孟凤兰，2012.逻辑树方法在房地产营销策划中的应用研究［D］.济南：山东师范大学.

苗红，连佳欣，李伟伟，等，2024.基于数据挖掘的前沿技术识别方法与实证研究［J/OL］.系统工程与电子技术.http：//link.cnki.net/urlid/11.2422.TN.20240517.1859.017.

伊惠芳，刘宁，单晓红，等，2024.基于需求—技术联合分析的技术机会发现研究［J］.情报理论与实践，47（5）：18-29，47.

赵邦六，王喜双，董世泰，等，2014.渤海盆地物探技术需求及发展方向［J］.石油地球物理勘探，49（2）：394-409.

中国石油经济技术研究院.中国石油权威发布：这15种新技术，或重塑石油行业未来［EB/OL］.［2023-04-21］.https：//oil.in-en.com/html/oil-2952486.shtml.

中国政府网.国家中长期科学和技术发展规划纲要［EB/OL］.［2023-11-23］.https：//www.gov.cn/jrzg/2006-02/09/content_183787.htm.

庄芹芹，2022.产业发展对工程科技的需求分析方法与实践［J］.科技管理研究（10）：27-33.

第五章 中国油气地质勘探前沿技术发展战略

第一节 油气地质勘探前沿技术发展战略研究方法

一、油气地质勘探前沿技术发展战略的德尔菲法分析

(一)德尔菲法基本原理及主要特点

1.德尔菲法基本原理

德尔菲(Delphi,又译特尔菲)法,也称专家调查法,由美国兰德公司 1946 年创建实行,是由企业组成一个专门的预测机构,其中包括若干专家和企业预测组织者,按照规定的程序,采用匿名或背靠背方式征询专家对拟研究技术未来实现的可能性和预计的开发时间等的意见或者判断,然后进行预测和评价的方法。

该方法在对所要预测的问题征得专家的意见之后,进行整理、归纳、统计,再匿名反馈给各位专家,再次征求意见,再集中,再反馈,这样经过多轮反复,直至得到一致的意见,就可能得出一个共同的预见结果。其过程可简单表示为:匿名征求专家意见→归纳、统计→匿名反馈→再归纳、统计……→若干轮后停止。

德尔菲法本质上是一种反馈匿名函询法,除有通常用调查表向被调查者提出问题并要求回答的内容外,兼有向被调查者提供信息的责任,是一种利用函询方式进行的专家集体匿名思想交流的过程和工具。

德尔菲法主要有五个方面用途:对达到某一目标的条件、途径、手段及它们的相对重要程度做出估计;对未来事件实现的时间进行概率估计;对某一技术(方案、产品等)在总体技术(方案、产品等)中所占的最佳比重做出概率估计;对研究对象的动向和在未来某个时间所能达到的状况、性能等做出估计;对技术、方案、产品等做出评价,或对若干备选方案、技术产品评价出相对名次,选出最优者。

德尔菲法的实际应用类型,按目的或用途通常可以划分经典型德尔菲法(classical Delphi)、策略型德尔菲法(policy Delphi)和决策型德尔菲法(decision Delphi)三个类型,按覆盖环节可划分为德尔菲法的环节应用、德尔菲法的全程应用两个类型。德尔菲法的环节应用,可分为单环节应用和双环节应用两个亚类。

德尔菲法的单环节应用是指德尔菲法仅覆盖一个环节,具体实践中组织者经常使用德尔菲法完成第二环节或第三环节。双环节应用是指综合评价的两个环节采用德尔菲法来实现评价任务。

德尔菲法的全程应用是双环节应用的一个延伸。同样,根据专家组所受约束的强弱,

德尔菲法全程应用可细分为限制型全程应用和开放型全程应用两个亚类。限制型全程应用是指组织者选择一个专家组并提供评价过程中的关键信息；开放型全程应用是指组织者选择一个专家组，不提供评价过程中的关键信息而只告知某些辅助信息，如只告知评价的目的和有关最终返回结果的说明，或部分评价指标信息等，要求专家们根据自己的理解独立确立评价指标、选择评价方法并实施评价（徐蔼婷，2006）。

2. 德尔菲法主要特点

德尔菲法有四个明显区别于其他专家预测方法的特点，即调查匿名性、多次反馈性、小组回答统计性、意见逐步收敛性。

该方法的优势：一是能充分发挥各位专家的经验、学识和集体的智慧，预测是根据各位专家的意见综合而成的，集思广益，准确性高，有利于从多角度、多层次分析油气地质勘探前沿技术发展战略；二是各专家能够在不受干扰的情况下独立、充分表明自己的意见，能把各位专家意见的分歧点表达出来，取各家之长，避各家之短，全面考虑油气地质勘探前沿技术发展所要面对的问题；三是匿名性不对专家造成压力，能避免专家会议法的缺点，如权威人士的看法影响他人的意见、会场专家碍于情面而不愿意发表与其他人不同的意见、专家出于自尊心而不愿意修改自己原来不全面的意见等；四是简便易行，具有一定科学性和实用性，应用面广，节省费用。

德尔菲法的缺点：一是过程比较复杂，花费时间较长；二是综合预测仅根据各专家的主观判断，缺乏客观标准，而且显得强求一致；三是缺少思想沟通交流，可能存在一定的主观片面性；四是容易忽视少数人的意见，可能导致预测结果偏离实际；五是存在组织者主观影响［全国注册咨询工程师（投资）资格考试参考教材编写委员会，2012］；六是有的专家由于一些主客观原因，填写表格未经深入调查和思考，影响到评价结果的准确性。

（二）德尔菲法分析方法和技术流程

1. 德尔菲法主体原则

一是挑选的专家应有一定的代表性、权威性，熟悉或了解被调研的企业，乐于或勇于阐述专家个人的独立性意见。要求专家对完成所要调查的问题具有充分的知识经验，具有与调查内容有关的专业知识或工作经历，一般应学有专长，工作经验在十年以上，某些学术影响大、知识渊博的专家是重点人选。同时专家应具有应答调查的时间和责任感，否则无法保证调查表的高回收率，无法保证调查的质量和反馈效果。要注意专家样本结构的代表性，一般可以按照本领域专家、相关领域专家、管理专家各占一定的比例来选择。同时，专家不同的学派、单位、地区、经历、年龄结构等在选择时都要注意代表性。

二是预测之前，首先应取得参加者的支持，确保其能认真进行每一次预测，以提高预测有效性。同时也要向组织高层说明预测意义和作用，取得决策层和其他高级管理人员的支持。

三是问题表设计没有固定的格式，应该尽可能地表格化、符号化、数字化，措辞准确，不能引起歧义，征询的问题一次不宜太多，不要问那些与预测目的无关的问题，列入征询的问题不应相互包含；所提的问题应是所有专家都能答复的问题，而且应尽可能保证所有专家都能从同一角度去理解。

一般来说，一份完整的德尔菲法调查表，应包括提问主体和附件两大部分。提问主体即具体的调查内容；附件通常包括调查的目的意义、具体要求、背景材料、专家回执等。

针对油气地质勘探前沿技术相关的技术（方案、产品）评价调查表，首先要确定出技术（方案、产品）的评价指标体系。评价对象的评价指标体系可以根据前二轮调查对象的客观性能、特征和功能直接确定。在评价指标体系确定以后，即可设计出调查表发给各专家请予评价、打分。评分方法由组织者给出，而各评价指标的加权系数可由各专家分别给出，亦可由组织者在前几轮专家意见的基础上给出。

四是统计分析时，应该区别对待不同的问题，对于不同专家的权威性应给予不同权重而不是一概而论或平均化处理。

五是提供给专家的信息应该尽可能地充分，以便其做出判断。

六是只要求专家做出粗略的数字估计，而不要求十分精确。

七是问题要集中，要有针对性，不要过于分散，以便使各个事件构成一个有机整体，问题要按等级排队，先简单后复杂、先综合后局部，这样易引起专家回答问题的兴趣。

八是调查单位或领导小组意见不应强加于调查意见之中，要防止出现诱导现象，避免专家意见向领导小组靠拢，以至得出专家迎合领导小组观点的预测结果。

九是避免组合事件。如果一个事件包括专家同意的和专家不同意的两个方面，专家将难以做出回答。

十是调查结果的数据处理和规范表达。包括对技术（方案、产品）相对重要性指标的数据处理和表达、对事件实现时间预测结果的处理与表达、对某技术（方案、产品）在总体技术（方案、产品）中所占最佳比重预测结果的数据处理和表达、若干技术（方案、产品）中选择最佳技术（方案、产品）评价结果的数据处理和表达；要注意对专家意见的集中程度和协调程度等指标的衡量表达，如专家意见的集中程度可用评分算术平均值、对象的满分频度、对象的评价等级（名次）计算和表示，专家意见的协调程度可用变异系数计算和表示等。

2. 德尔菲法流程和步骤

德尔菲法实施过程中，始终有预测组织者、被选专家两个方面的人在活动。具体步骤如下：

步骤一：确定油气地质勘探前沿技术调研题目，拟定调研提纲，准备好向专家提供的资料（包括预测目的、时限／期限、调查表以及填写方法等）。

步骤二：组成专家小组。按照地质勘探前沿技术调研与战略研究所需要的知识范围，确定专家。专家人数的多少，可根据预测课题的大小和涉及面的宽窄而定，一般不超过

20人。某些涉及面宽的重大课题，专家人数也可以达到20～100人。

步骤三：向所有专家提出所要预测的问题及有关要求，并附上有关油气地质勘探前沿技术发展的所有背景材料，同时请专家提出还需要什么材料。然后，由专家做书面答复。

步骤四：各个专家根据他们所收到的材料，提出自己的预测意见，并说明自己是怎样利用这些材料并提出预测值的。

步骤五：将各位专家第一次判断意见汇总，列成图表，进行对比，再分发给各位专家，让专家比较自己同他人的不同意见，修改自己的意见和判断。也可以把各位专家的意见加以整理，或请身份更高的其他专家加以评论，然后把这些意见再分送给各位专家，以便他们参考后修改自己的意见。

步骤六：将所有专家的修改意见收集起来，汇总，再次分发给各位专家，以便做第二次修改。逐轮收集意见并为专家反馈信息是德尔菲法的主要环节。收集意见和信息反馈一般要经过三四轮。在向专家进行反馈的时候，只给出各种意见，但并不说明发表各种意见的专家的具体姓名。这一过程重复进行，直到每一个专家不再改变自己的意见为止。

步骤七：对专家的意见进行综合处理。

在对油气地质勘探前沿技术发展战略研究实际应用过程中，需关注和把握以下几点：

一是开放式的首轮调研，发给专家第一份调查表，收集专家对油气地质勘探前沿技术发展的观点。第一轮是初始的、开放式调查，不带任何框框，只提出预测问题，请专家围绕预测问题提出预测事件。如果限制太多，会漏掉一些重要事件。德尔菲法的调查表不仅要提出问题，还兼有向专家提供相关需求、进展等信息的责任。汇总整理专家调查表时，需归并同类事件，排除次要事件，用准确术语提出一个预测事件一览表，并作为第二步的调查表。

二是评价式的第二轮调研，发给专家第二份调查表，需要列有其他人的意见，针对第二步调查表所列的每个事件，要求专家根据几个具体标准对其他人的观点进行评估、做出评价。例如说明事件发生的时间、争论问题、事件或迟或早发生的理由。组织者统计处理第二步专家意见，整理出第三份调查表。第三份调查表包括事件、事件发生的中位数和上下四分点，以及事件发生时间在四分点外侧的理由。

三是重审式的第三轮调研，发给专家第三份调查表，需要列有第二份调查表提供的评价结果、平均评价、所有共识，请专家重审争论、修改自己原先的观点或评价。要对上下四分点外的对立意见做一个评价；给出自己新的评价（尤其是在上下四分点外的专家，应重述自己的理由）；如果修正自己的观点，也应叙述改变理由；组织者回收专家们的新评论和新争论，与第二步类似地统计中位数和上下四分点；总结专家观点，重点在争论双方的意见，形成第四份调查表。

四是复核式的第四轮调研，发放第四份调查表，专家再次评价和权衡，做出新的预测。是否要求做出新的论证与评价，取决于组织者的要求。回收第四份调查表，计算每个事件的中位数和上下四分点；归纳总结各种意见的理由以及争论点，需要包括所有评价、共识和遗留问题，由组织者对其综合处理。

值得注意的是，并不是所有被预测的事件都要经过四步。有的事件可能在第二步就达到统一，而不必在第三步中出现；有的事件可能在第四步结束后，专家对各事件的预测也不一定都是达到统一。不统一也可以用中位数与上下四分点来做结论。事实上，总会有许多事件的预测结果是不统一的，要做好意见甄别和判断工作。

3. 德尔菲法适用条件

德尔菲法适用于那些缺少情报资料和历史数据，而又较多受社会、政治、人为因素影响的课题。特别适用的课题类型：一是缺乏足够原始数据的、需要根据众多因素的影响才能做出评价的技术和军事领域的预测，或者数据不能反映真实情况，或者采集数据的时间过长，或者付出代价过高情形下上述领域和相关领域的预测；二是新技术评估，对于一些崭新的科学技术，在没有或缺乏数据的条件下，专家的判断往往是唯一的评价根据；三是关于社会、经济等非技术因素起主要作用领域的预测，其发展在很大程度上取决于政策和人为努力，目前只能用像德尔菲法这样的直观判断方法进行评价和预测。此外，由于原始信息量极大，决策涉及的相关因素（技术、政治、经济、环境、心理、文化传统等等）过多，计算机处理这样大的信息量，费用很高。这时，从费用效果考虑，也应采用德尔菲法 / 专家调查法。

原因在于：第一，受限于专家的知识面、经验性、思考度、认真度和主观判断能力，对所选择专家的可信度要求极高。德尔菲法调查结果取决于专家对调研技术活动的看法，一些专家可能由于专业方向较为专一或缺乏对未来社会愿景的创造性思考，思考问题容易受到局限，认识不到一些大大超前于现实的情况发生的可能，因此必须要科学谨慎地选择专家。第二，对研究组的问卷设计和问卷分析能力要求很高。在问卷设计方面，如果设计不当，出现问卷问题表述模糊不清、问题不完整等缺陷，就无法很好地测出专家们在该问题上的意见，严重的甚至会导致这一轮问卷调查的结果作废；在问卷分析方面，研究组在汇总专家意见时，可能会出现人为过滤掉可能正确的专家意见的情况。第三，德尔菲法通常较为耗时，常无法满足科技政策与战略对科技发展引导或管理的快速反应。另外，如果轮数过多，越往后专家的回复率可能会越低。

中国从 20 世纪 80 年代开始，在科技规划、技术评估、技术预测、技术经济论证等许多领域广泛应用德尔菲法并取得良好效果。

（三）德尔菲法在油气前沿技术发展战略分析中的应用

深水油气勘探前沿技术，除了本书前述的海域勘探评价技术（包括海域深水沉积体系识别描述及有利储层预测技术、海洋深水油气勘探风险评价技术两项前沿技术）外，还包括深水油气物探技术与深水钻探技术两大类工程技术。

近年中国石油大学（北京）通过专家咨询调研，运用德尔菲法和权值因子判断法对深水油气工程技术与装备进行了量化评分和基于归一化算法的重要性排序，并对相应的关键装备系统进行了风险分析。深水油气物探技术中地震勘探技术最为重要，其次是勘探资料智能反演技术，其原因在于物探技术兼具成本较低和探测范围较大的双重优点，而物探数据的精准反演技术是精确构建深水地质情况、勘探油气资源的重要基础；深水钻探技术中探井钻探技术最为重要，测试技术次之，其原因在于探井技术是钻探技术的核心，安全高效准确地钻达目标层是发现油气藏及后续工作的必要基础（高德利等，2022）。

二、油气地质勘探前沿技术发展战略的 SWOT 方法分析

（一）SWOT 方法基本原理及主要特点

1. SWOT 方法基本原理

Strength、Weakness、Opportunity 和 Threat 的第一个字母的缩写构成 SWOT。SWOT 分析法，又称态势分析法，是将企业内部和外部条件各方面内容进行综合与概括，进而分析组织的优劣势、面临机会和威胁的一种方法。它将与研究对象密切相关的各种主要内部的优势（S，指代 Strength）、劣势（W，指代 Weakness）和外部的机会（O，指代 Opportunity）、威胁（T，指代 Threat），通过调查列举出来，并依照矩阵形式排列，然后用系统分析思想，把各种因素相互匹配起来加以分析，从中得出一系列相应结论，而结论通常带有一定决策性。

SWOT 分析法的基本原理是运用系统论的思想，将决策问题主体自身的优势、劣势和外部环境中的机会、威胁整合为一个有机的整体，使得每个因素不再孤立的存在，从而构成一个系统的分析框架。通过对决策问题主体自身的优势和劣势以及其所处竞争环境中的机会和威胁进行具体的讨论，将内部要素和外部要素都分为两个对立的方面进行分析，具有全面、系统和具体的特点。采用 SWOT 分析可以让决策者对决策问题主体有个全面的把握，制定出的决策也就更为科学合理。

SWOT 分析法自 1965 年由 Learned 等最先提出以来，广泛应用于战略研究与竞争分析，成为战略分析、管理领域和竞争情报最常用的分析工具之一，常常被用于制定各种发展战略和分析竞争对手情况。针对油气地质勘探前沿技术研究，运用该方法可以将其内部和外部条件各方面内容进行综合与概括，进而分析各项技术的优劣势、面临的机会和威胁。它将油气地质勘探前沿技术发展战略与勘探需求、面临问题有机结合起来，对油气地质勘探前沿技术所处的情景进行全面、系统、准确的研究，从而根据研究结果制定相应的发展战略、计划以及对策等。其中，优势和劣势分析主要是着眼于前沿技术自身的处理问题能力及其与同领域技术的比较，而机会和威胁分析将注意力放在生产需求的变化及对技术发展潜力分析上。

2. SWOT 方法主要特点

SWOT 分析法具有显著的结构化、系统性特征。就结构化而言，在形式上，该方法表现为构建 SWOT 结构矩阵，并对矩阵的不同区域赋予了不同分析意义；在内容上，该方法强调从结构分析入手对企业的外部环境和内部资源进行分析。就系统性而言，SWOT 方法用系统论的思想将 S、W、O、T 这些看似独立的因素相互匹配起来进行综合分析，

使得企业战略计划的制定更加科学全面。

SWOT分析法的优势在于其分析直观、全面、客观、可操作性强、使用简单、适用范围广。即使没有精确的数据支持和更专业化的分析工具，也可以得出有说服力的结论。针对油气地质勘探前沿技术，该方法既要从自身前沿技术角度出发，又要从同一领域技术的角度出发，评价较客观、真实。

SWOT分析法的缺点在于分析过程中利害的区分以及内外部的区分难以界定并且缺少定量分析的过程，精度不够；SWOT分析是以一个静态的视角分析问题，现在复杂且变化迅猛的环境对于其应用以及分析结果的前瞻性与准确性也是一个挑战。

（二）SWOT分析技术流程和分析方法

1. SWOT分析流程和步骤

SWOT方法分析过程中，需要用动态的视角识别、剖析影响行业发展的主要因素，既要考虑油气行业所研究技术领域的国内外发展现状，又侧重于探讨油气行业和该技术领域未来发展方向，这样才能体现战略评价的特点。

首先，进行环境因素分析，罗列企业的优势和劣势、可能的机会与威胁。总体上分为两部分：第一部分为SW因素，主要着眼于企业自身的实力及其与竞争对手的比较，分析内部的优势（S）和劣势（W）条件，这些因素具有可控性，是企业"能够做的"；第二部分为OT因素，主要关注外部环境变化及对企业的可能影响，分析外部的机遇（O）和威胁（T）条件，这些因素通常是不可控的（张建东等，2005；冯相昭等，2013），是企业当前或近期"可能做的"。利用这种方法可以从中找出对自己有利的、值得发扬的因素，以及对自己不利的、要避开的东西，发现存在的问题。

其次，将调查得出的各种因素根据轻重缓急或影响程度等排序方式，构建SWOT矩阵。将优势、劣势与机会、威胁相组合，形成SO、ST、WO、WT策略（表5-1）。在此过程中，将那些对油气前沿技术领域和公司发展有直接的、重要的、大量的、迫切的、久远的影响因素优先排列出来，而将那些间接的、次要的、少许的、不急的、短暂的影响因素排列在后面。

表 5-1　SWOT 分析矩阵

外部因素	内部因素	
	优势（S）	劣势（W）
机会（O）	SO战略（增长性战略），利用这些因素	WO战略（扭转型战略），改进这些因素
威胁（T）	ST战略（多种经营战略），监视这些因素	WT战略（防御型战略），消除这些因素

最后，对SO、ST、WO、WT策略进行甄别和选择，按照通用矩阵或类似的方式打分评价，确定企业目前应该采取的具体战略与策略，找出解决办法，明确以后的发展方向。制定相应行动计划的基本思路是：发挥优势因素，克服弱点因素，利用机会因素，化解威胁因素；考虑过去，立足当前，着眼未来。

针对油气勘探前沿技术而言，SWOT方法运用系统思维的综合分析方法，将排列与考虑的各种环境因素相互匹配起来加以组合，得出包括SO战略（增长性战略：依靠内部优势，利用外部机会）、WO战略（扭转型战略：利用外部机会，克服内部弱点）、ST战略（多种经营战略：利用内部优势，回避外部威胁）、WT战略（防御型战略：减少内部弱点，回避外部威胁）的一系列油气勘探前沿技术未来发展的可选择对策。

2. SWOT分析方法和内容

SWOT方法中，最基本的是内部环境因素（SW能力因素）和外部环境因素（OT因素）的正确识别和分析。内部环境因素包括优势因素和弱点因素，它们是公司在其发展中自身存在的积极和消极因素，属主动因素，一般归类为管理的、组织的、经营的、财务的、销售的、人力资源的等不同范畴。外部环境因素包括机会因素和威胁因素，它们是外部环境对公司的发展直接有影响的有利和不利因素，属于客观因素，一般归属为经济的、政治的、社会的、人口的、产品和服务的、技术的、市场的、竞争的等不同范畴。

竞争优势（S）是指一个企业超越其竞争对手的能力，或者指公司所特有的能提高公司竞争力的东西。竞争优势分析可以包括六个方面：（1）技术技能优势：独特的生产技术，低成本生产方法，领先的革新能力，雄厚的技术实力，完善的质量控制体系，丰富的营销经验，上乘的客户服务，卓越的大规模采购技能；（2）有形资产优势：优质的项目条件，合作的项目委托方，客户群体的理解力和配合，先进的生产流水线，现代化车间和设备，拥有丰富的自然资源储存，吸引人的不动产地点，充足的资金，完备的资料信息；（3）无形资产优势：优秀的品牌形象，良好的商业信用，积极进取的公司文化；（4）人力资源优势：关键领域拥有专长的职员，积极上进的职员，很强的组织学习能力，丰富的经验；（5）组织体系优势：高质量的控制体系，完善的信息管理系统，忠诚的客户群，强大的融资能力；（6）竞争能力优势：特有的项目管理特色，管理能力优秀使相关对手难以快速模仿，产品开发周期短，强大的经销商网络，与供应商良好的伙伴关系，对市场环境变化的灵敏反应，市场份额的领导地位。

竞争劣势（W）是指某种公司缺少或做得不好的东西，或指某种会使公司处于劣势的条件。可能导致内部弱势的因素有：（1）缺乏具有竞争意义的技能技术；（2）缺乏竞争力的有形资产、无形资产、人力资源、组织资产；（3）关键领域里的竞争能力正在丧失。

潜在机会（O）主要是指公司面临的市场机会或发展机遇，是影响公司战略的重大因素。公司管理者应当确认每一个机会，评价每一个机会的成长和利润前景，选取那些可与公司财务和组织资源匹配并使公司获得竞争优势的潜力最大的最佳机会。潜在的发展机会可能是：（1）技能技术向新产品新业务转移，客户群的扩大趋势或物业服务的渗透加剧；（2）前向或后向整合，资源的整合产生有利的经济及管理潜能；（3）市场进入壁垒降低；（4）获得购并竞争对手的能力；（5）市场需求增长强劲，可快速扩张；（6）出现向其他地理区域扩张，扩大市场份额的机会；（7）创新的服务技能的推广，客户群体的依赖性加强；（8）政府政策倾斜及支持加大。

外部威胁（T）是指危及公司的外部环境中，总是存在某些对公司的盈利能力和市场地位构成威胁的因素。公司管理者应当及时确认危及公司未来利益的威胁，做出评价并采取相应的战略行动来抵消或减轻它们所产生的影响。公司的外部威胁可能是：（1）区域整体经营环境的恶化及竞争的加剧，如出现将进入市场的强大的新竞争对手；（2）替代品抢占公司销售额；（3）主要产品市场增长率下降；（4）汇率和外贸政策的不利变动；（5）人口特征、社会消费方式的不利变动；（6）客户信心的减弱及期望值的提升；（7）客户或供应商的谈判能力提高；（8）市场需求减少；（9）容易受到经济萧条和业务周期的冲击；（10）政策因素及政府导向的影响；（11）项目设施设备的老化及各项费用的增加；（12）目标客户的变更及客户群体的不利效应；（13）突发事件产生的恶劣影响。

必须指出，由于企业的整体性和竞争优势来源的广泛性，在做优劣势分析时，必须从整个价值链的每个环节上，将企业与竞争对手做详细的对比。如产品是否新颖，制造工艺是否复杂，销售渠道是否畅通，价格是否具有竞争性等。衡量一个企业及其产品是否具有竞争优势，只能站在现有潜在用户角度上，而不是站在企业的角度上。

企业在维持竞争优势过程中，必须深刻认识自身的资源和能力，应采取适当的措施，保证其资源的持久竞争优势。资源的持久竞争优势，受到企业资源的竞争性价值、竞争优势的持续时间两个方面因素的影响。

评价企业资源（/技术）的竞争性价值必须进行四项测试：（1）资源（/技术）是否容易被复制？一项资源的模仿成本和难度越大，它的潜在竞争价值就越大。（2）资源（/技术）能够持续多久？资源持续的时间越长，其价值越大。（3）资源（/技术）是否能够真正在竞争中保持上乘价值？在竞争中，一项资源（/技术）应该能为公司创造竞争优势。（4）资源（/技术）是否会被竞争对手的其他资源或能力所抵消？

影响企业竞争优势持续时间的主要因素有三点：（1）建立这种优势要多长时间？（2）能够获得的优势有多大？（3）竞争对手做出有力反应需要多长时间？

如果企业分析清楚了这三个因素，就可以明确自己在建立和维持竞争优势中的地位。当然，SWOT分析法不是仅仅列出四项清单，最重要的是通过评价公司的强势、弱势、机会、威胁，最终得出以下结论：（1）在公司现有的内外部环境下，如何最优地运用自己的资源；（2）如何建立公司的未来资源。

3. SWOT方法适用条件

SWOT方法不仅被广泛应用于微观层面上的许多企业，在中观和宏观上用来研究技术战略、产业发展、城市规划、国家发展战略制定。

实践中，常常将德尔菲法与SWOT方法结合使用，在德尔菲法结果的基础上应用SWOT分析来识别技术的优劣势及其发展环境中的机会与威胁，以此来实现技术预见的宏观把握和微观控制。

SWOT分析本身仍然需要继续改进，如增加维度、提高方法的前瞻性与动态性等，或是与其他方法结合使用，才能获得更好的分析结果。

当研究对象所产生的问题已经不能适用 SWOT 分析法来全面系统解决时，可以由更高级的 POWER SWOT 分析法得到结果。POWER 是个人经验（Personal experience）、规则（Order，优势或劣势、机会或威胁）、比重（Weighting）、重视细节（Emphasize detail）、权重排列（Rank and prioritize）的首字母缩写，这就是所谓的高级 /POWER SWOT 分析法。具体方法和细节可参阅相关文献。

（三）SWOT 方法在油气领域发展战略分析中的应用示例

前人将 SWOT 方法应用于中国页岩气开发战略研究，基于国内外页岩气开发现状、中国开发页岩气拥有的优势、劣势和面临的机遇、挑战等内外部环境分析，构建出中国页岩气开发的 SWOT 策略矩阵（表 5-2）。

表 5-2　中国页岩气开发的 SWOT 战略分析矩阵（据冯相昭等，2013，修改）

项目	内部因素：优势（S）气藏储量丰富；开发潜势巨大；燃烧清洁高效；开采寿命较长	内部因素：劣势（W）资金短缺；技术储备不足；水资源约束显著；潜在环境风险大；甲烷泄漏风险不容忽视
外部因素：机会（O）	SO 战略	WO 战略
市场需求旺盛；鼓励性政策陆续出台；投融资渠道在拓宽；众多国外经验可借鉴	利用资源禀赋，加快勘探开发进程，以满足能源需求；抓住政府支持页岩气产业发展机遇，积极投资页岩气及相关产业；加强国际合作交流，学习国际先进经验	加大公共财政扶持力度，通过多渠道筹措资金，开展国际合作和吸引国际资金；注重人才培养，加强科学技术研究，推进资源开发和理论创新；促进国际先进技术转让，鼓励自主创新，掌握关键技术；评估对开发的环境影响和气候风险，重视环境保护
外部因素：威胁（T）	ST 战略	WT 战略
资源潜力有待科学估算；政策体系亟待完善；环境监管缺位；基础设施配套不足	资源潜力有待科学估算；政策体系亟待完善；环境监管缺位；基础设施配套不足	资源潜力有待科学估算；政策体系亟待完善；环境监管缺位；基础设施配套不足

其中，优势—机会（SO）战略代表发挥内部优势和把握外部机会的战略，劣势—机会（WO）战略代表运用外部机会来弥补内部劣势的战略，优势—威胁（ST）战略代表发挥内部优势来规避或减少外部威胁的策略，劣势—威胁（WT）战略则代表通过规避外部威胁来克服内部劣势的战略。从 SWOT 矩阵框架可以清楚看出中国页岩气开发的战略方向，总体就是要好好抓住机遇，充分发挥优势，努力克服劣势，尽力规避威胁（冯相昭等，2013）。

三、油气地质勘探前沿技术未来潜力与发展趋势的预测分析方法

（一）技术路线图分析法

1.技术路线图基本原理及主要特点

据联合国工业发展组织（United Nations Industrial Development Organization，UNIDO）

定义，技术路线图（Technology Roadmap，TRM）是一种以目标为导向、支持技术战略和规划的分析工具，使用基于时间的多维分析图表揭示研究和发展的方向及措施，使技术发展与市场趋势、驱动因素保持一致（UNIDO，2020）。根据其所涉及的参照对象、实际目标或利益方，技术路线图可分为三种类型：制定核心路径和关键技术的路线图、应用系统的路线图以及公司或行业的路线图（隗玲等，2020），本书主要讨论第一种类型（制定核心路径和关键技术的路线图）。

技术路线图分析法的原理在于基于系统观和时空观思想、技术现状和发展方向研究，在多维分析图表上标注出技术达到目标需经过的路径和一系列关键节点，通过其复杂系统建模的过程确定优化方案，并建立起技术、产品和市场之间的联系，使不同要素之间形成一定的结构和相互联系。这种基于专家意见的技术路线图编制，是一个多方面观点和抽象层级多重迭代的过程。每一次迭代都要经历四个阶段。首先是构思过程，进行信息处理，思考技术路线图的结构；其次是发散思维阶段，通过情景分析和头脑风暴发现新的机会；再次是收敛阶段，分析发散的结果，精简趋势、挑战、机会、竞争等各方面的问题；最后是综合阶段，按不同类别综合性地整合信息，进行设计、建构，并以图示的方式表达。

技术路线图发展初期的最大特点就是采用图示的方法，设置具体技术节点，便于产业对关键技术进行识别。但随着近期不断完善，逐步将其他技术规划方法也收纳其中，用来解决技术路线图绘制中的具体细节问题，成为一种集成战略管理工具与技术规划工具，为相关政策的制定提供依据。

技术路线图的优势在于：第一，能够选择油气地质勘探前沿技术创新模式和技术推进最佳路径，对经济社会与科技发展现状和比较优势进行深入、详细、充分的论证，对相关技术体系进行综合层面的梳理，并突出勘探前沿技术重点、难点和壁垒，对勘探前沿技术的研发资源、匹配资源、未来可能存在的威胁（如专利侵权诉讼等）进行深入探索。第二，能够增强区域相关企业技术创新主体意识和研发能力，通过技术路线图可以对相关领域和产业的创新发展有一个较为清晰的理解，明确企业在领域和产业发展中的作用和地位（赵博，2012）。

技术路线图的缺点在于：第一，技术路线图是关于未来的研究，而未来的技术和环境都具有诸多不确定性。路线图可以提供系统的战略思考框架和图谱，但其准确度是相对的。当某一技术接近物理极限时，技术路线图很难预见技术未来的发展。第二，技术路线图发展主要依靠实践的推动，它的理论成熟度不够，来自学术研究的理论性支撑较少，需要结合其他方法共同完成。第三，技术路线图是一种主要基于专家的自上而下的半定量方法，而在创造性、自下而上的互动和证据三个方面存在不足。

2. 技术路线图研发方法及工具

技术路线图的基本框架构建，在逻辑上一般指明了水平方向和纵向联系两个方向的坐标路径。水平方向（横向发展）是指技术随着时间的变化而发展的过程。横向发展体现的是以时间变化为基础的技术发展过程，时间长短的确定取决于商业或系统的变化速率。在快速变化的部门，时间长度相对较短。就大多数企业而言，在技术路线图中考虑

10年左右的时间长度是比较合适的。

纵向联系反映的是技术和研发项目、产品、市场的关系路径，体现了技术路线图更为丰富的内涵。一般而言，纵向分为三个层次：最底层反映组织现有的或潜在的能力、以知识为基础的资源，主要包括技术和技能、知识、研发能力、资金能力等；中间层〔被称作"知内容（Know-What）"层〕反映了技术路线图的焦点内容，是连接技术路线图技术视角和商业视角的桥梁，依据最高层阐述的技术和产品演化过程编制；最高层〔顶层，被称作"知缘由（Know-Why）"层〕呈现了由驱动要素和发展趋势转化而成的要求和需求，主要考虑外部市场和产业环境，包括社会、技术、环境、经济、政治和基础设施等方面，以及内部商业趋势、目标及约束。

考虑到企业发展定位和战略目标的不同需求，在具体研发技术路线图时需要采用定制化开发流程实现三个层次的内容，研发过程涉及大量繁杂数据和信息的收集、分析和处理，需要使用多种方法和工具。根据其应用的层次和不同功能，可将技术路线图方法和工具分为市场分析类、技术分析类和支持类三种（表5-3）。市场分析类方法和工具用于通过调查组织要求和需求来开发技术路线图的顶层，技术分析类方法和工具通过预测、度量及知识技能映射来构建底层，支持类辅助方法和工具通过处理研讨会期间收集的定量和定性数据来协助制定和实施技术路线图流程（隗玲等，2020）。

表5-3　技术路线图方法和工具（据隗玲等，2020）

类型	市场分析类	技术分析类	支持类
应用	技术路线图的顶层	技术路线图的底层	技术路线图的制定
功能	调查组织要求和需求；分析组织内部产品和服务要素；分析组织外面宏观环境	预测、度量及知识技能映射	处理研讨会期间收集的定量和定性数据；协助制定和实施技术路线图流程
方法/工具	经验曲线、产品概念构想（Product Concept Visioning）、场景构建（Scenario Building）、波特五力模型、SWOT分析、STEEP分析	文本挖掘、形态分析（Morphology Analysis，MA）法、文献计量法、专利分析、技术开发封套（Technology Development Envelope，TDE）、层次分析法	质量功能部署（Quality Function Deployment，QFD）、创新矩阵、德尔菲—情景编写、政策模拟法、矩阵评分法、情景规划、变革管理、I-系统法

其中，与本书"油气地质勘探前沿技术"密切相关的是技术分析类方法和工具。文本挖掘方法能深入、细致地呈现技术内容，已经成为技术路线图开发的重要方法。利用文本挖掘对科技文本内容进行聚类获得不同层次的技术主题，辅以文献计量学方法统计技术对象的文献信息，可形成内容丰富的技术路线图。从产品说明书和专利文档中抽取关键词，识别产品形态和技术形态，可形成基于形态的技术路线图（MA-based TRM）。目前Derwent Data Analyzer（DDA）已成为文本挖掘的主要工具，并形成了一套规范的流程。借助DDA，研究者可以便利使用科技文献制作技术路线图，这一过程通常包含文献计量学或专利分析方法。专利分析方法可揭示技术创新内容、评价技术创新活动，对技术路线图制定起到很好的支撑作用。数据挖掘领域的关联规则挖掘方法也被用于识别路线图不同层次之间的关系。文本挖掘的定量分析方法也常和专家评价的定性方法一起使

用（隗玲等，2020）。

不同于基于关键词抽取的文本挖掘方法，基于主语—谓语—宾语（Subject-Action-Object，SAO）三元组分析的技术路线图方法（SAO-TRM）可以展现产品、功能和技术之间的关系，从微观、中观、宏观不同层次挖掘技术信息及其层次递进关系，更清晰地确定技术领域的未来方向和行业目标，呈现实现这些目标的详细路径，还可以将技术路线图层次更多元化。

技术路线图实施面临的重要难题是"如何始终保持活力"，为克服这一难题，提出了TDE方法开发动态、灵活、可操作的技术路线图。TDE的特别之处在于划分时间段根据每项技术的特性对组织目标的影响评估其价值，将每个阶段最有价值的技术串联起来就形成了技术开发的最优路线。其中，层次分析法用于评估技术对组织目标的影响。

3. 技术路线图制定思路及流程

从时间维度看，分析科学—技术—应用演化进程的思路有回顾性分析（Retrospective Analysis）和前瞻性分析（Prospective Analysis）两种。回顾性分析是一种沿时间轴后向分析（From the Future）的方法，解决如何实现某一目标的问题；前瞻性分析相反，是一种沿时间轴前向分析（To the Future）的方法，指导在新目标出现之前建立技术的过程。这两种方法又被称为自上而下正推法（Top-Down）和自下而上倒推法（Bottom-Up）或市场拉动法（Market-Pull）和技术推动法（Technology-Push）。自上而下正推法首先要识别市场和消费者的需求，再基于市场需求分析产品特征和功能，进而预测实现产品功能所需要的关键技术，最终形成技术路线图。自下而上倒推法则是先从关键技术入手，分析这些技术能开发哪些新产品或改进哪些新功能，最后进行市场细分和需求满足。使用正推法生成的路线图特点是目标市场和产品明确，适用于市场驱动型企业；使用倒推法生成的路线图特点是关键技术具体、可自我维持，适用于技术驱动型企业。还有一种适用于系统工程的中—上—下（Middle-Up-Down）技术路线图，从辨析目标研究领域的内在功能、明确研究任务开始，识别与内在功能相对应的细分市场，并预测未来的市场需求和驱动因素，然后提取实现市场需求的具体功能确定实现这些功能所需的技术，最后构建技术路线。

技术路线图的制定流程可以分为准备阶段、绘制阶段、执行与修正阶段三个阶段。在准备阶段，要明确技术路线图的需求；组建核心团队，确定参与者；搜集充足的资料和信息；明确技术路线图的范围和界限。在绘制阶段，要通过召开大量的研讨会，整合各类资源和信息。通过结合头脑风暴、情景分析和德尔菲法，梳理各类信息，并进行科学的评价和预测，为技术路线图的制定提供依据。绘制阶段的具体步骤包括确立和细化目标，分析问题和难点，确定技术方案和对策，确定各项技术对策的优先度，制定综合时间表，然后撰写报告。在执行与修正阶段，专家委员会审核通过技术路线图后，予以发布执行。需要制订相应的实施计划，内容包括具体的短期活动和预算以及长期的资源计划。随着执行过程的推进，还需要对技术路线图进行定期评估和修正完善。

4.技术路线图分析法适用条件及注意事项

技术路线图是一种可在公司、行业以及不同管理框架下应用的方法，为相关利益主体提供有益指导。其适合于需要综合考虑各方利益的复杂情况下使用，兼顾技术推动和市场拉动。

根据实际目标，技术路线图可以应用于技术预见、技术管理、科学研究、知识管理、产品开发管理和项目规划等领域。根据应用类型，技术路线图可分为以下八类：产品规划、能力规划、战略规划、长期规划、知识资产规划、项目规划、流程规划、集成规划。

不同应用类型的技术路线图适用于不同的层面。企业层面主要用于内部技术战略管理，包括技术预测、技术管理、知识管理、产品开发管理、能力和项目管理等；行业及国家层面用于确定某一特定技术领域内的协调行动路线，着眼于技术预测和评价、战略和长期规划；网络层面主要用于帮助合作组织构建供应链，通过发展自己的路线图战略影响整个网络和环境。不同层面的技术路线图在适用条件上是相似的，一是所应用领域须可预测，二是需要对技术进行长期、大量投资。

总体来看，技术路线图已被各类科研及管理组织广泛运用于技术、产品、市场、研发和创新发展等多方面的规划制定中，经历了从微观层面的企业产品与技术规划，到中观层面的行业技术规划，再到国家层面的科技发展愿景规划的发展路径。

需要注意的是，技术路线图是一种依赖于专家意见的方法，在应用过程中往往需要辅助结合其他方法。如大规模、高层次的技术路线图制定往往需要大量专家的参与，此时则需要德尔菲法的帮助。两个方法的区别是，德尔菲法的数据往往是综合成百上千专家意见的结果，而技术路线图所包含的专家范围则相对狭小，更易把握不同技术主题与它们可能创造的未来社会景象之间的联系。因此，两者结合可以优势互补，利用德尔菲法得到的详尽数据对技术路线图中所设计的技术、产品等进行有效的说明和补充。

根据已有研究和实践，技术路线图与德尔菲法的结合方式主要有三种。（1）在绘制技术路线图的前期阶段，面对大量需要进行遴选的技术，可以通过德尔菲法调查来选择国家关键技术和技术发展重点，再根据已选择的关键技术制定技术路线图。（2）通过德尔菲法得到当前研发水平、技术难度、技术差距和参与度等统计数据，直接反映在技术路线图的绘制中，有利于重新审视由专家小组制定的技术路线图主要内容的合理性。（3）德尔菲法中既包括技术路线图中的技术主题，也包括不在其中的技术主题，而这些不在其中的技术，则作为"竞争对手"的替代技术。在技术风险提高，单一技术路线图无法满足技术发展的整体需求的情况下，要依据德尔菲法遴选出最合适的替代技术，增加技术路线图的灵活性和多样性。

5.技术路线图分析法在油气技术发展战略分析中的应用示例

在油气技术领域和石油工业界，英国石油公司（bp）最早采用技术路线图分析法进行了技术研发战略、技术预见和长期规划研究，并开发了一种基于技术路线图的技术预测方法。强调多方共同参与、促进达成共识；解决并整合了商业和技术问题，展示两者的关系；"自上而下"（开发使商业成功的技术）和"自下而上"（从业务中获取技术任务）两种模式必不可少。bp 公司提出技术路线图的关键是可视化形式，技术路线图为技术预测过程提供了一种结构化的对话平台，一种切实可行的方法来确保研发计划正确选择、正确优先排序以及获得充足的资金支持，对技术路线图的逻辑分析、广泛咨询和讨论、图形技术的使用做出了重要贡献（Barker et al.，1995）。

国内的中国科学院、中国石油等机构开展油气科技发展路线图研究，并出版了《中国至 2050 年油气资源科技发展路线图》专著，集中从国家层面考虑问题，分近期（2020年前后）、中期（2030 年前后或 2035 年前后）、长期（2050 年前后）三个阶段，提出天然气水合物开发与利用等前沿技术发展路线图的基本框架（图 5-1），分析了满足未来各阶段发展需求的科学目标和技术任务，重点刻画核心科学问题和关键技术问题以及实现这些目标所选择的路径和技术路线，描绘了环境变化、研究需求、技术演进、科技发展方向、创新轨迹等（中国科学院油气资源领域战略研究组，2010）。

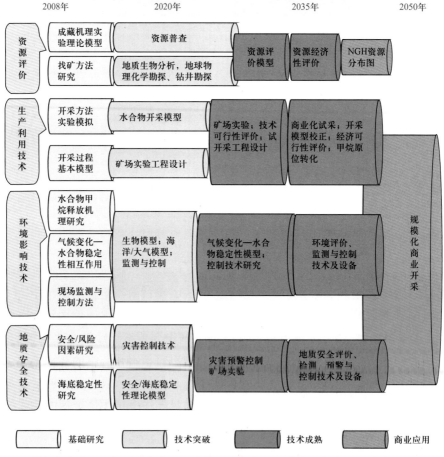

图 5-1　天然气水合物开发与利用技术发展路线图（据中国科学院油气资源领域战略研究组，2010）

（二）情景分析法

1.情景分析法基本原理及主要特点

情景分析法（Scenario Analysis）又称前景描述法、脚本法、情景描述、未来场景术等，是假定某项技术、产业、经济现象或趋势将持续发展到未来的前提下，通过假设、预测、模拟等手段生成未来可能出现的各种不同情景/重大演变，并详细、严密地构想、推理和描述未来各种可能的情景方案，评价情景假设的正确性，分析情景发生的可能性、相应后果和对目标产生的影响，从而确定哪种前景状态最有可能发生、帮助决策者做出综合预测和明智选择（高卉杰等，2018），是一种直观的定性预测方法。其中，"情景（Scenario）"就是对设想的未来不同情形以及能使事态由初始状态向未来状态发展的一系列事实的描述，通过分析未来情景的过程、事件的顺序等，来揭示其含义（娄伟，2013）。

情景分析法的基本原理是：基于"影响某一事物发展的因素众多，这些因素都有自身发生或不发生的可能性；只有为事物发展描绘多种可能情景，才可最大限度贴近未来，并根据分析结果，采取措施调动积极因素、排除消极因素，以实现未来某一最为理想的目标情景"的认识和思路（图5-2；王知津等，2013），通过分析对企业未来发展造成影响的因素可能出现的状态及各种状态出现的可能性，将企业未来发展环境界定在一定的范围内，并针对未来出现概率最高的发展环境确定战略方向和战略措施。

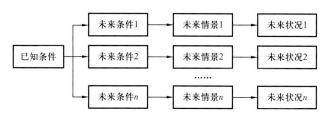

图 5-2　情景分析法基本思路（据王知津等，2013）

情景分析法的主要特点是对于未来变化不大的情况能够给出比较精确的模拟结果，具有灵活性、针对性、动态性、整体性，其属于"纸上作业"，不需要过多的分析人员，对于一些不太复杂的决策问题，2～3个分析人员就可以胜任。其优势体现在：让公司决策者比别人提前看到可能的威胁与机会；使公司决策者的固有思维和心智模式更容易改变；让战略对话变得更积极、更坦率、更真诚；让公司决策者对未来做好多种准备（抓住机会、回避风险）；让组织适应变革的能力明显提高；有效地提高组织学习能力。

其缺点是：耗时长、费用高、主观色彩较重、具"隧道眼光"，其涉及大量计算、推理工作，对分析人员要求比较高，要具备计算、推理能力、基于经验的想象力、创造力；为使参与者时间充足、结果可信，全程所需时间较长，最为耗时的是关键影响因素的识别和情景描述与分析两个定性分析环节，需要良好的活动组织。局限性表现为：存在较大不确定性的情况下，有些情景可能不够现实；运用情景分析时，主要难点涉及数据的有效性以及分析师和决策者开发现实情境的能力，这些难点对结果的分析具有修正作用；所用情景可能缺乏充分的基础，数据可能具有随机性，同时可能无法发现那些不切实际的结果。

2. 情景分析法关键技术及工具

情景分析过程中，经常采用的关键技术和方法有八项，概括为"8S"：SWOT、

Stakeholder、Specialist、STEEP、Scenario axes、Script、Sensitivity analysis、Simulation（娄伟，2012）。

第 1 个"S"是 SWOT 分析法。对未来发展进行情景分析，首先需要了解当前的相关经济、社会、文化、环境等基本状况，对于宏观背景分析，SWOT 方法是比较好的选择。

第 2 个"S"是利益相关者（Stakeholder）分析法。

第 3 个"S"是指专家（Specialist）参与分析法。利益相关者及专家参与是进行驱动力与关键不确定分析的主要方法，也是决定情景分析质量的重要因素。

第 4 个"S"指"STEEP 清单"分析法，是系统发现驱动力的重要技术。

第 5 个"S"是情景轴（Scenario Axes）分析技术。通过构建两维或三维情景轴，可以通过识别具有高度不确定性的驱动力，发展情景逻辑，为构建情景框架服务。

第 6 个"S"指 Script 写作技术，发展出情景逻辑后，需要利用脚本（Script）技术完善情景故事描述。

第 7 个"S"是敏感性分析（Sensitivity analysis）法。敏感性分析主要是对情景结果进行分析，通过从众多不确定性因素中找出对评价指标有重要影响的敏感性因素，并分析测算其对指标的影响程度和敏感性程度，进而判断技术活项目的风险承受能力。

第 8 个"S"指模拟（Simulation）分析技术，随着计算机技术的发展，模拟与仿真技术在情景分析中的应用也越来越广泛，模拟与仿真的英文单词都是 Simulation。

3. 能源规划常用情景分析法类别及分析流程

情景分析法在发展过程中，逐步形成定性/描述型、定量型情景分析法两种类型，三个主要学派（直觉逻辑学派/Intuitive logics school、概率修正趋势学派/Probabilistic modified trends school、远景学派/La prospective school），其操作步骤也随不同学派而有四步至十多步不等（娄伟，2012）。人们一般习惯上把壳牌公司（Shell）、斯坦福研究院（SRI）的定性情景分析法作为主流情景分析方法。娄伟和李萌（2012）总结了能源规划研究中应用的定性和定量情景分析法。

1）定性/描述型情景分析法

定性情景分析（qualitative scenarios）主要侧重主观想象来描绘未来的可能情景，是用可视化的图表、照片表示；用文字写关键词、大纲、情景故事。常用的定性分析方法有德尔菲法、专家法、利益相关者参与法等。定性情景分析的优势在于：容易理解，有趣，观点有代表性，可以表达很复杂的内容。不利之处是：主观，缺乏严谨性，测试基于假设，缺少数字化信息。当前，代表性的定性情景分析法主要有壳牌公司（Shell）、斯坦福研究院（SRI）等机构发展的方法。

壳牌公司直觉逻辑情景分析法能把关于未来的零碎信息有效整合为完整的情景。一般采取以下步骤：（1）界定情景分析的题目、难题和焦点；（2）识别和检查关键因素；（3）识别关键不确定性；（4）使用情景矩阵确定情景逻辑；（5）创作、丰富情景故事；（6）评估对企业、政府、社会的意义；（7）提出方案和政策建议。

壳牌公司以注重战略规划著称，20 世纪 70 年代采用情景分析法成功地预测了因石油输出国组织（OPEC）的出现而导致原油价格上涨和80年代由于OPEC石油供应配额协议的破裂而导致原油价格的下跌。由于战略应对措施得当、成功规避了风险，一举成为全球第二大石油公司。

2）定量型情景分析法

定量情景分析法主要借助概率论对未来的可能情景进行定量描绘，是以数学或经济计量方法为基础建立模型，选择和调整不同的参数从而产生不同的情景的方法。这种方法现在一般运用计算机进行模拟运算，可以迅速地产生大量情景分析，有的多达1000多个。分析人员对每一个情景分析的合理性和发生概率做出评估。在产生情景的过程中，改变一个变量，保持其他变量不变，产生不同情景分析。这样可以评价各变量的不同作用和变量之间的关系。其目的是验证判断性得出的参数结构。

定量情景分析法的优点是：可得到大量备选的情景，可充分分析出各种情况。其缺点是：预测正确与否、情景分析的质量如何，取决于模型的设立和参数结构的选择，依赖于过去的关系与数据。所以，运用这种情景分析方法时，不能为貌似精确和充分的情景分析所迷惑，应当明确这些情景分析不过是所确立的模型、参数结构和数据的附属结果，对各种情景发生概率及其合理性的评价应当最终视为对模型、参数结构及其数据的再分析和再思考。

能源规划分析中的定量情景分析法，一般都包括三个主要阶段：情景描述构建阶段（情景条件设定）、模型运行量化（综合计算）阶段和结果分析阶段（图5-3；娄伟等，2012）。模型运行在中间起着承上启下和敏感性分析作用。

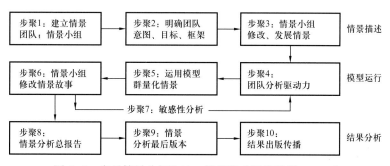

图5-3　定量情景分析法的一般步骤（据娄伟等，2012）

在情景描述构建阶段，搜集影响能源发展前景的关键不确定性因素，如政策、技术等，可以通过利益相关者分析或者通过回顾分析过去几十年能源发展状况得到；然后构建情景，具体可参考定性情景分析方法。在模型运行量化阶段，根据设定的不同的未来能源发展前景，量化关键性指标，并将量化的指标输入相应的模型。关键性指标一般包括资源、技术、人口、城市化、GDP、产业化等对能源供求起着至关重要的因素。在不同情景下，关键性指标的发展规模或速度是不同的。在结果分析阶段，根据不同情景下能源供求结果，进行可持续性分析，然后确定相应的规划策略或政策措施。

定量情景分析方法可分为前推式和回溯式两种（图5-4）。前推式情景分析法的步骤是：过去与当前状况分析——构建情景（"固定"情景）——情景量化（可持续评价）——

战略规划或政策措施的选择。这种方法是先"固定"情景，然后基于不同情景制订几套方案，在对各方案进行可持续评价后，选择最合适的战略规划或政策措施。回溯式情景分析法的步骤是："固定"可选择的未来，如准备出台的规划或政策——构建情景——情景量化（可持续评价）——规划战略或政策措施的修订。

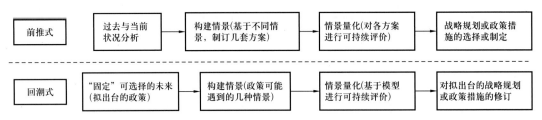

图 5-4　前推式与回溯式定量情景分析法流程（据娄伟等，2012）

适用于能源经济情景分析的模型有以下多种选择：

（1）自底向上模型：LEAP 模型、MARKAL 模型、AIM/ 技术模型、MESSAGE 模型、EFOM 模型、MEDEE 模型、WASP 模型、NEMS 模型等。

（2）自顶向下模型：SGM 模型、AIM-CGE 模型、DRC 技术模型等。

（3）综合模型：IPAC 模型、GCAM 模型、AIM 技术模型、IMAGE 模型、POLES 模型、MERGE 模型等。

其中，LEAP（long-range energy alternative planning system）模型应用较广，过去 20 年里，有 60 多个国家应用 LEAP 模型进行了地区、国家和区域的能源战略研究和温室气体减排评价。该长期能源替代方案规划系统模型是由斯德哥尔摩环境协会与美国波士顿大学共同开发的计量经济学模型，作为一个基于情景分析的能源—环境模型工具，可以用来做能源的需求分析及其相应的环境影响分析和成本效益分析。

4.情景分析法适用条件及注意事项

情景分析法属于资源密集型技术，适用于技术 / 产品开发的前导期长、战略调整所需投入大、资金密集、风险高的产业（石油、钢铁、制药业、金融业等），以及未来发展具有很强不确定性、有不同分歧意见且各有一定理由、不确定影响因素太多而人为因素（决策选择等）影响较明显、影响未来发展因素的信息量太大而无法进行唯一准确预测等情况。现实中，通常被国际上很多重要组织机构用作战略分析及规划的重要工具，在技术预测、中长期战略规划、能源规划与战略分析（能源技术、能源供求、能源政策等）、决策管理支持，以及政策分析、环境、低碳、城市经济等领域的长期或远景预测等多个领域均有广泛的应用。

情景分析法运用中要注意几个关键问题：一是未来情景影响的关键因素识别，情景是由对企业未来发展战略造成重大影响的不确定性关键因素组合而成，关键因素必须对公司未来发展影响程度较大、因素的未来状态虽不确定但能判断未来状态的类型以及各类型状态出现的概率。关键因素对企业未来发展的影响程度、未来可能出现的状态描述、各状态的概率等数据至关重要，应采用专家调查法采集相关数据，并要遵循内外结合原则和广泛性原则选择专家。二是未来情景的构建分析，要注意对所有关键因素的排列组合进行分类汇总，将具有相同或相近特征的关键因素排列组合归为相同类，设定为一种情景，最终将所有排列组合归纳为3~4种主要情景，针对每种情景描述其基本特征、发生概率，据此制定战略措施。三是情景分析法与传统战略方法的结合联用，才能有效克服情景分析法在运用中受到的很多因素限制，制定出论据充分、兼顾历史与未来、合乎实际情况的发展战略。

5. 基于情景分析法的（油气）技术预测及战略分析

（前沿）技术发展客观上受多种关键因素影响和制约，具有多种方向发展的可能。情景分析法基于未来不确定性这一契合点，用于技术发展预测类似于对技术发展未来的模拟，分析和找到影响每一种技术发展情景下的关键影响因素及其发生概率，进而采取相应的应对战略（刺激或抑制措施）来推动某一关键影响因素发生对企业有利的变化，就可在一定程度上促使某一种技术发展情景的出现（王知津等，2013）。

完整的分析过程包括以下六个步骤：

步骤1：确定研究小组和调查专家（组）。要注意最大限度地确保专家组成员结构的合理性，包括专家人数、熟悉专家和一般专家的比例等。在基于情景分析法的技术预测中，熟悉专家人数在21~25人之间为最佳，应尽量增加一般专家的人数，但专家总数不必超过100。小组成员和专家要求公信力较大、知识经验丰富和想象力较强，要智慧、灵活和果敢，力争情景分析具有新意。

步骤2：识别确定技术发展关键影响因素。实际运作中，主要采用专家打分的方法对技术发展的关键影响因素进行识别，对政治、经济、政策、相关企业技术研发行为等十种常见影响因素进行分析（表5-4）。

表5-4　企业技术发展情景分析关键影响因素（据王知津等，2013）

技术发展关键影响因素	二级指标（驱动因素）	技术发展关键影响因素	二级指标（驱动因素）
经济（F1）	经济周期、经济发展速度、经济发展程度	竞争对手行为（F6）	竞争对手关注程度、替代技术发展程度、竞争规范程度
政治（F2）	政府政策支持程度、政府资金支持程度、国际关系	企业资源（F7）	研发投入、市场份额、企业品牌
法律（F3）	相关法律完备程度、专利权	企业能力（F8）	创新意识、技术机会识别能力、风险偏好
市场需求（F4）	消费者规模、消费者兴趣、消费者偏好、消费者收入	技术特性（F9）	技术专利性、技术成熟度、技术标准性、技术替代性
合作方行为（F5）	投资者关注度、研究机构关注度	技术应用（F10）	市场定位明确程度、技术成本高低、技术的排他性

步骤3：技术发展未来情景描述。根据以上10个技术发展关键影响因素，理论上共有$2^{10}=1024$种情景方案。但通过专家打分可排除其中大多数的情景，打分方法见表5-5。

表 5-5　技术发展情景描述中专家打分方法（据王知津等，2013）

	经济/F1	政治/F2	法律/F3	市场需求/F4	合作方行为/F5	竞争对手行为/F6	企业资源/F7	企业能力/F8	技术特性/F9	技术应用/F10
高										
较高										
中										
较低										
低										

表 5-5 中"高""较高""中""较低""低"表示某一个专家对某一影响因素产生积极反应的判断。例如，某位专家对"经济"因素打了"高"，这就表示这位专家认为经济发展的总体面是好的，有利于技术发展；反之，如果打了"低"，则这位专家认为经济发展总体面较差，不利于技术发展。每一位专家都要对全部技术发展关键影响因素进行打分，由分析人员对专家的打分进行汇总，最终确定其中发生概率较大的一组情景。根据情景方案的排序结果，可以选取前面若干方案进行比较和描述。这样，情景分析基于技术发展关键影响因素的变化考虑了未来多种技术发展情景，并给出在何种情况下会出现这种情景，从而使企业技术决策者可以做好充分准备来应对技术的发展变化。

步骤 4：技术发展敏感度分析。其主要通过估计技术发展中关键影响因素之间的相互影响程度，识别出影响技术发展关键因素中的主要和次要因素。通过发现影响某一发展情景的主要关键因素，促使技术决策者谨慎注意其变化并采取有力措施推动其发生有利的变化。

敏感度分析主要依靠专家打分，技术发展关键影响因素之间影响程度按强弱依次分为大、中、小、无四个等级，每一个专家对因素之间的影响按其判断进行打分，最后由分析人员借助一些模型工具对其进行量化分析和汇总，结果以矩阵形式表示。

步骤 5：技术发展路径分析。其是指精心描绘技术发展的几个最可能的情景，通过这种描绘可以从不同侧面、不同角度全面考察技术发展的趋势和状态，以形成具有情报价值的情景。可以根据情景分析的复杂/难易程度或需求情况，优选出 2～4 个，通常是 3 个（良好、一般、较差或高、中、低）情景分析其技术发展路径。

步骤 6：预测结果对于企业技术决策的支持。根据预测的结果，结合实现这些目标的情景假定条件，按照具有价值的几种情景所呈现的不同意义，剖析某个情景下的优势、劣势、机会和威胁，从而为企业技术决策提供参考。

需要提及的是，结合壳牌公司直觉逻辑情景分析法、中国及油气领域研究实际情况，某项特定技术在发展过程中，具有特定的经济和社会环境，存在各种具体的约束条件。因此，具体分析时，需要根据实际情况进行相应的调整和优化，包括关键影响因素数量的选择、情景数量的确定、专家数量的选择等。

针对油气地质勘探前沿技术的未来目标，情景分析法需重点研究油气地质勘探前沿技术执行后可能产生的典型情境的表达。主要内容涉及对国际上与重大油气地质勘探前沿问题、重点油气地质勘探前沿需求高度相关的最新动态跟踪和情报搜索，充分挖掘区域重大油气地质勘探前沿技术潜力、重点油气地质勘探前沿技术的形成动因和特殊背景，分析油气地质勘探前沿技术研究发展面临的具体技术特征、经济、社会、环境等问题，以类似于油气地质勘探前沿技术论证的方式，加深对油气地质勘探前沿技术推进的本质意义和共识性理解。

（三）技术发展里程碑分析法

1.技术发展里程碑分析法基本原理及主要特点

技术发展里程碑是指在技术研发和发展进程中呈现的重大突破、重大进展、重大升级换代等标志性重要技术事件，可以标志技术一个发展阶段的终点，同时又标志一个发展新阶段的起点。里程碑事件是2016年公布的管理科学技术名词，即项目中的重大事件或时间点。一些重大前沿技术、关键核心技术，通常在特定时期由若干里程碑式的技术事件驱动得到快速发展。

2.技术发展里程碑分析法技术流程及主要内容

对油气地质勘探前沿技术发展里程碑的分析：一是查阅、研读跟踪和收集到的各类资料，梳理并选取出某项油气地质勘探前沿技术自产生以来最能代表其起步、成形、发展、创新各阶段中的里程碑事件，包括重要理论或技术模型、重大技术性能、关键技术指标、核心技术装备、重大发布会议或国际性会议、重要代表性高级别论文或专著、重大应用成效或进展成果等，探讨该技术的研发过程、目前现状、主要进展，厘清主要发展脉络或技术特征。二是基于该技术的当前特征、发展现状、对储量产量和主营业务发展的贡献，总结其对公司科技战略、经营发展、社会经济变革的影响，结合国家和公司战略、政策以及生产需求和面临挑战，通过专家研讨和多种统计预测方法等手段，分析当前和今后的需求满足程度、发展特点、发展阶段与特征，预测该技术未来特定时间点/段的里程碑事件，进而预见未来潜力与发展趋势、主要采取的技术路径。

对当前和未来油气地质勘探重大前沿技术的进步，如多尺度数字岩石分析与三维可视化表征技术、海域深水沉积体系识别描述及有利储层预测技术、非常规油气地质工程一体化技术等的发展，已成为目前和今后推动油气储量、产量增长，保证油气公司持续发展的主要动力。

3.技术发展里程碑分析法在油气领域发展战略分析中的应用示例

北美页岩气的成功开采引发的页岩革命，是全球能源史上里程碑式的进步。美国页岩气从勘探到商业化生产的发展历程，每个阶段都伴随着地质理论认识的创新和先进钻完井技术的完美结合，成功的主要原因是里程碑式的技术突破和进步（图5-5）。

其中页岩气理论认识突破，包括创新提出源储同生、全盆找油和连续聚集"甜点"区/段的非常规石油地质理论，突破源储分离、构造高点和独立圈闭找油的传统石油地质理论，黑色页岩成为油气储层，突破了黑色页岩仅能作为油气源岩的传统油气理论认识，打开了油气勘探开发全新领域，改变了资源认识。

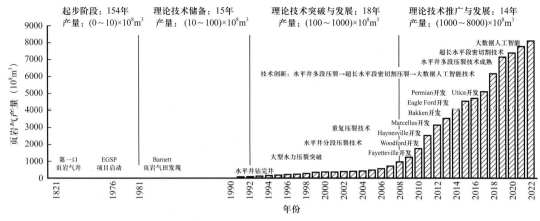

图 5-5　美国页岩革命发展历程和里程碑技术事件

地质认识的进步、天然气需求的增加和高油价的耦合，促进了钻井和压裂技术的革新。页岩气工程技术持续创新、不断优化完善，由水平井 + 多段压裂技术→长水平井 + 体积压裂技术→平台式立体井网 + 大数据人工智能技术，不断降低成本、突破效益开发极限，推动页岩油气勘探开发技术实现了更新换代，保障了页岩气产量持续增长。

学习、引进北美页岩气革命成功经验，中国海相页岩气勘探开发近十年取得了重大突破和进展，独具中国特色的中浅层勘探开发技术系列趋于成熟。但中国南方海相页岩地质地表条件复杂，与北美页岩相比，在岩性、构造、孔隙度、资源丰度、地应力等方面都有差异，地面条件整体不同。面临复杂构造区页岩气保存条件亟须理论技术攻关、深层页岩油气储集空间与赋存方式尚不清楚、深层页岩油气"甜点"的地球物理识别与预测难度大、深层页岩油气水平井钻探与压裂技术尚未攻克等挑战和难题，急需基础理论深化与创新发展，预测未来 5～10 年，海相深层—超深层页岩气富集规律与"甜点"评价技术、南方浅层—超浅层页岩气富集规律与"甜点"评价技术、非海相页岩气藏形成与富集基础地质理论认识有望取得重要进展。

（四）技术发展趋势及潜力分析法

油气勘探是技术密集型的工业化活动，每一次关键勘探技术的进步，都会不同程度地带动油气探明储量的增长。随着勘探对象越来越复杂对勘探的技术要求也越来越高。全面分析油气前沿技术研发条件、发展特点、技术认识及进步程度、其主客观影响因素，将有助于准确把握其技术发展规律，提高对技术发展过程、发展趋势、潜力的预测能力。

技术趋势被认为是正从新兴状态中发展壮大的具有重大颠覆性潜力的技术及其发展状态；有望在一定时间范围内达到临界点，产生更广泛的影响及应用（Gartner，2020）。

技术趋势分析及预测已成为实现重大前沿技术、创新性技术突破及未来战略布局的重要手段。美国"未来今日研究所"（Future Today Institute，FTI）《2020 技术趋势报告》（以下简称 FTI 趋势报告）采用了一些技术趋势研究新方法及应用，创建了帮助用户利用技术趋势开展战略规划和行动部署的框架工具（Future Today Institute，2020；李若男等，2021）。

FTI 趋势报告综合采用了弱信号法、多指标预测法，情景分析法、交叉影响分析法及专家访谈法来分析和预测关键技术及其未来发展趋势，相关方法的类型、思路、优势与不足见表 5-6。

表 5-6　FTI 技术趋势分析及预测方法主要特点（据李若男等，2021）

方法名称	类型	思路	优势	不足
弱信号法	定性 +定量分析	基于定性和定量数据识别弱信号，将信号轨迹映射到技术趋势中，并罗列出未来的弱信号清单	提前捕捉并掌握技术信号状态与发展动向，提高情报预见和预警	弱信号存在性低、藏匿性强，难以捕捉并分析信号的趋势发展动向
多指标预测法	定性 +定量分析	构建多指标评估框架识别关键技术，并预测趋势演进	简单、有效、易操作、投入时间短	指标缺乏通用性
情景分析法	定性 +定量分析	基于专家视角，使用各种类型的数据构建未来技术趋势的应用情景，及其影响因素分析	情景预测全面、分析形式多样，既考虑情景的时间划分，又对情景性质展开评估	实际操作难度大，对专家的能力水平要求高，预测结果的准确度和可靠性难以估量，甚至有偏离现实的可能
交叉影响分析法	定性 +定量分析	以专家判断为基础，通过提问的方式帮助用户思考或判断技术趋势与其行业或相关的内外部环境是否存在相交，以及如何相交等问题	识别事件或趋势之间的影响，并解决了其他方法缺乏发现互斥或冲突的问题机制	要求领导者具备前瞻性的战略眼光，对企业所处的内外部形势、领域内的重大技术趋势有足够清晰的认识
专家访谈法	定性分析	组织领域专家进行面对面交谈，收集专家意见等相关信息，用于形成技术趋势预测	操作简单灵活，能充分利用专家智慧并直接获取一手资料	耗费时间、精力和财力，工作成本高，难以大规模进行

1. 弱信号法

按照揭示趋势的信息量大小可以将研究对象分为强信号和弱信号。弱信号（Weak Signals）是有预见性的、模糊零碎的、形式和来源多样的迹象符号；从竞争情报角度看，弱信号即预警信号。

FTI 趋势报告归纳出了十项可用于判断和衡量技术创新和发展趋势的弱信号，涉及财富分配（Wealth Distribution）、教育（Education）、基础设施（Infrastructure）、政府（Government）、地缘政治（Geopolitics）、经济（Economy）、公共卫生（Public Health）、人口统计资料（Demographic）、环境（Environment）、媒体和电信（Media and Telecommunications）等技术领域。在此基础上，FTI 使用定性和定量数据识别弱信号技术领域，并将信号轨迹映射到技术趋势中，通过创建网络节点和连接的方式对技术趋势进行分类，节点的大小反映信号的强弱。所创建的信号网络图会促使用户同时考虑技术趋势及该趋势与其他领域的关系，进而发掘出易被忽视的边缘性技术产品。

2. 多指标预测法

多指标预测通过构建体现被评价目标特性及相互关联的指标所构成的具有内在结构的有机整体，即指标体系（Indication System，IS），从而分析和预测事物的变化趋势。多指标预测法中技术趋势的内容一般由八个部分组成，每个部分均可被视为一项指标。进一步分析，可将八项指标归纳为时间特征指标、技术特征指标、影响力特征指标和行动指标这四大类（表5-7）。

表5-7　FTI趋势报告多指标体系（据李若男等，2021）

指标体系	指标划分	指标含义
时间特征指标	上榜年份（Years On The List）	技术趋势的跟踪时长
技术特征指标	关键洞察（Key Insight）	对技术趋势的简要、概括性描述
	为什么重要（Why It Matters）	技术趋势对组织的重要性
	示例（Examples）	有关技术趋势的具体应用或实施案例
影响力特征指标	影响（The Impact）	技术趋势对个人、行业及政治经济带来的影响和变革
	观察者列表（Watch list）	已参与技术趋势的个人、研究团体和组织
行动指标	行动矩阵（Action Matrix）	评估技术趋势，建议组织应采取何种行动
	下一步行动（What's Next））	已取得的技术突破或将要采取的战略行动及相关研究

其中，时间特征指标尤指技术趋势的"上榜年份"，代表FTI对趋势的跟踪时长，能从侧面反映技术趋势的行业关注度，帮助企业快速辨别技术趋势所处的生长周期。对某项技术趋势的跟踪时间越长，说明其发展越发成熟，在行业中所占据的地位越发稳固。

行动指标中，"行动矩阵"又包括立即行动（Act Now）、通知策略（Informs Strategy）、保持警惕（Keep Vigilant Watch）、稍后再访问（Revisit Later），代表FTI对用户行动的建议。"行动矩阵"中的横轴代表技术趋势的稳定性（High/Low Degree of Certainty），判断标准由各类技术趋势包含的证据和数据量所决定；纵轴代表技术趋势的长短期影响（Long-Term/Immediate Impact）。通过综合评估技术趋势的稳定性和影响广度，FTI为用户提供了总体的行动指南。

需要关注的是，对于不同的技术趋势，受其内容、发展状况、应用程度、外部环境等因素的影响，某些评估技术趋势的指标可能并不具有分析及讨论的空间。在这种情况下，选择能够充分概括和评估技术趋势内容且满足企业战略需求的指标即可。

3. 情景分析法

该方法前文已有系统介绍，这里仅简介FTI趋势报告的具体方法和内容。FTI趋势报告基于数据构建了专家视角下的未来技术趋势的应用情景，每个情景由标题（Headline）、时间和情绪标签（Temporal and Emotive Tag）、描述内容（Descriptive Elements）三部分组成。标题是对未来场景的简要概括，标签包括对未来时间的划分和对情景性质的归类。FTI将时间大致划分为近期未来（Near-Future）、中期未来（Mid-Future）和远期未来（Far-Future），并对情景评估为乐观（Optimistic）、中立（Neutral）、实用（Pragmatic）、灾难（Catastrophic）四种。

FTI趋势报告情景分析的主体内容是对未来技术场景的详细描述，以及对情景生成原因的解释和说明。其中，近期情景典型特征表现为可获取的数据量充足，未知变量少且无较大变化，能满足企业近期的战略决策；中期情景可获取的数据量有限，未知变量增多，该阶段企业应明确战略方向及愿景，寻找合适的投资；远期情景可获取的数据量极少，主要面向企业制定长期的战略规划。

4. 交叉影响分析法

交叉影响分析（Cross-Impact Analysis）是衡量变量相关性的一种方法，常作为预测工具来确定一个领域的技术发展将如何影响另一个领域的技术发展、影响的强度及影响的结果，分析方法以专家判断为基础，分析结果根本上取决于变量之间的关系和专家对系统的评价能力。

FTI 趋势报告的主要服务对象是企业领导者或高层战略管理人员、政府决策部门、专业的研究团队。时机与影响是领导者评估事态最具挑战性的重要指标，技术趋势能够凸显周围环境的瞬息万变，但技术趋势与行业的交叉点容易被忽视。FTI 趋势报告并未直接应用交叉影响分析法来预测技术趋势，而是总结了 7 大类 23 个具体问题（表 5-8），帮助用户结合技术趋势报告去思考或判断技术趋势与其行业或相关的内外部环境是否存在交叉影响以及如何交叉影响等问题。同时提醒用户不要仅因为某项技术趋势乍一看与技术领域毫不相干就不以为然，而应深入思考不同技术趋势作用于行业的影响与变革。

5. 专家访谈法

专家访谈法（Expert Interview）是技术趋势分析与预测中常用的一种定性方法。该方法通过组织领域专家进行面对面交谈来收集相关信息，采访者即可在访谈过程中直接获取第一手实证资料，并形成基础研究领域的长期预测。

需要说明的是，根据不同技术趋势的技术内容、发展状况、应用程度、外部环境等因素，FTI 趋势报告针对不同技术分别应用了以上一种或多种技术趋势分析与预测方法。

综上所述，近期技术趋势预测研究出现了四个发展特点：

其一：定性 + 定量的复合定量分析法是技术趋势预测最优的方法类型。

其二：未来研究方法在前沿技术趋势研究中被广泛采纳。

其三：多元研究方法正被用于众多技术趋势预测领域，并呈现出交叉融合的发展特征。其中，Gartner 针对新兴技术使用了技术成熟度曲线、优先矩阵以及魔力象限等方法；麦肯锡全球研究院利用可视化、专家访谈、定量分析等方法预测了 2013—2025 年间将产生颠覆性影响的 12 项技术；汤森路透通过对全球科研论文和专利数据开展文献计量、专利分析，确定 10 项最具影响力与突破性的技术领域，并在此基础上进行主观定性审查，最终做出了 2025 年十大技术创新预测。

其四：辅助工具是实现技术趋势预测应用价值的必要保障。其中，FTI 的 "CIPHER" 多指标识别框架用于判别技术趋势所处的发展阶段；定量预测框架用于计算技术趋势变化速率；技术趋势预测战略规划框架深入考虑技术趋势的实际演进规律，提供了更为精准的战略规划框架创建思路；决策矩阵可帮助机构快速辨别内外环境形势，并采取针对性的战略行动（李若男等，2021）。

表 5-8　FTI 趋势报告用于开展交叉影响分析的问题（据李若男等，2021）

问题归类	问题设定
指导战略规划进程（Guiding Our Strategic Planning Process）	技术趋势如何支持或挑战我们当前的战略方向
	技术趋势的演变将会带来哪些新的风险与威胁
	若组织未能采取行动，将会带来什么后果
	我们的战略规划过程是否受到范围或时间上的限制
下达决策（Informing Our Decisions）	随着这一趋势的发展，组织如何对其做出渐进式决策
	政治、气候变化、经济转型等全球性事件会对技术趋势产生何种影响
	我们能否利用这项研究为决策过程提供支持
规划未来投资（Making Future Investments）	目前的商业模式是什么，随着这一趋势的发展，它将必须做出何种改变
	随着这一趋势的发展，我们应该在哪里投资
	是否有机会收购初创公司、研究团队和处于这一趋势前沿的公司
发展业务（Growing Our Business）	我们的战略规划如何提供竞争优势并推动组织向前发展
	这一趋势将如何改变消费者、客户和合作伙伴的需求和期望
	这一趋势如何帮助我们思考创新
强化伙伴关系（Facilitating Strong Partnerships）	这一趋势在哪里为我们创造了潜在的新合作伙伴或合作者
	这种趋势如何引入我们从未见过的新对手
	相邻行业的组织如何应对这一趋势
	我们能从他们的失败和最佳实践中学到什么
支持团队或业务部门（Supporting My Team/ Business Unit）	这种趋势是否标志着我们组织的文化、实践和信念正在遭到破坏
	这种趋势是否表明组织内的既定角色和职责将受到干扰
	劳动力是否会因为这种趋势而做出改变？如果是，我们目前的运营结构是否允许我们做出必要的改变？这是否意味着裁员？如果必须吸引新人才，我们是否有能力吸引并留住所需要的员工
领导行业走向未来（Leading Our Industry into the Future）	这一趋势如何影响我们的行业及其所有部分
	读完本报告，组织可以解决哪些关于行业、组织、客户、合作伙伴的不确定性
	我们如何以积极的方式利用这一趋势，为组织谋求更大的利益

四、油气前沿技术发展战略制定、实现方式与获取策略分析方法

油气技术发展战略是在确定石油企业、行业或国家总体发展战略后，围绕发展目标，从技术角度为推进企业、行业发展、满足国家重大（战略）需求而筹划、设想、规划及实施的技术创新方向选择、提高技术水平策略、不断促进自身技术发展计划的组合及活动。

战略具有层次性和系统性，通常是针对各类油气企业而言，也要面向国家、油气行业层面，主要依托于企业实施和执行；由国家→行业（地方）→企业构成一个系统性战略，下级的战略意图服从上级的战略要求。战略具有长远性，要从长远来谋划国家或企

业的生存、（前沿技术）发展之大计，面对石油行业十年一遇的专业技术换代周期，超前做好技术储备。战略具有实施行动、内部功能、创新过程、方向目标四方面的全局性、整体性，油气技术创新过程分为技术原理→技术原型→工业性试验→产业化四个阶段，具有九个级别的技术成熟度，即技术原理探索阶段为1级、2级、3级，技术原型研发阶段为4级、5级、6级，7级为中试，8级为工业性试验（初步形成产业标准），9级为产业化。战略必须有"对阵"的部署和"智慧"的体现，对于石油技术战略来说，"对阵"或"对立面"就是国内、国外的"同行"、竞争对手，制胜的措施就是"拥有""垄断"和"控制"并利用最先进的技术，或者采取"合作代替对抗""共享代替竞争""双赢代替独享"的战略联盟，以保障企业获得最大或长效的利益（傅诚德等，2014）。

油气前沿技术发展战略包括三层含义：第一，涉及的对象是相关前沿技术，一般是指根据生产实践经验和自然科学原理而发展起来的各种前沿性工艺操作方法和技能，广义上还包括相应的生产工具和其他物资设备，以及生产的工艺过程或作业程序、方法。第二，描述的前沿技术处在不断演变、不断运动与变革之中，包括技术水平的不断提高、技术结构的不断改进，技术领域的变化也随时间推移而变化。第三，前沿技术发展是推动石油企业、行业或国民经济发展的手段，其发展战略只是总体战略的组成部分，受总体发展战略的制约，为实现总体发展目标服务，是总体发展战略下一层次的战略。

（一）基于技术趋势预测结果的油气前沿技术发展战略制定方法

FTI创建了CIPHER多指标识别框架、定量预测框架、技术趋势预测战略规划框架、决策矩阵等工具，为利用其技术趋势报告制定战略规划和行动计划提供分析与实施指南（Future Today Institute，2020）。

1. 应用"CIPHER"多指标识别框架判别技术发展阶段

"CIPHER"多指标识别框架是用户识别技术趋势的重要工具。"CIPHER"代表趋势识别的六项指标（表5-9），包括矛盾、拐点、实践、黑客、极限、罕见。指标是对技术趋势内容的总结，FTI对各项指标的概括性描述展现了不同的趋势表现形式，可帮助企业快速定位并准确判断技术所处的趋势发展阶段，是后续计算趋势变化速率、制定战略规划、采取战略行动的基础。

表5-9 "CIPHER"多指标趋势识别框架（据李若男等，2021）

字母	趋势识别指标	指标描述
C	矛盾（Contradictions）	分析对象具有对立或不协调的特征
I	拐点（Inflections）	事件处于重大转折但已建立了新的范例
P	实践（Practices）	越来越显著或受欢迎的新兴行为
H	黑客（Hacks）	工具、技术或系统出现的创造性、非计划性用途
E	极限（Extremes）	技术、功能或概念达到一个改变现有性质的新突破点
R	罕见（Rarities）	极不可能发生或无法预料的事件或现象

2. 创建 FTI 定量预测框架计算技术趋势变化速率

定量预测（Quantitative Forecasting）是基于历史数据或因素变量来预测未来发展变化情况的一类方法，具体采用数学方法对已掌握的历史统计数据进行科学的加工与整理，借以揭示变量之间的规律性联系。FTI 定量预测框架（图 5-6）用于计算技术趋势的发展速率，帮助企业及组织了解可能引起趋势加速发展、减速发展及维持发展现状的因素。实施过程分两步进行：（1）确定技术趋势的发展速度，寻找可能引起趋势加速发展、减速发展及维持发展现状的影响因素；（2）确定趋势是否影响企业的发展轨迹。

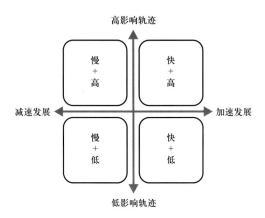

图 5-6 FTI 技术趋势变化定量预测框架（据李若男等，2021）

3. 基于时间序列的趋势分析制定技术发展战略（规划）

面对技术的创新和突破，很多机构通常只做出短期的战术回应，较少思考技术对自身及整个行业带来的长期影响。此外，机构在制定长期规划时通常会以五年、十年等时间长度制定阶段性发展计划，这种划分方式过于随意和草率，并未充分考虑技术趋势的实际演进规律，进而影响战略规划的精准性。为此，FTI 为企业创建了一个可测量确定性和绘制行动图表的战略规划框架（图 5-7）。

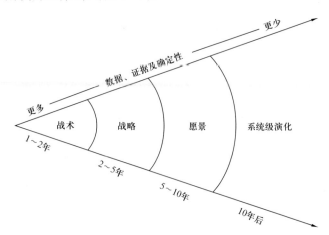

图 5-7 FTI 技术趋势预测战略规划框架（据李若男等，2021）

该框架没有简单地以季度或年来标记时间，也不采用线性时间轴，而是将每一步战略行动划分为战术（Tactic）、战略（Strategy）、愿景（Vision）和系统级演化（Systems-

Level Evolution）这四个圆锥体，分别对应 1~2 年、2~5 年、5~10 年、10 年以上的时间段。时间的划分仅作为机构制定战略规划时参考，具体可随事态的复杂性做出相应调整。FTI 使用"数据、证据及确定性"三个指标定义圆锥体的边缘，描述机构在不同时期所处的外部环境形势，指标将随时间的递增逐步减弱，圆锥体的面积则随着时间的增长而增大。在十年后的系统级演化阶段，由于机构无法预测未来事件发生的可能，时间锥的范围将无限拓宽，相应的行动规划仅代表机构对未来技术发展的憧憬。

4. 创建技术决策矩阵采取技术战略行动

由于一些不确定性因素永远无法从决策中完全消除，因此人们通常认为，与其使用预测方法洞察未来，不如明确事件的不确定性和基本假设，这能帮助机构快速辨识内外部形势环境，并采取针对性的战略行动。FTI 提出的决策矩阵可督促机构提前认清形势和做好规划准备，并指导机构采取战略行动（图 5-8）。

图 5-8 中，矩阵纵轴表示"趋势的确定性"（Certainty About Trends），即机构所处的外部环境形势；横轴分为"行动（Action）"和"见解（Insight）"两部分，代表机构大体的行动规划。通过思考机构内外趋势的确定性与行动诉求可定位其所处的行动象限，象限由"标题""提问""行动案例"等三部分构成，"标题"主要揭示机构的行动目标，"提问"代表机构对行动或见解的未来期望或设想，"案例"则为机构提供了相应的行动参考。

图 5-8 FTI 创建的技术决策矩阵（据李若男等，2021）

5. 油气前沿技术发展战略制定主体内容与注意事项

前述提及战略具有"对阵"性和"智慧"性。制定油气前沿技术发展战略的"智慧"和"谋略"体现在准确科学地评估未来 10~15 年国际、国内油气及相关能源、技术发展的大趋势、可能实现的技术进步以及这些技术分别对油气及相关能源发展贡献的前提下，针对性地提出技术制胜的方案与对策（傅诚德等，2014）。

技术发展战略分析包括多个方面的内容，核心是战略目标、实施方案和实施步骤。战略目标是实现长期竞争优势最大化的综合体现，也是实施战略的一切手段、措施的最终归宿。战略目标既要宏观、简约，又要明确、清晰。在制定科技发展战略时必须充分考虑技术未来的方向性，和战略目标的预见性、可行性、可考核性。

实施方案主要包括技术投资、技术内容（采用先进技术、比较适用但不很先进的技术等）、技术来源（自主开发、外部引入等）、技术领域（原领域、转向其他新领域），等等。

主体要深入三个方面研究：一是国内、国外同行业的竞争环境、技术发展现状，包括国家层面宏观环境、石油石化行业环境、本公司环境，并对竞争者有量化表达的优劣势分析。从宏观的视野、不同层面的优势格局和战略前景，初步选取对公司中长期发展具有重大影响的战略性技术（包括重要前沿技术）。战略性技术是指具有全新理念和技术含量，技术成熟度高，可与相关技术形成配套，对油气行业产生重大效益的技术。其技术数量很少，但占有新增长生产力的很大比例。二是对初选的战略性技术进行技术获取的可行性评估，包括技术的潜在效益、市场容量、发展风险（价值风险、市场风险、成本风险和时间风险），优选出可行的战略性技术。三是明确战略性技术获得的方式。凡风险小、可有效获取、他人难模仿、可获知识产权有效保护、可为公司获得重大生产成效的领先技术，实行自主研发；研发条件差、快速追赶周期短、成本风险大，或其他产业已建立领先地位和知识产权的技术，可以采用合作研究或并购等形式。

从战略理论与方法的研究模型角度，中国学者提出了科技战略的六类研究范式：跟随创新（基于追踪为主、后发跟随式思路）的战略研究、政治主导（基于政治、经济、国家安全需求）的战略研究、场景牵引（基于经济社会未来场景需求与挑战）的战略研究、技术推动（基于技术本身演进和推动）的战略研究、学界酝酿（基于学术共同体酝酿和共识）的战略研究、竞争驱动（基于竞争力评价和竞争优势研判）的战略研究范式。基于单一范式局限性与综合不同范式研究的科学、有效性，提出了涵盖六类范式的集成式科技战略研究框架（贾晓峰等，2023）。对油气前沿技术发展战略的研究，也可作为参考和借鉴。

注意在制定战略时，不要轻易把"竞争对手"或"领先技术"估计太低，也不要把"关键技术"和自己目标定得太高；理特公司的研究报告提示，一项战略性技术从"一般"到"领先"所需的投入比从"零"到"一般"要多五倍。必须在分析战略性技术时，通过多因素综合评估技术是否企业竞争优势的主源流、重要性程度、可能市场份额与投资、技术优势保持周期与措施等。历史的经验告诉我们，任何一个强大的公司都不是全部"垄断"和"拥有"，而是采用多种形式获取最优技术资源。要在战略成效最大化的前提下，在引领、追随、低成本跟踪和并购之间找准平衡点和切入点，这才是战略谋划的重中之重。

（二）油气前沿技术发展战略实现方式与获取策略分析方法

技术发展战略实现方式包括技术改造战略、技术开发战略、技术引进战略和技术迁移战略等。其中要提及的技术改造战略是围绕技术发展，规划、实施投资活动，推动技术进步的战略过程。这一战略涉及如何最有效地配置资产增量，实现资产存量的技术进步。技术改造是立足于资产存量基础上的使资产存量与资产增量实现最优配置的投资形式，资产增量配置过程中，由于资产存量的无形磨损，因此要以技术进步为前提。技术改造具有挖潜功能、时间效益、节约效应（刘铁民，1992）。

技术获取方式包括自主研发、合作研发、委托研发、技术引进、购买许可、技术战略联盟等；技术应用方式包括完全自用、技术入股、技术许可等。常用的三种技术获取策略主要是自主研发、合作研发和技术引进，可以根据表5-10中的获得策略及适用条件，评估技术获取方式，并简述建议的理由。

技术获取和应用的影响因素比较复杂，涉及企业科技、人力、资金、资本、法律等多个业务部门，获取和应用技术的效率直接反映了企业的技术管理水平。在获取和应用技术实际过程中，企业应该按"一技一策"方式操作。在科技战略研究过程中，应重点针对制约本企业获取和应用技术效率提升的突出问题，研究制定相应对策（牛立全等，2018）。

表5-10　技术获取策略及其适用条件

技术获取策略	适用条件		效果
自主研发	内部： ● 中长期的生产需求 ● 保持竞争优势的核心技术开发 ● 超前性技术储备 ● 自主研发力量强，有较好积累 ● 科研经费充足	外部： ● 市场上该类技术处于开发试验阶段 ● 技术供应方缺乏 ● 成本较高 ● 竞争对手十分重视	● 能够满足中长期生产需求 ● 形成积累企业的自主知识产权 ● 形成并保持企业可持续竞争优势 ● 提升研发水平，形成研发核心力量 ● 降低技术引进的成本
合作研发	内部： ● 靠自身能力不能获得明显竞争优势 ● 希望快速追赶 ● 受到专利保护等限制而无法获得 ● 为获取互补技术或特殊装备，特别是非核心领域 ● 为确保兼容性或实现标准化	外部： ● 具有雄厚的研究基础和业绩，能同我方需求形成互补 ● 具有真诚的合作愿望 ● 合作成本较低 ● 能保持稳定持久	● 提高我方竞争实力和技术水平 ● 较小开支 ● 缩短时间 ● 培养队伍
技术引进	内部： ● 生产部门提出迫切需求 ● 自主研发力量不足 ● 自主研发所需时间长，不能及时满足生产需求 ● 自主研发所需投资远远超过引进成本 ● 自主研发的风险过高	外部： ● 技术成熟，易于消化吸收 ● 技术供应方充足 ● 交易成本较低 ● 能维持长期的技术支持、更新	● 能够迅速满足生产需求 ● 规避自主研发的风险 ● 知识积累，提升自主研发实力 ● 加强与外部技术的交流

第二节　制约油气地质勘探前沿技术发展的内外部环境分析

一、油气地质勘探前沿技术发展外部环境分析

外部环境是技术发展战略分析的内容之一，优质的宏观环境是油气产业及相关前沿技术发展的重要支撑。PEST 分析法是战略外部环境分析的基本工具，常用于企业发展的外部宏观环境分析，通过政治（Politics）、经济（Economic）、社会（Society）、技术（Technology）四个方面的影响因素分析企业发展的外部宏观环境，并评价这些因素对企业战略目标及战略措施的影响。同样也可用于分析油气前沿技术的发展环境分析，以期在后续实践中利用优势、规避劣势、把握机遇，促进其快速、稳健、高质量发展。

（一）油气前沿技术发展的国际环境

油气前沿技术发展的国际环境主要是指具有控制和影响作用的全球地缘政治和经贸规则变化、全球科技格局与油气产业结构变化、国际油气市场主导力量与价格变化、国际消费需求特点和消费者偏好变化、全球主要国家能源政策变化、国际能源技术与成本更迭情况、中国与主要油气资源国家和地区间的科技关系等方面的外部环境变化及趋势（徐玉高等，2019）。

近年来，全球能源领域正在经历战略和结构变革期，呈现出能源体系绿色低碳演变、能源供需格局深刻调整、能源价格持续频繁震荡、能源地缘政治环境趋于复杂、气候履约刚性约束增强、新一轮能源技术革命兴起等趋势（郭楷模等，2018）。

其一，从全球地缘政治和经贸规则变化看，当前美国重返亚太、联合盟友遏制中国发展、牵头北约东扩和制裁俄罗斯战略框架下，冷战思维、去全球化、气候问题政治化抬头，霸权主义猖獗，中美大国博弈和贸易摩擦加剧，俄乌冲突短期难言结束。世界百年未有之大变局正加速演进，全球地缘政治、地缘经济环境变化正在加速重构世界地缘政治和竞争格局，前沿技术的不断涌现正在改变国家科技力量对比，对全球油气产业发展带来深刻影响，油气科技创新呈现新的趋势。表现为频发的地缘政治冲突、"OPEC+"内部博弈和发展环境不确定性日趋明显推升全球天然气价格、引发国际石油市场动荡频繁，俄乌冲突、中东战乱的地缘政治与能源转型叠加造成石油巨大供应缺口、天然气供需失衡，全球 LNG 价格高企将持续更长时间；加快了替代能源转型、能源供给格局"东移"及全球能源安全战略的调整步伐，全球"碳中和"目标引领全球天然气市场发展，极端天气频发和气候变暖问题促使全球加速去油气化，欧美俄博弈导致欧洲油气危机爆发，伊朗能否重返国际市场将影响国际油气供给格局（王志刚等，2022）。

新冠肺炎疫情之后，全球经济将稳步恢复，但复苏并不均衡，呈现全球经济"断层"加深、复苏不确定性上升且更趋复杂的新形势。发展中国家群体性崛起将重塑国际经济秩序，"一超多强"世界经济格局深刻调整，原有国际经济秩序和国际体系正在重塑。世界范围内逆全球化浪潮与地区主义交织发展加剧全球产业链、供应链的脆弱性和不稳定

性，中美贸易摩擦背景下美国通过一系列法案加深经济软脱钩程度，未来技术"脱钩"风险加剧（陈凯华等，2023）。就业增长放缓、通货膨胀加剧、粮食安全及气候变化等问题给各经济体带来多方面挑战。以气候问题政治化的碳排放问题上升为国家面对的政治题目，也给中国经济发展、中国油气市场和中国主要油气企业带来了巨大压力；与此同时的机遇是"碳中和"目标将推动中国天然气产业快速发展，促进油气勘探相关低碳技术的创新。

其二，从全球科技格局与油气产业结构变化看，新一轮科技革命和产业变革深入发展，科技创新在大国博弈中越发成为关键变量，前沿技术领域已成为大国竞争的重要战略阵地，科学技术在变局之中从来没有像今天这样深刻影响着国家的前途命运，指引着未来。全球经济增长速度放缓且不均衡的趋势明显，世界各国不断加大前沿科技布局，前沿技术迭代和新科技生态构建加速，寄希望于利用科技实力和技术创新重塑经济结构（国务院发展研究中心国际技术经济研究所，2023），不断深化能源结构调整，在以安全与可负担的方式进行绿色能源转型及推进气候政策实施过程中，推动能源结构调整和能源资源重构进程（黄晓勇，2022）。

油气产业是资本密集型和技术密集型产业，市场准入门槛较高，限制了小型企业的进入，资源和技术高度集中在大型石油公司手中。随着技术进步和行业竞争的加剧，大型石油公司通过兼并重组推动油气产业结构持续调整（徐玉高等，2019），通过降本增效技术减油增气、突破新能源关键技术创新加快能源转型进程。当前，能源转型进入去碳化、去中心化、数字化和供给中断常态化的全球化驱动时代，影响着油气前沿技术向低成本、高效益、低碳化、智能化发展与不断融合，其核心是从以石油为中心的能源体系转向以电力为中心的能源体系（黄晓勇，2022）。

其三，国际油气市场主导力量与价格变化方面，从长期来看，巨大的市场力量和政治意愿正在试图重新绘制全球能源供应版图。2021年以来，国际原油价格持续大幅上涨并在70~85美元/桶高位波动；全球LNG市场已由买方市场向卖方市场倾斜，全球天然气市场供应侧受多种因素影响增长不如预期，天然气供需收紧，国际三大市场气价持续飙升，创历史新高，天然气成为能源大宗商品中的"涨价王"。高油价总体上会吸引资金进入石油勘探开发行业，但"碳达峰""碳中和"降低了油气企业增加石油勘探开发投资的意愿，且高油价叠加欧洲对俄罗斯化石能源行业依赖程度的降低会加快石油替代的进程。国际石油天然气市场未来仍存在一定的不确定性。

其四，从国际消费需求特点和消费者偏好变化看，能源消费的主体是整个人类，要拯救地球，应对气候变化，保护环境多样性。随着疫情缓和，世界经济开启稳定复苏，带动石油消费需求强劲反弹。中国作为最大的消费国，油气进口成本大幅上涨，买方市场改变全球油气供应格局。全球非化石燃料以及可再生替代能源的供应尚不足以满足能源消费需求，较高的能源价格以及各国对能源安全的关注使能源多样化的必要性和紧迫性进一步提升。

其五，从全球主要国家能源政策变化看，世界各主要经济体在政策上强化前沿技术的战略布局和顶层设计，明确提出重大前沿技术领域和研究方向，从国家层面强力推进技术发展。提高前沿科技研发资金投入，系统性培育新兴技术生态，积极攻克影响国家当前和长远发展利益的前沿与核心关键技术。例如美国强化清洁能源供应链建设，欧盟启动了能源系统数字化行动计划对其能源系统进行深度数字化改造。

美西方发达经济体推行科技保护主义政策，泛化科技安全概念，强化盟友合作构筑排华高科技供应链，推动全球高技术产业链、供应链重塑。一方面，美国积极推行谋求霸权的现实主义政策，将中国定位为主要竞争对手，视中国科技发展为最大挑战，其《美国国家安全战略》称遏制中国科技发展为美国的"全球优先事务"。另一方面，美国推出《保护美国知识产权法》，加强针对前沿技术的出口限制和保护措施，使未来前沿技术对华市场化转让受到极大影响。美国强化盟友联合，开展美欧新兴技术议题合作，制定全球规则，强化与中国的科技竞争，构筑双边、小多边排华机制，试图彻底将中国从其主导的科技生态中剔除。在排华政策背景下，中美政治与技术对抗限制了两国在关于油气产业的技术交流、人才引进等，恐进一步阻碍中国油气产业发展；美西方国家对部分油气重大前沿技术、装备和零部件等的把控形成了"卡脖子"技术封锁的危险，禁止技术引进和相关并购审批；伴随着大型油公司竞争加剧，影响了中国相关前沿技术的发展。

其六，从国际能源技术与成本更迭情况看，随着全球能源转型的加速以及数字化、智能化技术的快速发展，以清洁、绿色、低碳为核心的能源革命正在全球范围内快速推进。油气勘探开发思维模式发生转变，勘探开发技术向精细化、智能化发展；油气工程技术装备向小型化、自动化、智能化方向发展；国际石油公司技术创新管理方式变革，数字化、智能化技术加快发展；数字化、智能化技术与传统技术的融合成为助力油气新发现的主要支撑（吴谋远等，2023）。

为抢占战略性前沿技术竞争的制高点，世界各主要经济体都在对外政策、标准和资源领域进行前瞻性布局。一是强化技术垄断权，形成进口和出口"双收紧"的战略化倾向。二是确保制定未来技术标准的主导权。例如，美国与盟友组建"美欧贸易与技术委员会"、技术民主多边联盟（T12）、美欧联合技术竞争政策对话（TCPD）、美日印澳四方会谈（QUAD）等"技术联盟"，抢抓未来技术标准主导权，着手协调和制定标准，利用其科技领先优势，量身打造对中国不利的技术标准，千方百计限制中国发展。三是争夺战略资源控制权。如美西方国家和地区通过供应链风险评估、区域合作研发勘探、开采和循环利用技术等强化对关键矿产资源的掌控能力，油气、钴、锂、稀土等战略矿产资源成为控制重点；围绕未来深海开发等前沿科技和产业变革领域，布局了一批未来产业，在前沿技术领域形成了未来产业基础技术的有力供给和支撑。

美西方国家积极强化战略新疆域的布局及合作，着力提升技术应用能力，将对未来的全球科技安全和国家安全产生深远的影响。例如为加大对海洋资源的控制，美国发布《美国专属经济区海洋勘探和观测的战略优先事项》报告，宣布海洋探索、观测的高优先级事项；英国发布《国家海上安全战略》和《英国海洋地理空间数据的未来》，明确英国要保持在海洋科学领域的世界领先地位；法国发布《海底控制战略》，旨在使法国海军获得潜入海底6000m的能力（国务院发展研究中心国际技术经济研究所，2023，2022）。

多数国家加速向低碳转型，以科技创新支撑绿色发展。将碳减排行动转化为战略，已公布"双碳"目标，纷纷加快经济向绿色转型的步伐，积极部署绿色低碳技术研发，绿色经济成为全球产业竞争的重点。预计不久的未来，在世界各主要经济体对绿色低碳科技创新的持续投入下，将会很快出现更具颠覆性、突破性的低碳技术。

其七，从中国与主要油气资源国家和地区间的科技关系看，中国推行"一带一路"绿色发展，加强与沿带沿路各国良好的能源合作，与俄罗斯进行传统能源和新能源的积极合作，阿富汗和平利好中阿油气通道合作。这些政策举措，为海外油气合作和海外油气安全创造了良好的环境，助力了中国能源安全保障。一方面有利于保障中国境内外油气管道、核电机组等重大项目稳定运行、顺利推进，和开展油气上中下游一体化合作，保障中国油气进口和海外投资的安全；另一方面积极在传统能源合作之外挖潜，积极拓展可再生能源、氢能、储能、智慧能源、能源金融等领域国际合作，推进和深化能源基础研究、关键技术研发及创新成果转化。

北美"页岩油气革命"为代表的非常规油气快速发展与海洋深水、陆地深层领域正成为全球油气储量、产量增长的主要动力，推动世界能源格局深刻调整。中国秉持对外开放政策，与国外大石油公司友好交流、公平竞争，积极学习北美页岩油气革命成功经验和先进技术，页岩气、煤层气、致密油气实现了商业开发与勘探技术较快进步。但也要警惕中美澳关系，针对中国抱团施压对抗、限制打压、挑衅主权的策略，给天然气进口安全带来的不确定性。

综上，中国油气产业和前沿技术发展将长期面临挑战和机遇并存的复杂国际环境。

（二）油气前沿技术发展的国内环境

油气前沿技术发展的国内环境，主要可从政策、经济、社会、技术环境四个方面分析。

其一，从政策环境看，能源保障和安全事关国计民生，党中央和国家层面高度重视，2008年以来，先后实施了"大型油气田及煤层气开发"国家重大科技专项，出台多项政策大力扶持油气行业发展和全力推进油气增储上产。党的"二十大"报告提出，深入推进能源革命，持续加大油气资源勘探开发和增储上产力度，实施了新一轮找矿突破战略行动，并取得重要进步，为保障国家能源安全做出了重要贡献。

如自然资源部出台一系列文件，加强政策供给，实施油气勘采合一制度，鼓励综合勘探开发，优化勘查面积扣减基数和比例，精简申请要件，完善用地用海要素保障政策，积极推进油气增储上产。数据显示，2020—2023年，总共出让94个油气区块，面积$6.3 \times 10^4 km^2$，正在加速形成以国有石油公司为主体、多种经济成分参与的油气勘查开采新格局。国家能源局印发的《2024年能源工作指导意见》提出，强化化石能源安全兜底保障和坚持依靠科技创新增强发展新动能，强调加强关键核心技术联合攻关和科研成果转化运用，促进新质生产力发展。

针对能源和油气行业，立足安全清洁发展，能源行业政策体系加快完善。国家能源局、科技部等制定了国家层面五年科技发展规划、提升国内油气勘探开发力度"七年行动计划"，将页岩气作为单列的独立矿种，实施了油气扶持政策、页岩气和煤层气财政补贴和税费优惠支持政策等，大力推动油气行业发展；推进石油国企改革与科技改革、综合转型与创新发展等相关战略，促进前沿技术研发；碳排放双控、石油天然气市场体系、电力体制三大领域的改革取得实质性进展。近年来相继出台了《能源发展"十一五"规划》《页岩气发展"十二五"规划》等文件，提出"十四五"时期前瞻性、颠覆性能源技术快速兴起，新业态、新模式持续涌现，形成一批能源长板技术新优势。

2020年以来，基于中美博弈和贸易摩擦、俄乌冲突下美西方全方位制裁俄罗斯的冲击和警醒，党的十九届五中全会提出"把科技自立自强作为国家发展的战略支撑"和迫切需求。基于美国联合盟友抱团遏制中国发展，中国面临关键核心技术"卡脖子"威胁，科技创新受政治影响，中央全面深化改革委员会第二十七次会议审议通过了《关于健全社会主义市场经济条件下关键核心技术攻关新型举国体制的意见》。新型举国体制是对原有举国体制的继承与创新，既要发挥社会主义制度集中力量办大事的显著优势，强化党和国家对重大科技创新的领导，又要充分发挥市场机制作用，围绕国家战略需求优化配置创新资源，实现核心技术突破（陈凯华等，2023）。

上述诸多政策，有利于支持油气工业科技的大力发展，基于国家层面政策导向谋划前沿技术发展战略及未来方向，为做好石油科技的储备奠定了良好条件。

其二，从经济环境看，伴随中国经济进入新常态，能源发展已进入了消费增长减速换挡、结构优化步伐加快、发展动能转换升级的战略转型关键期，能源生产与消费革命正在不断深化。能源供需总体平稳，多元化新型能源体系建设有序推进；成品油消费加快恢复，石油表观消费创新高；天然气消费恢复向好，"全国一张网"加速完善（钱兴坤等，2024）。国内经济持续稳定发展，增速虽有放缓，油气下游行业需求短暂放缓，但经济迅速发展带来的需求量在持续增加，中国油气对外依存度逐年快速攀升，2023年中国原油对外依存度为72%，天然气对外依存度为42%。夯实油气资源基础和增储上产技术，保障能源供给和安全任重而道远。

其三，从社会环境看，油气行业市场竞争不断加剧。社会发展对能源的需求在不断增加，国家层面、各大石油企业均对油气开采投入大量资金，加大研发力度，推广应用先进技术，在技术创新方面取得了良好的成果。同时跨国公司的大规模投资在不断增加，民营中小企业不断加入进来，油气行业的投资结构已从单一企业的投资转变为多元化投资，导致油气行业市场竞争日益激烈。其中不同地区的技术水平、资源储量、投资环境等因素都会影响企业在一定区域内的竞争力。企业纷纷通过开展技术创新，提高技术水平，提高生产效率，以抢占市场份额或通过提供更好的服务，为客户提供更优质的产品和技术支持。

社会层面上，国家鼓励设立前沿技术顶层管理和推进机构。明确企业是前沿技术创新和发展的主体，鼓励各类企业开展强强联合与产学研深度协作，依托重大能源工程加速技术研发、技术管理创新等，集中突破关键核心技术，注重立足开放条件下的技术自主创新，积极参与能源科技领域多边机制和国际组织的务实合作。

其四，从技术环境看，中国油气行业坚持"常非并举、海陆并重"，在油气开发方面取得了一系列重大成果，油气勘探开发理论、技术、装备的进步，支撑深水、深层和非常规油气勘探开发取得重大突破。近期国内油气产量持续保持增长态势，石油行业发展前景广阔；有序发展天然气分布式能源；天然气价格形成机制改革正在广东、广西试点。2023 年，海洋深水、陆地深层和非常规"两深一非"成为增储上产新阵地，中国油气勘探开发投资和产量均创历史新高。油气产量当量超过 $3.9 \times 10^8 t$，连续 7 年保持了千万吨级增长，其中原油产量达到 $2.09 \times 10^8 t$，长期稳产的基本盘进一步夯实；天然气产量达到 $2353 \times 10^8 m^3$，连续 7 年保持百亿立方米增产势头。各大油公司大幅增加前沿技术研发投入、强化前沿技术创新能力，明确利用前沿技术有效提升工作效率和优化升级重要性，推动中国能源技术创新能力和技术装备自主化水平显著提升，建设了一批具有国际先进水平的重大能源技术示范工程。

当前，中国陆相油气地质理论与勘探开发技术处于国际领先，常规油气开发建设已达到国际先进水平，一些前沿方向开始进入并跑、领跑阶段，常规气处于快速发展阶段；非常规致密气、页岩气、煤层气开发理论和技术实现了跨越式发展，非常规地质综合评价、地球物理"甜点"预测、水平井钻井及多级压裂等关键核心技术进步极大地推动了产业的快速发展。油气科技自主创新能力和技术水平大幅提升，支撑了油气持续稳定增储上产。

但是油气勘探开发对象由传统中高渗油藏，发展到低渗透直至致密、页岩等非常规资源，地质类型更为复杂，深海、深水、天然气水合物勘探技术尚处于起步研发和产业化发展初期阶段。中国油气勘探技术装备尚存短板，部分大型高性能装备、零部件、专用软件、核心材料仍受制于人，原创性、引领性、颠覆性技术相对偏少。碳市场建设步伐加快，油气行业机遇和挑战并存（钱兴坤等，2024）。老油田平均采收率仅 30%，气田平均采收率不足 40%，油气资源挖潜和提质增效仍面临诸多技术难点和挑战。

挑战一是，油气勘探开发对象日趋复杂，增储上产难度不断加大。中国油气资源较为丰富，但探明总量相对不足，且主要在东、中西部和海域不均匀分布。随着油气勘探开发向深水、深层超深层、非常规、老油气田提高采收率以及极地等"技术主导型领域"转变，面临更深、更小、更薄、更低渗透等复杂地质对象，油气资源品质劣质化和作业环境复杂化进一步加剧，对适用关键新技术、重大前沿技术需求迫切。

挑战二是，勘探对象复杂化、非常规化和国际油价波动化新常态下，降本增效压力前所未有，但相关跨学科技术融合、新技术应用不到位，对相关降本增效技术提出了更高要求。

挑战三是，安全环保日趋严苛，技术升级换代迫在眉睫。"双碳"目标和环保需求下，国家实施了更加严格的安全生产、生态环境保护与节能减排政策，制定了生态保护红线、排污许可、污染物总量控制等环保制度，油气勘探开发的环保压力、环保支出、安全要求不断增大，对油气工程技术的升级换代提出新的要求。

挑战四是，中美博弈和贸易摩擦阻断中国"干中学"通道，"一带一路"沿线国家政治冲突为油气合作带来诸多不稳定因素，使得高端油气工程技术采用引进消化吸收再创新的模式不确定性增大，倒逼油气前沿技术和核心"卡脖子"技术的研发。中国深层、深海和非常规油气理论创新和技术创新不足，要求集中力量攻关，形成推进自主创新的强大合力，确保牢牢掌握大国重器。如国际上先进的钻井船工作水深 3000m、钻井深度

11000m，而中国钻井船工作水深不到 200m、钻井深度只有 4500m；先进国家半潜式生产平台水深 1920m，而中国只有 300m 等，油气重大前沿技术发展与世界先进水平存在较大差距。

挑战五是，油气勘探领域重大前沿技术与核心增储创效技术预测和研发尚缺乏国家层面统筹，尚未有明确的长周期技术路线和技术体系。创新模式有待升级，引进消化吸收的技术成果较多，但与国情相适应的原创性成果不足。油气领域缺乏明确的未来技术体系，无法精准识别重点技术领域和相应的关键技术，急需加快重点技术协同攻关与核心技术升级速度（李立涅，2021；袁立科等，2022）。

二、油气地质勘探前沿技术发展内部环境分析

勘探前沿技术发展的内部环境，是指勘探前沿技术研发机构 / 主体内部的机制体制、业务和战略导向、生产需求和面临问题（导向），研发基础和条件等的分析。包括公司层面油气业务与发展战略导向、公司政策机制、技术研发团队及研发基础条件，技术发展和突破可能性等方面（吴永超，2019）。

针对油气（前沿）技术的企业环境，还可以采用"波特五种竞争力量模型"分析行业环境中的竞争力量，找出机会和威胁。该模型分析框架中的五种力量包括行业内（技术）竞争对手强度、潜在竞争对手、供应商、购买者、替代性产品。其中任何一种竞争力量越强越被视为威胁，拥有技术的企业越难在该方面盈利；反之，哪种竞争力量越弱越被视为机会，拥有技术的企业在此方面越有较大的盈利空间。关键是要找到能较好防御这五种力量的竞争策略，甚至可以对这五种力量施加影响，使它们朝着有利于企业的方向发展。

基于上述内部环境的油气前沿技术研究中，要注重剖析勘探前沿技术发展的主要制约因素，包括受自身条件的制约、受创新体系制约、受人才因素的制约、受融资难的制约、受风险投资总量不足的制约、受国际化动力不足的制约等（贾丽娟，2010），以便通过全面分析制约因素和不利条件，准确找到发展对策。

第三节　油气地质勘探前沿技术发展战略

一、油气地质勘探前沿技术发展的近期特点和趋势

近年来，全球能源格局重塑加快，能源产业迎来前所未有的转型发展机遇。高新技术与油气行业的深度融合正在推动新一轮油气技术革命（姜学峰等，2022）。面对新冠肺炎疫情反复叠加地缘政治冲突下的能源格局深刻调整和油气供需复杂形势，世界各国、各大石油公司都在积极推动油气领域关键技术的进步，形成以下发展特点。

（一）油气勘探领域和对象的转变

随着油气勘探技术发展，地下条件呈现出目标日益复杂、资源品位变差、目的层深

度加大等趋势，全球油气勘探领域不断拓宽，向"技术主导型"领域转变（姜学峰等，2022）。陆上勘探领域正由浅层常规油气向陆域老油气田和深层/超深层，由中高渗透整装向低渗透、低品位、难动用领域，由常规向非常规油气领域不断拓展和延伸，陆上勘探深度已超过8000m，形成"常非并举"、油气并探的勘探局面。海域勘探领域从陆架浅水迈向陆坡深水区，其至极地区。油气发现主要为近海盆地的构造油气藏、水下300m以浅的陆坡区混合油气藏，已经形成水深超过1650m的深水钻完井技术，作业水深从原来陆架浅水区200m扩展到目前陆坡深水区超过2000m深度，发展方向将是深水油气藏、岩性油气藏及高温高压等复杂油气藏。高含水老油田、非常规油气、深层超深层油气资源等的勘探开发都更加依赖技术创新。

油气勘探对象趋于多样化和复杂化，从储油气层向生油气层，从局部圈闭到大面积、全盆地转变，从简单构造向复杂构造体系、向（复杂）岩性油气藏到常规、非常规油气共探合采发展，从高点找油气到下凹（注）勘探，从优质储层到多类型储层，从中浅层到中深层、超深层目标，从高、中品位油气资源到高、中、低品位油气资源，从滩浅海、中深水域到浅海、中深水域乃至深海等的诸多转变。新领域、新对象的转变产生了新的前沿领域技术需求，也越来越精细化、高端化和智能化。

预计未来全球勘探开发新理论、新理念将助推老油区重新崛起，页岩油气技术革命推动非常规油气有效接替常规油气。能源需求总量增速放缓，结构将呈现煤炭、油气和非化石能源三足鼎立态势。全球能源转型将加速推进，能源产业面临全方位、颠覆性的深刻变革，油气行业进入低碳化、多元化及数字化转型的关键期，油气科技发展将呈现出系统化、突破性、叠加式发展态势。

（二）油气勘探前沿理论和技术不断创新发展

油气地质理论创新、勘探前沿技术突破带动了油气资源的勘探和开发，促进了世界石油（剩余可采）储量和产量的不断增长。例如，通过大油气区成藏理论创新以及砾岩勘探关键技术攻关，中国石油准噶尔盆地玛湖地区北部三叠系砂砾岩勘探连获新发现，新增三级石油地质储量 $12.4 \times 10^8 t$；在"双凹供烃、复式输导、岩性控圈、源外成藏、成带分布、立体富集"的成藏认识指导下，中国石化在准噶尔盆地西缘形成了多层系立体勘探技术，新增三级石油地质储量 $3.64 \times 10^8 t$，建成了春风油田、春光油田，成为中国石化"十二五"以来石油储量、产量增长最快的地区（吴永超，2019）。

页岩油气革命持续深化，非常规油气勘探开发理论、基于大数据的精准"甜点"识别技术、（PDC钻头、"一趟钻"、工厂化作业为核心的）长水平井优快钻井技术、精准压裂技术、地质工程一体化技术等发展迅速、不断升级选代，将助力非常规油气规模勘探开发和提质增效，推动勘探开发规模不断扩大（姜学峰等，2022）。

近期的总体特点是油气勘探前沿理论和技术主要研究热点较为稳定，多学科交叉融合趋势明显，数字化、智能化进程加速。随着以新一代信息技术、绿色低碳、先进材料等技术交叉融合为特征的新一轮科技革命和产业变革蓬勃发展，前沿技术迭代周期明显缩短，前沿技术深度交叉融合正释放出更大的聚合效应。例如，美国能源部布鲁克海文国家实验室（Brookhaven National Laboratory，BNL）利用人工智能驱动技术，发现了三种新的纳米结构（国务院发展研究中心国际技术经济研究所，2023）。

未来陆上油气勘探发展方向，包括陆相页岩油气、东部富油坳陷中以逆掩构造为代表的近源地质体、富煤盆地的深层煤层气、大型走滑构造体系油气等五大领域（郭旭升，2022）。中国特色地质条件下的裂缝发育规律研究、裂缝监测与描述、支撑剂技术是当前主要短板，面对地质和工程难度的快速增大，未来需要规律认识的突破和压裂技术的颠覆性创新。

（三）勘探开发技术研发更加重视环保，加快向绿色低碳环保化发展

"双碳"目标和油气工业的清洁化发展需求下，低碳转型成为石油公司核心战略，更加重视天然气资产和相关技术研发，加快了勘探开发技术向绿色低碳环保化发展，也产生了巨大的环境效益，使得油气勘探开发对环境的影响逐渐变小，不断适应人类提出的越来越严格的环境要求。

以欧洲石油公司为代表，加大了低碳领域投资规模，并制定了"净零"目标，驱油环保双赢技术成为油气行业追逐和发展的方向。例如二氧化碳捕集、利用和封存（CCUS）与提高采收率技术、CO_2 气相驱采油技术等，因其在提高采收率的同时可以实现减碳而受到空前重视，这是未来去碳化同时获取利润的重要途径（姜学峰等，2022）。在碳捕集工艺方面，美国太平洋西北国家实验室（Pacific Northwest National Laboratory，PNNL）开辟了一个新的二氧化碳转化化学领域，推出迄今为止成本最低的碳捕获系统。

中国国家能源局正在研讨《石油天然气法》的制定，学者们提出要将绿色低碳作为重要原则，完善石油勘探开发领域生态环境保护相关法律法规，支持和推动石油勘探开发市场主体通过清洁替代、技术革新等措施逐步向绿色低碳转型（徐意轩，2022）。

（四）高新技术的跨界融合与多学科交叉综合研发成为趋势

高新技术的综合渗透与多学科交叉综合研发成为趋势和热点，主要体现在四个方面。

其一，由单项"小"技术向综合性"大"技术发展，突显出多学科综合与技术集成。随着勘探与生产对综合化服务需求的增加，许多油气（前沿）技术研发都是由不同专业人员联合协作共同完成的。如烃源岩综合预测技术需要地球化学、地质、沉积等专业人员参与；资源与勘探目标评价一体化技术，是基于对钻探目标科学的、多方位（资源、地质、工程、经济和风险）的评价，对油气公司的投资决策提供支撑。

其二，信息技术的融合发展和广泛应用改变了油气勘探开发技术的发展路径。大石油公司将油井机器人、高性能计算、提高效率和降低排放的智能技术、传统领先技术领域的智能化等作为发展重点，力争抢占新业务的主导权。油气开发智能化已经成为行业前沿热点和发展趋势，将智能化融入储层精细描述及建模技术，采用新型地球化学技术确定油气组分和运移路径，定量化预测勘探风险，使油气勘探的精度和效率显著提升。未来将打造勘探开发一体化智能化协同平台，大幅度提升勘探开发数字化、网络化、智能化、一体化水平，将使油气上游业务运行趋向自动化、少人化、无人化、远程化，最

终激发油气产业新动能；将整合智能地质、智能勘探、智能油田等，开启勘探开发一体化智能化新发展，产生全方位的"智能油气"革命（姜学峰等，2022）。

其三，多技术组合与智能化融合创新成为助力"增产降本提效"技术攻关的关键。经济复苏缓慢和低油价频繁波动下，国际石油公司更加关心降本增效，通过技术组合实现降本增效成为重要选择。美国页岩油气革命既是技术突破，也是有效实施技术组合的创新，不断实现单个井段、两个井段、多个井段的"一趟钻"，大幅度降低页岩油气水平井钻井成本，水平井分段体积压裂等技术组合及其迭代升级推动了非常规油气的规模化开发。海域天然气水合物开采技术研发，必须颠覆传统的深水技术组合，应用低成本技术组合才有望实现经济开发。随着互联网、大数据、人工智能、物联网等新技术不断引入、融合进来，将重塑原有技术结构和内涵，创新形成非常规油气大数据"甜点"预测等技术，并进一步提高"甜点"预测精度、单井产量和采收率，实现增储增效。未来的油气勘探开发技术进步将更多体现在多项技术融合创新，甚至是跨界技术的集成创新，进一步推动石油科技由单项技术创新向地质、工程、开发多学科技术组合创新发展。

其四，多学科协同、地质工程一体化、勘探开发一体化是未来油气行业发展的必然方向。随着大数据、云计算等信息技术的发展，国际石油公司和油服公司相继推出勘探开发一体化协同平台（环境），比如斯伦贝谢公司的 DELFI 平台、贝克休斯公司的 Predix 平台等，可实现多学科交互融合与勘探开发一体化、地质—油藏—工程一体化，彻底改变原有各环节的工作方式，使复杂的计算过程、信息共享、多学科协作变得更加顺畅、智能、高效。

（五）油气勘探前沿技术发展路线和研发模式的更新

近年发达经济体前沿技术创新竞争持续演进，全球科技地缘格局与政治、军事的地缘格局部分高度重合，呈现极大的不确定性和复杂性。每一项具有战略意义的发现和突破都伴随着一整套先进油气勘探前沿技术发展路线和研发模式的更新（郭旭升，2019）。

国际上，全球最大的油田技术服务公司——斯伦贝谢公司就改变了油气勘探开发技术的传统研发模式，在全球许多油气资源国建立了分公司或研究部门，通过国际联网方式来共享资料和组织各地专家共同完成对资料的合作处理和解释。

对比之下，中国一些重大技术创新和攻关仍然沿袭过去"计划经济 + 科研机构和国有企业 + 封闭发展"的模式，以需求为导向、企业为主体的重大技术创新机制没有真正建立，产学研、上下游、军民之间合作不够，难以实现集成创新和协同创新，有待创新研发模式。

重大前沿技术和关键技术攻关是实现勘探突破的核心利器。麦肯锡公司《颠覆性技术：将改变人们生产生活方式和全球经济的进步》报告指出了 12 项颠覆性技术，其中到 2025 年，先进油气勘探开采技术主要包括水平井钻探、水力压裂法、微观监测等技术，将带来 1000 亿～5000 亿美元经济效益（王昌林等，2017）。

主要发达国家纷纷制定出台重大技术发展战略和计划，在推动前沿技术进步中体现出更多的主动作为和责任，推动研发形成一些油气勘探新技术，包括表征页岩含烃有效孔隙度技术、碳酸盐岩储层次生孔隙度描述方法、储层地下不确定性的精确定量预测降低勘探风险技术、机器学习优化岩石分类技术、基于高性能计算技术的复杂多孔介质数字岩石分析技术等（姜学峰等，2022）。

综上所述，中国油气前沿技术发展趋势将呈现共同内生动力、相互渗透和不断融合、更为高端和先进、更为智能和高效、智能化技术深度融合影响和改变油气产业等特征，技术突破和创新将更加注重基础研究、技术研发、工程示范等方面的统筹协调和衔接合作，朝着清洁化、低碳化、分散化、数字化、网络化、智能化的方向发展。

二、油气地质勘探前沿技术发展战略总体思路

油气地质勘探前沿技术发展的总体思路是：紧紧抓住新一轮科技革命、页岩油气革命和产业变革的历史机遇，面向国民经济社会、油气行业和石油企业发展的重大需求，坚持政府和企业主导、需求导向、目标导向、问题导向，充分利用新型举国体制和社会主义市场经济条件下集中力量办大事的优势，确立有限技术目标，突出重点技术领域，进一步明确技术主攻方向，加强资源整合与协同攻关，尽快突破一批具有全局带动性和战略突破性、制约转型升级的关键性"卡脖子"重大前沿技术，拥有自主知识产权的重大前沿技术及其产品市场占有率明显提升，在部分领域成为领跑者，在国际技术标准制定和知识产权布局中掌握更多话语权，形成多部门协同、多学科结合的中国特色技术自主创新道路。

油气地质勘探前沿技术发展的战略方针是：实施特色领域前沿技术自主研发和领跑，重大关键领域前沿技术部分并购、并跑和跟跑，薄弱和一般领域前沿技术跟跑和跟踪战略，"自主研发为主、适度开放合作、适当并购引进"与"两条线和两步走"战略方针。"两条线"是指常（常规油气）、非（非常规油气）技术并举、同步研发，在常规与非常规超深层、复杂油气藏技术领域适度开放合作，采取"市场换技术、资源换技术"战略方针，合作中学习和掌握其关键前沿技术与重大核心技术；"两步走"是指近期奠基和初步突破、中长期快速完善成熟与形成储产量贡献，很好地支撑中国稳油、增气、保供战略。

三、油气地质勘探前沿技术未来发展战略

（一）常规油气地质勘探前沿技术发展战略

1. 常规油气地质勘探前沿技术未来需求

结合前述第二章"常规油气地质勘探前沿技术"特征、现状和趋势等，总体上，常规油气勘探业务在岩性地层油气藏、前陆盆地、海相碳酸盐岩、成熟区四大领域需要进一步提高钻探成功率、储层识别预测精度及符合率、圈闭解释符合率、油气层解释符合率等，相关配套技术需要向标准化、定量化、软件化发展；拓展海域及海域深水、深层及超深层等新领域，需加强资源潜力评价，形成区带与目标优选评价技术、勘探适用配套技术。分领域的常规油气地质勘探前沿技术未来需求简述如下。

岩性地层油气藏勘探评价技术领域：面临储层日趋分散，薄互储层多，物性变差，

油气藏隐蔽性增强，圈闭条件不确定性增大的状况。需要集中攻关地震沉积学分析技术、定量地震地貌学分析技术、碎屑岩储层物性定量表征及预测技术三项前沿技术，推动地震沉积学分析技术精细化、高精度、向深部、多类型储层识别发展，定量地震地貌学分析技术研究手段多样化、研究对象与测量储层类型多样化、研究范围扩展化、多学科融合与单学科深入发展，碎屑岩储层物性定量表征及预测技术研发碎屑岩储层物性定量预测软件系统、提高物性定量预测精度、突破（超）深层碎屑岩储层物性表征预测瓶颈，有效识别和评价厚度介于 5～10m、综合评价孔隙度 6%～10% 的低孔渗薄砂层，使勘探成功率总体提高 3%～5%，试油成功率提高 1%～3%，结合测井、地震、数理分析、机器学习软件等手段，提高技术精度和定量化程度。

前陆盆地勘探评价技术领域：未来前陆冲断带下组合勘探需要复杂构造地质建模与圈闭定量评价这一前沿技术，加强攻关复杂构造成像与反演精度、复杂构造三维地质建模向多学科交叉渗透与四维动态模拟、圈闭定量评价软件化发展，推动明显改善速度建模精度、反演精度与成像准确率，复杂高陡构造圈闭预测符合率再提高 5%，地震圈闭落实成功率提高 10%，勘探成功率提高 3%。

海相碳酸盐岩勘探评价技术领域：未来呈现碳酸盐岩储层发育复杂化、埋深加大、降本增效凸显等勘探形势，需要攻关碳酸盐岩礁滩缝洞储层评价及预测技术等前沿技术，强化基于孔隙形态非均质性、裂缝诱导各向异性、具有频散和衰减的裂缝—孔隙介质的岩石物理建模方法，突破储渗单元精细刻画与定量评价、缝洞识别及储层预测精度技术等瓶颈，实现量化储层地质建模为测井、地震储层预测提供准确的模型，地质、测井和地震一体化储层预测吻合率对基质孔型储层 80% 以上、缝洞型储层 90% 以上；显著提高储层预测精度、油气层预测符合率，提高沉积体系描述精度，发现一批海相碳酸盐岩有利相带和有利区带，提高有效储层预测符合率 5%～10%，目标识别与圈闭描述评价精度提高 10%。

天然气勘探评价技术领域：未来呈现（深层超深层、新领域的）常规天然气勘探与（深层和新层系页岩气、深层煤层气和致密气的）非常规天然气勘探并举，上产稳产工程推进新增天然气储量和产量保持高峰增长的发展形势，需要天然气藏地质综合定量评价技术、天然气气质检测技术等两项前沿技术，需加强剩余天然气资源预测，推动天然气藏地质综合定量评价技术精细化、综合化与大数据挖掘及机器学习等前沿技术结合化发展，天然气气质检测仪器设备进一步向微型、便携、在线转化，检测技术向更多量化标准、程序化发展，实现天然气储层预测符合率的显著提升和不断发现。

海域勘探评价技术领域：海域是未来增储重要接替领域和油气开发热点、重点领域，需要海域深水沉积体系识别描述及有利储层预测技术、海洋深水油气勘探风险评价技术等两项前沿技术，需深化对深水沉积体系定性识别、内幕雕刻及半定量描述等关键技术攻关，突破技术内容聚焦微观和定量化、技术体系标准化、运用规模化等瓶颈，实现海域有利区带评价符合率提高 15%～20%，发现一批有利区带，形成 3000m 深海油气勘探重大突破。

常规油气勘探评价新方法、新技术领域：未来呈现微观技术精细化、微观与宏观技术结合化、多尺度技术综合化发展形势，需要复杂油气成藏分子地球化学示踪技术、油气微生物地球化学勘探技术、多尺度数字岩石分析与三维可视化表征技术、岩性扫描高分辨能谱分析技术、纳米机器人油气探测与评价技术、原子介电共振扫描技术等六项前沿技术，需加强盐下、砂泥薄互层、碳酸盐岩复杂储层油气分子地球化学成藏示踪及其新型示踪标志物研究，地质学、地球物理学、地球化学和地质微生物学等多学科融合的微生物地球化学勘探技术研究，适合于碳酸盐岩、低渗透砂岩等复杂储层的多尺度、多组分三维数字岩心建立和全三维数字测井响应模拟、真三维可视化技术研究，面向更宽深度、更多类型、三维立体成像的岩性扫描高分辨能谱分析技术研究，聚焦地下微传感器和纳米机器人勘探与生产油气技术的研究，原子介电共振扫描技术在加大油气探测深度、精度和适应性的研究，显著提升深层超深层油气储层和流体预测精度、油气资源空间预测符合率，建立更精细、更便捷的样品分离分析方法、更精确的实验分析技术系列和综合方法直接找油新方法、新技术，助力油气的重大发现。

油气地质综合评价技术领域：未来需要油气资源与勘探目标一体化评价技术、深部储层定量评价及油气藏识别预测技术、数字露头与近地表地质结构建模技术等三项前沿技术，需加强区域资源评价与勘探目标评价的紧密融合、数据库建设和区域综合评价技术研发、动态勘探目标评价体系的建设、技术体系的升级化与综合化发展，推动深部储层定量评价及油气藏识别预测技术向强普适性、高精确度、精细化、多方法与大数据分析深度融合、综合化与智能化发展，数字露头与近地表地质结构建模技术向无人机便捷化和高效化作业、精细化、多方面应用和精准化发展，为油气生产目标、发展战略实现提供支撑。

2. 常规油气地质勘探前沿技术发展战略目标与方向

岩性地层油气藏勘探评价技术系列：重点攻克低渗储层有利区带评价，薄互层、裂缝型砂岩有效储层及"甜点"预测精度低、刻画难度大；远源次生、大中型低孔渗岩性地层油气藏主控因素及分布规律不清；地层圈闭识别与有效性评价难；地震沉积—成岩学理论方法与技术、区带—圈闭精细预测方法及有效性评价、复杂砂岩储层有利成岩相分布预测与成藏潜力评价技术不足等难题。

前陆盆地勘探评价技术系列：聚焦解决复杂地面地下地质条件认识与地震资料品质提升；复杂构造精细解释分析、地质建模与圈闭有效性评价；复杂构造区深层圈闭成藏有效性评价及含油气性预测；前陆冲断带优质储层预测、源储圈配置及其有效性评价等难题。

海相碳酸盐岩勘探评价技术系列：全力破解碳酸盐岩礁滩及缝洞型强非均质性储层识别评价及预测、流体检测及目标优选难；碳酸盐岩层序地层约束下的沉积相精细描述和深部储层形成保存机理有待深化；膏盐—碳酸盐岩组合成藏控制因素和深部大油气田形成条件与富集规律不清等难题。

天然气勘探评价技术系列：重点解决天然气深层生、排、运、聚机理与潜力不清；有效储层预测与评价方法尚待完善，储层下限标准有待建立；天然气气质检测指标与等级标准、技术手段、仪器设备升级；大气田成藏富集主控因素、地质综合定量评价与有利目标区预测等难题。

海域勘探评价技术系列：着力攻关海域深水沉积体系识别、规模储层预测与烃类检测技术；海洋稀井区油气资源潜力评价、油气勘探目标优选和风险评价技术等。

常规油气勘探评价新方法、新技术系列：围绕油气地质实验分析新方法、新技术研发难度大，部分技术有待发展完善和推广应用；多尺度数字岩石分析与三维可视化表征、储层成岩史—孔隙演化史恢复重建；深层与超深层、古老层系油气成烃成藏示踪难，富集规律和主控因素尚不清楚等方向开展攻关。

油气地质综合评价技术系列：重点围绕常规油气勘探区面临认识、资料和技术三大盲区，剩余油气资源分布不清；古老烃源岩生排烃模拟、深层及低渗储层含油气性评价；优选评价及综合勘探配套技术集成优化并推广应用等方向深化攻关。

3. 常规油气地质勘探前沿技术发展战略

在分领域技术战略上，岩性地层油气藏、天然气勘探评价部分技术目前为中国／大型石油公司优势领域前沿技术，重点领先／并跑发展碎屑岩储层物性定量表征及预测技术、天然气藏地质综合定量评价技术、天然气气质检测技术；保持引领复杂油气成藏分子地球化学示踪技术、油气微生物地球化学勘探技术。

油气地质综合评价、海相碳酸盐岩勘探评价、天然气勘探评价、前陆盆地勘探评价技术是中国／大型石油公司增储上产领域关键前沿技术，优先发展与攻关油气资源评价与空间分布预测技术、深部储层定量评价及油气藏识别预测技术，重点突破与产业化发展碳酸盐岩礁滩及缝洞储层评价及预测技术、复杂构造地质建模与圈闭定量评价技术、数字露头与近地表地质结构建模技术。

岩性地层油气藏勘探评价、常规油气勘探评价部分新方法与新技术是中国有前景、与国外几乎同步发展的领域前沿技术，跟随发展地震沉积学分析技术、定量地震地貌学分析技术、多尺度数字岩石分析与三维可视化表征技术，重点跟踪岩性扫描高分辨能谱分析技术、原子介电共振扫描技术。

海域勘探评价技术是中国未来极有前景、相对薄弱领域前沿技术，超前部署和自主突破海域深水沉积体系识别描述及有利储层预测技术，积极探索和适度引进（／并购）海洋深水油气勘探风险评价技术、纳米机器人油气探测与评价技术。

在分时间技术战略上，近期／未来三年，深化完善岩性地层油气藏勘探评价技术系列、前中生代海相碳酸盐岩勘探评价技术系列，提高勘探成效；深化发展油气地质综合评价技术系列、岩性地层油气藏、天然气勘探和前陆盆地勘探评价技术系列，解决低渗、裂隙、岩性地层油气藏优质储集空间的探测精度；适当引进和研制海域勘探评价、常规油气勘探评价部分新方法与新技术系列，积极创新深层—超深层、深海—半深海油气勘探评价技术。

中期／未来十年，深化突破深层—超深层岩性地层油气藏、前陆盆地、油气地质综合评价技术系列，重点完善天然气勘探评价技术系列、海相碳酸盐岩勘探评价技术系列，建立自主的深海—半深海盆地油气勘探评价技术系列；适度引进适用、高效的常规油气勘探评价新方法、新技术。

（二）非常规油气勘探前沿技术发展战略

1.非常规油气地质勘探前沿技术未来需求

结合前述第三章"非常规油气地质勘探前沿技术"特征、现状和趋势等，综观非常规油气勘探业务，致密油气、页岩油气和煤层气资源储量逐渐进入储量序列，进入常规与非常规勘探并举发展的阶段。非常规未来发展的重点领域主要集中在致密油气、页岩油气和煤层气，面临开发成本高、环境保护压力大等问题，需要发展非常规油气成藏地质理论、提高单井产量、储层改造与环境综合保护等技术，储备天然气水合物勘探开发技术。分领域的非常规油气地质勘探前沿技术未来需求简述如下。

非常规资源与目标评价技术领域：未来呈现陆相非常规油战略性突破、陆相与海相非常规气成为储产量增长主体、深层煤岩气加快勘探的发展形势，需要非常规油气资源评价技术、致密储层成岩相定量分析与成岩圈闭识别评价技术等两项前沿技术，需加强非常规油气资源空间分布的定量预测技术、以成藏组合为评价单元的评价方法和流程融合"整体"评价技术、基于全油气系统理论和TSM盆地模拟技术、致密储层成岩相定量分析技术体系、成岩相参数的精确定量及评价技术、致密储层成岩圈闭的识别评价技术体系的攻关，推动多种评价方法的相互交叉验证、不同资源类型刻度区解剖、大数据和人工智能等高新技术的综合运用，实现非常规油气资源与勘探目标评价的重大突破。

非常规储层与地质综合评价技术领域：未来需要连续型油气藏地质评价技术、非常规优质储层识别与评价技术、致密层系叠前储层预测技术、非常规油气"甜点"区评价预测技术、非常规油气地质工程一体化技术等五项前沿技术，需加强细化不同"连续型"非常规油气的资源、储层和流体针对性评价与整体评价、全油气系统下的整体评价与各类非常规油气储层的针对性精细评价、不同类型非常规储层属性和烃源岩属性的适用颠覆性技术、地质"甜点"区 + 工程"甜点"区 + 经济"甜点"区融合定量评价技术攻关、加快、深化和拓展多层系立体"人工油气藏"的地质工程一体化技术、针对性建立不同类型非常规油气地质工程一体化参考模板、地质工程一体化软件平台的构建与完善、地质力学在地质工程一体化中的应用，突破页岩孔隙结构的原位表征和孔隙流体赋存特征直接观测、深层页岩损失气量计算和页岩气吸附机理及模型孔隙度测试条件和方法对比与统一标准、致密层系叠前储层预测的AVO及反演技术下定量预测等方面的瓶颈，推动不断提高致密层系叠前储层预测、纵波各向异性裂缝预测的精度，实现静态指标和动态因素综合地质评价、非常规储层定量解释流体识别等的重要进展和规模储层、规模储量的重大发现。

非常规油气实验测试分析技术领域：未来需要致密储层微纳米级实验分析技术等前沿技术，需加强各项技术测试精细化、样品无损化、实验综合化攻关，突破微纳米孔隙系统测量、封闭微孔喉三维分布和孔喉连通表征、三维数字岩心重建可视化表征等技术瓶颈，实现多技术联用、可视化与定量化表征。

煤层气勘探评价技术领域：未来呈现煤层气合层开发、煤系气三气合采、深层煤岩气加快勘探的发展形势，需要低阶煤层气地质综合评价技术、煤层气高渗富集区精细预测技术等两项前沿技术，需加强地质精准选区和精细评价技术、低煤阶煤系气储层精细描述及可改造性评价、煤系气资源评价方法及有利区优选、煤系气开发"甜点"区（段）评价技术、叠置煤系气系统合采兼容性评价技术的攻关，进一步发展现场测试技术和提高测试精度的方法，加快推进煤层渗透率和含气量精细评价、预测技术，提高模拟及预测方法、非均质煤系地层评价精度，实现多学科交叉融合、低煤阶及深部和煤层气高渗富集区精细预测重大突破和规模储量产量发现。

油页岩勘探开发技术领域：未来需要油页岩综合利用技术等前沿技术，需加强油页岩低温干馏装置国产化、适合地面干馏日处理量达 5000t 的大型产业化技术装备、适合耦合加热的干馏工艺和定向热解技术、适合油页岩催化热解的催化剂和技术工艺攻关，突破油页岩渣建筑材料等领域综合利用、气体热载体干馏工艺中应用干排焦技术的瓶颈，实现高效、清洁、环保开发和综合利用效率提升。

页岩油勘探开发技术领域：未来需要中低熟页岩油原位转化技术等前沿技术，需加强原位转化技术与重大装备的重点攻关和突破，推动原位转化技术不断走向大规模、低成本、高效益，提高页岩油原位转化效率，注重技术工艺简单、有效、适应性强、数值模拟与实际生产结合，研发有利于环保的技术方法和控制手段，实现各种技术相互渗透、综合、集成和应用。

天然气水合物勘探技术领域：未来需要天然气水合物开采模拟技术等前沿技术，需加强资源评价与探采技术攻关，突破天然气水合物开采实验仿真模拟技术、天然气水合物开采数值模拟技术瓶颈，形成适用于大尺度、非均质、支持复合三维地质模型和井型开采的天然气水合物动态开发数值模拟软件技术；精细化三维地质模型，实现精准刻画非均质天然气水合物动态开发数值拟合和高效求解技术的突破；加快发展地质工程一体化进程，开发水合物储层、井筒和管道全流程数值模拟技术，实现天然气水合物试开采一体化方案优化。

2. 非常规油气地质勘探前沿技术发展战略目标与方向

非常规资源与目标评价技术系列：重点攻克非常规油气资源空间分布的定量预测与"甜点"目标优选难；单井产量低，长水平井＋超级压裂技术未形成；页岩气立体开发、煤层气合层开发、煤系气三气合采、页岩油原位改质技术等需深入研发和先导试验等难题。

非常规储层与地质综合评价技术系列：聚焦解决非常规储层非均质性强、纵横向变化大；"甜点"层段偏薄、"甜点"区偏小；低生气强度区"甜点"评价优选难度大；"甜点"区的预测符合率、储层钻遇率、采收率有待提高等难题。

非常规油气实验测试分析技术系列：主要围绕如何提高非常规油气源岩、储层、含油气性等"六性"测试分析的精度、针对性和适用性；非常规储层"六性"评价参数的准确优选和分级分类表征；如何拓展新区新领域新层系勘探领域等方向攻关。

煤层气勘探评价技术系列：全力攻关解决低煤阶煤层气地质综合评价、深部及煤层气高渗富集区精细预测难度大；深部煤层气、多煤层与多目的层联合开发、致密砂岩煤系气综合开发技术尚未突破等难题。

油页岩勘探开发技术系列：重点攻关油页岩资源高效、清洁、环保勘探开发技术等。

页岩油勘探开发技术系列：聚焦攻克中低熟页岩油资源规模经济开发、原位开采技术落后、容易污染地下水等难题。

天然气水合物勘探技术系列：重点围绕开展实质性勘探和开采实验研究，攻关突破天然气水合物资源评价技术、开采技术、环境保护技术。

3. 非常规油气地质勘探前沿技术发展战略

在分领域技术战略上，致密气、中浅层海相页岩气领域部分技术目前是中国／大型石油公司优势领域前沿技术，领先／并跑发展致密储层成岩相定量分析与成岩圈闭识别评价技术；重点引领致密层系叠前储层预测技术。

非常规资源与目标评价、非常规储层与地质综合评价技术是中国／大型石油公司增储上产领域关键前沿技术，优先发展与攻关非常规油气资源评价技术、连续型油气藏地质评价技术，重点突破与产业化发展非常规优质储层识别与评价技术、非常规油气"甜点"区评价预测技术、非常规油气地质工程一体化技术、煤层气高渗富集区精细预测技术。

非常规油气实验测试、油页岩勘探开发部分新方法与新技术是中国有前景、与国外几乎同步发展的领域前沿技术，跟随发展油页岩综合利用技术，重点跟踪致密储层微纳米级实验分析技术。

煤层气、页岩油、天然气水合物勘探开发技术是中国未来极有前景、相对薄弱领域前沿技术，超前部署和自主突破低煤阶煤层气地质综合评价技术，积极探索和适度引进（／并购）中低熟页岩油原位转化技术、天然气水合物开采模拟技术。

在分时间技术战略上，近期／未来三年，深化深层页岩气、煤层气勘探评价技术系列，提高勘探成效；深化发展非常规资源与目标评价、非常规储层与地质综合评价技术系列，提高非常规油气优质储集空间的探测精度；评价和落实中国海域及青藏高原永久冻土带天然气水合物资源，研究探采技术；适当引进和研制非常规油气实验测试分析部分适用新技术；积极创新中低熟页岩油、天然气水合物勘探技术。

中期／未来十年，重点发展非常规页岩气、煤层气、致密气、非生物甲烷气等的非常规储层与地质综合评价技术系列；重点完善和自主创新深层页岩气、深部煤层气、致密油气勘探评价技术系列；深化突破中低熟页岩油、天然气水合物开发利用技术；适度引进适用、高效的非常规油气勘探评价新方法、新技术；适度并购非常规油气实验测试分析适用新技术，积极布局非常规油气储层的地球物理响应特征与高精度预测技术、海量数据处理及大规模非常规油气藏数值模拟的并行计算技术。

四、油气地质勘探前沿技术获取策略

（一）常规油气地质勘探前沿技术获取策略

结合前述方法及综合研究认识，认为未来5~15年常规油气勘探前沿技术发展可采取以自主研发为主、合作研究为辅、适度引进或收并购的获取策略，简述如下。

自主研发技术：包括岩性地层油气藏领域的碎屑岩储层物性定量表征及预测技术；海相碳酸盐岩领域的碳酸盐岩礁滩及缝洞储层评价及预测技术；天然气勘探领域的天然气藏地质综合定量评价技术、天然气气质检测技术；海域油气勘探领域的海域深水沉积体系识别描述及有利储层预测技术；油气地质综合评价领域的油气资源评价与空间分布预测技术、深部储层定量评价及油气藏识别预测技术；常规油气勘探评价新方法、新技术领域的复杂油气成藏分子地球化学示踪技术、油气微生物地球化学勘探技术。

合作研发技术：包括岩性地层油气藏领域的地震沉积学分析技术、定量地震地貌学分析技术；前陆盆地领域的复杂构造地质建模与圈闭定量评价技术、数字露头与近地表地质结构建模技术；常规油气勘探评价新方法、新技术领域的多尺度数字岩石分析与三维可视化表征技术、岩性扫描高分辨能谱分析技术、原子介电共振扫描技术。可加入相关技术联盟、或联合建立相关新技术联盟。

适度引进或收并购技术：包括海域油气勘探领域的海洋深水油气勘探风险评价技术；油气地质综合评价领域的纳米机器人油气探测与评价技术。

（二）非常规油气地质勘探前沿技术获取策略

结合前述方法及综合研究认识，认为未来5～15年非常规油气勘探前沿技术发展可采取以自主研发为主、合作研究结合、适度引进或收并购的获取策略，简述如下。

自主研发技术：包括非常规资源与目标评价领域的非常规油气资源评价技术、致密储层成岩相定量分析与成岩圈闭识别评价技术；非常规储层与地质综合评价领域的非常规优质储层识别与评价技术、非常规油气"甜点"区评价预测技术、致密层系叠前储层预测技术；油页岩勘探开发领域的油页岩综合利用技术。

合作研发技术：包括非常规储层与地质综合评价领域的连续型油气藏地质评价技术、非常规油气地质工程一体化技术；煤层气勘探评价领域的低煤阶煤层气地质综合评价技术、煤层气高渗富集区精细预测技术；非常规油气实验测试分析领域的致密储层微纳米级实验分析技术。

适度引进或收并购技术：包括页岩油勘探开发领域的中低熟页岩油原位转化技术；天然气水合物勘探开发领域的天然气水合物开采模拟技术。

五、油气地质勘探前沿技术发展路线图

（一）常规油气地质勘探前沿技术发展路线图

从技术发展路线和周期看，技术成熟度1级、2级、3级，处于实验室研究前期的技术原理探索阶段；技术成熟度4级、5级、6级，处于实验室研究后期的技术原型研发阶段；技术成熟度7级，处于中试试验（现场试验）阶段；技术成熟度8级，处于工业性试验（初步形成产业标准）阶段；技术成熟度9级，处于产业化、工业化应用阶段。

结合技术路线图编制方法及常规油气地质勘探前沿技术综合研究认识，通过时间轴2020年、2025年、2035年三个机会窗口的分析和里程碑的设立，勾勒出中国常规油气勘探前沿技术的发展路线图（图5-9）。

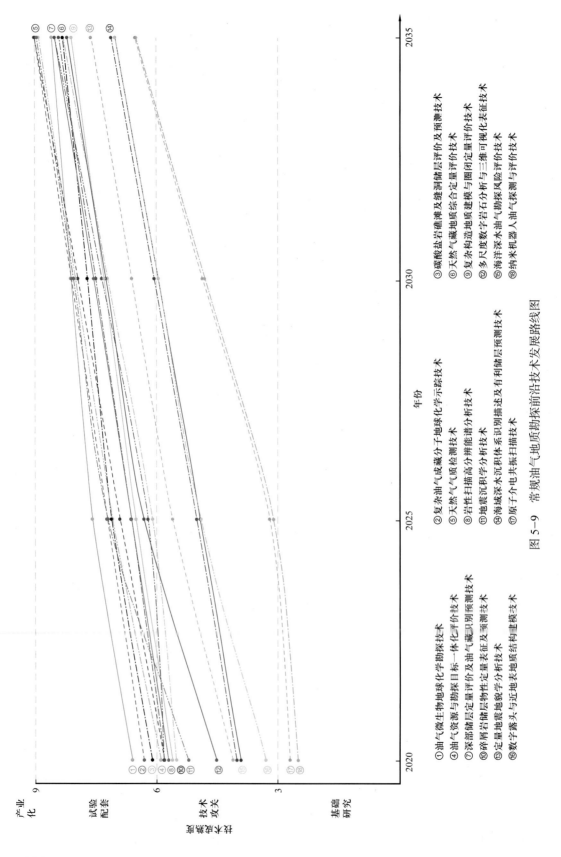

①油气微生物地球化学勘探技术　②复杂油气藏分子地球化学示踪技术　③碳酸盐岩礁滩及缝洞储层评价及预测技术
④油气资源与勘探目标一体化评价技术　⑤天然气质检测技术　⑥天然气藏地质综合定量评价技术
⑦深部储层定量评价及油气藏识别预测技术　⑧岩性扫描高分辨能谱分析技术　⑨复杂构造地质建模与定量评价技术
⑩碎屑岩储层物性定量表征及预测技术　⑩地震沉积学分析技术　⑫多尺度数字岩石分析与孔隙可视化表征技术
⑬定量地震地貌学分析技术　⑭海域深水沉积体系识别描述及有利储层预测技术　⑩海洋深水油气勘探风险评价技术
⑩数字露头与近地表地质结构建模技术　⑩原子电夫电磁扫描技术　⑱纳米机器人油气探测与评价技术

图 5-9　常规油气地质勘探前沿技术发展路线图

1. 近期（2025 年前后）技术发展路线

共有 18 项常规油气地质勘探评价前沿技术，通过一系列攻关和研发，原子介电共振扫描技术、纳米机器人油气探测与评价技术两项前沿技术由实验室内技术原理探索阶段（技术成熟度不足 3 级）升级进入技术原型研发阶段初期（技术成熟度略高于 3 级）的技术攻关。天然气气质检测技术、天然气藏地质综合定量评价技术、岩性扫描高分辨能谱分析技术、复杂构造地质建模与圈闭定量评价技术、多尺度数字岩石分析与三维可视化表征技术、深部储层定量评价及油气藏识别预测技术、碎屑岩储层物性定量表征及预测技术、定量地震地貌学分析技术、海域深水沉积体系识别描述及有利储层预测技术 9 项前沿技术处于技术原型研发阶段并不断完善，其技术成熟度 4～6 级、逐步提高。地震沉积学分析技术、油气资源与勘探目标一体化评价技术经历了持续发展和两轮油气资源评价，由技术原型研发阶段（技术成熟度不足 6 级）升级进入中试试验（现场试验）阶段，技术成熟度略超 7 级。碳酸盐岩礁滩及缝洞储层评价及预测技术、复杂油气成藏分子地球化学示踪技术、油气微生物地球化学勘探技术 3 项前沿技术由技术原型研发阶段（技术成熟度 6 级）完善发展升级到中试试验（现场试验）阶段（图 5-9）。

2. 中期（2035 年前后）技术发展路线

通过持续的攻关和研发，原子介电共振扫描技术、纳米机器人油气探测与评价技术两项前沿技术大幅度进步，升级进入实验室研究后期的技术原型研发阶段；海域深水沉积体系识别描述及有利储层预测技术、海洋深水油气勘探风险评价技术、定量地震地貌学分析技术、数字露头与近地表地质结构建模技术四项前沿技术水平明显提升，进入中试试验（现场试验）阶段；深部储层定量评价及油气藏识别预测技术、天然气藏地质综合定量评价技术、碎屑岩储层物性定量表征及预测技术、多尺度数字岩石分析与三维可视化表征技术、复杂构造地质建模与圈闭定量评价技术、岩性扫描高分辨能谱分析技术六项前沿技术，由实验室研究后期的技术原型研发阶段升级进入工业性试验（初步形成产业标准）阶段；碳酸盐岩礁滩及缝洞储层评价及预测技术、油气资源与勘探目标一体化评价技术、油气微生物地球化学勘探技术三项前沿技术，由中试试验（现场试验）阶段升级进入工业性试验（初步形成产业标准）阶段；天然气气质检测技术迅速发展，由技术原型研发与实验配套阶段升级进入产业化、工业化应用阶段；复杂油气成藏分子地球化学示踪技术、地震沉积学分析技术两项前沿技术迅猛发展，由中试试验（现场试验）阶段跨越升级，进入产业化、工业化应用阶段（图 5-9）。

（二）非常规油气地质勘探前沿技术发展路线图

结合前述技术路线图编制方法及非常规油气地质勘探前沿技术综合研究认识，通过时间轴 2020 年、2025 年、2035 年三个机会窗口的分析和里程碑的设立，勾勒出中国非常规油气勘探前沿技术的发展路线图（图 5-10）。

1. 近期（2025 年前后）技术发展路线

共有 13 项非常规油气地质勘探评价技术，通过一系列攻关和研发，中低熟页岩油原位转化技术、天然气水合物开采模拟技术两项前沿技术由实验室内技术原理探索阶段

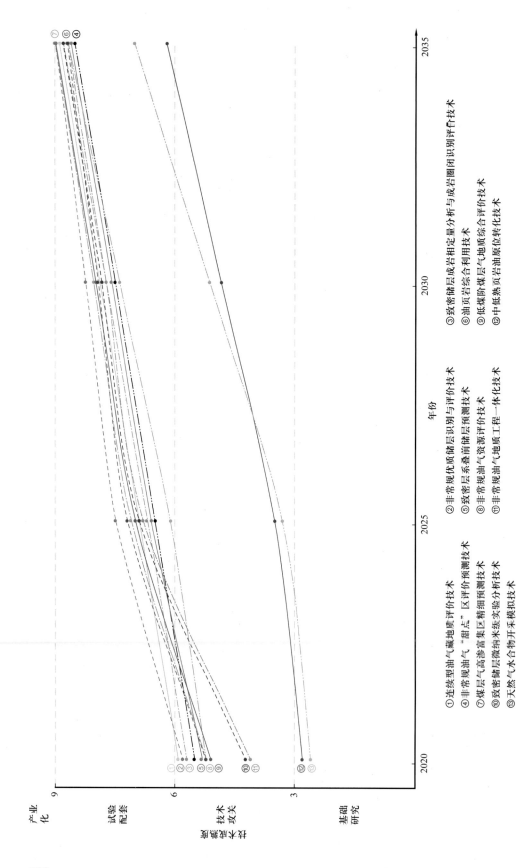

图 5-10 非常规油气地质勘探前沿技术未来发展路线图

（技术成熟度不足 3）升级进入技术原型研发阶段初期（技术成熟度略高于 3 级）的技术攻关。致密储层微纳米级实验分析技术、非常规油气地质工程一体化技术、致密层系叠前储层预测技术、非常规油气"甜点"区评价预测技术、非常规油气资源评价技术、致密储层成岩相定量分析与成岩圈闭识别评价技术、连续型油气藏地质评价技术 7 项前沿技术由技术原型研发阶段（技术成熟度 4～6 级）不断完善、逐步提高至接近 7 级，主体进入中试试验（现场试验）阶段。非常规优质储层识别与评价技术、油页岩综合利用技术、煤层气高渗富集区精细预测技术、低煤阶煤层气地质综合评价技术 4 项前沿技术，由技术原型研发阶段（技术成熟度不足 6 级）升级进入中试试验（现场试验）阶段，技术成熟度略超 7 级（图 5-10）。

2. 中期（2035 年前后）技术发展路线

通过非常规前沿技术的持续攻关和研发，中低熟页岩油原位转化技术、天然气水合物开采模拟技术两项前沿技术取得重大进展和成熟度跃迁，升级进入实验室研究后期的技术原型研发阶段—中试试验（现场试验）阶段（技术成熟度 6～7 级）。连续型油气藏地质评价技术、致密储层微纳米级实验分析技术、致密储层成岩相定量分析与成岩圈闭识别评价技术、油页岩综合利用技术、非常规油气地质工程一体化技术、非常规油气资源评价技术、致密层系叠前储层预测技术、非常规油气"甜点"区评价预测技术八项前沿技术，由技术原型研发阶段—中试试验（现场试验）阶段升级，进入工业性试验（初步形成产业标准）阶段。非常规优质储层识别与评价技术、煤层气高渗富集区精细预测技术、低煤阶煤层气地质综合评价技术三项前沿技术取得长足进步，升级进入产业化、工业化应用阶段（图 5-10）。

第四节　油气地质勘探前沿技术发展建议

综合前述常规油气地质勘探前沿技术、非常规油气地质勘探前沿技术的发展现状、未来需求、技术发展线路图、发展战略选择等研究认识，提出如下发展建议。

一是从国家和大型石油企业两个层面制定重大前沿技术发展战略与行动计划。从常规油气、非常规油气领域甄别遴选若干项可有力带动国民经济和石油企业转型升级的"重大前沿技术清单"，按照突出重点、有所作为的原则，加强（超）深层、海域深水、非常规油气重大前沿技术研究，抓紧研究制订行动方案，明确发展路线图、时间表和相应政策支持措施。

美欧发达国家高度重视前沿技术发展，例如 2013 年 5 月，美国麦肯锡公司发布了题为《颠覆性技术：将改变人们生产生活方式和全球经济的进步》的研究报告，重点分析了 22 项热点前沿技术，遴选出先进油气勘探、能源储存等 12 项最具产业化前景、很可能会大规模改变全球经济格局、影响社会各方面的颠覆性技术。其中先进油气勘探开采技术主要包括水平井钻探、水力压裂、微观监测等技术，到 2025 年将带来 1000 亿～5000 亿美元的经济效益（王昌林，2017）。

二是创新油气重大前沿技术发展机制和研发模式。制定针对性、操作性和突破性更强的鼓励和扶持政策，积极探索"企业主导＋科研院所和高校＋政府支持＋开放创新"的模式，以应用促发展，依托大型石油企业，集中资源，加强自主创新和协同创新，务求取得突破性进展。对需要长期投入的油气重大前沿技术，国家要持续加大研发支持。

三是组织实施一批油气重大前沿技术攻关工程。在整合前期国家油气重大科技专项、863计划、支撑计划、战略性新兴产业重大工程、知识创新工程等基础上，重点围绕常规（超）深层与海域深水油气、非常规油气和"信息化、数字化、智能化"设立科技重大专项，开展系列关键前沿技术攻关和超前储备技术研究，做好重点增储上产潜力领域和"智能油气"建设的顶层设计，制定中长期发展规划。力争使中国"智能油气"建设尽快取得明显成效，人工智能应用水平尽早达到世界先进水平。

四是高度重视信息、大数据、人工智能技术对油气技术的渗透融合及颠覆性创新方面的战略作用。一方面有必要将"智能油气"提升到大型石油公司战略层面，并作为未来增储上产、降本增效、安全生产，以及公司提升核心竞争力、建设世界一流综合性国际能源公司的重要抓手和突破口。另一方面加大与IT公司跨界合作，积极打造"智能油气"开放创新平台，加快推进"智能油气"建设。建议加强石油石化企业间的合作，联手成立"智能油气"技术创新联盟，共同研发智能油气的共性关键技术；石油企业与阿里云、华为等IT巨头牵手，开展更为深入的跨界合作，共同打造"智能油气"开放创新平台，建成一批智能油田、智能管道、智能炼厂、智慧加油站，力争在智能化这一新兴领域能与国际大石油公司齐头并进。

参 考 文 献

陈凯华，薛泽华，张超，2023. 国际发展环境变化与我国科技战略选择：历史回顾与未来展望［J］. 中国科学院院刊，38（6）：863-874.

冯相昭，李静，王敏，等，2013. 基于SWOT的中国页岩气开发战略评析［J］. 环境与可持续发展（2）：15-20.

傅诚德，牛立全，刘嘉，2014. 如何制定科技发展战略［J］. 石油科技论坛，33（6）：46-51.

高德利，张广瑞，王宴滨，2022. 中国海洋深水油气工程技术与装备创新需求预见及风险分析［J］. 科技导报，40（13）：6-16.

高卉杰，王达，李正风，2018. 技术预见理论、方法与实践研究综述［J］. 中国管理信息化，21（17）：78-82.

郭楷模，陈伟，吴勘，等，2018. 国际能源科技发展新动向及其对我国的启示［J］. 世界科技研究与发展，40（3）：227-238.

郭旭升，2022. 我国陆上未来油气勘探领域探讨与攻关方向［J］. 地球科学，47（10）：3511-3523.

郭旭升，胡东风，李宇平，等，2019. 陆上超深层油气勘探理论进展与关键技术［J］. Engineering，5（3）：233-258.

国务院发展研究中心国际技术经济研究所，2022. 世界前沿技术发展报告·2022［M］. 北京：电子工业出版社.

国务院发展研究中心国际技术经济研究所，2023. 世界前沿技术发展报告·2023［M］. 北京：电子工业出版社.

黄晓勇，2022. 世界能源发展报告［M］. 北京：社会科学文献出版社.

贾丽娟，2010.高新技术产业创新与发展战略研究［M］.北京：中国经济出版社.

贾晓峰，胡志民，2023.科技战略研究的若干范式分析［J］.科技管理研究，43（3）：29−36.

姜学峰，吴谋远，2022.国内外石油科技创新发展报告·2021［M］.北京：石油工业出版社.

隗玲，李姝影，方曙，2020.技术路线图：方法及其应用综述［J］.数据分析与知识发现，4（9）：1−14.

李立涅，2021.中国能源技术革命：发展战略、创新体系与技术路线［M］.北京：机械工业出版社.

李若男，唐川，2021.“未来今日研究所”趋势报告中技术趋势研究方法及应用研究［J］.情报理论与实践，
　　44（8）：95−102.

刘铁民，1992.中国企业技术发展战略［M］.北京：中国发展出版社.

娄伟，2012.情景分析方法研究［J］.未来与发展，35（9）：17−26.

娄伟，2013.情景分析理论研究［J］.未来与发展，36（8）：30−37.

娄伟，李萌，2012.情景分析法在能源规划研究中的应用［J］.中国电力，45（10）：17−21.

牛立全，刘嘉，王雪松，2018.企业科技战略研究的基本问题［J］.国际石油经济，26（4）：42−45.

钱兴坤，陆如泉，罗良才，等，2024.2023年国内外油气行业发展及2024年展望［J］.国际石油经济，
　　32（2）：1−13.

全国注册咨询工程师（投资）资格考试参考教材编写委员会，2012.项目决策分析与评价［M］.北京：
　　中国计划出版社：52−53.

王昌林，等，2017.我国重大技术发展战略与政策研究［M］.北京：经济科学出版社：31−52.

王知津，周鹏，韩正彪，2013.基于情景分析法的技术预测研究［J］.图书情报知识（5）：115−122.

王志刚，等，2022.中国油气产业发展分析与展望报告蓝皮书（2021—2022）［M］.北京：中国石化出版
　　社：3−91.

吴谋远，罗良才，2023.国内外能源科技创新发展报告（2023）［M］.北京：石油工业出版社.

吴永超，凡哲元，张中华，等，2019.我国石油勘探开发形势与发展前景展望［J］.当代石油石化，27
　　（12）：8−13.

徐蔼婷，2006.德尔菲法的应用及其难点［J］.中国统计（9）：57−59.

徐意轩，2022.关于完善油气资源勘探开发领域相关法律法规的思考［J］.中共乐山市委党校学报，24
　　（2）：109−112.

徐玉高，陈卓彪，于建军，2019.国际石油公司战略转型与行动［M］.北京：石油工业出版社.

袁立科，玄兆辉，2022.国家技术预测的发展脉络、挑战与未来展望［J］.科学学与科学技术管理，43
　　（12）：15−35.

张建东，项保华，2005.SWOT的缺陷［J］.企业管理（1）：44−47.

赵博，2012.低碳技术路线图研究［D］.哈尔滨：哈尔滨理工大学.

中国科学院油气资源领域战略研究组，2010.中国至2050年油气资源科技发展路线图［M］.北京：科学
　　出版社.

Barker D，Smith D I H，1995.Technology Foresight Using Roadmaps［J］.Long Range Planning，28（2）：
　　21−28.

Future Today Institute.2020.Foresight Frameworks and Tools［EB/OL］.［2020−07−27］.https：//
　　futuretodayinstitute.com/foresight−tools−2/.

Gartner，2020. Gartner identifies the top 10 strategic technology trends for 2020［EB/OL］.［2020−
　　0729］.https：//www.gartner.com/en/newsroom/press−releases/2019−021 gartner−identifies+he−op−0−
　　strategic+echnology+rends−or−2020.

UNIDO−United Nations Industrial Development Organization. UNIDO Technology Foresight Manual：Volume
　　l Organization and Methods UNIDO［EB/OL］.［2020−06−01］.http：//www.research.govro/img/files
　　up/1226911327TechFor_l_unido.pdf.

第一作者简介

蔚远江，1966年9月生，沉积盆地分析与石油地质综合评价、油气勘探规划部署及发展战略研究学者，中国石油勘探开发研究院高级／一级工程师、项目经理。1987年本科毕业于长安大学（原西安地质学院），2002年获中国地质大学（北京）博士学位，2004年从中国石油勘探开发研究院博士后流动站出站。长期从事常规—非常规油气地质综合评价与规划战略研究、勘探实践，获评2023年度"全国石油和化工优秀科技工作者"。

主要在盆地分析与构造—沉积学、（非）常规油气资源与地质综合评价、（非）常规油气勘探规划计划与发展战略方面取得优秀业绩和重要成果。提出构造—沉积响应与油气成藏效应地质综合研究思路与方法系列，创建了前陆冲断带冲断构造运动—砂砾岩扇体迁移沉积响应与成藏模式、复杂油气区各类构造活动—砂体迁移沉积响应与油气成藏模式，指出准噶尔盆地西北缘扇体油气藏、腹部岩性油气藏勘探领域和有利方向，以及油区煤层气、伴生矿产资源评价与战略选区，并被近期勘探实践逐渐证实。建立陆相页岩油"六定"（定背景、定烃源岩、定储层、定区带、定资源、定"甜点"）思路勘探评价流程与模式、页岩油气（拟建）示范区可行性评价方法及评价参数与指标体系，联合修订致密油"甜点"分级评价参数、指标体系与编制评价软件，创新开展页岩气区地质活动性评价方法与滑移摩擦实验研究，初步揭示了发震断层活化倾向、滑移距离与地震时空演化关系。创建油气勘探科技规划编制方法与技术指标体系、常规—非常规油气地质勘探前沿技术测评优选与战略研究方法系列，制定油气勘探技术手册与中长期科技规划和发展战略，提出了前沿技术发展总体思路、发展战略、获取策略、技术发展路线图与发展建议，前陆冲断带、页岩油气等重大领域评价优选及大油气田勘探方向和战略成果支撑了国家层面、中国石油勘探有利领域和方向的量化优选和部署决策。

获省部级科技奖和荣誉 15 项、院局级奖 19 项（其中 13 项排名前五，集体奖 3 项）。出版《含油气盆地构造—沉积响应研究与准噶尔盆地应用实践》《油气地质勘探前沿技术发展态势与战略选择》等第一作者专著 3 部、合作专著 10 部（其中 4 部排名前六）。发表学术论文 60 余篇，其中第一 / 通信作者 30 余篇，SCI、EI 检索 22 篇，会议论文 12 篇（第一作者 7 篇、国内外宣读交流 10 篇）。编写决策参考 / 信息专报 10 余篇。获发明专利、实用新型专利授权 5 件，申请发明专利 7 件，获软件著作权 3 项。负责完成国家油气重大专项、中国石油重大专项及前瞻性、基础性重点课题、博士后基金、专 / 课题 22 项，目前负责在研专 / 课题 3 项。

现为中国石油和化学工业联合会油气行业研究员及上游咨询专家、中国石油集团公司招标评审专家，担任中国地质大学（北京）、华北科技学院、长江大学等院校的企业硕士生导师，石油工程师学会（SPE）、中国石油学会、中国能源研究会、中国沉积学会、中国矿物岩石地球化学学会会员，《石油勘探与开发》（中、英文版）、《地质学报》（中、英文版）等 10 种 SCI、EI 及核心期刊审稿人。